普通高等教育规划教材

# 工程结构基础设计

韩　淼　张怀静　编

机械工业出版社

本书编写以"厚基础、重能力、拓宽专业知识面，培养应用型人才"为指导思想，结合行业新规范，反映土木工程学科的新技术，注重实用性，根据工程结构基础的实际设计过程，通过工程实例、例题及习题让学生掌握工程结构基础设计的基本步骤与方法，弥补了现有基础工程教材中涉及的设计方法、例题、习题等的不足。同时，本书还注重强调工程结构基础的构造要求的重要性。主要内容包括：浅基础设计的基本原理、扩展基础、柱下条形基础、筏形基础、箱形基础、动力机器基础、桩基础。

本书可作为高等院校土木工程专业教材，也可供从事土木工程设计和施工等工作的工程技术人员参考。

**图书在版编目（CIP）数据**

工程结构基础设计/韩淼，张怀静编. —北京：机械工业出版社，2015.10

ISBN 978-7-111-51236-3

Ⅰ. ①工… Ⅱ. ①韩…②张… Ⅲ. ①工程结构－结构设计

Ⅳ. ①TU318

中国版本图书馆 CIP 数据核字（2015）第 195524 号

机械工业出版社（北京市百万庄大街22号 邮政编码100037）

策划编辑：林 辉 责任编辑：林 辉

版式设计：赵颖喆 责任校对：张 征

封面设计：马精明 责任印制：李 洋

涿州市京南印刷厂印刷

2015 年 10 月第 1 版第 1 次印刷

184mm×260mm·18.5 印张·457 千字

标准书号：ISBN 978-7-111-51236-3

定价：38.00 元

# 前　言

一座座高楼大厦在身边拔地而起，一条条高速公路纵横在祖国大地，高铁技术走向国际市场，这些都彰显着我国经济的繁荣和土木工程行业的活力。我国各地城市化进程的加快，使得市场对土木工程技术人员的需求不断上升。我国开设土木工程专业的高等院校也逐年增多，招生规模不断扩大。在我国卓越工程师培养计划的大背景下，培养出优秀的、具有较强实践能力的应用型人才，是高校都在积极致力的方向。基础工程作为土木工程专业本科必修课程，无论是在学生知识体系构成，还是在毕业后从事工程实际的过程中，都具有举足轻重的作用。工程结构基础设计课程作为本科生毕业设计前学习及毕业设计时应用的知识，其内容是基础工程的补充与完善，具有更强的实践性。

近年来，我国土木工程领域规范修订与新增规范较多，例如：JGJ 6—2011《高层建筑箱形与筏形基础技术规范》、GB 50007—2011《建筑地基基础设计规范》、GB/T 50941—2014《建筑地基基础术语标准》、JGJ 79—2012《建筑地基处理技术规范》、GB/T 50266—2013《既有建筑地基基础加固技术规范》、GB/T 50905—2014《建筑工程绿色施工规范》、GB50009—2012《建筑结构荷载规范》、JGJ 94—2008《建筑桩基技术规范》等。这些规范为相应教材的编写提供了依据。我国执业资格认证制度要求土木工程行业的工程技术人员不但要精通专业知识和技术，还需要取得相应的执业资格证书。工程结构基础设计作为基础工程课程的补充，其内容是全国注册土木工程师，全国一、二级注册结构工程师等职业资格考试的必备知识。学习好本课程对学生的毕业设计有较好的指导作用，对从业的工程技术人员的职业资格考试有良好的帮助作用。

本书编写以"厚基础、重能力、拓宽专业知识面，培养应用型人才"为指导思想，结合行业新规范，反映土木工程学科的新技术，注重实用性，根据工程结构基础的实际设计过程，通过工程实例、例题及习题让学生掌握工程结构基础设计的基本步骤与方法，弥补了现有基础工程教材中涉及的设计方法、例题、习题等的不足。同时，本书还注重强调工程结构基础的构造要求的重要性。

本书的第1~5章由北京建筑大学韩淼编写，第6~7章由北京建筑大学张怀静编写。本书在编写过程中学习和参考了大量相关资料和优秀教材，在此谨向它们的作者表示诚挚的感谢。向为此书编写做了工作的研究生表示感谢。限于编者水平，书中难免有疏漏和不足之处，敬请读者批评指正。

编　者

# 目　　录

# 第1章　浅基础设计的基本原理

## 1.1　概述

### 1. 基础概念

建筑物通常是设置在土体上的，在地表以上的建筑物结构称为上部结构，在地表以下的建筑物结构则称为基础。上部结构的荷载是通过基础传递给下面土层的。支撑基础的土层称为地基。

基础具有承上启下的作用，一方面，基础处于上部结构荷载及地基反力的共同作用之下，承受由此而产生的内力（弯矩、剪力、轴力和扭矩等）；另一方面，基础底面的反力反过来作为地基土上的荷载，使地基产生应力和变形。因此，在基础设计时，除了必须保证基础结构本身具有足够的强度和刚度外，同时还须选择合理的基础尺寸和布置方案，使地基的反力和沉降控制在允许的范围内，因而基础设计又常称为地基基础设计。

### 2. 天然地基与人工地基

凡是基础直接砌置在未经处理的天然土层上时，未经处理的天然土层就被称为天然地基。

若天然地基不能满足上部结构荷载的要求，则在修建基础前需对地基进行人工处理，经过处理的地基被称为人工地基。

### 3. 扩展基础

通常，上部结构和基础的材料强度较高，如素混凝土材料，其抗压强度至少达到4200kPa，相比之下，地基土的设计强度（地基承载力）却小得多，如软土的地基承载力一般为80kPa左右，且压缩性较大，一般黏性土的地基承载力则高一些，但也只有160kPa左右。为此，要使土体能承受上部结构传来的荷载，必须把基础的底面积扩大，并埋置在承载力较大的地层上，这种基础就是扩展基础。概括来说，将上部结构传来的荷载，通过向侧边扩展成一定底面积，使作用在基底的压应力等于或小于地基土的允许承载力，而基础内部的应力也同时满足材料本身的强度要求，这种起到压力扩散作用的基础称为扩展基础。

### 4. 浅基础与深基础

基础在天然地基上的埋置深度有深有浅。通常，当基础的埋置深度不超过5m，或小于基础最小宽度时，称为浅基础，反之则为深基础。

这种按埋置深度来划分浅基础或深基础的方法，主要是从施工方面来考虑，当基础埋置深度不大（一般浅于5m）时，可用比较简便的施工方法来建造；但基础埋置深度较大时（如桩、沉井和地下连续墙等），一般要采用特殊的施工方法和设备加以建造。

### 5. 地基基础设计时要考虑的因素

1）基础的材料及结构形式。

2）基础的埋置深度。

3）地基土的承载力。

4）基础的形状和布置，以及与相邻基础、地下构筑物和地下管道的关系。

5）上部结构的类型、使用要求及其对不均匀沉降的敏感性。

6）施工期限、施工方法及所需的施工设备等。

由此可见，地基基础设计是一项极其复杂且细致的工作，为了能找到最合理和最有利的设计方案，必须综合考虑这些相互关联的因素，如此才能做到精心设计。

## 1.2　浅基础的类型

### 1.2.1　按基础材料性能分类

浅基础按基础所用材料性能可分为无筋扩展基础和钢筋混凝土扩展基础。

**1. 无筋扩展基础**

无筋扩展基础通常是由砖、块石、毛石、素混凝土、三合土和灰土等材料建造的基础，这些材料虽有较好的抗压性能，但抗拉、抗剪强度却不高。所以，在设计时要求基础的外伸宽度和基础高度的比值在一定限度内，以避免发生在基础内的拉应力和剪应力超过其材料强度设计值。在这样的限制下，基础的相对高度一般都比较大，几乎不会发生弯曲变形，所以，习惯上称此类基础为刚性基础。毛石基础如图 1-1 所示。

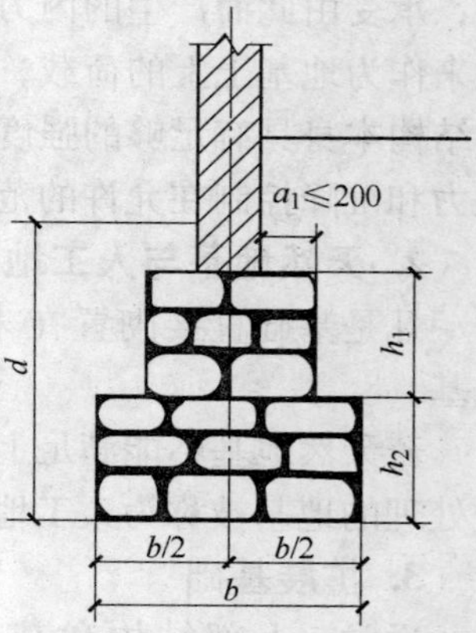

无筋扩展基础可用于六层和六层以下（三合土基础不宜超过四层）的民用建筑和砌体承重的厂房。无筋扩展基础又可分为墙下刚性条形基础和柱下刚性单独基础。

**2. 钢筋混凝土扩展基础**

钢筋混凝土扩展基础是指采用钢筋混凝土材料建造的基础。钢筋混凝土扩展基础具有较好的抗剪和抗弯能力。

图 1-1　毛石基础

当竖向荷载较大且存在弯矩和水平荷载，同时地基承载力又较低时，应采用钢筋混凝土扩展基础。

无筋扩展基础的尺寸不能同时满足地基承载力和基础埋深的要求，钢筋混凝土扩展基础可用扩大基础底面积的方法来满足地基承载力的要求，但其高度不受台阶高宽比的限制，不必增加基础的埋深，所以能得到合适的基础埋深。故钢筋混凝土扩展基础适用于需要"宽基浅埋"的场合。

### 1.2.2　按基础构造分类

基础按构造可分为单独基础（也称为独立基础）、条形基础（包括十字交叉条形基础）、筏形基础、箱形基础等几种类型。

**1. 单独基础**

单独基础是整个或局部结构物下的无筋或配筋的单个基础，主要用作柱下单独基础，如图 1-2 所示；也可用作墙下单独基础，如图 1-3 所示。

钢筋混凝土单独基础构造形式通常有现浇阶梯形基础（见图1-2a）、现浇锥形基础（见图1-2b）和预制柱的杯口形基础（见图1-2c）。杯口形基础又可分为单肢杯口形基础和双肢杯口形基础，还可分为低杯口形基础和高杯口形基础。

刚性单独基础构造形式通常是台阶形基础。砌体柱下常采用刚性单独基础。墙下单独基础如图1-3所示。

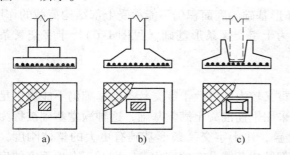

图1-2　柱下单独基础

a）现浇阶梯形基础　b）现浇锥形基础　c）预制柱的杯口形基础

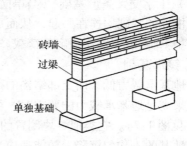

图1-3　墙下单独基础

轴心受压柱下的基础底面形状一般为正方形，而偏心受压柱下的基础底面形状一般为矩形。

**2. 条形基础**

条形基础是指基础长度远远大于其宽度（通常10倍以上）的一种基础形式。按上部结构类型，条形基础可分为墙下条形基础（见图1-4）、柱下条形基础（见图1-5）、十字交叉条形基础（见图1-6）。

（1）墙下条形基础　墙下条形基础有刚性条形基础和钢筋混凝土条形基础两种。墙下刚性条形基础在砌体结构基础中得到广泛应用。墙下钢筋混凝土条形基础其横截面积根据受力条件可分为无肋式（见图1-4a）和有肋式（见图1-4b）两种，它是钢筋混凝土单独基础的特例。它的计算属于平面应变问题，只考虑在基础横向受力发生破坏。

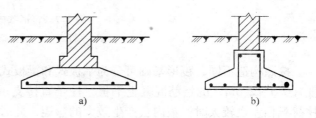

图1-4　墙下条形基础

a）无肋式　b）有肋式

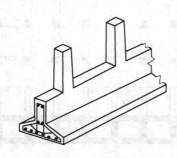

图1-5　柱下条形基础

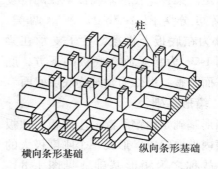

图1-6　柱下十字交叉条形基础

（2）柱下条形基础　当地基承载力较低且柱下钢筋混凝土单独基础的底面积不能承受上部结构荷载的作用时，常把若干柱子的基础连成一条，从而构成柱下条形基础，如图 1-5 所示。柱下条形基础设置的目的在于将承受的集中荷载较均匀地分布到条形基础底面积上，以减小地基反力，并通过形成的基础整体刚度来调整可能产生的不均匀沉降。把一个方向的单列柱基连在一起便成为单向条形基础。

（3）十字交叉条形基础　当单向条形基础的底面积仍不能承受上部结构荷载的作用时，可把纵横柱的基础均连在一起，从而成为十字交叉条形基础（见图 1-6）。十字交叉条形基础可承担 10 层以下民用住宅的荷载。

### 3. 筏形基础

当地基承载力低、而上部结构的荷重又较大，以致十字交叉条形基础仍不能提供足够的底面积来满足地基承载力的要求时，可采用钢筋混凝土满堂基础，这种满堂基础被称为筏形基础（见图 1-7）。它类似一块倒置的楼盖，比十字交叉条形基础有更大的整体刚度，有利于调整地基的不均匀沉降，较能适应上部结构荷载分布的变化。特别对于有地下室的房屋或大型贮液结构，如水池、油库等，筏形基础是一种比较理想的基础结构。

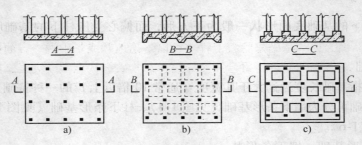

图 1-7　筏形基础
a）平板式　b）、c）梁板式

按照构造不同，筏形基础可分为平板式和梁板式两种类型。平板式筏形基础是一块等厚度（0.5～2.5m）的钢筋混凝土平板，柱子直接支承在底板上（见图 1-7a）。若柱距较大、柱荷载相差也较大时，板内会产生较大的弯矩，此时宜在板上沿柱轴纵横向设置基础梁，即形成梁板式筏形基础，这时板的厚度虽比平板式小得多，但其刚度较大，能承受更大的弯矩。梁板式筏形基础按梁板的位置不同又可分为图 1-7b、c 所示两类。图 1-7b 为在底板上做梁，柱子支承在梁上；图 1-7c 为将梁放在底板的下方，底板上平面平整，可作为建筑物底层底面。

### 4. 箱形基础

箱形基础是由钢筋混凝土底板、顶板和纵横内外墙组成，形成一个刚度极大的箱子，故称之为箱形基础（见图 1-8）。它是筏形基础的进一步发展，基础顶板和

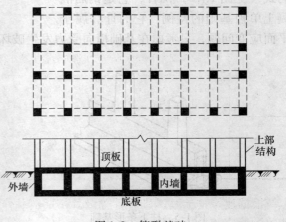

图 1-8　箱形基础

底板之间的空间可以作为地下室。箱形基础比筏形基础具有更大的抗弯刚度，可视为绝对刚性基础，而且挖去很多土，减少了基础底面的附加应力，因而适用于地基软弱土层厚、荷载大和建筑面积不太大的一些重要建筑物。目前高层建筑中多采用箱形基础。

　　　除以上介绍的常见主要类型基础外，还有不少其他类型的基础，如壳体基础、不埋式薄板基础、无筋倒圆台基础、折板基础等。

# 1.3　地基基础设计的一般原则

　　　地基基础作为承重土层和建筑物的下部结构，承受上部结构传来的全部荷载，因此，地基基础设计应满足建筑物的下列功能要求：

　　　1）能承受在正常施工和正常使用时可能出现的各种情况，并具有良好的工作性能。

　　　2）在正常维护情况下具有足够的耐久性能。

　　　3）在偶然事件发生时及发生后，仍能保持必需的整体稳定性。

## 1.3.1　设计等级

　　　建筑物的安全和正常使用，不仅取决于上部结构的安全储备，更重要的是要求地基基础有一定的安全度。因为地基基础是隐蔽工程，所以不论地基或基础哪一方面出现问题或发生破坏均很难修复，轻者影响使用，重者还会导致建筑物破坏甚至酿成灾害，因此，地基基础设计在建筑物设计中举足轻重。根据地基复杂程度、建筑物规模和功能特征及由于地基问题可能造成建筑物破坏或影响正常使用程度，将地基基础设计分为三个设计等级，设计时应根据具体情况，按表 1-1 选用。

表 1-1　地基基础设计等级

| 设计等级 | 建筑和地基类型 |
|---|---|
| 甲级 | 重要的工业与民用建筑物<br>30 层以上的高层建筑<br>体型复杂，层数相差超过 10 层的高低层连成一体的建筑物<br>大面积的多层地下建筑物（如地下车库、商场、运动场等）<br>对地基变形有特殊要求的建筑物<br>复杂地质条件下的坡上建筑物（包括高边坡）<br>对原有工程影响较大的新建建筑物<br>场地和地基条件复杂的一般建筑物<br>位于复杂地质条件及软土地区的二层及二层以上地下室的基坑工程<br>开挖深度大于 15m 的基坑工程周边环境条件复杂、环境保护要求高的基坑工程 |
| 乙级 | 除甲级、丙级以外的工业与民用建筑物<br>除甲级、丙级以外的基坑工程 |
| 丙级 | 场地和地基条件简单，荷载分布均匀的七层及七层以下民用建筑及一般工业建筑物次要的轻型建筑物<br>非软土地区且场地地质条件简单、基坑周边环境条件简单、环境保护要求不高且开挖深度小于 5m 的基坑工程 |

　　　根据建筑物地基基础设计等级及长期荷载作用下地基变形对上部结构的影响程度，地基基础设计应符合下列规定：

1）所有建筑物的地基计算均应满足承载力计算的有关规定。

2）设计等级为甲级、乙级的建筑物，均应按地基变形设计。

3）表 1-2 所列范围内设计等级为丙级的建筑物可不作变形验算，如有下列情况之一时，仍应作变形验算：

① 地基承载力特征值小于 130kPa，且体型复杂的建筑。

② 在基础上及其附近有地面堆载或相邻基础荷载差异较大，可能引起地基产生过大的不均匀沉降时。

③ 软弱地基上的建筑物存在偏心荷载时。

④ 相邻建筑距离过近，可能发生倾斜时。

⑤ 地基内有厚度较大或厚薄不均的填土，其自重固结未完成时。

表 1-2　可不作地基变形计算设计等级为丙类的建筑物范围

| 地基主要受力层情况 | 地基承载力特征值 $f_{ak}$/kPa | | | $80 \leq f_{ak} < 100$ | $100 \leq f_{ak} < 130$ | $130 \leq f_{ak} < 160$ | $160 \leq f_{ak} < 200$ | $200 \leq f_{ak} < 300$ |
|---|---|---|---|---|---|---|---|---|
| | 各土层坡度（%） | | | ≤5 | ≤10 | ≤10 | ≤10 | ≤10 |
| 建筑类型 | 砌体承重结构、框架结构（层数） | | | ≤5 | ≤5 | ≤6 | ≤6 | ≤7 |
| | 单层排架结构（6m柱距） | 单跨 | 起重机额定起重量/t | 10～15 | 15～20 | 20～30 | 30～50 | 50～100 |
| | | | 厂房跨度/m | ≤18 | ≤24 | ≤30 | ≤30 | ≤30 |
| | | 多跨 | 起重机额定起重量/t | 5～10 | 10～15 | 15～20 | 20～30 | 30～75 |
| | | | 厂房跨度/m | ≤18 | ≤24 | ≤30 | ≤30 | ≤30 |
| | 烟囱 | | 高度/m | ≤40 | ≤50 | ≤75 | ≤75 | ≤100 |
| | 水塔 | | 高度/m | ≤20 | ≤30 | ≤30 | ≤30 | ≤30 |
| | | | 容积/m³ | 50～100 | 100～200 | 200～300 | 300～500 | 500～1000 |

4）对经常受水平荷载作用的高层建筑、高耸结构和挡土墙等，以及建造在斜坡上或边坡附近的建筑物和构筑物，应验算其稳定性。

5）基坑工程应进行稳定性验算。

6）当地下水埋藏较浅，建筑地下室或地下构筑物存在上浮问题时，应进行抗浮验算。

## 1.3.2　荷载规定

为了按地基承载力确定基础底面积，必须分析传到基础底面上的各种组合的荷载。

作用在建筑物基础上的荷载无论是轴向力、水平力和力矩，都可能由恒荷载和活荷载两部分组成。

恒荷载包括建筑物和基础的自重、固定设备的重力、土压力和正常稳定水位的水压力。恒荷载是长期作用在地基基础上的，它是引起基础沉降的主要因素。

活荷载又分为普通活荷载和特殊荷载（又称偶然荷载）。由于特殊荷载（如地震作用、风力等）发生的机会不多，作用的时间很短，故沉降计算只考虑普通活荷载。但在进行地基的稳定性验算时，则要考虑特殊荷载。

受水平力较大的建筑物（如挡土墙），除验算沉降外，还需进行沿地基与基础接触面滑动、沿地基内部滑动和沿基础边缘倾覆等方面的验算。

在进行地基基础设计时，应根据使用过程中可能同时出现的荷载，按设计要求和使用要求，取各自最不利状态分别进行荷载效应组合。所采用的荷载效应最不利组合与相应的抗力限值应按下列规定：

1）按地基承载力确定基础底面积及埋深或按单桩承载力确定桩数时，传至基础或承台底面上的荷载效应应按正常使用极限状态下荷载效应的标准组合。相应的抗力应采用地基承载力特征值或单桩承载力特征值。

2）计算地基变形时，传至基础底面上的荷载效应应按正常使用极限状态下荷载效应的准永久组合，不应计入风荷载和地震作用。相应的限值应为地基变形允许值。

3）计算挡土墙、地基或滑坡稳定以及基础抗浮稳定时，荷载效应应按承载能力极限状态下荷载效应的基本组合，但其分项系数均为 1.0。

4）在确定基础或桩台高度、支挡结构截面、计算基础或支挡结构内力、确定配筋和验算材料强度时，上部结构传来的荷载效应组合和相应的基底反力、挡土墙压力以及滑坡推力，应按承载能力极限状态下荷载效应的基本组合，采用相应的分项系数。当需要验算基础裂缝宽度时，应按正常使用极限状态荷载效应标准组合。

5）基础设计安全等级、结构设计使用年限、结构重要性系数应按有关规范的规定采用，但结构重要性系数 $\gamma_0$ 不应小于 1.0。

## 1.3.3　基础埋置深度

基础埋置深度是指设计地面至基础底面的深度。为了保证基础安全，同时减少基础的尺寸，要尽量把基础放在良好的土层上。但基础埋置过深，不但施工不便，且会提高基础造价，因此应根据实际情况选择合理的基础埋深，一般应按下列条件确定：

1）建筑物的用途，有无地下室、设备基础和地下设施，基础的形式和构造。

2）作用在地基上的荷载大小和性质。

3）工程地质和水文地质条件。

4）相邻建筑物的基础埋深。

5）地基土冻胀和融陷的影响。

在满足地基稳定和变形要求的前提下，基础宜浅埋，当上层地基的承载力大于下层土时，宜利用上层土为持力层。除岩石地基外，基础埋深不宜小于 0.5m。基础顶面应低于设计地面 0.1m 以上，避免基础外露，遭受外界破坏。

高层建筑筏形基础和箱形基础的埋置深度应满足地基承载力、变形和稳定性要求。在抗震设防区，除岩石地基外，天然地基上的筏形和箱形基础埋置深度不宜小于建筑物高度的 1/15；桩筏或桩箱基础的埋置深度（不计桩长）不宜小于建筑物高度的 1/18。位于岩石地基上的高层建筑，其基础埋置深度应满足抗滑稳定性要求。

基础宜埋置在地下水位以上，当必须埋在地下水位以下时，应采用地基土在施工时不受扰动的措施。当基础埋置在易风化的岩石上，施工时应在基坑开挖后立即铺筑垫层。

当存在相邻建筑物时，新建建筑物的基础埋置深度不宜大于既有建筑物基础。当埋深大于既有建筑物基础时，两基础中间应保持一定净距，其数值应根据既有建筑物荷载大小、基础形式和土质情况确定。当上述要求不能满足时，应采用分段施工，设临时加固支撑，打板桩，地下连续墙等施工措施，或加固既有建筑物地基。

确定基础埋深应考虑地基的冻胀性。根据冻胀对建筑物的危害程度，地基土的冻胀性可分为不冻胀、弱冻胀、冻胀、强冻胀和特强冻胀五类，可按 GB 50007—2011《建筑地基基础设计规范》附录 G 查取。不冻胀土的基础埋深可不考虑冻结深度。季节性冻土地区基础埋深宜大于场地冻结深度。对于深厚季节冻土地区，当建筑基础底面土层为不冻胀、弱冻胀、冻胀土时，基础埋置深度可以小于场地冻结深度，基础底面下允许冻土层最大厚度应根据当地经验确定，没有地区经验时，可按表 1-3 查取。对于冻胀、强冻胀、特强冻胀地基上的建筑物，尚应采用如下防冻措施：

1）对在地下水位以上的基础，基础侧面应回填非冻胀性的中砂或粗砂，其厚度不应小于 200mm。对在地下水位以下的基础，可采用桩基础、保温性基础、自锚式基础（冻土层下有扩大板或扩底短桩），也可将独立基础或条形基础做成正梯形的斜面基础。

2）宜选择地势高、地下水位低、地表排水良好的建筑场地。对低洼场地，建筑物的室外地坪标高应至少高出自然地面 300～500mm，其范围不宜小于建筑四周向外一倍冻深距离范围。

3）防止雨水、地表水、生产废水、生活污水浸入建筑地基，应设置排水设施。在山区应设截水沟或在建筑物下设置暗沟，以排走地表水和潜水。

4）在强冻胀性和特强冻胀性地基上，其基础结构应设置钢筋混凝土圈梁和基础梁，并控制上部建筑的长高比，增强房屋的整体刚度。

5）当单独基础连系梁下或桩基础承台下有冻土时，应在连系梁或承台下留有相当于该土层冻胀量的空隙，以防止因土的冻胀使连系梁或承台开裂。

6）外门斗、室外台阶和散水坡等部位宜与主体结构断开，散水坡分段不宜超过 1.5m，坡度不宜小于 3%，其下宜填入非冻胀性材料。

7）对跨年度施工的建筑，入冬前应对地基采取相应的防护措施；按采暖设计的建筑物，当冬季不能正常采暖时，应对地基采取保温措施。

**表 1-3　建筑基础底面下允许冻土层最大厚度**　　　　　　　　（单位：m）

| 冻胀性 | 基础形式 | 采暖情况 | 基底平均压力/kPa | | | | | |
|---|---|---|---|---|---|---|---|---|
| | | | 110 | 130 | 150 | 170 | 190 | 210 |
| 弱冻胀土 | 方形基础 | 采暖 | 0.90 | 0.95 | 1.00 | 1.10 | 1.15 | 1.20 |
| | | 不采暖 | 0.70 | 0.80 | 0.95 | 1.00 | 1.05 | 1.10 |
| | 条形基础 | 采暖 | >2.50 | >2.50 | >2.50 | >2.50 | >2.50 | >2.50 |
| | | 不采暖 | 2.50 | 2.50 | >2.50 | >2.50 | >2.50 | >2.50 |
| 冻胀土 | 方形基础 | 采暖 | 0.65 | 0.70 | 0.75 | 0.80 | 0.85 | — |
| | | 不采暖 | 0.55 | 0.60 | 0.65 | 0.70 | 0.75 | — |
| | 条形基础 | 采暖 | 1.55 | 1.80 | 2.00 | 2.20 | 2.50 | — |
| | | 不采暖 | 1.15 | 1.35 | 1.55 | 1.75 | 1.95 | — |

注：1. 本表只计算法向冻胀力，如果基侧存在切向冻胀力，应采取切向力措施。
　　2. 基础宽度小于 0.6m 时不适用，矩形基础取短边尺寸按方形基础计算。
　　3. 表中数据不适用于淤泥、淤泥质土和欠固结土。
　　4. 计算基底平均压力时取永久作用的标准组合值乘以 0.9，可以内插。

### 1.3.4　地基基础设计的技术要求

地基基础设计一方面要满足上部结构的要求，另一方面还必须满足地基土的变形和强度的要求。在设计时要重视工程实践经验，就地取材、因地制宜地进行地基基础的设计。在设计时还要充分认识到上部结构和基础是一个整体的事实，要正确认识上部结构基础与地基共同作用的特点，如此才能安全、可靠、合理地进行地基基础设计。

**1. 地基承载力要求**

在进行地基承载力计算时，传至基础底面的荷载效应应按正常使用极限状态标准组合，有关土体自重的计算，均应采用实际重度。

（1）轴心荷载作用　当基础轴心受压时，基底压力为均匀分布。基底压力与地基承载力应满足下式

$$p_k \leqslant f_a \tag{1-1}$$

式中　$p_k$——相应于荷载标准组合时，基础底面处的平均压力标准值（kPa），当基础底面位于地下水位以下时，应扣除基础底面处的浮力作用于地基土上的平均压力标准值；

$f_a$——修正后的地基承载力特征值（kPa）。

（2）偏心荷载作用　当基础偏心受压时，基底压力为非均匀分布。基底压力与地基承载力除满足式（1-1）要求外，还应满足下式要求

$$p_{kmax} \leqslant 1.2 f_a \tag{1-2}$$

式中　$p_{kmax}$——相应于荷载标准组合时，基础底面边缘处的最大压力标准值（kPa）。

**2. 地基变形要求**

地基在建筑物荷载作用下要产生变形，变形过大会危及建筑物安全。地基变形应满足下式要求

$$s \leqslant [s] \tag{1-3}$$

式中　$s$——地基变形值（m）；

$[s]$——地基允许变形值（m）。

**3. 地基稳定性要求**

对经常承受水平荷载的高层建筑和高耸建筑，以及建造在斜坡上的建筑物和构筑物，应验算其稳定性。

**4. 基础结构的要求**

基础结构应有足够的强度、刚度及耐久性。

本章主要介绍地基的设计要求，基础结构的设计要求将在后面章节中介绍。

## 1.4　基础底面尺寸确定

地基承载力是指地基承受荷载的能力。在保证地基稳定的条件下，使建筑物的沉降量不超过允许值的地基承载力称为地基承载力特征值。地基承载力特征值可由载荷试验或其他原位测试、公式计算、并结合工程实践经验等方法综合确定。

### 1.4.1　地基承载力特征值

**1. 实测数理统计法**

利用地基土现场载荷试验或其他原位测试结果，并结合工程实践经验来确定地基承载力特征值 $f_{ak}$。GB 50007—2011《建筑地基基础设计规范》规定对于基础宽度大于 3m 或埋置深度大于 0.5m 时，需按下式对地基承载力特征值进行修正，以修正后地基承载力特征值 $f_a$ 作为设计依据

$$f_a = f_{ak} + \eta_b \gamma(b-3) + \eta_d \gamma_m(d-0.5) \tag{1-4}$$

式中　$f_a$——修正后的地基承载力特征值（kPa）；

　　　$f_{ak}$——地基承载力特征值（kPa）；

　$\eta_b$、$\eta_d$——基础宽度和埋置深度的地基承载力修正系数，按所求承载力的土层类别查表1-4；

　　　$\gamma$——基础底面以下土的重度（kN/m³），地下水位以下取浮重度；

　　　$b$——基础底面宽度（m），当宽度小于 3m 时按 3m 考虑，大于 6m 时按 6m 考虑；

　　　$\gamma_m$——基础底面以上土的加权平均重度，位于地下水位以下的土层取有效重度（kN/m³）；

　　　$d$——基础埋置深度（m）。

在式（1-4）中，基础埋置深度 $d$ 一般自室外地面标高算起；在填方整平地区，可自填土地面标高算起；但填土在上部结构施工后完成时，应从天然地面标高算起。对地下室，如采用箱形基础或筏形基础时，基础深度自室外地面标高算起；当采用单独基础或条形基础时，应从室内地面标高算起。

表 1-4　承载力修正系数

| 土的类别 | | $\eta_b$ | $\eta_d$ |
|---|---|---|---|
| 淤泥和淤泥质土 | | 0 | 1.0 |
| 人工填土，$e$ 或 $I_L$ 大于等于 0.85 的黏性土 | | 0 | 1.0 |
| 红黏土 | 含水比 $\alpha_w > 0.8$ | 0 | 1.2 |
| | 含水比 $\alpha_w \leqslant 0.8$ | 0.15 | 1.4 |
| 大面积压实填土 | 压实系数大于 0.95、黏粒含量 $\rho_c \geqslant 10\%$ 的粉土 | 0 | 1.5 |
| | 最大干密度大于 2.1t/m³ 的级配砂石 | 0 | 2.0 |
| 粉土 | 黏粒含量 $\rho_c \geqslant 10\%$ 的粉土 | 0.3 | 1.5 |
| | 黏粒含量 $\rho_c < 10\%$ 的粉土 | 0.5 | 2.0 |
| $e$ 或 $I_L$ 均小于等于 0.85 的黏性土 | | 0.3 | 1.6 |
| 粉砂、细砂（不包括很湿与饱和时的稍密状态） | | 2.0 | 3.0 |
| 中砂、粗砂、砾砂和碎石类土 | | 3.0 | 4.4 |

注：1. 含水比是指土的天然含水量与液限的比值。
　　2. 大面积压实填土是指填土范围大于两倍基础宽度的填土。

当计算所得修正后的地基承载力特征值 $f_a < 1.1 f_{ak}$ 时，可取 $f_a = 1.1 f_{ak}$。当不满足式（1-4）的计算条件时，可按 $f_a = 1.1 f_{ak}$ 直接确定修正后的地基承载力特征值。

**2. 理论承载力公式法**

《建筑地基基础设计规范》推荐以界限荷载 $P_{1/4}$ 为基础的理论公式结合经验，给出计算地基承载力特征值的公式如下

$$f_a = M_b \gamma b + M_d \gamma_m d + M_c c_k \tag{1-5}$$

式中　　　　$f_a$——由土的抗剪强度指标确定的地基承载力特征值（kPa）；

$M_b$、$M_d$、$M_c$——承载力系数，根据土的内摩擦角标准值 $\varphi_k$ 按表1-5确定；

$b$——基础底面宽度（m），大于6m时按6m考虑，对于砂土，小于3m时按 3m考虑；

$c_k$——基底下一倍短边宽度的深度范围内土的黏聚力标准值（kPa）。

式（1-5）适用于偏心距小于或等于基础底面宽度的3.3%时的地基承载力计算。

表1-5　承载力系数 $M_b$、$M_d$、$M_c$

| $\varphi_k$ (°) | $M_b$ | $M_d$ | $M_c$ | $\varphi_k$ (°) | $M_b$ | $M_d$ | $M_c$ |
|---|---|---|---|---|---|---|---|
| 0 | 0.00 | 1.00 | 3.14 | 22 | 0.61 | 3.44 | 6.04 |
| 2 | 0.03 | 1.12 | 3.32 | 24 | 0.80 | 3.87 | 6.45 |
| 4 | 0.06 | 1.25 | 3.51 | 26 | 1.10 | 4.37 | 6.90 |
| 6 | 0.10 | 1.39 | 3.71 | 28 | 1.40 | 4.93 | 7.40 |
| 8 | 0.14 | 1.55 | 3.93 | 30 | 1.90 | 5.59 | 7.95 |
| 10 | 0.18 | 1.73 | 4.17 | 32 | 2.60 | 6.35 | 8.55 |
| 12 | 0.23 | 1.94 | 4.42 | 34 | 3.40 | 7.21 | 9.22 |
| 14 | 0.29 | 2.17 | 4.69 | 36 | 4.20 | 8.25 | 9.97 |
| 16 | 0.36 | 2.43 | 5.00 | 38 | 5.00 | 9.44 | 10.80 |
| 18 | 0.43 | 2.72 | 5.31 | 40 | 5.80 | 10.84 | 11.73 |
| 20 | 0.51 | 3.06 | 5.66 | | | | |

岩石地基承载力特征值，可按《建筑地基基础设计规范》附录H岩石地基载荷试验方法确定。对完整、较完整和较破碎的岩石地基承载力特征值，可根据室内饱和单轴抗压强度按下式计算

$$f_a = \psi_r f_{rk} \tag{1-6}$$

式中　　$f_a$——岩石地基承载力特征值（kPa）；

$f_{rk}$——岩石饱和单轴抗压强度标准值（kPa），可按《建筑地基基础设计规范》附录J 确定；

$\psi_r$——折减系数，根据岩体完整程度以及结构面的间距、宽度、产状和组合，由地区 经验确定，无经验时，对完整岩体可取0.5，对较完整岩体可取0.2~0.5，对 较破碎岩体可取0.1~0.2。

上述折减系数值未考虑施工因素及建筑物使用后风化作用的继续；对于黏土质岩，在确保施工期及使用期不致遭水浸泡时，也可采用天然湿度的试样，不进行饱和处理；对破碎、极破碎的岩石地基承载力特征值，可根据地区经验取值，无地区经验时，可根据平板载荷试验确定。

[例1-1]　某建筑物的箱形基础长20m，宽8.5m，持力层情况如图1-9所示，其承载力特征值 $f_{ak} = 189\text{kPa}$，箱形基础埋深 $d = 4\text{m}$，试确定黏土持力层的修正承载力特征值。已知地下水位在地面下2m处。

解：因箱形基础宽度 $b = 8.5\text{m} > 6.0\text{m}$，故按6m考虑；箱形基础埋深 $d = 4\text{m}$。持力层为

黏土，因为 $I_L = 0.73 < 0.85$，$e = 0.83 < 0.85$，所以查表1-4可得

$$\eta_b = 0.3, \quad \eta_d = 1.6$$

因基础埋在地下水位以下，故持力层的 $\gamma$ 取浮重度

$$\gamma' = (19.2 - 10)\text{kN/m}^3 = 9.2\text{kN/m}^3$$

$$\gamma_m = \frac{\sum_1^3 \gamma_i h_i}{\sum_1^3 h_i} = \frac{17.8 \times 1.8 + 18.9 \times 0.2 + (19.2 - 10) \times 2}{1.8 + 0.2 + 2}\text{kN/m}^3$$

$$= \frac{54.22}{4}\text{kN/m}^3 = 13.6\text{kN/m}^3$$

$$f_a = f_{ak} + \eta_b \gamma'(b - 3) + \eta_d \gamma_0 (d - 0.5)$$
$$= 189\text{kPa} + 0.3 \times 9.2 \times (6 - 3)\text{kPa} + 1.6 \times 13.6 \times (4 - 0.5)\text{kPa}$$
$$= 189\text{kPa} + 8.28\text{kPa} + 76.16\text{kPa}$$
$$= 273.4\text{kPa}$$

**[例1-2]** 某粉土地基如图1-10所示，试按式（1-5）计算地基承载力特征值。

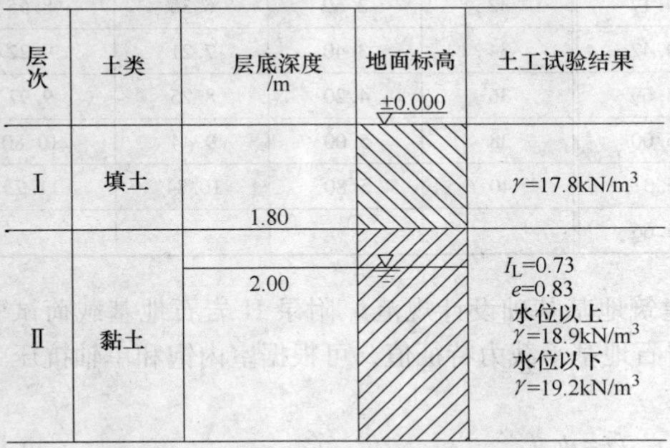

| 层次 | 土类 | 层底深度/m | 地面标高 ±0.000 | 土工试验结果 |
|---|---|---|---|---|
| I | 填土 | 1.80 | | $\gamma = 17.8\text{kN/m}^3$ |
| II | 黏土 | 2.00 | | $I_L = 0.73$ $e = 0.83$ 水位以上 $\gamma = 18.9\text{kN/m}^3$ 水位以下 $\gamma = 19.2\text{kN/m}^3$ |

图1-9　[例1-1]图

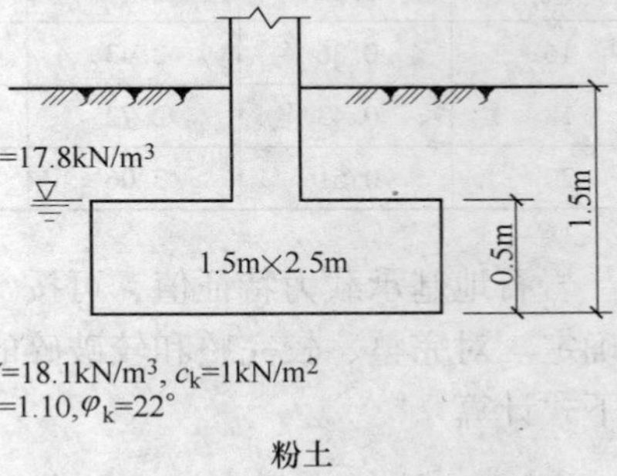

图1-10　[例1-2]图

**解：** 持力层粉土 $\varphi_k = 22°$，查表1-5，得 $M_b = 0.61$，$M_d = 3.44$，$M_c = 6.04$

$$f_v = M_b \gamma b + M_d \gamma_m d + M_c c_k$$

$$= 0.61 \times (18.1 - 10) \times 1.5\text{kPa} + 3.44 \times \frac{17.8 \times 1.0 + (18.1 - 10) \times 0.5}{1 + 0.5} \times$$

$$1.5\text{kPa} + 6.04 \times 1.0\text{kPa}$$

$$= 7.41\text{kPa} + 75.16\text{kPa} + 6.04\text{kPa} = 88.6\text{kPa}$$

## 1.4.2 地基承载力验算与基础底面尺寸

### 1. 轴心荷载作用

当基础承受轴心荷载作用时，假定基底反力呈均匀分布，如图1-11a所示，则持力层地基承载力验算必须满足下式

$$p_k = \frac{F_k + G_k}{A} \leqslant f_a \tag{1-7}$$

式中　$F_k$——相应于荷载的标准组合时，上部结构传至基础顶面的竖向力标准值（kN）；

　　　$G_k$——基础自重和基础上的土重（kN），$G = \gamma_G A d$，$\gamma_G$ 为基础与基础上土的平均重
度（kN/m³），可近似按 $20\text{kN/m}^3$ 计算；

　　　$A$——基础底面面积（m²）。

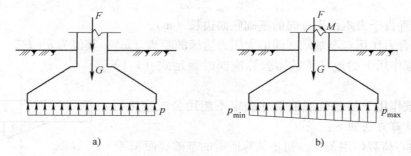

图 1-11　基础底面压力

a）轴心荷载作用　b）偏心荷载作用

一般情况下，基础底面尺寸事先并不知道，需要在确定基础类型和埋置深度后，根据持力层的承载力来设计基础底面尺寸。

把 $G = \gamma_G A d$ 代入式（1-7），可得

$$A \geqslant \frac{F_k}{f_a - \gamma_G d} \qquad (1\text{-}8)$$

式（1-8）就是基础底面积设计的公式。

对于条形基础，可沿基础长方向取单位长度 1m 进行计算，荷载也同样按单位长度计算，条形基础宽度则为

$$b \geqslant \frac{F_k}{f_a - \gamma_G d} \qquad (1\text{-}9)$$

在利用式（1-8）和式（1-9）计算时，由于基础底面尺寸还没有确定，可先按未经宽度修正的承载力特征值进行计算，初步确定基础底面尺寸，根据第一次计算得到的基础底面尺寸，再对地基承载力特征值进行修正，直至设计出最佳的基础底面尺寸。

**2. 偏心荷载作用**

当传到基础顶面的荷载除轴心荷载 $F_k$ 外，还有弯矩 $M_k$ 或水平力 $Q_k$ 作用时，如图 1-11b 所示，基底反力将呈梯形分布，基底最大和最小压力可按下式计算

$$p_{k_{\min}^{\max}} = \frac{F_k + G_k}{bl} \pm \frac{M_k}{W} \qquad (1\text{-}10)$$

或

$$p_{k_{\min}^{\max}} = \frac{F_k + G_k}{bl}\left(1 \pm \frac{6e}{l}\right) \qquad (1\text{-}11)$$

式中　$l$——矩形基础底面的长边边长（m）；

　　　$b$——矩形基础底面的短边边长（m）；

　　　$W$——基础底面的截面抵抗矩（m³），$W = \dfrac{bl^2}{6}$；

$e$——荷载的偏心距（m），$e = \dfrac{M_k}{F_k + G_k}$。

当偏心距 $e > l/6$ 时，$p_{kmax}$ 应按下式计算，基底压力分布如图 1-12 所示。

$$p_{kmax} = \frac{2(F_k + G_k)}{3ba} \qquad (1\text{-}12)$$

式中　$b$——垂直于力矩作用方向的基础底面边长（m）；

$a$——合力作用点至基础底面最大压力边缘的距离（m），其值为 $a = l/2 - e$。

偏心荷载作用下的地基承载力验算应同时满足式（1-1）与式（1-2）。

偏心荷载作用下的基础底面尺寸确定不能用公式直接写出，通常的计算方法如下：

1）按轴心荷载作用条件，初步估算所需的基础底面积 $A$。

2）根据偏心距的大小，将基础的底面积增大 10% ~ 30%，并以适当的基础底面长宽比例确定基础底面的长度 $l$ 和宽度 $b$。

3）计算基底最大压力和最小压力，并使其满足要求。

这一计算过程可能要经过几次试算方能最后确定合适的基础底面尺寸。

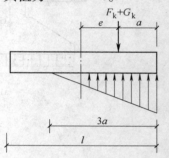

图 1-12　偏心荷载（$e > l/6$）下基底压力分布图

### 1.4.3　软弱下卧层的强度验算

土层大多是成层的，土层的强度通常随深度而增加，而外荷载引起的附加应力随深度的增加而减小。因此，只要基础底面持力层承载力满足设计要求即可。但也有不少情况，持力层不厚，在持力层以下受力层范围内存在软土层（即称软弱下卧层），软弱下卧层的承载力比持力层承载力小得多，如我国沿海地区表层"硬壳层"下有很厚一层（厚度在 20m 左右）软弱的淤泥质土层，这时只满足持力层的要求是不够的，还须验算软弱下卧层的强度。要求传递到软弱下卧层顶面处的附加压力和土的自重压力之和不超过软弱下卧层的承载力特征值，即

$$p_z + p_{cz} \leqslant f_{az} \qquad (1\text{-}13)$$

式中　$p_z$——相应于作用的标准组合时，软弱下卧层顶面处的附加压力标准值（kPa）；

$p_{cz}$——软弱下卧层顶面处土的自重压力标准值（kPa）；

$f_{az}$——软弱下卧层顶面处经深度修正后的地基承载力特征值（kPa）。

当上层土与软弱下卧层的压缩模量比值大于或等于 3 时，可用均匀的半无限直线变形体理论计算软弱下卧层顶面处的附加应力。但在实用上，还是按照简单的应力扩散原理进行计算，如图 1-13 所示，作用在基底面处的附加压力 $p_z$ 以扩散角 $\theta$ 向下传递，均匀分布在下卧层上。根据扩散前、后总压力相等的条件，对于条形基础与矩形基础可得

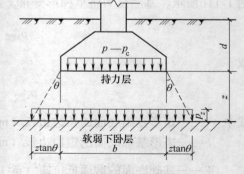

图 1-13　软弱下卧层顶面的压力

条形基础
$$p_z = \frac{b(p_k - p_c)}{b + 2z\tan\theta}$$
(1-14)

矩形基础
$$p_z = \frac{bl(p_k - p_c)}{(b + 2z\tan\theta)(l + 2z\tan\theta)}$$
(1-15)

式中 $b$——矩形基础或条形基础底边的宽度（m）；

$l$——矩形基础底边的长度（m）；

$p_c$——基础底面处土的自重压力值（kPa）；

$z$——基础底面至软弱下卧层顶面的距离（m）；

$\theta$——地基压力扩散线与垂直线的夹角，可按表 1-6 采用。

表 1-6 地基压力扩散角 $\theta$

| $E_{s1}/E_{s2}$ | $z/b$ | |
|---|---|---|
| | 0.25 | 0.50 |
| 3 | 6° | 23° |
| 5 | 10° | 25° |
| 10 | 20° | 30° |

注：1. $E_{s1}$ 为上层土压缩模量；$E_{s2}$ 为下层土压缩模量。

2. $z/b < 0.25$ 时取 $\theta = 0°$，必要时，宜由试验确定；$z/b > 0.5$ 时 $\theta$ 取值不变；$z/b$ 在 0.25 与 0.50 之间可插值使用。

[**例 1-3**] 某办公楼内墙基础剖面如图 1-14 所示。相应于荷载标准组合时，上部结构传至基础顶面的荷载值 $F_k = 200\text{kN/m}$，基础埋深范围内土的重度 $\gamma_m = 18.2\text{kN/m}^3$，地基持力层为粉质黏土，孔隙比 $e = 0.80$，$I_L = 0.73$，地基土承载力特征值 $f_{ak} = 200\text{kN/m}^2$。试确定基础底面宽度。

**解：**（1）确定修正后地基承载力特征值

因地基土为黏性土，且 $e = 0.80$，$I_L = 0.73$，查表 1-4 得 $\eta_b = 0.3$，$\eta_d = 1.6$，设 $b < 3\text{m}$，则

$$f_a = f_{ak} + \eta_d \gamma_m (d - 0.5) = 200\text{kN/m}^2 + 1.6 \times 18.2 \times (2 - 0.5)\text{kN/m}^2 = 243.7\text{kN/m}^2$$

（2）确定基础宽度

由式（1-9）计算基础宽度

$$b = \frac{F_k}{f_a - \gamma_G d} = \frac{200}{243.7 - 20 \times 2.0}\text{m} = 0.98\text{m}$$

取 $b = 1\text{m}$，因 $b = 1\text{m} < 3\text{m}$，与假设相符，故 $b = 1\text{m}$ 即为所求。

[**例 1-4**] 已知厂房作用在基础上相应于荷载基本组合时的柱荷载，如图 1-15 所示，地基土为粉质黏土，重度 $\gamma = 19\text{kN/m}^3$，地基承载力特征值 $f_{ak} = 240\text{kPa}$。试设计矩形基础底面尺寸。

**解：**（1）按轴心荷载初步确定基础底面积

根据式（1-8）得

$$A_0 \geqslant \frac{\sum F_k}{f_{ak} - \gamma_G d} = \frac{(1800 + 220)/1.35^{\ominus}}{240 - 20 \times 1.8}\text{m}^2 = 7.3\text{m}^2$$

---

$\ominus$ 1.35 为荷载组合系数。GB 50009—2012《建筑结构荷载规范》中 3.2.4 条，对永久荷载效应控制的组合，永久荷载的分项系数应取 1.35。

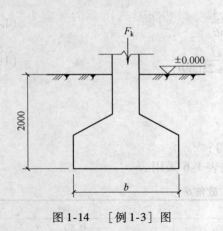

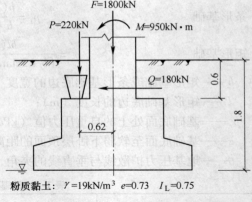

图 1-14  ［例 1-3］图                图 1-15  ［例 1-4］图

考虑偏心荷载的影响，将 $A_0$ 增大 30% ，即

$$A = 1.3 A_0 = 1.3 \times 7.3 \text{m}^2 = 9.5 \text{m}^2$$

设长宽比 $n = \dfrac{l}{b} = 2$ ，则 $A = lb = 2b^2$ ，从而进一步有

$$b = \sqrt{\frac{A}{n}} = \sqrt{\frac{9.5}{2}} \text{m} = 2.18 \text{m}, \ \text{取} \ b = 2.5 \text{m}$$

$$l = 2b = 2 \times 2.5 \text{m} = 5.0 \text{m}, \ \text{取} \ l = 5.0 \text{m}$$

（2）计算基底最大压力 $p_{\max}$

基础及回填土重        $G = \gamma_G A d = 20 \times 2.5 \times 5.0 \times 1.8 \text{kN} = 450 \text{kN}$

基底处竖向力合力      $\sum F_k = (1800 + 220)/1.35 \text{kN} + 450 \text{kN} = 1946.3 \text{kN}$

基底处总力矩    $\sum M_k = [950 + 220 \times 0.62 + 180 \times (1.8 - 0.6)]/1.35 \text{kN} \cdot \text{m} = 964.7 \text{kN} \cdot \text{m}$

偏心距        $e = \dfrac{\sum M_k}{\sum F_k} = \dfrac{964.7}{1946.3} \text{m} = 0.50 \text{m} < \dfrac{l}{6} = 0.83 \text{m}$

所以，偏心力作用点在基础底面中心区内。

基底最大压力    $p_{k,\max} = \dfrac{\sum F_k}{lb}\left(1 + \dfrac{6e}{l}\right) = \dfrac{1946.3}{5.0 \times 2.5} \times \left(1 + \dfrac{6 \times 0.50}{5.0}\right) \text{kPa} = 249.1 \text{kPa}$

（3）修正后的地基承载力特征值及地基承载力验算

根据 $e = 0.73$ ，$I_L = 0.75$ ，查表 1-4 得，$\eta_b = 0.3$ ，$\eta_d = 1.6$ 。

$f_a = f_{ak} + \eta_b \gamma (b - 3) + \eta_d \gamma_m (d - 0.5) = 240 \text{kPa} + 0 \text{kPa} + 1.6 \times 19 \times (1.8 - 0.5) \text{kPa}$
$= 279.5 \text{kPa}$

$$p_k = \frac{\sum F_k}{lb} = \frac{1946.3}{5.0 \times 2.5} \text{kPa} = 155.7 \text{kPa} < f_a = 279.5 \text{kPa} \qquad （满足要求）$$

$p_{k,\max} = 249.1 \text{kPa} < 1.2 f_a = 1.2 \times 249.1 \text{kPa} = 335.4 \text{kPa} \qquad （满足要求）$

所以，基础采用 $5.0 \text{m} \times 2.5 \text{m}$ 底面尺寸是合适的。

［**例 1-5**］ 某柱下钢筋混凝土单独基础，如图 1-16 所示，基底尺寸为 $2.00 \text{m} \times 2.50 \text{m}$ ，

基础埋深 $d = 1.8\text{m}$，相应于荷载标准组合时，上部结构传至基础顶面的竖向力为 $F_k = 600\text{kN}$，作用于基础底面的力矩 $M_k = 200\text{kN} \cdot \text{m}$，水平剪力 $V_k = 150\text{kN}$。地基土为厚度较大粉性土，密实且黏粒含量 $\rho_c = 8\%$，承载力特征值 $f_{ak} = 260\text{kPa}$，基底以上土的重度 $\gamma = 17.5\text{kN/m}^3$。试验算该柱基底面压力是否符合要求。

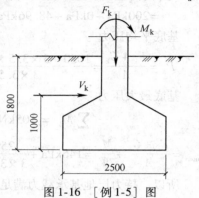

图 1-16　[例 1-5] 图

**解：**（1）计算基础底面处修正后的地基承载力特征值

由已知地基土为密实且黏粒含量 $\rho_c \leqslant 10\%$ 的粉性土，查表 1-4 知 $\eta_b = 0.5$，$\eta_d = 2.0$。由于 $b = 2.0\text{m} < 3.0\text{m}$，故不考虑宽度修正，修正后的地基承载力特征值为

$$f_a = f_{ak} + \eta_d \gamma_m (d - 0.5) = 260\text{kN/m}^2 + 2.0 \times 17.5 \times (1.8 - 1.5)\text{kPa} = 270.5\text{kPa}$$

（2）基础底面压力计算

$$p_k = \frac{F_k + G_k}{A} = \frac{600 + 20 \times 1.8 \times 2.5 \times 2.0}{2.5 \times 2.0}\text{kPa} = 156\text{kPa} < f_a \quad \text{（满足要求）}$$

考虑偏心情况

$$M_k = 200\text{kN} \cdot \text{m} + 150 \times 1.0\text{kN} \cdot \text{m} = 350\text{kN} \cdot \text{m}$$

基础底面处的偏心距为

$$e = \frac{M_k}{F_k + G_k} = \frac{350}{600 + 156}\text{m} = 0.46\text{m}$$

而 $\frac{l}{6} = \frac{2.5}{6}\text{m} = 0.42\text{m}$，$e > \frac{l}{6}$。由式（1-11）得

$$p_{kmax} = \frac{2(F_k + G_k)}{3ba} = \frac{2 \times (600 + 156)}{3 \times 2.0 \times \left(\dfrac{2.5}{2} - 0.46\right)}\text{kPa} = 318.99\text{kPa}$$

$$1.2f_a = 1.2 \times 270.5\text{kPa} = 324.6\text{kPa} > p_{kmax}$$

（满足要求）

基础底面压力符合要求。

[**例 1-6**]　某柱基础，相应于荷载标准组合时，作用在设计地面处的柱荷载标准值、基础尺寸、埋深及地基条件如图 1-17 所示，试验算持力层和软弱下卧层的强度。

**解：**（1）持力层承载力验算

因 $b = 3\text{m}$，$d = 2.3\text{m}$，$e = 0.80 < 0.85$，$I_L = 0.74 < 0.85$，所以查表 1-4，有 $\eta_b = 0.3$，$\eta_d = 1.6$

$$\gamma_m = \frac{16 \times 1.5 + 19 \times 0.8}{2.3}\text{kN/m}^3 = 17.0\text{kN/m}^3$$

$$f_a = f_{ak} + \eta_b \gamma'(b - 3) + \eta_d \gamma_m (d - 0.5)$$

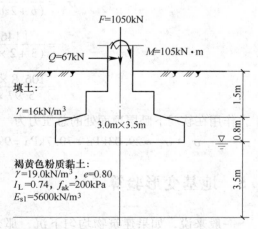

$F = 1050\text{kN}$
$M = 105\text{kN} \cdot \text{m}$
$Q = 67\text{kN}$

填土：
$\gamma = 16\text{kN/m}^3$
$3.0\text{m} \times 3.5\text{m}$
1.5m
0.8m
3.5m

褐黄色粉质黏土：
$\gamma = 19.0\text{kN/m}^3$，$e = 0.80$
$I_L = 0.74$，$f_{ak} = 200\text{kPa}$
$E_{s1} = 5600\text{kN/m}^3$

淤泥质黏土：
$\gamma = 17.5\text{kN/m}^3$，$\omega = 45\%$
$f_{ak} = 78\text{kPa}$，$E_{s2} = 1860\text{kN/m}$

图 1-17　[例 1-6] 图

$$= 200\text{kPa} + 0.3 \times (19 - 10) \times (3 - 3)\text{kPa} + 1.6 \times 17 \times (2.3 - 0.5)\text{kPa}$$
$$= 200\text{kPa} + 0\text{kPa} + 48.96\text{kPa} \approx 249\text{kPa}$$

基底平均压力

$$P_k = \frac{F_k + G_k}{A} = \frac{1050 + 3 \times 3.5 \times 2.3 \times 20}{3 \times 3.5}\text{kPa} = 146\text{kPa} < f_a = 249\text{kPa} \qquad （满足要求）$$

基底最大压力

$$\sum M_k = 105\text{kN} \cdot \text{m} + 67 \times 2.3\text{kN} \cdot \text{m} = 259.1\text{kN} \cdot \text{m}$$

$$p_{k\max} = \frac{F_k + G_k}{A} + \frac{M_k}{W} = 146\text{kPa} + \frac{259.1}{3 \times 3.5^2/6}\text{kPa} = 188.3\text{kPa} < 1.2f_a = 298.8\text{kPa} \qquad （满足要求）$$

所以，持力层地基承载力满足。

（2）软弱下卧层承载力验算

1）下卧层修正后承载力特征值计算。因为下层系淤泥质土，且 $f_{ak} = 78\text{kPa} > 50\text{kPa}$，所以 $\eta_b = 0$，$\eta_d = 1.1$。

下卧层顶面埋深 $d' = d + z = 2.3\text{m} + 3.5\text{m} = 5.8\text{m}$，土的平均重度 $\gamma_m$ 为

$$\gamma_m = \frac{16 \times 1.5 + 19 \times 0.8 + (19 - 10) \times 3.5}{1.5 + 0.8 + 3.5}\text{kN/m}^3 = \frac{70.7}{5.8}\text{kN/m}^3 = 12.19\text{kN/m}^3$$

$$f_z = f_{az} + \eta_b \gamma (b - 3) + \eta_d \gamma_m (d - 0.5)$$
$$= 78\text{kPa} + 0\text{kPa} + 1.1 \times 12.9 \times (5.8 - 0.5)\text{kPa} = 149\text{kPa}$$

2）下卧层顶面处压力计算。

自重压力

$$\sigma_{cz} = 16 \times 1.5\text{kPa} + 19 \times 0.8\text{kPa} + (19 - 10) \times 3.5\text{kPa} = 70.7\text{kPa}$$

附加压力按扩散角计算，$E_{s1}/E_{s2} = 3$，因为 $0.5b = 0.5 \times 3\text{m} = 1.5\text{m} < z = 3.5\text{m}$。查表 1-5，得 $\theta = 23°$

$$\sigma_z = \frac{(p_k - \sigma_c)\, bl}{(b + 2z\tan\theta)\,(l + 2z\tan\theta)}$$

$$= \frac{[146 - (16 \times 1.5 + 19 \times 0.8)] \times 3 \times 3.5}{(3 + 2 \times 3.5 \times \tan23°)\,(3.5 + 2 \times 3.5 \times \tan23°)}\text{kPa}$$

$$= \frac{106.8 \times 3 \times 3.5}{5.97 \times 6.47}\text{kPa} = 29.03\text{kPa}$$

作用在软弱下卧层顶面处的总压力为

$$\sigma_c + \sigma_{cz} = 29.03\text{kPa} + 70.7\text{kPa} = 99.73\text{kPa} < f_z = 149\text{kPa} \qquad （满足要求）$$

# 1.5  地基变形验算

一般来说，如果建筑物均匀下沉，那么即使沉降量较大，也不会对结构本身造成损坏，但可能影响到建筑物的正常使用，或使邻近建筑物倾斜，或导致与建筑物有联系的其他设施损坏。建筑物的地基变形计算值，不应大于地基变形允许值，既应满足式（1-3）的要求。

**1. 地基变形分类**

地基变形按其特征可分为沉降量、沉降差、倾斜、局部倾斜四种：

1）沉降量——单独基础中心点的沉降值或整幢建筑物基础的平均沉降值。

2）沉降差——相邻两个柱基的沉降量之差。

3）倾斜——基础倾斜方向两端点的沉降差与其距离的比值。

4）局部倾斜——砌体承重结构沿纵向 6～10m 内基础两点的沉降差与其距离的比值。

地基变形允许值的确定涉及许多因素，如建筑物的结构特点和具体使用要求、对地基不均匀沉降的敏感程度及结构强度储备等。《建筑地基基础设计规范》综合分析了国内外各类建筑物的有关资料，给出了表 1-7 所列的建筑物地基变形允许值。对表中未包括的建筑物，其地基变形允许值应根据上部结构对地基变形的适应能力和使用上的要求确定。

表 1-7　建筑物的地基变形允许值

| 变形特征 | | 地基土类别 | |
|---|---|---|---|
| | | 中、低压缩性土 | 高压缩性土 |
| 砌体承重结构基础的局部倾斜 | | 0.002 | 0.003 |
| 工业与民用建筑相邻柱基的沉降差<br>1）框架结构<br>2）砌体墙填充的边排柱<br>3）当基础不均匀沉降时不产生附加应力的结构 | | $0.002l$<br>$0.0007l$<br>$0.005l$ | $0.003l$<br>$0.001l$<br>$0.005l$ |
| 单层排架结构（柱距为 6m）柱基的沉降量/mm | | (120) | 200 |
| 桥式起重机轨面的倾斜<br>（按不调整轨道考虑） | 纵向 | 0.004 | |
| | 横向 | 0.003 | |
| 多层和高层建筑的整体倾斜 | $H_g \leqslant 24\text{m}$ | 0.004 | |
| | $24\text{m} < H_g \leqslant 60\text{m}$ | 0.003 | |
| | $60\text{m} < H_g \leqslant 100\text{m}$ | 0.0025 | |
| | $H_g > 100\text{m}$ | 0.002 | |
| 体型简单的高层建筑基础的平均沉降量/mm | | 200 | |
| 高耸结构基础的倾斜 | $H_g \leqslant 20\text{m}$ | 0.008 | |
| | $20\text{m} < H_g \leqslant 50\text{m}$ | 0.006 | |
| | $50\text{m} < H_g \leqslant 100\text{m}$ | 0.005 | |
| | $100\text{m} < H_g \leqslant 150\text{m}$ | 0.004 | |
| | $150\text{m} < H_g \leqslant 200\text{m}$ | 0.003 | |
| | $200\text{m} < H_g \leqslant 250\text{m}$ | 0.002 | |
| 高耸结构基础的沉降量/mm | $H_g \leqslant 100\text{m}$ | 400 | |
| | $100\text{m} < H_g \leqslant 200\text{m}$ | 300 | |
| | $200\text{m} < H_g \leqslant 250\text{m}$ | 200 | |

注：1. 本表数值为建筑物地基实际最终变形允许值。

　　2. 有括号者仅适用于中压缩性土。

　　3. $l$ 为相邻柱距的中心距离（mm）；$H_g$ 为自室外地面起算的建筑物高度（m）。

　　4. 倾斜指基础倾斜方向两端点的沉降差与其距离的比值。

　　5. 局部倾斜指砌体承重结构沿纵向 6～10m 内基础两点的沉降差与其距离的比值。

砌体承重结构对地基的不均匀沉降很敏感，其损坏主要是由于墙体挠曲引起局部出现斜裂缝，故砌体承重结构的地基变形由局部倾斜控制。

框架结构和单层排架结构主要因相邻柱基的沉降差使构件受剪扭曲而损坏，因此其地基变形由沉降差控制。

对于多层或高层建筑和高耸结构，整体刚度很大，可近似为刚性结构，其地基变形应由建筑物的整体倾斜值控制，必要时尚应控制平均沉降量。

在必要情况下，需要分别预估建筑物在施工期间和使用期间的地基变形值，以便预留建筑物有关部分之间的净空，选择连接方法和施工顺序。一般多层建筑物在施工期间完成的沉降量，对于砂土可认为其最终沉降量已完成 80% 以上，对于其他低压缩性土可认为已完成最终沉降量的 50% ~ 80%，对于中压缩性土可认为已完成 20% ~ 50%，对于高压缩性土可认为已完成 5% ~ 20%。

**2. 地基变形计算**

1）计算地基变形时，地基内的应力分布可采用各向同性均质线性变形体理论。其最终变形量可按下式计算

$$s = \psi_s s' = \psi_s \sum_{i=1}^{n} \frac{p_0}{E_{si}} (z_i \overline{\alpha}_i - z_{i-1} \overline{\alpha}_{i-1}) \tag{1-16}$$

式中　$s$——地基最终沉降量（mm）；

$s'$——按分层总和法计算出的地基变形量（mm）；

$\psi_s$——沉降计算经验系数，按地区沉降观测资料及经验采用，当缺乏地区经验时，可按表 1-8 采用；

$n$——沉降计算深度范围内所划分的地基土层数（见图 1-18）；

$p_0$——对应于荷载准永久组合时的基础底面处的附加压力（$kN/m^2$）；

$E_{si}$——基础底面下第 $i$ 层土的压缩模量（MPa），应取土的自重压力至土的自重压力与附加压力之和的压力段计算；

$z_i$、$z_{i-1}$——基础底面至第 $i$ 层土、第 $i-1$ 层土底面的距离（m）；

$\overline{\alpha}_i$、$\overline{\alpha}_{i-1}$——基础底面计算点至第 $i$ 层、第 $i-1$ 层土底面范围内平均附加应力系数，可按《建筑地基基础设计规范》的附录 K 采用。

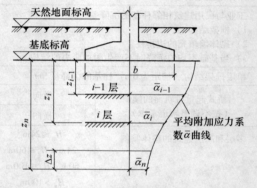

图 1-18　基础沉降计算的划分土层数

表 1-8　沉降计算经验系数 $\psi_s$

| $\overline{E}_s$/MPa 基底附加压力 | 2.5 | 4.0 | 7.0 | 15.0 | 20.0 |
|---|---|---|---|---|---|
| $p_0 \geq f_{ak}$ | 1.4 | 1.3 | 1.0 | 0.4 | 0.2 |
| $p_0 \leq 0.75 f_{ak}$ | 1.1 | 1.0 | 0.7 | 0.4 | 0.2 |

表 1-8 中 $\overline{E}_s$ 为变形计算深度范围内压缩模量的当量值，应按下式计算

$$\overline{E}_s = \frac{\sum A_i}{\sum \dfrac{A_i}{E_{si}}}$$

式中　$A_i$——第 $i$ 层土附加应力系数沿土层厚度的积分值。

2）地基变形计算深度 $z_n$（见图 1-18），应符合下式要求

$$\Delta s_n' \leqslant 0.025 \sum_{i=1}^{n} \Delta s_i' \tag{1-17}$$

式中　$\Delta s_i'$——在计算深度范围内，第 $i$ 层土的计算变形值（mm）；

　　　　$\Delta s_n'$——在由计算深度向上取厚度为 $\Delta z$ 的土层计算变形值（mm），$\Delta z$ 如图 1-18 所示，并按表 1-9 确定。

表 1-9　$\Delta z$

| $b/\mathrm{m}$ | $b \leqslant 2$ | $2 < b \leqslant 4.0$ | $4 < b \leqslant 8.0$ | $8 < b$ |
|---|---|---|---|---|
| $\Delta z/\mathrm{m}$ | 0.3 | 0.6 | 0.8 | 1.0 |

如确定的计算深度下部仍有较软土层时，应继续计算。

3）当无相邻荷载影响，基础宽度在 1～30m 范围内时，基础中点的地基变形计算深度也可按下列简化公式计算

$$z_n = b(2.5 - 0.4\ln b) \tag{1-18}$$

式中　$b$——基础宽度（m）。

在计算深度范围内存在基岩时，$z_n$ 可取至基岩表面；当存在较厚的坚硬黏性土层，其孔隙比小于 0.5、压缩模量大于 50MPa，或存在较厚的密实砂卵石层，其压缩模量大于 80MPa 时，$z_n$ 可取至该层土表面。

4）计算地基变形时，应考虑相邻荷载的影响，其值可按应力叠加原理，采用角点法计算。

5）当建筑物地下室基础埋置较深时，需要考虑开挖基坑地基土的回弹，该部分回弹变形量可按下式计算

$$s_c = \psi_c \sum_{i=1}^{n} \frac{p_c}{E_{ci}} (z_i \overline{\alpha}_i - z_{i-1} \overline{\alpha}_{i-1}) \tag{1-19}$$

式中　$s_c$——地基的回弹变形量（mm）；

　　　　$\psi_c$——考虑回弹影响的沉降计算经验系数，无经验时取 $\psi_c = 1$；

　　　　$p_c$——基础底面以上土的自重压力（kN/m²），地下水位以下应扣除浮力；

　　　　$E_{ci}$——基础底面下第 $i$ 层土的回弹压缩模量（MPa）。

6）在同一整体大面积基础上建有多栋高层和低层建筑，应该按照上部结构、基础与地基的共同作用进行变形计算。

如果地基变形计算值大于地基变形允许值，一般可以先考虑适当调整基础底面尺寸（如增大基底面积或调整基底形心位置）或埋深，如仍未满足要求，再考虑是否可从建筑、结构、施工诸方面采取有效措施以防止不均匀沉降对建筑物的损害，或改用其他地基基础设计方案。

# 1.6　地基稳定性验算

对于经常承受水平荷载作用的高层建筑、高耸结构，以及建造在斜坡上或边坡附近的建

筑物和构筑物，应对其地基进行稳定性验算。

在水平荷载和竖向荷载的共同作用下，基础可能和深层土层一起发生整体滑动破坏。这种地基破坏通常采用圆弧滑动面法进行验算，要求最危险的滑动面上诸力对滑动圆弧的圆心所产生的抗滑力矩 $M_R$ 与滑动力矩 $M_S$ 之比应符合下式要求

$$M_R/M_S \geq 1.2 \tag{1-20}$$

位于稳定土坡坡顶上的建筑，当垂直于坡顶边缘线的基础底面边长小于或等于 3m 时，其基础底面外边缘线至坡顶的水平距离（见图 1-19）应符合式（1-21a）或式（1-21b）的要求，但不得小于 2.5m。

条形基础　　$a \geq 3.5b - d/\tan\beta \tag{1-21a}$

矩形基础　　$a \geq 2.5b - d/\tan\beta \tag{1-21b}$

式中　$a$——基础底面外边缘线至坡顶的水平距离（m）；

$b$——垂直于坡顶边缘线的基础底面边长（m）；

$d$——基础埋置深度（m）；

$\beta$——边坡坡角。

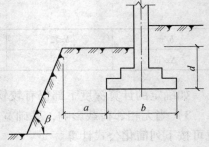

图 1-19　基础底面外边缘线至坡顶的水平距离示意

当基础底面外边缘线至坡顶的水平距离不满足式（1-21a）或式（1-21b）的要求时，可根据基底平均压力按式（1-20）确定基础距坡顶边缘的距离和基础埋深。

当边坡坡角大于 45°、坡高大于 8m 时，还应按式（1-20）验算坡体稳定性。

建筑物基础存在浮力作用时，应进行抗浮稳定性验算。对于简单的浮力作用情况，基础抗浮稳定性应符合下式要求

$$\frac{G_k}{N_{w,k}} \geq K_w \tag{1-22}$$

式中　$G_k$——建筑物自重及压重之和（kN）；

$N_{w,k}$——浮力作用值（kN）；

$K_w$——抗浮稳定性安全系数，一般情况下可取 1.05。

抗浮稳定性不满足设计要求时，可采用增加压重或设置抗浮构件等措施。在整体满足抗浮稳定性要求时，也可以采用增加结构刚度的措施。

# 1.7　减轻不均匀沉降危害的措施

建造在地基土上的建筑物，都会产生或多或少的沉降。均匀的沉降，不会引起建筑物的附加内应力；不均匀沉降，如果超过了允许限度，将导致建筑物倾斜、墙柱开裂、屋面漏水甚至破坏，影响建筑物的安全和使用。因此，如何防止或减轻不均匀沉降造成的损害，是设计中必须认真考虑的问题。解决这一问题的途径有两个：一是设法增强上部结构对不均匀沉降的适应能力；二是设法减少不均匀沉降量或总沉降量。通常采用的方法有以下几种：

1）采用柱下条形基础、筏形基础和箱形基础等，以减少地基不均匀沉降。

2）采用桩基或其他深基础，以减少总沉降量（不均匀沉降量相应减少）。

3）采用各种地基处理方法，以提高地基的承载力和压缩模量。

4）从地基、基础、上部结构相互作用的观点出发，在建筑、结构和施工中采取措施。

## 1.7.1　建筑措施

在满足使用和其他要求的前提下，建筑体型应力求简单。当建筑体型比较复杂时，宜根据其平面形状和高度差异情况，在适当部位用沉降缝将其划分成若干个刚度较好的单元；当高度差异或荷载差异较大时，可将两者隔开一定距离，当拉开距离后的两单元必须连接时，应采用能自由沉降的连接构造。

1）建筑物的下列部位，宜设置沉降缝。沉降缝应有足够的宽度，缝宽可按表 1-10 选用。

① 建筑平面的转折部位。

② 高度差异或荷载差异处。

③ 长高比过大的砌体承重结构或钢筋混凝土框架结构的适当部位。

④ 地基土的压缩性有显著差异处。

⑤ 建筑结构或基础类型不同处。

⑥ 分期建造房屋的交界处。

表 1-10　建筑物沉降缝宽度

| 建筑物层数 | 沉降缝宽度/mm |
|---|---|
| 二～三 | 50～80 |
| 四～五 | 80～120 |
| 五层以上 | 不小于 120 |

2）相邻建筑物基础之间应有一定的净距，可按表 1-11 选用。

表 1-11　相邻建筑物基础间的净距　　　　　　　　　　（单位：m）

| 　　　　　　　　　　被影响建筑的长高比<br>影响建筑的预估平均沉降量 s/mm | $2.0 \leqslant L/H_f < 3.0$ | $3.0 \leqslant L/H_f < 5.0$ |
|---|---|---|
| 70～150 | 2～3 | 3～6 |
| 160～250 | 3～6 | 6～9 |
| 260～400 | 6～9 | 9～12 |
| >400 | 9～12 | 不小于 12 |

注：1. 表中 $L$ 为建筑物长度或沉降缝分隔的单元长度（m）；$H_f$ 为自基础底面标高算起的建筑物高度（m）；
　　2. 当被影响建筑的长高比为 $1.5 \leqslant L/H_f < 2.0$ 时，其间隔净距可适当缩小。

3）相邻高耸结构或对倾斜要求严格的构筑物的外墙间隔距离，应根据倾斜允许值计算确定。

4）建筑物各组成部分的标高，应根据可能产生的不均匀沉降采取下列相应措施：

① 室内地坪和地下设施的标高，应根据预估沉降量予以提高。建筑物各部分（或设备之间）有联系时，可将沉降较大者标高提高。

② 建筑物与设备之间，应留有净空。当建筑物有管道穿过时，应预留孔洞，或采用柔性的管道接头等。

## 1.7.2　结构措施

1）为减少建筑物沉降和不均匀沉降，可采用下列措施：

① 选用轻型结构，减轻墙体自重，采用架空地板代替室内填土。

② 设置地下室或半地下室，采用覆土少、自重轻的基础形式。

③ 调整各部分的荷载分布、基础宽度或埋置深度。

④ 对不均匀沉降要求严格的建筑物，可选用较小的基底压力。

2）对于建筑体型复杂、荷载差异较大的框架结构，可采用箱形基础、桩基、筏形基础等加强基础整体刚度，减少不均匀沉降。

3）对于砌体承重结构的房屋，宜采用下列措施增强整体刚度和强度：

① 对于三层和三层以上的房屋，其长高比 $L/H_f$ 宜小于或等于 2.5；当房屋的长高比为 $2.5 < L/H_f ≤ 3.0$ 时，宜做到纵墙不转折或少转折，并应控制其内横墙间距或增强基础刚度和强度。当房屋的预估最大沉降量小于或等于 120mm 时，其长高比可不受限制。

② 墙体内宜设置钢筋混凝土圈梁或钢筋砖圈梁。

③ 在墙体上开洞时，宜在开洞部位配筋或采用构造柱及圈梁加强。

4）圈梁应按下列要求设置：

① 在多层房屋的基础和顶层处宜各设置一道，其他各层可隔层设置，必要时也可层层设置。单层工业厂房、仓库，可结合基础梁、连系梁、过梁等酌情设置。

② 圈梁应设置在外墙、内纵墙和主要内横墙上，并宜在平面内连成封闭系统。

## 1.7.3　施工措施

1）遵照先重（高）后轻（低）的施工程序。

2）注意堆载、沉桩和降水等对邻近建筑物的影响。

3）注意保护坑底土体的原状结构。

# 复 习 题

[1-1]　什么是地基、基础？什么是天然地基、人工地基？

[1-2]　简述扩展基础的特点。

[1-3]　地基基础设计考虑的因素包括哪些？

[1-4]　试述无筋扩展基础和钢筋混凝土扩展基础的区别。

[1-5]　按构造基础分哪几类？

[1-6]　何谓基础的埋置深度？影响基础埋深的因素有哪些？

[1-7]　确定地基承载力的方法有哪些？

[1-8]　基底压力如何计算？

[1-9]　简述确定基础底面尺寸的主要思路。

[1-10]　何谓软弱下卧层？验算软弱下卧层的要点有哪些？

[1-11]　什么情况下需进行地基变形验算？地基变形按其特征可分为哪几种？

[1-12]　简述地基稳定性验算的要点。

[1-13]　减小地基不均匀沉降的措施有哪些？

[1-14]　某框架结构采用柱下单独基础。地基土表层为人工填土，天然重度 $\gamma_1 = 17.4kN/m^3$，厚度

0.6m；第二层为黏土，$\gamma_2 = 18.2kN/m^3$，孔隙比 $e = 0.80$，液性指数 $I_L = 0.65$，厚度 8.0m，地基承载力特征值 $f_{ak} = 180kN/m^2$。基础埋深 1.8m，试确定修正后的地基承载力特征值 $f_a$。

　　[1-15]　某条形基础基底宽度 $b = 1.6m$，基础埋深 2.0m，地基土为粉质黏土，内摩擦角标准值 $\varphi_k = 20°$，黏聚力标准值 $c_k = 1.2kN/m^2$，地基土的重度 $\gamma = 18.0kN/m^3$，地下水位位于地面下 1.5m 处。试求由土的抗剪强度指标确定的地基承载力特征值 $f_a$。

　　[1-16]　某办公楼上部结构传至内墙基础顶面的相应于荷载标准组合的竖向荷载 $F_k = 190kN/m$，基础埋深 1.5m，地基持力层为黏性土，地基土重度 $\gamma = 18.3kN/m^3$，孔隙比 $e = 0.78$，液性指数 $I_L = 0.62$，地基承载力特征值 $f_{ak} = 190kN/m^2$。试确定基础底面宽度。

　　[1-17]　某框架结构柱下单独基础，相应于荷载标准组合时，上部传来竖向荷载 $F_k = 1250kN$，基础埋深 2.0m，地基持力层为黏性土，地基土重度 $\gamma = 18.6kN/m^3$，孔隙比 $e = 0.82$，液性指数 $I_L = 0.70$，地基承载力特征值 $f_{ak} = 220kN/m^2$。试确定基础底面尺寸。

　　[1-18]　某柱下钢筋混凝土单独基础，相应于荷载标准组合时，上部结构传至基础顶面的竖向力为 $F_k = 1400kN$，作用于基础底面的力矩 $M_k = 130kN \cdot m$，基础埋深 2.2m。地基土为厚度较大粉土，密实且黏粒含量 $\rho_c = 9\%$，地基承载力特征值 $f_{ak} = 240kN/m^2$，土的重度 $\gamma = 17.6kN/m^3$。试确定基础底面尺寸。

　　[1-19]　某柱下钢筋混凝土单独基础，基底尺寸为 1.8m × 2.2m，基础埋深 1.6m，相应于荷载标准组合时，上部结构传至基础顶面的竖向力为 $F_k = 600kN$，作用于基础底面的力矩 $M_k = 240kN \cdot m$，地基土为黏土，重度 $\gamma = 18.9kN/m^3$，孔隙比 $e = 0.80$，液性指数 $I_L = 0.75$，地基承载力特征值 $f_{ak} = 170kN/m^2$。试验算该柱基底面压力是否符合要求。

　　[1-20]　某柱下钢筋混凝土单独基础，基底尺寸为 2.5m × 3.0m，基础埋深 1.4m，相应于荷载标准组合时，上部结构传至基础顶面的竖向力为 $F_k = 750kN$，作用于基础底面的力矩 $M_k = 150kN \cdot m$。地基土分三层：表层为杂填土，重度 $\gamma_1 = 15.6kN/m^3$，压缩模量 $E_{s1} = 2.8MPa$，厚度 1.4m；第二层为粉质黏土，重度 $\gamma_2 = 18.2kN/m^3$，压缩模量 $E_{s2} = 7.8MPa$，地基承载力特征值 $f_{ak} = 190kN/m^2$，厚度 2.5m；第三层为淤泥质黏土，压缩模量 $E_{s2} = 2.6MPa$，地基承载力特征值 $f_{ak} = 80kN/m^2$，厚度 12.5m。试验算持力层与软弱下卧层的承载力能否满足要求。

# 第2章 扩展基础

## 2.1 概述

浅基础是一个承上启下的结构，其上为上部结构，其下为支承基础的土层即地基，上部结构的荷载通过基础传递至地基。浅基础除受到来自上部结构的荷载作用外，同时还受到地基反力的作用，其截面内力（弯矩、剪力、扭矩等）是这两种荷载共同作用的结果。

根据浅基础的建造材料不同，其结构设计的内容也有所不同。由砖、石、素混凝土等材料建造的无筋扩展基础，又称刚性基础，因其截面抗压强度高而抗拉、抗剪强度低，在进行设计时采用控制基础宽高比的方法使基础主要承受压应力，并保证基础内产生的拉应力和剪应力都不超过材料强度的设计值。由钢筋混凝土材料建造的钢筋混凝土扩展基础，其截面的抗拉、抗剪强度较高，基础的形状布置也比较灵活，截面设计验算的内容主要包括基础底面尺寸、截面高度和截面配筋等。钢筋混凝土扩展基础的基底面积通常根据地基承载力和对沉降及不均匀沉降的要求确定，基础高度由混凝土的抗剪条件确定，基础受力钢筋的配置则由基础验算截面的抗弯能力确定。

地基土压力或基底反力在用于不同的计算目的时，其取值应有所区别。在确定基础底面尺寸或计算基础沉降时，应考虑设计地面以下基础及其上覆土重力的作用，而在进行基础截面设计（基础高度的确定、基础截面配筋）时，应采用不计基础与上覆土重力作用的地基净反力计算。

基底反力的分布假设是基础内力计算的前提，应根据基础形式和地基条件等合理确定。对墙下条形基础和柱下单独基础，基底反力通常采用直线分布。对柱下条形基础和筏形基础等，当地基持力层土质均匀，上部结构刚度较好，各柱距相差不大，柱荷载分布较均匀时，基底反力可认为符合直线分布，基础梁的内力可按简化的直线分布法计算。当不满足上述条件时，宜按弹性地基梁法计算。

在目前工程设计中，通常把上部结构与地基基础分离开来进行计算，即视上部结构底端为固定支座或固定铰支座，不考虑荷载作用下各墙柱端部的相对位移，并按此进行内力分析，这种分析与设计方法称为常规设计法。实际上地基、基础和上部结构之间是互相影响、互相制约的，基础内力和地基变形除与基础刚度、地基土性质等有关外，还与上部结构的荷载和刚度有关。它们在荷载作用下一般满足变形协调条件，即原来互相连接或接触的部位，在各部分荷载、位移和刚度的综合影响下，一般仍然保持连接或接触，如墙柱底端的位移与该处基础的变位及地基表面的沉降三者相一致。这种考虑上部结构与地基基础相互影响并满足变形协调条件的设计方法称为共同作用设计方法，它是今后地基基础设计的发展方向。共同作用设计方法已取得许多成果，但尚未推广使用于工程设计中，对重要工程可用其理论指导分析和设计，而一般的工程中使用的还是常规设计法，故本章主要介绍浅基础的常规设计法。

## 2.2　无筋扩展基础

### 2.2.1　无筋扩展基础的设计原则

　　由于无筋扩展基础通常是由砖、块石、毛石、素混凝土、三合土和灰土等材料建造而成的，这些材料具有抗压强度高而抗拉、抗剪强度低的特点，所以在进行无筋扩展基础设计时必须使基础主要承受压应力，并保证基础内产生的拉应力和剪应力都不超过材料强度的设计值。具体设计中主要通过对基础的外伸宽度与基础高度的比值进行验算来实现。同时，其基础宽度还应满足地基承载力的要求。

### 2.2.2　无筋扩展基础的构造要求

　　根据建造材料的不同，无筋扩展基础可分为砖基础、毛石基础、三合土基础、灰土基础、混凝土基础和毛石混凝土基础等。在设计无筋扩展基础时应按其材料特点满足相应的构造要求。

　　（1）砖基础　砖基础采用的砖强度等级应不低于 MU10，砂浆强度等级应不低于 M5，在地下水位以下或地基土潮湿时应采用水泥砂浆砌筑。基础底面以下一般先做 100mm 厚的混凝土垫层，混凝土强度等级不宜低于 C10。

　　（2）毛石基础　毛石基础采用的材料为未加工或仅稍作修整的未风化的硬质岩石，其高度一般不小于 200mm。当毛石形状不规则时，其高度应不小于 150mm，砂浆强度等级应不低于 M5。

　　（3）三合土基础　三合土基础由石灰、砂和骨料（矿渣、碎砖或碎石）加适量的水充分搅拌均匀后，铺在基槽内分层夯实而成。三合土的配合比（体积比）为 1∶2∶4 或 1∶3∶6，在基槽内每层虚铺约 220mm，夯实至 150mm。

　　（4）灰土基础　灰土基础由熟化后的石灰和黏土按比例拌和并夯实而成。常用的配合比（体积比）有 3∶7 和 2∶8，铺在基槽内分层夯实，每层虚铺 220～250mm，夯实至 150mm。其最小干密度要求为：粉土 1.55t/m³，粉质黏土 1.50t/m³，黏土 1.45t/m³。

　　（5）混凝土基础和毛石混凝土基础　混凝土基础一般采用 C15 以上的素混凝土做成。毛石混凝土基础是在混凝土基础中埋入 25%～30%（体积比）的毛石形成，且用于砌筑的石块直径不宜大于 300mm。

### 2.2.3　无筋扩展基础的设计计算步骤

　　1）初步选定基础高度 $H$。混凝土基础的高度 $H$ 不宜小于 200mm，一般为 300mm。对于三合土基础和灰土基础，基础高度 $H$ 应为 150mm 的倍数。砖基础的高度应符合砖的模数，标准砖的规格为 240mm × 115mm × 53mm，八五砖的规格为 220mm × 105mm × 43mm。在布置基础剖面时，大放脚的每皮宽度和高度：标准砖为 60mm 和 120mm，八五砖为 55mm 和 110mm。

　　2）基础宽度 $b$ 的确定。先根据地基承载力初步确定基础宽度，再按下式进一步验算

$$b \leqslant b_0 + 2H_0 \tan\alpha \tag{2-1}$$

式中　　$b_0$——基础顶面的砌体宽度（m），如图 2-1 所示；

　　　　$H_0$——基础高度（m）；

　　　　$\tan\alpha$——基础台阶宽高比，$\tan\alpha = b_2/H_0$，$\alpha$ 称为刚性角，$\tan\alpha$ 的允许值按表 2-1 选用；

　　　　$b_2$——基础的外伸长度（m）。

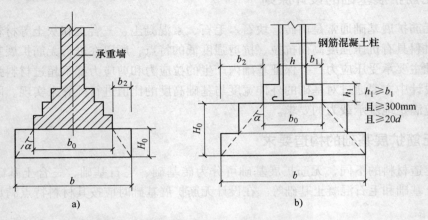

图 2-1　无筋扩展基础构造示意（$d$ 为柱中纵筋直径）

　　如验算符合要求，则可采用原先选定的基础宽度和高度，否则应调整基础高度重新验算，或改用刚性角比较大的材料做基础，直至满足要求为止。如仍不能满足，则需改用钢筋混凝土基础。

表 2-1　无筋扩展基础台阶宽高比的允许值

| 基础材料 | 质量要求 | 台阶高宽比的允许值 | | |
|---|---|---|---|---|
| | | $p_k \leqslant 100$ | $100 < p_k \leqslant 200$ | $200 < p_k \leqslant 300$ |
| 混凝土基础 | C15 混凝土 | 1:1.00 | 1:1.00 | 1:1.25 |
| 毛石混凝土基础 | C15 混凝土 | 1:1.00 | 1:1.25 | 1:1.50 |
| 砖基础 | 砖不低于 MU10、砂浆不低于 M5 | 1:1.50 | 1:1.50 | 1:1.50 |
| 毛石基础 | 砂浆不低于 M5 | 1:1.25 | 1:1.50 | — |
| 灰土基础 | 体积比为 3:7 或 2:8 的灰土，其最小干密度：粉土 1.55t/m³，粉质黏土为 1.50t/m³，黏土为 1.45t/m³ | 1:1.25 | 1:1.50 | |
| 三合土基础 | 体积比 1:2:4 ~ 1:3:6（石灰：砂：骨料），每层约虚铺 220mm，夯至 150mm | 1:1.50 | 1:2.00 | — |

注：1. $p_k$ 为荷载标准组合时基础底面处的平均压力值（kPa）。
　　2. 阶梯形毛石基础的每阶伸出宽度，不宜大于 200mm。

　　3）当无筋扩展基础由不同材料叠合而成时，应对叠合部分作抗压验算。

　　4）对混凝土基础，当基础底面平均压力超过 300kPa 时，尚应对台阶高度变化处的断面进行抗剪验算，验算公式如下

$$V \leqslant 0.7\beta_{hs} f_t A \qquad (2\text{-}2)$$

$$\beta_{hs} = (800/h)^{1/4} \qquad (2\text{-}3)$$

式中 $\beta_{hs}$——截面高度影响系数, $h < 800\text{mm}$ 时, 取 $800\text{mm}$, $h > 2000\text{mm}$ 时, 取 $2000\text{mm}$;

  $h$——翼板的高度 (mm);

  $f_t$——混凝土的抗拉强度设计值 (N/mm²);

  $A$——台阶高度变化处的剪切断面面积 (mm²)。

5) 采用无筋扩展基础的钢筋混凝土柱, 其柱脚高度 $h_1$ 不得小于 $b_1$ (见图 2-1), 并不应小于 $300\text{mm}$ 且不小于 $20d$。当柱纵向钢筋在柱脚内的竖向锚固长度不满足锚固要求时, 可沿水平方向弯折, 弯折后的水平锚固长度不应小于 $10d$, 也不应大于 $20d$, $d$ 为柱中纵向受力钢筋的最大直径。

[例 2-1] 如图 2-2 所示, 某承重砖墙混凝土基础如图 2-2 所示, 基础埋深为 1.5m, 相应于荷载基本组合时, 上部结构传来的轴向压力 $N = 200\text{kN/m}$。持力层为粉质黏土, 其天然重度 $\gamma = 17.5\text{kN/m}^3$, 孔隙比 $e = 0.843$, 液性指数 $I_L = 0.76$, 地基承载力特征值 $f_{ak} = 160\text{kPa}$, 地下水位在基础底面以下。试设计此基础。

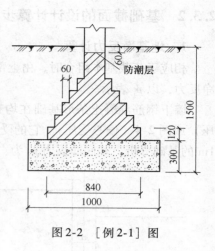

图 2-2 [例 2-1] 图

**解:** (1) 修正后的地基承载力特征值的确定

按基础宽度 $b$ 小于 3m 考虑, 不作宽度修正。由于该土的孔隙比及液性指数均小于 0.85, 查表 1-4, 得 $\eta_d = 1.6$, 故

$$f_a = f_{ak} + \eta_d \gamma_m (d - 0.5) = 160\text{kPa} + 1.6 \times 17.5 \times (1.5 - 0.5)\text{kPa} = 188.0\text{kPa}$$

(2) 按承载力要求初步确定基础宽度

$$b_{min} = \frac{N_k}{f_a - \gamma_G d} = \frac{200/1.35}{188 - 20 \times 1.5}\text{m} = 0.94\text{m}$$

初步选定基础宽度为 1.0m。

(3) 基础剖面布置

初步选定基础高度 $H = 0.3\text{m}$。大放脚采用标准砖砌筑, 每皮宽度 $b_1 = 60\text{mm}$, $h_1 = 120\text{mm}$, 共砌五皮, 大放脚的底面宽度 $b_0 = 240\text{mm} + 2 \times 5 \times 60\text{mm} = 840\text{mm}$, 如图 2-2 所示。

(4) 按台阶的宽高比要求验算基础的宽度

基础采用 C15 素混凝土, 而基底的平均压力为

$$p_k = \frac{N_k + G_k}{A} = \frac{200/1.35 + 20 \times 1.0 \times 1.0 \times 1.5}{1.0 \times 1.0}\text{kPa} = 178\text{kPa} < f_a$$

查表 2-1 得台阶的允许宽高比 $\tan\alpha = b_2/H = 1.0$, 由式 (2-1) 可得

$$b \leq b_0 + 2H\tan\alpha = 0.84\text{m} + 2 \times 0.3 \times 1.0\text{m} = 1.44\text{m}$$

取基础宽度为 1.0m 满足设计要求。

# 2.3 墙下钢筋混凝土条形基础

## 2.3.1 墙下钢筋混凝土条形基础的设计原则

墙下钢筋混凝土条形基础的内力计算一般可按平面应变问题处理, 在长度方向可取单位

长度计算。截面设计验算的内容主要包括基础底面宽度和基础的高度及基础底板配筋等。基底宽度应根据地基承载力要求确定，基础高度由混凝土的抗剪能力确定，基础底板的受力钢筋配筋则由基础验算截面的抗弯能力确定。

### 2.3.2　基础截面的设计计算步骤

#### 1. 地基净反力计算

相应于荷载基本组合时，由上部结构传至基础顶面的荷载所产生的基底反力，称为基底净反力，以 $p_j$ 表示。

墙下钢筋混凝土条形基础在均布线荷载 $F$ 作用下的受力分析可简化为图 2-3（轴心受压）或图 2-4（偏心受压）。它的受力如同一受 $F$ 作用的倒置悬臂梁。取沿墙长度方向 $l = 1\text{m}$ 的基础分析，基底净反力 $p_j$ 为

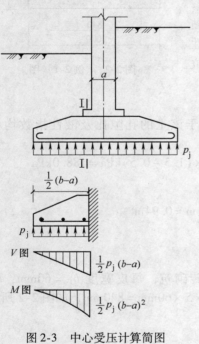

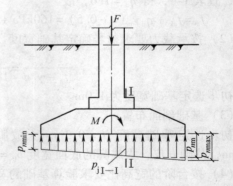

图 2-3　中心受压计算简图　　　　　图 2-4　偏心受压计算简图

轴心荷载

$$p_j = \frac{F}{b} \tag{2-4}$$

偏心荷载（当偏心距 $e \leqslant b/6$ 时）

$$p_{j\,\min}^{\max} = \frac{F}{b} \pm \frac{6M}{b^2} \tag{2-5}$$

式中　$p_j$——相应于荷载基本组合时的平均基底净反力（kPa）；

　　　$p_{j\,\min}^{\max}$——相应于荷载基本组合时的最大、最小基底净反力（kPa）；

　　　$F$——相应于荷载基本组合时的上部结构传至基础顶面的荷载值（kN/m）；

　　　$b$——墙下钢筋混凝土条形基础的宽度（m）。

**2. 基础高度的确定**

在 $p_j$ 作用下，基础悬臂板根部产生的弯矩和剪力最大，取该处为基础验算截面 I。

基础验算截面 I 的剪力设计值 $V_I$ 为

轴心荷载

$$V_I = p_j b_I = \frac{b_I}{b} F \tag{2-6}$$

偏心荷载

$$V_I = \frac{b_I}{2b} \big[ (2b - b_I) p_{jmax} + b_I p_{jmin} \big] \tag{2-7}$$

式中　$b_I$——验算截面 I 距基础边缘的距离（m）。

当墙体材料为混凝土时，验算截面I在墙脚处，等于基础边缘至墙脚的距离 $(b-a)/2$；当墙体材料为砖墙、且墙脚伸出不大于 1/4 砖长时，验算截面I在墙面处，$b_I = (b-a)/2 + 1/4$ 砖长。

基础内不配箍筋和弯筋，故基础底板有效厚度 $h_0$ 由混凝土的抗剪切条件确定，即

$$V \leq 0.7 \beta_{hs} f_t h_0 \tag{2-8}$$

$$\beta_{hs} = (800/h_0)^{1/4} \tag{2-9}$$

式中　$\beta_{hs}$——截面高度影响系数，$h_0 < 800mm$ 时，取 $800mm$，$h_0 > 2000mm$ 时，取 $2000mm$；

　　　$h_0$——翼板的有效高度（mm）；

　　　$f_t$——混凝土的轴心抗拉强度设计值（N/mm$^2$）。

基础高度 $h$ 为有效高度 $h_0$ 加上混凝土保护层厚度（有垫层不小于 40mm，无垫层不小于 70mm）和 1/2 倍的钢筋直径。设计时，可初选基础高度 $h = b/8$。

**3. 基础底板的配筋**

轴心荷载和偏心荷载作用下，基础验算截面 I 的弯矩设计值 $M_I$ 可按下式计算

$$M_I = \frac{1}{2} V_I b_I \tag{2-10}$$

每延米墙长的受力钢筋截面面积为

$$A_s = \frac{M_I}{0.9 f_y h_0} \tag{2-11}$$

式中　$M_I$——相应于荷载基本组合时，基础验算截面 I 的弯矩值（kN·m/m）；

　　　$A_s$——钢筋截面面积（mm$^2$）；

　　　$f_y$——钢筋抗拉强度设计值（N/mm$^2$）。

## 2.3.3　墙下条形基础的构造要求

墙下条形基础一般采用锥形截面，其边缘高度一般不宜小于 200mm，坡度 $i \leq 1:3$。基础高度小于 250mm 时，也可做成等厚度板。

基础混凝土的强度等级不应低于 C20。基底下宜设 C10 素混凝土垫层，垫层厚度不宜小于 70mm，一般可取 100mm，两边伸出基础底板不小于 50mm，一般为 100mm。

墙下条形基础受力钢筋的最小配筋率不应小于 0.15%，底板受力钢筋的最小直径不应小于 10mm，间距不应大于 200mm，也不应小于 100mm。底板纵向分布钢筋直径不应小于 8mm，间距不应大于 300mm，每延米分布钢筋的面积不应小于受力钢筋面积的 15%。当有垫层时，钢筋保护层厚度不应小于 40mm，无垫层时不应小于 70mm。

墙下条形基础底板在 T 形与十字形交接处，横向受力钢筋仅沿一个主要受力方向通长布置，另一方向的横向受力钢筋可布置到主要受力方向底板宽度 1/4 处。在拐角处横向受力钢筋应沿两个方向布置，如图 2-5 所示。

当地基软弱时，为了减小不均匀沉降的影响，基础截面可采用带肋梁的板，肋梁的纵向钢筋和箍筋按经验确定，如图 2-6 所示。

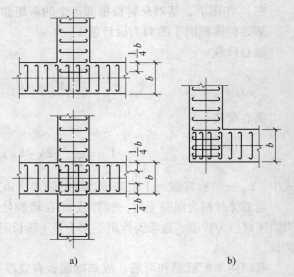

图 2-5　条形基础底板受力钢筋布置示意图

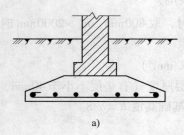
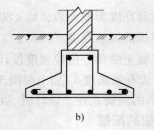

图 2-6　墙下钢筋混凝土条形基础
a) 无肋式　b) 有肋式

[**例 2-2**]　某教学楼外墙基础采用钢筋混凝土条形基础，如图 2-7 所示。相应于荷载标准组合时，作用于基础顶面的竖向荷载 $F_k = 220\text{kN}$，基础埋深 $d = 0.8\text{m}$（从室外地面算起），

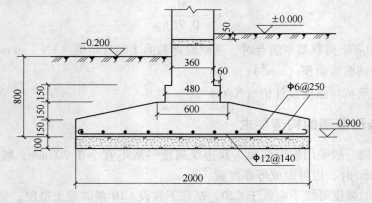

图 2-7　基础尺寸及配筋图

修正后的地基承载力特征值 $f_a = 180\text{kPa}$，混凝土采用 C20（$f_t = 1.1\text{N/mm}^2$），钢筋采用 HPB300 级（$f_y = 270\text{N/mm}^2$），试设计该基础。

**解：**（1）预估基础宽度

$$b = \frac{F_k}{f_a - \gamma_G d} = \frac{220}{180 - 20 \times 0.8}\text{m} = 1.34\text{m}$$

取 $b = 2.0\text{m}$。

（2）计算基底净反力

$$p_j = \frac{F}{b} = \frac{1.35 F_k}{b} = \frac{1.35 \times 220}{2.0}\text{kN/m} = 148.5\text{kN/m}$$

基础截面尺寸如图 2-7 所示。

（3）计算悬臂部分最大弯矩和剪力

$$M = \frac{1}{2}p_j b_1^2 = \frac{1}{2} \times 148.5 \times \left(1.0 - \frac{0.36}{2}\right)^2 \text{kN} \cdot \text{m} = 49.93\text{kN} \cdot \text{m}$$

$$V = p_j b_1 = 148.5 \times \left(1.0 - \frac{0.36}{2}\right)\text{kN} = 121.77\text{kN}$$

（4）确定基础高度

按经验公式 $h = \dfrac{b}{8}$，求得 $h = \dfrac{2.0}{8}\text{m} = 0.25\text{m}$。取 $h = 0.3\text{m}$，$h_0 = (0.3 - 0.04)\text{m} = 0.26\text{m}$。

（5）抗剪验算

$$0.7\beta_{hs} h_0 f_t = 0.7 \times 1.0 \times 0.26 \times 1.1 \times 10^3 \text{kN} = 200.2\text{kN} > V = 121.77\text{kN}$$

（6）配筋计算

$$A_s = \frac{M}{0.9 h_0 f_y} = \frac{49.93}{0.9 \times 0.26 \times 270 \times 10^3} \times 10^6 \text{mm}^2 = 790.28\text{mm}^2$$

选用Φ12@140mm（$A_s = 808\text{mm}^2$），分布筋选用Φ6@250mm。

**[例2-3]** 某厂房采用钢筋混凝土条形基础，墙厚240mm，相应于荷载基本组合时，上部结构传至基础顶部的竖向荷载 $F = 300\text{kN/m}$，弯矩 $M = 28.0\text{kN} \cdot \text{m/m}$，如图 2-8 所示。条形基础底面宽度 $b$ 已由地基承载力条件确定为 2.0m。试设计此基础的高度并进行底板配筋。

**解：**选用混凝土的强度等级为 C20，查附表 1 得 $f_t = 1.1\text{MPa}$，采用 HPB300 级钢筋，查附表 2 得 $f_y = 270\text{MPa}$。

（1）基础边缘处的最大和最小基底净反力

$$p_{j\min}^{\max} = \frac{F}{b} \pm \frac{6M}{b^2} = \frac{300}{2.0}\text{kPa} \pm \frac{6 \times 28.0}{2.0^2}\text{kPa} = \frac{192.0}{108.0}\text{kPa}$$

（2）验算截面 I 距基础边缘的距离

$$b_I = \frac{1}{2} \times (2.0 - 0.24)\text{m} = 0.88\text{m}$$

（3）验算截面的剪力设计值

$$V_I = \frac{b_I}{2b}\left[(2b - b_I)p_{j\max} + b_I p_{j\min}\right]$$

$$= \frac{0.88}{2 \times 2.0} \big[ (2 \times 2.0 - 0.88) \times 192.0 + 0.88 \times 108.0 \big] kN/m$$

$$= 152.7 kN/m$$

（4）基础的计算有效高度

$$h_0 \geq \frac{V_I}{0.07 \beta_{hs} f_t} = \frac{152.7}{0.07 \times 1.0 \times 1.1} mm = 198.3 mm$$

基础边缘高度取 200mm，基础高度 $h$ 取 350mm，有效高度 $h_0 = 350mm - 40mm = 310mm >$ 198.3mm，合适。

（5）基础验算截面的弯矩设计值

$$M_I = \frac{1}{2} V_I b_I = \frac{1}{2} \times 152.7 \times 0.88 kN \cdot m/m = 67.2 kN \cdot m/m$$

（6）基础每延米的受力钢筋截面面积

$$A_s = \frac{M_I}{0.9 f_y h_0} = \frac{67.2}{0.9 \times 270 \times 310} \times 10^6 mm^2 = 892.08 mm^2$$

选配受力钢筋 Φ14@170，$A_s = 905 mm^2$，沿垂直于砖墙长度的方向配置。在砖墙长度方向配置 Φ8@250 的分布钢筋。基础配筋图如图 2-8 所示。

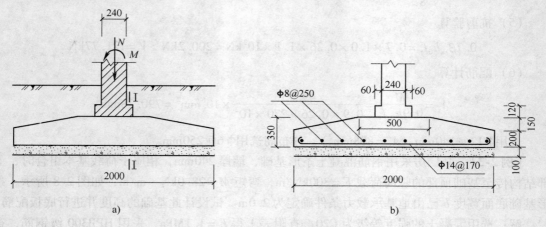

图 2-8　［例 2-3］图

a）墙下条形基础计算简图　b）墙下条形基础配筋图

# 2.4　柱下单独基础

## 2.4.1　柱下单独基础的设计计算

与墙下条形基础一样，在进行柱下单独基础的设计时，一般先由地基承载能力确定基础的底面尺寸，然后再进行基础截面的设计验算。基础截面设计验算的主要内容包括基础截面的抗冲切验算和纵、横方向的抗弯验算，并由此确定基础的高度和底板纵、横方向的配筋量。

**1. 基础截面的抗冲切验算与基础高度的确定**

（1）轴心荷载作用　柱在轴心荷载作用下，如果基础高度（或阶梯高度）不足，则将沿着柱周边（或阶梯高度变化处）产生冲切破坏，如图 2-9 所示，形成 45°斜裂面的角锥体，如图 2-10 中虚线所示。因此，由冲切破坏锥体以外的基底净反力所产生的冲切力应小于冲切面处混凝土的抗冲切能力。对于矩形基础，柱短边一侧冲切破坏较长边一侧危险，所以，只需根据短边一侧的冲切破坏来确定基础高度。设计时可先假设一个基础高度 $h$，然后按式（2-12）验算抗冲切能力，当不满足要求时，可适当增加基础高度 $h$ 后重新验算，直至满足要求为止。

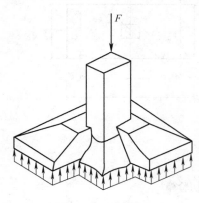

图 2-9　冲切破坏

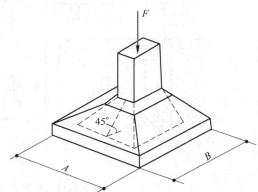

图 2-10　冲切角锥体

在柱与基础交接处及基础变阶处的冲切强度可按下式计算

$$F_l \leqslant 0.7\beta_{hp}f_t b_m h_0 \tag{2-12}$$
$$b_m = (b_t + b_b)/2 \tag{2-13}$$
$$F_l = p_j A_l \tag{2-14}$$

式中　$F_l$——相应于荷载基本组合时，底板承受的冲切力设计值，为基底净反力乘以图 2-11 所示阴影部分面积（kN）；

$\beta_{hp}$——受冲切承载力截面高度影响系数，$h_0 < 800mm$ 时，取 1.0，$h_0 \geqslant 2000mm$ 时，取 0.9，其间按线性内插法取用；

$f_t$——混凝土轴心抗拉强度设计值（$kN/m^2$）；

$h_0$——冲切破坏锥体的有效高度（m）；

$b_m$——冲切破坏锥体最不利一侧计算长度（m）；

$b_t$——冲切破坏锥体最不利一侧斜截面的上边长（m），当计算柱与基础交接处的受冲切承载力时，取柱宽，即 $b_t = b_0$，当计算基础变阶处的受冲切承载力时，取上阶宽；

$b_b$——冲切破坏锥体最不利一侧斜截面在基础底面积范围内的下边长（m），当冲切破坏锥体的底面落在基础底面以内（见图 2-10a），计算柱与基础交接处的受冲切承载力时，取柱宽加两倍基础有效高度，即 $b_b = b_0 + 2h_0$，当计算基础变阶处的受冲切承载力时，取上阶宽加两倍基础有效高度，当冲切破坏锥体的底面在 $b$ 方向落在基础底面以外，即 $b_0 + 2h_0 > b$ 时（见图 2-10b），$b_b = b$；

$p_j$——相应于荷载基本组合时，基底净反力设计值（kPa），对偏心受压基础可取基础边缘处最大基底净反力；

$A_l$——冲切验算时取用的基底面积（见图2-11a中的阴影面积 $ABCDEF$）（m²）。

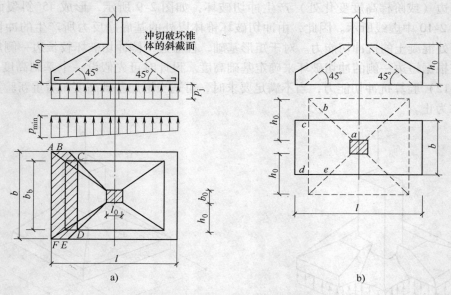

图 2-11　柱下单独基础的抗冲切验算

$A_l$ 的计算，按冲切破坏锥体的底边是否落在基础底面积之内，方法如下：设基础底面短边和长边长度为 $b$ 和 $l$，柱截面的宽度和长度为 $b_0$ 和 $l_0$。

1）当 $b \geqslant b_0 + 2h_0$ 时（见图2-11a），冲切破坏锥体的底面落在基础底面范围之内，验算柱与基础交接处冲切强度时

$$A_l = \left( \frac{l}{2} - \frac{l_0}{2} - h_0 \right)b - \left( \frac{b}{2} - \frac{b_0}{2} - h_0 \right)^2 \tag{2-15}$$

2）当 $b < b_0 + 2h_0$ 时（见图2-11b），冲切破坏锥体的底面在 $b$ 方向落在基础底面范围之外，验算柱与基础交接处冲切强度时

$$A_l = \left( \frac{l}{2} - \frac{l_0}{2} - h_0 \right)b \tag{2-16}$$

3）当 $b < b_0 + 2h_0$，$l < l_0 + 2h_0$ 时，冲切破坏锥体的底面全部落在基础底面范围之外，则不会产生冲切破坏，不必作冲切验算。

（2）偏心荷载作用　计算方法同轴心荷载作用，仅需将 $p_j$ 以基底最大设计净反力 $p_{jmax}$ 代替即可（偏于安全）。

当基础剖面为阶梯形时，除可能在柱子周边开始沿45°斜面拉裂形成冲切角锥体外，还可能从变阶处开始沿45°斜面拉裂。因此，还应验算变阶处的有效高度 $h_{01}$。验算方法与上述基本相同，仅需将 $b_0$ 和 $l_0$ 分别换成变阶处相应的台阶宽度 $b_1$ 和长度 $l_1$ 即可。

如果从柱边起的45°斜截面线位于变阶处起的45°斜截面线以外，则仅需进行变阶处验算，否则就要进行柱与基础交接处以及变阶处的冲切验算。

**2. 基础内力计算和配筋**

（1）轴心荷载作用内力计算　由于单独基础底板在 $p_j$ 作用下，在两个方向均发生弯曲，

所以两个方向都要配受力钢筋，钢筋面积按两个方向的最大弯矩分别计算。

柱下单独基础在纵向和横向两个方向的任意截面Ⅰ—Ⅰ和Ⅱ—Ⅱ的弯矩可按下式计算（见图2-12）

$l$ 方向

$$M_{\mathrm{I}} = \frac{1}{6}a_1^2(2b+b')p_{\mathrm{j}} \qquad (2\text{-}17)$$

$b$ 方向

$$M_{\mathrm{II}} = \frac{1}{24}(b-b')^2(2l+l')p_{\mathrm{j}} \qquad (2\text{-}18)$$

式中 $M_{\mathrm{I}}$、$M_{\mathrm{II}}$——相应于荷载基本组合时，任意截面Ⅰ—Ⅰ和Ⅱ—Ⅱ处的弯矩值（kN·m）；

$a_1$——任意截面Ⅰ—Ⅰ至基底边缘的距离（m）；

$b$、$l$——基础的短边和长边（m）；

$b'$、$l'$——截面Ⅰ—Ⅰ和Ⅱ—Ⅱ的上边长（m）。

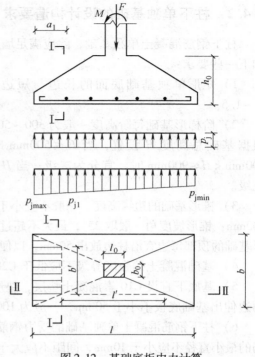

图 2-12　基础底板内力计算

（2）偏心荷载作用内力计算　当台阶的宽高比不大于2.5及偏心距不大于 $b/6$（$b$ 为基础宽度）时

$l$ 方向

$$M_{\mathrm{I}} = \frac{1}{12}a_1^2\big[(2b+b')(p_{\mathrm{jmax}}+p_{\mathrm{j\,I}})+(p_{\mathrm{jmax}}-p_{\mathrm{j\,I}})b\big] \qquad (2\text{-}19)$$

$b$ 方向

$$M_{\mathrm{II}} = \frac{1}{48}(b-b')^2(2l+l')(p_{\mathrm{jmax}}+p_{\mathrm{jmin}}) \qquad (2\text{-}20)$$

式中 $p_{\mathrm{jmax}}$、$p_{\mathrm{jmin}}$——相应于荷载基本组合时，基底沿长边方向边缘最大、最小基底净反力（kPa）；

$p_{\mathrm{j\,I}}$——相应于荷载基本组合时，截面Ⅰ—Ⅰ处基底净反力（kPa）。

柱下单独基础底板的设计控制截面是柱边或阶梯形基础的变阶处，将此时对应的 $l'$、$b'$ 和 $p_{\mathrm{j\,I}}$ 值代入式（2-19）和式（2-20），即可求出相应的控制截面弯矩值 $M_{\mathrm{I}}$ 和 $M_{\mathrm{II}}$。

（3）基础配筋计算　底板长边方向和短边方向的受力钢筋面积 $A_{\mathrm{s\,I}}$ 和 $A_{\mathrm{s\,II}}$ 分别为

$$A_{\mathrm{s\,I}} = \frac{M_{\mathrm{I}}}{0.9f_{\mathrm{y}}h_0} \qquad (2\text{-}21)$$

$$A_{\mathrm{s\,II}} = \frac{M_{\mathrm{II}}}{0.9f_{\mathrm{y}}(h_0-d)} \qquad (2\text{-}22)$$

式中 $f_{\mathrm{y}}$——钢筋抗拉强度设计值（N/mm²）；

$d$——钢筋直径（mm）。

当扩展基础的混凝土强度等级小于柱的混凝土强度等级时，尚应验算柱下扩展基础顶面

的局部受压承载力。

### 2.4.2　柱下单独基础的设计构造要求

柱下钢筋混凝土单独基础，除应满足墙下钢筋混凝土条形基础的一般要求外，尚应满足如下一些要求：

1）矩形单独基础底面的长边与短边的比值 $l/b$，一般取 1～1.5。

2）阶梯形基础每阶高度一般为 300～500mm。基础的阶数可根据基础总高度 $H$ 设置，当 $H \leqslant 500mm$ 时，宜分为一级；当 $500mm < H \leqslant 900mm$ 时，宜分为二级；当 $H > 900mm$ 时，宜分为三级。

3）锥形基础的边缘高度，一般不宜小于 200mm，也不宜大于 500mm；锥形坡度角一般取 25°，最大不超过 35°，坡度 $i \leqslant 1:3$；锥形基础的顶部每边宜沿柱边放出 50mm，以便柱子支模。

4）基础混凝土的强度等级不应低于 C20。

5）基底下宜设 C10 素混凝土垫层，垫层厚度一般为 100mm，两边伸出基础底板不小于 50mm，一般为 100mm。

6）柱下钢筋混凝土单独基础的受力钢筋应双向配置。受力钢筋的最小直径不应小于 10mm，间距不应大于 200mm，也不应小于 100mm。当基础宽度大于 2.5m 时，基础底板受力钢筋可缩短为 $0.9b$，交错布置，其中 $b$ 为基础底面长边长度，如图 2-13 所示。

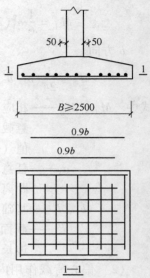

图 2-13　底板受力钢筋布置示意图

7）对于现浇柱基础，如基础与柱不同时浇筑，则柱内的纵向钢筋可通过插筋锚入基础中，插筋的根数和直径应与柱内纵向钢筋相同。插筋的下端宜做成直钩放在基础底板钢筋网上，最小直锚段的长度不应小于 $20d$（$d$ 为钢筋直径），弯折段的长度不应小于 150mm。当柱为中心受压或小偏心受压，基础高度 $H \leqslant 1200mm$ 时，或柱为大偏心受压，基础高度 $H \leqslant 1400mm$ 时，可仅将柱截面四角的钢筋伸到基底钢筋网上面，端部弯直钩，其余钢筋按锚固长度确定。插入基础的钢筋，上下至少应有两道箍筋固定。现浇柱基础中插筋构造示意如图 2-14 所示。

插筋与柱的纵向受力钢筋的连接方法，锚固长度 $l_a$，应符合 GB 50010—2010《混凝土结构设计规范》的有关规定。

8）预制钢筋混凝土柱与杯口基础的连接，如图 2-15 所示，应符合下列要求：

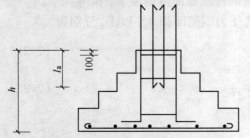

图 2-14　现浇柱基础中插筋构造示意

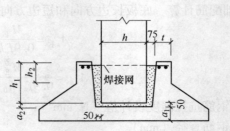

图 2-15　预制钢筋混凝土柱单独基础示意

① 柱的插入深度可按表 2-2 选用，同时应满足锚固长度的要求（一般为 20 倍纵向受力钢筋的直径）和吊装时柱的稳定性（即不小于吊装时柱长的 5%）。

表 2-2　柱的插入深度 $h_1$　　　　　　　　　　（单位：mm）

| 矩形或工字形柱 | | | | 双肢柱 |
| --- | --- | --- | --- | --- |
| $h < 500$ | $500 \leqslant h < 800$ | $800 \leqslant h < 1000$ | $h > 1000$ | |
| $h \sim 1.2h$ | $h$ | $0.9h$ 且 $\geqslant 800$ | $0.8h$ 且 $\geqslant 1000$ | $(1/3 \sim 2/3)h_a$　$(1.5 \sim 1.8)h_b$ |

注：1. $h$ 为柱截面长边尺寸；$h_a$ 为双肢柱全截面长边尺寸；$h_b$ 为双肢柱全截面短边尺寸。
　　2. 柱轴心受压或小偏心受压时，$h_1$ 可适当减小，偏心距大于 $2h$ 时，$h_1$ 可适当增大。

② 基础的杯底厚度和杯壁厚度可按表 2-3 选用。

表 2-3　基础的杯底厚度和杯壁厚度

| 柱截面长边尺寸 $h$/mm | 杯底厚度 $a_1$/mm | 杯壁厚度 $t$/mm |
| --- | --- | --- |
| $h < 500$ | $\geqslant 150$ | $150 \sim 200$ |
| $500 \leqslant h < 800$ | $\geqslant 200$ | $\geqslant 200$ |
| $800 \leqslant h < 1000$ | $\geqslant 200$ | $\geqslant 300$ |
| $1000 \leqslant h < 1500$ | $\geqslant 250$ | $\geqslant 350$ |
| $1500 \leqslant h < 2000$ | $\geqslant 300$ | $\geqslant 400$ |

③ 当柱为轴心或小偏心受压且 $t/h_2 \geqslant 0.65$ 时，或大偏心受压且 $t/h_2 \geqslant 0.75$ 时，杯壁可不配筋。当柱为轴心受压，或小偏心受压且 $0.5 \leqslant t/h_2 < 0.65$ 时，杯壁可按表 2-4 所列的构造配筋。对于双杯口基础（如伸缩缝处的基础），两杯口之间的杯壁厚度 $t$ 小于 400mm 时，宜配构造钢筋，其他情况下应按计算配筋。

表 2-4　杯壁构造配筋

| 柱截面长边尺寸/mm | $h < 1000$ | $1000 \leqslant h < 1500$ | $1500 \leqslant h \leqslant 2000$ |
| --- | --- | --- | --- |
| 钢筋直径/mm | $8 \sim 10$ | $10 \sim 12$ | $12 \sim 16$ |

[**例 2-4**]　某工业厂房基础采用单独扩展基础，相应于荷载基本组合时，作用于基础顶面的竖向荷载 $F = 1300\text{kN}$，弯矩 $M = 260\text{kN} \cdot \text{m}$，水平荷载 $V = 60\text{kN}$，基础平面如图 2-16 所示。基础埋深 2.2m，高度 800mm，基础采用 C20 混凝土（$f_t = 1.1\text{N/mm}^2$），钢筋采用 HPB300（$f_y = 270\text{N/mm}^2$）。试进行基础计算。

**解：**（1）基础冲切验算

基底最大和最小净反力 $p_{j\max}$ 和 $p_{j\min}$

$$\left.\begin{array}{c} p_{j\max} \\ p_{j\min} \end{array}\right\} = \frac{F}{A} \pm \frac{M}{W}$$

$$= \frac{1300}{2.5 \times 2.8}\text{kPa} \pm \frac{260 + 60 \times 2.2}{\dfrac{2.5 \times 2.8^2}{6}}\text{kPa}$$

$$= 185.71\text{kPa} \pm 120\text{kPa}$$

$$= \begin{cases} 305.71\text{kPa} \\ 65.71\text{kPa} \end{cases}$$

基底平均净反力

$$p_j = \frac{F}{A} = \frac{1300}{2.5 \times 2.8}\text{kPa} = 185.71\text{kPa}$$

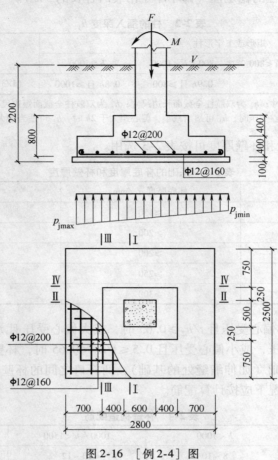

图 2-16　［例 2-4］图

1）柱边截面。取 $h_0 = h - 50\text{mm} = 800\text{mm} - 50\text{mm} = 750\text{mm}$。

冲切荷载作用面积

$$A_l = \left(\frac{l}{2} - \frac{l_0}{2} - h_0\right)b - \left(\frac{b}{2} - \frac{b_0}{2} - h_0\right)^2$$

$$= \left(\frac{2.8}{2} - \frac{0.6}{2} - 0.75\right) \times 2.5\text{m}^2 - \left(\frac{2.5}{2} - \frac{0.5}{2} - 0.75\right)^2\text{m}^2$$

$$= 0.875\text{m}^2 - 0.0625\text{m}^2 = 0.8125\text{m}^2$$

受冲切承载力

$$F_l = p_{jmax}A_l = 305.71 \times 0.8125\text{kN} = 248.39\text{kN}$$

基础抗冲切强度

$$0.7\beta_{hp}f_tb_mh_0 = 0.7 \times 1.0 \times 1.1 \times 10^3 \times (0.5 + 0.75) \times 0.75\text{kN} = 721.88\text{kN} > F_l \quad （满足要求）$$

2）变阶处截面。取 $h_0 = h_1 - 50\text{mm} = 400\text{mm} - 50\text{mm} = 350\text{mm}$。

冲切荷载作用面积

$$A_l = \left(\frac{l}{2} - \frac{l_0}{2} - h_{01}\right)b - \left(\frac{b}{2} - \frac{b_0}{2} - h_{01}\right)^2$$

$$= \left( \frac{2.8}{2} - \frac{1.4}{2} - 0.35 \right) \times 2.5 \mathrm{m}^2 - \left( \frac{2.5}{2} - \frac{1.0}{2} - 0.35 \right)^2 \mathrm{m}^2$$

$$= 0.875 \mathrm{m}^2 - 0.16 \mathrm{m}^2 = 0.715 \mathrm{m}^2$$

受冲切承载力

$$F_l = p_{\mathrm{jmax}} A_l = 305.71 \times 0.715 \mathrm{kN} = 218.58 \mathrm{kN}$$

基础抗冲切强度

$$0.7 \beta_{\mathrm{hp}} f_t b_\mathrm{m} h_{01} = 0.7 \times 1.0 \times 1.1 \times 10^3 \times (1.0 + 0.35) \times 0.35 \mathrm{kN} = 363.83 \mathrm{kN} > F_l \quad （满足要求）$$

故基础高度满足要求，不会产生冲切破坏。

（2）底板配筋计算

1）基础长边方向

I—I 截面　$M_{\mathrm{I}} = \dfrac{1}{48} \big[ (p_{\mathrm{jmax}} + p_\mathrm{j})(2b + b') + (p_{\mathrm{jmax}} - p_\mathrm{j}) b \big] (l - l')^2$

$$= \frac{1}{48} \times \big[ (305.71 + 185.71) \times (2 \times 2.5 + 0.5) + (305.71 - 185.71) \times$$

$$2.5 \big] \times (2.8 - 0.6)^2 \mathrm{kN \cdot m}$$

$$= 302.78 \mathrm{kN \cdot m}$$

$$A_{\mathrm{sI}} = \frac{M_{\mathrm{I}}}{0.9 h_0 f_\mathrm{y}} = \frac{302.78 \times 10^6}{0.9 \times 750 \times 270} = 1661.34 \mathrm{mm}^2$$

III—III 截面　$M_{\mathrm{III}} = \dfrac{1}{48} \big[ (p_{\mathrm{jmax}} + p_\mathrm{j})(2b + b_1') + (p_{\mathrm{jmax}} - p_\mathrm{j}) b \big] (l - l_1')^2$

$$= \frac{1}{48} \times \big[ (305.71 + 185.71) \times (2 \times 2.5 + 1.0) + (305.71 - 185.71) \times$$

$$2.5 \big] \times (2.8 - 1.4)^2 \mathrm{kN \cdot m}$$

$$= 132.65 \mathrm{kN \cdot m}$$

$$A_{\mathrm{sIII}} = \frac{M_{\mathrm{III}}}{0.9 h_{01} f_\mathrm{y}} = \frac{132.65 \times 10^6}{0.9 \times 350 \times 270} \mathrm{mm}^2 = 1559.67 \mathrm{mm}^2$$

比较 $A_{\mathrm{sI}}$ 和 $A_{\mathrm{sIII}}$，应该按 $A_{\mathrm{sI}}$ 配筋，现于 2.5m 板宽度范围内配 16 Φ 12，即 Φ 12@ 160（$A_{\mathrm{sI}} = 1809.6 \mathrm{mm}^2$）。

2）基础短边方向

II—II 截面　　$M_{\mathrm{II}} = \dfrac{1}{24} p_\mathrm{j} (b - b')^2 (2l + l')$

$$= \frac{1}{24} \times 185.71 \times (2.5 - 0.5)^2 \times (2 \times 2.8 + 0.6) \mathrm{kN \cdot m}$$

$$= 191.90 \mathrm{kN \cdot m}$$

$$A_{\mathrm{sII}} = \frac{M_{\mathrm{II}}}{0.9 h_0 f_\mathrm{y}} = \frac{191.90 \times 10^6}{0.9 \times (750 - 12) \times 270} \mathrm{mm}^2 = 1070.07 \mathrm{mm}^2$$

IV—IV 截面　　$M_{\mathrm{IV}} = \dfrac{1}{24} p_\mathrm{j} (b - b_1')^2 (2l + l_1')$

$$= \frac{1}{24} \times 185.71 \times (2.5 - 1.0)^2 \times (2 \times 2.8 + 1.4) \mathrm{kN \cdot m}$$

$$= 104.46 \mathrm{kN \cdot m}$$

$$A_{sIV} = \frac{M_{IV}}{0.9h_{01}f_y} = \frac{104.46 \times 10^6}{0.9 \times (350 - 12) \times 270} = 1271.82 \text{mm}^2$$

比较 $A_{sII}$ 和 $A_{sIV}$，应该按 $A_{sIV}$ 配筋，现于 2.8m 板宽度范围内配 14 Φ12，即 Φ12@200（$A_{sI} = 1583.4 \text{mm}^2$）。

**[例2-5]**　某工业厂房的基础采用杯形基础，相应于荷载基本组合时，作用于基础顶面的竖向荷载 $F = 2200 \text{kN}$，弯矩 $M = 700 \text{kN} \cdot \text{m}$，水平荷载 $V = 50 \text{kN}$。基础埋深 2.0m，高度 1.3m，基础采用 C20 混凝土（$f_t = 1.1 \text{N/mm}^2$）。钢筋采用 HPB300（$f_y = 270 \text{N/mm}^2$），基础宽度为 3.75m，长度为 4.45m，预制钢筋混凝土柱的截面尺寸为 500mm×900mm。试进行此基础计算。

**解：**（1）冲切验算　根据表 2-3 和表 2-4，并考虑基础构造要求，确定基础的外形尺寸如图 2-17 所示。

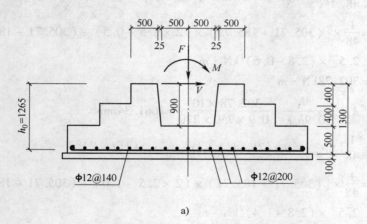

a)

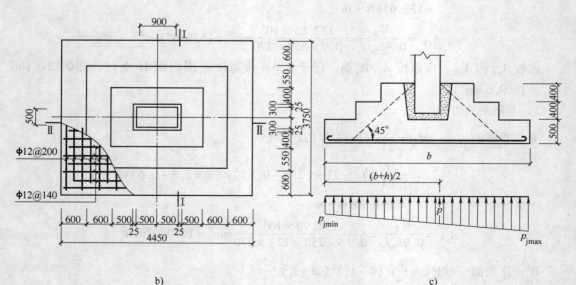

b)

c)

图 2-17　[例 2-5] 图

验算时，选用由柱与基础交界处起成 45°角的冲切角锥体的斜截面。

基底最大和最小净反力 $p_{jmax}$ 和 $p_{jmin}$

$$\left.\begin{array}{c} p_{jmax} \\ p_{jmin} \end{array}\right\} = \frac{F}{A} \pm \frac{M}{W} = \frac{2200}{3.75 \times 4.45}kPa \pm \frac{700 + 50 \times 2.0}{\dfrac{3.75 \times 4.45^2}{6}}kPa$$

$$= 131.84kPa + 64.64kPa$$

$$= \begin{cases} 196.48kPa \\ 67.20kPa \end{cases}$$

冲切荷载作用面积

令 $h_0 = 1300mm - 40mm = 1260mm$，则

$$A_l = \left(\frac{l}{2} - \frac{l'}{2} - h_0\right)b - \left(\frac{b}{2} - \frac{b'}{2} - h_0\right)^2$$

$$= \left(\frac{4.45}{2} - \frac{0.9}{2} - 1.260\right) \times 3.75m^2 - \left(\frac{3.75}{2} - \frac{0.5}{2} - 1.260\right)^2 m^2$$

$$= 1.9312m^2 - 0.1332m^2$$

$$= 1.798m^2$$

受冲切承载力

$$F_l = p_{jmax}A_l = 196.48 \times 1.798kN = 353.27kN$$

基础抗冲切强度

$$0.7\beta_{hp}f_tb_mh_0 = 0.7 \times 1.0 \times 1.1 \times 10^3 \times (0.5 + 1.260) \times 1.260kN$$

$$= 1707.55kN > F_l \qquad\qquad （满足要求）$$

故基础高度满足要求，不会产生冲切破坏。

（2）底板配筋计算　截面 I—I 处基底净反力设计值 $p_{jI}$

$$p_{jI} = p_{jmin} + (p_{jmax} - p_{jmin})\frac{l + l'}{2l}$$

$$= 67.2kPa + (196.48 - 67.2) \times \frac{4.45 + 0.9}{2 \times 4.45}kPa$$

$$= 144.91kPa$$

截面 I—I 处弯矩

$$M_I = \frac{1}{12}a_1^2\left[(2b + b')(p_{jmax} + p_{jI}) + (p_{jmax} - p_{jI})b\right]$$

$$= \frac{1}{12} \times \left(\frac{4.45 - 0.9}{2}\right)^2 \times \left[(2 \times 3.75 + 0.5) \times (236.48 + 144.91) + \right.$$

$$\left. (236.48 - 144.91) \times 3.75\right]kN \cdot m$$

$$= 891.2kN \cdot m$$

$$A_{sI} = \frac{M_I}{0.9h_{0I}f_y} = \frac{891.2 \times 10^6}{0.9 \times 1260 \times 270}mm^2 = 2910.71mm^2$$

选用 Φ 12@140，共 26 根（$A_{sI} = 2940.6mm^2$）

$$M_{II} = \frac{1}{48}(b - b')^2(2l + l')(p_{jmax} + p_{jmin})$$

$$= \frac{1}{48} \times (3.75 - 0.5)^2 \times (2 \times 4.45 + 0.9) \times (236.48 + 107.2)kN \cdot m$$

$$= 741.2\text{kN} \cdot \text{m}$$

$$A_{\text{s}\text{II}} = \frac{M_{\text{II}}}{0.9 h_{0\text{II}} f_{\text{y}}} = \frac{741.2 \times 10^6}{0.9 \times (1260 - 12) \times 270} = 2444.08\text{mm}^2$$

选用 Φ12@200，共 23 根（$A_{\text{s}\text{II}} = 2601.3\text{mm}^2$）。

## 2.5　柱下联合基础

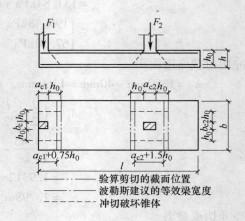

图 2-18　联合基础的计算简图

柱下双柱联合基础如图 2-18 所示，一般用于柱距较小的情况，可避免板的厚度及配筋量过大。为使联合基础的基底压力较为均匀，应使基础底面形心尽可能与柱荷载合力作用点重合。联合基础的设计通常作如下的假定：

1) 基础是刚性的。一般认为，当基础高度不小于柱距的 1/6 时，基础可视为是刚性的。

2) 地基反力为线性分布。

3) 地基主要受力层范围内土质均匀。

4) 不考虑基础与上部结构的相互作用。

柱下矩形联合基础的设计步骤如下：

1) 计算柱荷载的合力作用点位置。

2) 确定基础长度，使基础底面形心尽可能与柱荷载合力作用点重合。

3) 按地基承载力确定基础底面宽度。

4) 假定基底净反力为线性分布，计算基底净反力，用静定分析法计算基础内力，绘出弯矩图与剪力图。

5) 根据受冲切和受剪承载力确定基础高度。一般可先假设基础高度，再进行验算。

① 抗冲切验算。验算公式为

$$F_l \leqslant 0.7 \beta_{\text{hp}} f_{\text{t}} u_{\text{m}} h_0 \tag{2-23}$$

式中　$F_l$——相应于荷载基本组合时，基础承受的冲切力设计值，取柱轴心荷载设计值减去冲切锥体范围内的基底净反力总和（kN），如图 2-18 所示；

$\beta_{\text{hp}}$——受冲切承载力截面高度影响系数，$h_0 < 800\text{mm}$ 时，取 1.0；$h_0 \geqslant 2000\text{mm}$ 时，取 0.9，其间按线性内插法取用；

$f_{\text{t}}$——混凝土轴心抗拉强度设计值（kN/m²）；

$u_{\text{m}}$——距柱边 $h_0/2$ 处冲切临界截面的周长（m）；

$h_0$——基础有效高度（m）。

② 抗剪切验算。由于基础高度较大，无需配置受剪钢筋。验算公式为

$$V_{\text{s}} \leqslant 0.7 \beta_{\text{hs}} f_{\text{t}} b h_0 \tag{2-24}$$

$$\beta_{\text{hs}} = (800/h_0)^{1/4} \tag{2-25}$$

式中　$V_{\text{s}}$——相应于荷载基本组合时，验算截面的剪力设计值（kN），验算截面按梁宽可取在冲切破坏锥体底面边缘处，如图 2-18 所示；

$\beta_{\text{hp}}$——受剪切承载力截面高度影响系数，$h_0 < 800\text{mm}$ 时，取 $800\text{mm}$，$h_0 > 2000\text{mm}$

时，取 2000mm；

$f_t$——混凝土轴心抗拉强度设计值（$kN/m^2$）；

$b$——基础底面宽度（m）；

$h_0$——基础的有效高度（m）。

6）取弯矩图中的最大正负弯矩进行纵向配筋计算。

7）按等效梁概念进行横向配筋计算。由于矩形联合基础为一等厚度的平板，其在两柱间的受力方式如同一块单向板，而在靠近柱位的区段，基础的横向刚度很大。因此，在柱边两侧各取 $0.75h_0$（如图 2-18 所示，$h_0$ 为基础的有效高度）的宽度与柱宽之和作为"等效梁"宽度。基础横向受力钢筋按等效梁的柱边截面弯矩计算并配置在该截面内，等效梁以外区段按构造要求配置。各横向等效梁底面的地基净反力以相应等效梁上的柱荷载计算。

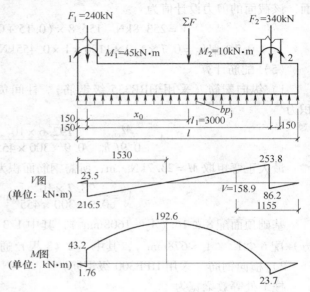

图 2-19　联合基础简图

[例 2-6]　设计图 2-19 所示的二柱矩形联合基础，图中柱荷载为相应于荷载基本组合时的设计值。基础材料是：C20 混凝土（$f_t = 1.1N/m^2$），纵向钢筋采用 HRB335 级（$f_y = 300N/mm^2$），横向钢筋采用 HPB300 级（$f_y = 270N/mm^2$）。已知柱 1、柱 2 截面均为 300mm × 300mm，要求基础左端与柱 1 侧面对齐。已确定基础埋深为 1.20m，修正后的地基承载力特征值 $f_a = 140kPa$。

**解：**（1）计算基底形心位置及基础长度　对柱 1 的中心取矩，由 $\sum M_1 = 0$，得

$$x_0 = \frac{F_2 l_1 + M_2 - M_1}{F_1 + F_2} = \frac{340 \times 3.0 + 10 - 45}{340 + 240} m = 1.70m$$

$$l = 2(0.15 + x_0) = 2 \times (0.15 + 1.70) m = 3.7m$$

（2）计算基础底面宽度（荷载采用荷载效应标准组合）　柱荷载标准组合值可近似取基本组合值除以 1.35，于是

$$b = \frac{F_{k1} + F_{k2}}{l(f_a - \gamma_G d)} = \frac{(240 + 340)/1.35}{3.7 \times (140 - 20 \times 1.2)} m = 1.0m$$

（3）计算相应于荷载基本组合时基底净反力

$$p_j = \frac{F_1 + F_2}{lb} = \frac{240 + 340}{3.7 \times 1} kPa = 156.8kPa$$

$$bp_j = 156.8kN/m$$

由剪力和弯矩的计算结果绘出 $V$、$M$ 图（见图 2-19）。

（4）基础高度计算　取 $h = l_1/6 = 3000/6 mm = 500mm$，$h_0 = 455mm$。

1）受冲切承载力验算。由图 2-20 中的柱冲切破坏锥体形状可知，两柱均为一面冲切，

经比较，取柱 2 进行验算。

$$F_l = 340\text{kN} - 156.8 \times 1.155\text{kN} = 158.9\text{kN}$$

$$u_\text{m} = \frac{1}{2}(b_{c2} + b) = \frac{1}{2} \times (0.3 + 1.0)\text{m} = 0.65\text{m}$$

$$0.7\beta_{\text{hp}}f_t u_\text{m} h_0 = 0.7 \times 1.0 \times 1100 \times 0.65 \times 0.455\text{kN} = 227.73\text{kN} > F_l \quad （满足要求）$$

2）受剪承载力验算。取柱 2 冲切破坏锥体底面边缘处截面（截面 I—I）为计算截面，该截面的剪力设计值为

$$V = 253.8\text{kN} - 156.8 \times (0.15 + 0.455)\text{kN} = 158.9\text{kN}$$

$$0.7\beta_\text{h}f_t b h_0 = 0.7 \times 1.0 \times 1100 \times 1 \times 0.455\text{kN} = 350.35\text{kN} > V \quad （满足要求）$$

（5）配筋计算

1）纵向配筋（采用 HRB335 级钢筋）。柱间负弯矩 $M_{\max} = 192.6\text{kN} \cdot \text{m}$，所需钢筋面积为

$$A_\text{s} = \frac{M_{\max}}{0.9f_y h_0} = \frac{192.6 \times 10^6}{0.9 \times 300 \times 455}\text{mm}^2 = 1568\text{mm}^2$$

最大正弯矩取 $M = 23.7\text{kN} \cdot \text{m}$，所需钢筋面积为

$$A_\text{s} = \frac{23.7 \times 10^6}{0.9 \times 300 \times 455}\text{mm}^2 = 193\text{mm}^2$$

基础顶面配 8 Φ 16（$A_\text{s} = 1608\text{mm}^2$），其中 1/3（3 根）通长布置；基础底面（柱 2 下方）配 6 Φ 12（$A_\text{s} = 678\text{mm}^2$），其中 1/2（3 根）通长布置。

2）横向钢筋（采用 HPB300 级钢筋）

柱 1 处等效梁宽为

$$a_{c1} + 0.75h_0 = 0.3\text{m} + 0.75 \times 0.455\text{m} = 0.64\text{m}$$

$$M = \frac{1}{2} \times \frac{F_1}{b}\left(\frac{b - b_{c1}}{2}\right)^2 = \frac{1}{2} \times \frac{240}{1} \times \left(\frac{1 - 0.3}{2}\right)^2 \text{kN} \cdot \text{m} = 14.7\text{kN} \cdot \text{m}$$

$$A_\text{s} = \frac{14.7 \times 10^6}{0.9 \times 270 \times (455 - 12)}\text{mm}^2 = 136.55\text{mm}^2$$

折成每米板宽内的配筋面积为

$$136.55/0.64\text{mm}^2/\text{m} = 213.36\text{mm}^2/\text{m}$$

柱 2 处等效梁宽为

$$a_{c2} + 1.5h_0 = 0.3\text{m} + 1.5 \times 0.455\text{m} = 0.98\text{m}$$

$$M = \frac{1}{2} \times \frac{F_2}{b}\left(\frac{b - b_{c2}}{2}\right)^2 = \frac{1}{2} \times \frac{340}{1} \times \left(\frac{1 - 0.3}{2}\right)^2 \text{kN} \cdot \text{m} = 20.8\text{kN} \cdot \text{m}$$

$$A_\text{s} = \frac{20.8 \times 10^6}{0.9 \times 270 \times (455 - 12)}\text{mm}^2 = 193.22\text{mm}^2$$

折成每米板宽内的配筋面积为

$$193.22/0.98\text{mm}^2/\text{m} = 197.16\text{mm}^2/\text{m}$$

由于等效梁的计算配筋面积均很小，现沿基础全长均按构造要求配 Φ 10@200（$A_\text{s} = 393\text{mm}^2/\text{m}$），基础顶面配横向构造钢筋 Φ 8@250。冲切验算与配筋简图如图 2-20 所示。

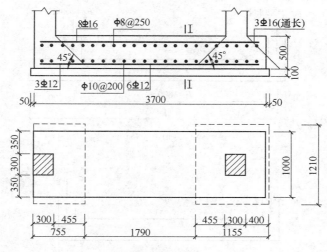

图 2-20　冲切验算与配筋简图

# 复　习　题

[2-1]　什么是无筋扩展基础？其构造要求有哪些？

[2-2]　什么是钢筋混凝土扩展基础？其构造要求有哪些？

[2-3]　简述墙下钢筋混凝土条形基础的设计过程，有哪些构造要求？

[2-4]　简述柱下钢筋混凝土单独基础的设计过程，有哪些构造要求？

[2-5]　某办公楼承重砖墙厚 240mm，墙下设条形基础，相应于荷载标准组合时，由上部结构传至基础顶面的竖向荷载 $F_k = 160kN$，基础埋深 $d = 0.8m$，修正后的地基承载力特征值 $f_a = 180kN/m^2$。试设计此基础。

[2-6]　某教学楼外墙基础采用钢筋混凝土条形基础，相应于荷载基本组合时，由上部结构传至基础顶面的竖向荷载设计值 $F = 240kN/m$，弯矩 $M = 60kN \cdot m/m$。条形基础底面宽度 $b$ 已由地基承载力条件确定为 1.8m，混凝土采用 C20，钢筋采用 HPB300 级。试设计此基础的剖面尺寸并进行底板配筋。

[2-7]　某柱下单独基础，相应于荷载基本组合时，上部结构传至基础顶面的竖向荷载 $F = 480kN$，柱截面尺寸 500mm×500mm，基础埋深 $d = 1.6m$，地基承载力特征值 $f_{ak} = 190kN/m^2$，$\eta_b = 0.5$，$\eta_d = 2.0$。混凝土采用 C20，钢筋采用 HPB300 级。试设计此基础。

[2-8]　某柱下单独基础，相应于荷载基本组合时，上部结构传至基础顶面的竖向荷载 $F = 420kN/m$，弯矩 $M = 140kN \cdot m$，柱截面尺寸 400mm×400mm，修正后的地基承载力特征值 $f_a = 210kN/m^2$，混凝土采用 C20，钢筋采用 HPB300 级。试设计此基础。

[2-9]　某柱下锥形单独基础的底面尺寸为 2400mm×3000mm，相应于荷载基本组合时，上部结构传至基础顶面的竖向荷载 $F = 240kN/m$，弯矩 $M = 60kN \cdot m$，柱截面尺寸 400mm×400mm，混凝土采用 C20，钢筋采用 HPB300 级。试设计此基础。

[2-10]　某两柱联合基础如图，相应于荷载基本组合 时的柱竖向荷载 $F_1 = 320kN$，$F_2 = 400kN$，柱 1、柱 2 截面尺寸均为 400mm×400mm，柱距 $l_1 = 3.6m$，基础埋深 1.4m，修正后的地基承载力特征值 $f_a = 130kN/m^2$。混凝土采用 C20，钢筋采用 HRB335 级。

（1）如要求基础左侧与柱 1 侧面对齐（见图 2-21a），试按矩形联合基础设计此两柱联合基础。

（2）如要求基础右侧与柱 2 侧面对齐（见图 2-21b），试按梯形联合基础设计此两柱联合基础的底面尺寸。

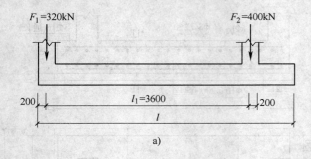

a)

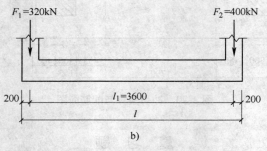

b)

图 2-21　复习题［2-10］图

# 第3章 柱下条形基础

## 3.1 概述

当上部结构荷载较大，地基土的承载力较低时，采用一般的柱下钢筋混凝土单独基础往往不能满足地基变形和强度要求，为增加基础的刚度，防止由于过大的不均匀沉降引起上部结构的开裂和损坏，常把若干柱子的基础连在一起，从而构成柱下条形基础。柱下条形基础可将基础承受的柱集中荷载较均匀地分布到条形基础底面积上，以减小基底压力，并通过形成的基础整体刚度来调整可能产生的不均匀沉降。

将一个方向的单列柱基础连在一起称为单向条形基础。当单向条形基础的底面积仍不能承受上部结构荷载的作用时，可把纵、横柱下的基础均连在一起，从而成为双向条形基础，工程上又称十字交叉条形基础。条形基础剖面图和十字交叉条形基础平面图如图 3-1 所示。

柱下条形基础在其纵、横两个方向均产生弯曲变形，故在这两个方向的截面内均存在内力（剪力和弯矩）。横向内力由翼板的抗剪、抗弯能力承担；纵向内力一般由基础梁承担，基础梁的纵向内力通常可采用简化法或弹性地基梁法计算。

（1）简化方法 将基础看作绝对刚性并假设基底净反力呈直线分布，然后按静力分析方法，或将柱子作为不动铰支座、基底净反力作为荷载，按倒置连续梁计算基础内力，这就是所谓的倒梁法。当上部结构与基础的刚度都较大，条形基础的长度较短、柱距较小，且地基土的分布较为均匀时，采用简化方法一般能满足设计要求。

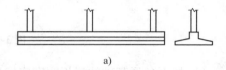

a)

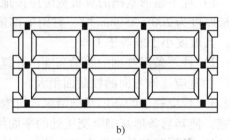

b)

图 3-1 柱下条形基础

a) 条形基础剖面图 b) 十字交叉条形基础平面图

（2）弹性地基梁法 在通常情况下，对于一般的柱下条形基础，假设为绝对刚性，基底净反力按直线分布进行计算是不合理的，应考虑地基、基础和上部结构共同工作。实际计算时，有时忽略上部结构刚度的影响，或简化，将上部结构的刚度合并在基础的刚度中，只考虑地基与基础共同作用的问题。弹性地基上梁和板的计算方法或弹性地基梁法，就是根据地基与基础在接触面上变形协调条件建立起来的。

## 3.2 柱下条形基础的构造要求

柱下条形基础是由一根梁或交叉梁及其横向伸出的翼板组成。其横截面一般成倒 T 形，下部向两侧伸出部分称为翼板，中间部分为肋梁。柱下条形基础构造如图 3-2 所示，柱下条形基础的构造要求如下：

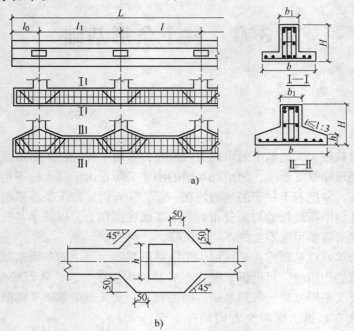

图 3-2　柱下条形基础构造

1）柱下条形基础的翼板宽度应按地基承载力计算确定。翼板厚度不应小于 200mm。当翼板厚度为 200~250mm 时，宜用等厚度翼板；当翼板厚度大于 250mm 时，宜用变厚度翼板，其坡度小于或等于 1:3。

2）柱下条形基础的肋梁高度由计算确定，一般宜为柱距的 1/4~1/8（通常取柱距的 1/6）。肋宽应比该方向的柱截面稍大。

3）现浇柱下的条形基础沿纵向可取等截面，当柱截面边长较大时，应在柱位处将肋部加宽，使其与条形基础梁交接处的平面尺寸不小于图 3-2b 中的规定。

4）条形基础的两端宜向边柱外延伸，延伸长度宜为边跨跨距的 25%，以使基底形心与荷载合力作用点尽量一致。

5）柱下条形基础的混凝土强度等级不应低于 C20。

6）基础梁顶面和底面的纵向受力钢筋由计算确定，最小配筋率不应小于 0.15%，顶部钢筋应全部贯通，底部通长钢筋不应少于底部受力钢筋总面积的 1/3。

7）当梁的腹板高度大于 450mm 时，应在肋梁的两侧加配纵向构造钢筋，每侧的纵向构造钢筋间距不宜大于 200mm，截面面积不应小于腹板截面面积的 0.1%，并用 S 形构造箍筋固定，构造箍筋间距一般可取 2~3 倍横向箍筋间距。箍筋直径不宜小于 8mm。当肋梁宽度≤350mm 时宜用双肢箍，当肋梁宽度在 350~800mm 时宜用四肢箍，大于 800mm 时宜采用六肢箍。

8）翼板的横向受力钢筋由计算确定，其直径不应小于 10mm，间距不应大于 200mm，也不应小于 100mm。在 T 形与十字形交接处，横向受力钢筋只需沿一个主受力方向通长布置，另一方向可布置到主受力方向底板宽度 1/4 处。在拐角处横向受力钢筋应沿两个方向布置。条形基础底板受力钢筋布置示意图如图 2-5 所示。

## 3.3　柱下条形基础的简化计算方法

当地基持力层土质均匀，上部结构刚度较好，各柱距相差不大（小于 20%），柱荷载分布较均匀，且基础梁的高度小于 1/6 柱距时，基底反力可认为符合直线分布，基础梁的内力可按简化方法计算，此时边跨跨中弯矩及第一内支座的弯矩值宜乘以 1.2 的系数。当不满足上述条件时，宜按弹性地基梁法计算。

### 3.3.1　基础底面尺寸的确定

将条形基础看作长度为 $L$、宽度为 $b$ 的刚性矩形基础，按地基承载力确定底面尺寸。

**1. 轴心受压**（见图 3-3a）

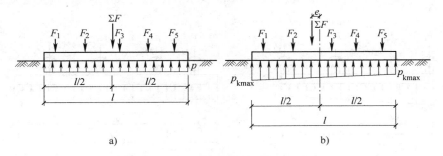

图 3-3　直线分布法的基底反力分布

轴心受压时基础底面处的平均压力

$$p_k = \frac{\sum F_k + G_k}{bL} \leqslant f_a \tag{3-1}$$

式中　$p_k$——相应于荷载的标准组合时，基础底面处的平均压力值（kPa）；

$\sum F_k$——相应于荷载的标准组合时，上部结构传至基础顶面的竖向力值（kN）；

$G_k$——基础及上覆土的自重值（kN）；

$b$、$L$——基础底面的宽度和长度（m）；

$f_a$——基础持力层土修正后的地基承载力特征值（kPa）。

基底压力要求满足

$$p_k \leqslant f_a$$

**2. 偏心受压**（见图 3-3b）

偏心受压基础底面边缘的最大和最小压力

$$\begin{matrix} p_{kmax} \\ p_{kmin} \end{matrix} = \frac{\sum F_k + G_k}{bL}\left(1 \pm \frac{6e}{L}\right) \tag{3-2}$$

式中　$p_{kmax}$、$p_{kmin}$——相应于荷载的标准组合时，基础底面边缘的最大和最小压力值（kPa）；

$e$——荷载合力在基础底面长度方向的偏心距（m）。

基底压力要求满足

$$p_k \leqslant f_a, \quad p_{kmax} \leqslant 1.2 f_a$$

**3. 确定柱下条形基础底面尺寸的计算步骤**

1）求荷载合力作用点位置。柱下条形基础的柱传来荷载 $F_i$、$M_i$ 分布如图 3-4a 所示，其合力作用点距左边柱荷载 $F_1$ 作用点的距离为

$$x_c = \frac{\sum F_i x_i + \sum M_i}{\sum F_i} \tag{3-3}$$

2）确定基础梁的长度和悬臂尺寸。选定基础梁从左边柱轴线外伸的长度为 $a_1$，则基础梁的总长度 $L$ 和从右边柱轴线外伸的长度 $a_2$ 分别如下

$$L = 2(x_c + a_1) \tag{3-4}$$

$$a_2 = L - a - a_1 \tag{3-5}$$

如此确定的基础长度，可使柱荷载合力作用点与基础形心重合，计算简图如图 3-4b 所示。

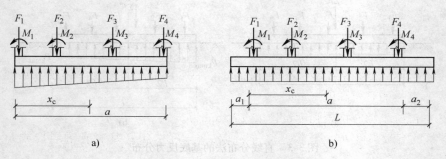

图 3-4　柱下条形基础计算简图
a）基础荷载分布　b）基础计算简图

3）按满足地基承载力要求计算所需的条形基础底面面积 $A$，进而确定基础底板宽度 $b$。

### 3.3.2　翼板的计算

柱下条形基础的横向内力由翼板的抗剪、抗弯能力承担。翼板可视为倒置的悬臂构件，由于基础自重不会引起基础内力，故基础内力分析时应采用相应于荷载基本组合的基底净反力，并将基底净反力视为作用在倒置悬臂构件上的荷载。

**1. 地基净反力计算**

基底沿宽度 $b$ 方向的基底净反力

$$\frac{p_{jmax}}{p_{jmin}} = \frac{\sum F}{bL}\left(1 \pm \frac{6e_b}{b}\right) \tag{3-6}$$

式中　　$\sum F$——相应于荷载基本组合时，上部结构传至基础顶面的竖向力设计值（kN）；

$p_{jmax}$、$p_{jmin}$——相应于荷载基本组合时，基础宽度方向基底净反力的最大值和最小值（kPa）；

$b$、$L$——基础底面的宽度与长度（m）；

$e_b$——基础底面的宽度方向的偏心距（m）。

**2. 翼板厚度确定**

按斜截面抗剪能力确定。沿基础长度方向取单位长度，将翼板作为悬臂构件，验算截面取最大基底反力一侧的柱边，如图 3-5 所示。验算截面剪力设计值按下式计算

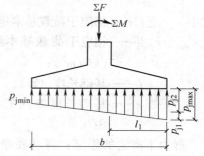

$$V = \left(\frac{p_{j1}}{2} + p_{j2}\right)l_1 \qquad (3-7)$$

式中　$V$——相应于荷载基本组合时，验算截面的剪力
　　　　　设计值（kN）；

　　　$p_{j1}$——$p_{jmax}$ 与 $p_{j2}$ 之差；

　　　$p_{j2}$——相应于荷载基本组合时，验算截面的基底
　　　　　净反力（kN/m）；

　　　$l_1$——验算截面至基底最大基底净反力处的距离
　　　　　（m）。

图 3-5　翼板的计算简图

翼板厚度应满足抗剪要求

$$V \leqslant 0.7\beta_{hs}f_t h_0 \qquad (3-8)$$

$$\beta_{hs} = (800/h_0)^{1/4} \qquad (3-9)$$

式中　$\beta_{hs}$——截面高度影响系数，$h < 800\text{mm}$ 时，取 800mm，$h > 2000\text{mm}$ 时，取 2000mm；

　　　$h_0$——翼板的有效高度（mm）；

　　　$f_t$——混凝土轴心抗拉强度设计值（N/mm²）。

求得翼板的有效高度 $h_0$，翼板厚度 $h$ 可取：$h = h_0 + 40$（基底有垫层）或 $h = h_0 + 70$（基底无垫层）。

**3. 翼板抗弯钢筋**

翼板抗弯验算截面取柱边，柱边截面的弯矩设计值

$$M = \left(\frac{p_{j1}}{3} + \frac{p_{j2}}{2}\right)l_1^2 \qquad (3-10)$$

翼板所需的抗弯钢筋面积 $A_s$ 按下式计算

$$A_s = \frac{M}{0.9f_y h_0} \qquad (3-11)$$

式中　$f_y$——钢筋的抗拉强度设计值（N/mm²）。

### 3.3.3　基础梁内力分析

基础梁沿纵向的内力计算根据上部结构的刚度与变形情况，可分别采用静力平衡法和倒梁法。

**1. 静力平衡法**

当柱荷载比较均匀、柱距相差不大，基础与地基相比刚度较大时，可以忽略柱子的不均匀沉降，按满足静力平衡条件下梁的内力计算方法计算。沿纵向的基底净反力按下式计算
　　轴心受压

$$p_j = \frac{\sum F}{L} \qquad (3-12)$$

偏心受压

$$\left. \begin{array}{l} p_{jmax} \\ p_{jmin} \end{array} \right\} = \frac{\sum F}{L}\left( 1 \pm \frac{6e}{L} \right) \tag{3-13}$$

式中　　$\sum F$——相应于荷载基本组合时，上部结构传至基础顶面的竖向力设计值（kN）；

$p_{jmax}$、$p_{jmin}$——相应于荷载基本组合时，基础长度方向基底净反力的最大值和最小值（kN/m²）；

$L$——基础长度（m）；

$e$——基础长度方向的荷载偏心距（m）。

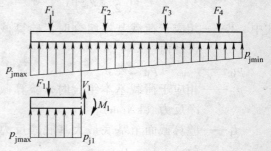

静力平衡法的思路：将基底净反力与柱荷载一起作用于基础梁上，按一般静定梁的内力分析方法，取隔离体计算各截面的弯矩和剪力。静力平衡法计算简图如图 3-6 所示。

图 3-6　静力平衡法计算简图

对于轴心受压情况，分段内力方程为

$$a_i \le x_i \le a_{i+1} \tag{3-14}$$

$$M(x_i) = \frac{1}{2}p_j x_i^2 - \sum F_i(x_i - a_i) \tag{3-15}$$

$$V(x_i) = p_j x_i - \sum F_i \tag{3-16}$$

式中　　$a_i$——第 $i$ 个荷载作用点到基础左端距离（m）；

$x_i$——第 $i$ 个计算截面到基础左端距离（m）；

$M(x_i)$、$V(x_i)$——相应于荷载基本组合时，第 $i$ 个计算截面的弯矩、剪力设计值。

本方法未考虑基础与上部结构的相互作用，计算的不利截面上弯矩绝对值一般较大。

## 2. 倒梁法

倒梁法的基本思路：以柱脚为固定铰支座，以基底净反力作为基础梁上的荷载，将基础梁视作倒置的多跨连续梁，用弯矩分配法或连续梁系数法来计算其内力，如图 3-7a 所示。

倒梁法计算简图一般按图 3-7b 进行叠加考虑。

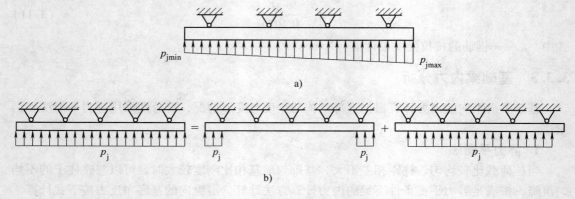

a)

b)

图 3-7　倒梁法
a）计算简图　b）荷载叠加图

（1）悬臂端处理

1）不考虑对其他跨的影响。悬臂端的弯矩全由悬臂端承担，不再传给其他支座。

2）考虑对其他跨的影响。悬臂端弯矩传给其他支座，一般用弯矩分配法计算。

（2）中间连续梁部分

1）用连续梁系数法计算。

2）用弯矩分配法计算。

（3）不平衡力调整　由于没有考虑土与基础以及上部结构的相互作用，假定基底反力按直线分布与事实不符，按倒梁法计算的支座反力一般与柱子的作用力不相等。可通过逐次调整的方法来消除这种不平衡力。调整方法如下：

1）各支座的不平衡力

$$\Delta R_i = F_i - R_i \qquad (3-17)$$

2）将各支座的不平衡力均匀分布在支座左、右跨的各 1/3 跨度范围内，如图 3-8 所示。

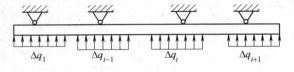

对边跨支座

$$\Delta q_1 = \frac{\Delta R_1}{l_0 + l_1/3} \qquad (3-18)$$

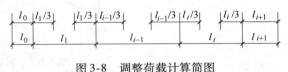

图 3-8　调整荷载计算简图

对中间支座

$$\Delta q_i = \frac{\Delta R_i}{l_{i-1}/3 + l_i/3} \qquad (3-19)$$

式中　$\Delta R_i$——第 $i$ 支座的不平衡力（kN）；

　　　$R_i$——第 $i$ 支座的计算反力（kN）；

　　　$F_i$——第 $i$ 支座的实际作用力（kN）；

　　　$\Delta q_i$——第 $i$ 支座的调整不平衡力（kN/m）；

　　　$l_0$——边跨外伸长度（m）；

$l_{i-1}$、$l_i$——$i$ 支座左、右跨长度（m）。

3）继续用弯矩分配法或弯矩系数法计算调整不平衡力 $\Delta q_i$ 引起的内力和支座反力，并重复计算不平衡力，直至其小于计算允许值（此值一般取不超过实际作用荷载的20%）。将逐次计算的结果叠加，即为最终的内力计算结果。

（4）倒梁法计算步骤如下

1）根据初步选定的柱下条形基础尺寸和作用荷载，确定计算简图，如图 3-7 所示。

2）计算基底净反力及分布。按刚性梁基底反力线性分布进行计算。

3）用弯矩分配法或连续梁系数法计算弯矩和剪力。

4）调整不平衡力，如图 3-8 所示。

5）继续用弯矩分配法或弯矩系数法计算内力，并重复步骤4），直至不平衡力在计算允许精度范围内。一般不超过荷载的20%。

6）将逐次计算结果叠加，得到最终内力分布。

［例3-1］　条形基础的荷载和柱距如图3-9所示，柱荷载为相应于荷载基本组合时，上部结构传至基础顶面的竖向力。基础埋深 $d = 1.5\text{m}$，持力土层的地基承载力特征值 $f_a = 150\text{kPa}$，试确定基础底面尺寸，并用静力平衡法计算基础内力。

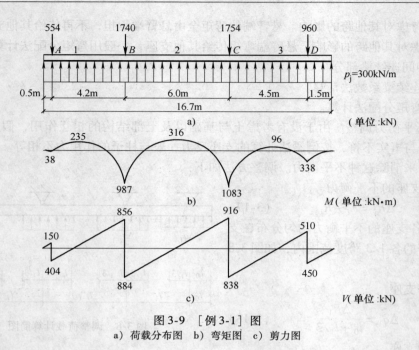

图 3-9　［例 3-1］图
a）荷载分布图　b）弯矩图　c）剪力图

**解：**（1）确定基础底面尺寸　各柱竖向力的合力与图中 $A$ 点的距离为

$$x = \frac{\sum F_i x_i}{\sum F_i} = \frac{960 \times 14.7 + 1754 \times 10.2 + 1740 \times 4.2}{960 + 1754 + 1740 + 554}\text{m} = \frac{39311}{5008}\text{m} = 7.85\text{m}$$

设条形基础左端伸出长度为 0.5m，为使荷载的合力与基底形心重合，则条形基础总长度为

$$L = (7.85 + 0.5) \times 2\text{m} = 16.7\text{m}$$

条形基础右端伸出的长度为

$$a_2 = 16.7\text{m} - 0.5\text{m} - 14.7\text{m} = 1.5\text{m}$$

按地基承载力计算基础底面积为

$$A = \frac{\sum F_k}{f_a - \gamma_G d} = \frac{\sum F_i / 1.35}{f_a - \gamma_G d} = \frac{5008/1.35}{150 - 20 \times 1.5}\text{mm}^2 = 30.9\text{mm}^2$$

故基础宽度最小为

$$b = \frac{30.9}{16.7}\text{m} = 1.85\text{m}$$

（2）基础梁内力分析　沿基础梁每米长度的基底净反力为

$$p_j = \frac{\sum F}{L} = \frac{5008}{16.7}\text{kN/m} = 300\text{kN/m}$$

按静力平衡法计算各截面内力分别为

$$M_A = \frac{1}{2} \times 300 \times 0.5^2\text{kN} \cdot \text{m} = 38\text{kN} \cdot \text{m}$$

$$V_A^{\text{左}} = 300 \times 0.5\text{kN} = 150\text{kN}$$

$$V_A^{\text{右}} = 150\text{kN} - 554\text{kN} = -404\text{kN}$$

$AB$ 跨内最大负弯矩的截面 1 与 $A$ 点的距离为

$$x_1 = \frac{554}{300}m - 0.5m = 1.35m$$

$$M_{1max} = \frac{1}{2} \times 300 \times 1.85^2 kN \cdot m - 554 \times 1.35 kN \cdot m = -235 kN \cdot m$$

$$M_B = \frac{1}{2} \times 300 \times 4.7^2 kN \cdot m - 554 \times 4.2 kN \cdot m = 987 kN \cdot m$$

$$V_B^{左} = 300 \times 4.7 kN - 554 kN = 856 kN$$

$$V_B^{右} = 856 kN - 1740 kN = -884 kN$$

$BC$ 跨内最大负弯矩的截面 2 与 $B$ 点的距离为

$$x_2 = \frac{554 + 1740}{300}m - 4.7m = 2.95m$$

$$M_{2max} = \frac{1}{2} \times 300 \times 7.65^2 kN \cdot m - 554 \times 7.15 kN \cdot m - 1740 \times 2.95 kN \cdot m = -316 kN \cdot m$$

$$M_C = \frac{1}{2} \times 300 \times 10.7^2 N \cdot m - 554 \times 10.2 N \cdot m - 1740 \times 6 N \cdot m = 1083 N \cdot m$$

$$V_C^{左} = 300 \times 10.7 kN - 554 kN - 1740 kN = 916 kN$$

$$V_C^{右} = 916 kN - 1754 kN = -838 kN$$

$CD$ 跨内最大负弯矩的截面 3 与 $D$ 点的距离为

$$x_3 = \frac{960}{300}m - 1.5m = 1.7m$$

$$M_{3max} = \frac{1}{2} \times 300 \times 3.2^2 kN \cdot m - 960 \times 1.7 kN \cdot m = -96 kN \cdot m$$

$$M_D = \frac{1}{2} \times 300 \times 1.5^2 N \cdot m = 338 N \cdot m$$

$$V_D^{右} = -300 \times 1.5 kN = -450 kN$$

$$V_D^{左} = -450 kN + 960 kN = 510 kN$$

弯矩图和剪力图分别如图 3-9b、c 所示。

[**例 3-2**]　某建筑物基础的荷载和柱距如图 3-10 所示，相应于荷载基本组合时，边柱荷载 $P_1 = 1252 kN$，内柱荷载 $P = 1838 kN$，柱距 6m，共 9 跨，悬臂长 1.1m，基础总长度为 $L = 56.2m$，试用倒梁法计算基础内力。

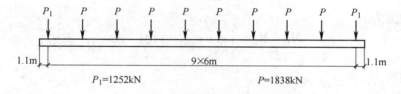

$P_1 = 1252 kN$　　　　　　　　$P = 1838 kN$

图 3-10　[例 3-2] 图

**解**：（1）计算基底净反力　在对称荷载作用下，基底反力为均匀分布，单位长度的基底净反力为

$$p_j = \frac{\sum P}{L} = \frac{2 \times 1252 + 8 \times 1838}{54 + 2 \times 1.1} \text{kN/m} = 306 \text{kN/m}$$

基础可以看成在均布荷载 $p_j$ 作用下，以柱为支座的九跨等跨连续梁，其内力可按五跨等跨连续梁计算，为了计算方便，可将均布荷载分成两部分，分别如图 3-11a、b 所示。在图 3-11a 中的荷载作用下，$A$ 截面处的弯矩为

$$M_A = \frac{1}{2} \times 306 \times 1.1^2 \text{kN} \cdot \text{m} = 185 \text{kN} \cdot \text{m}$$

$B$、$C$ 等其他截面处的弯矩可用力矩分配法计算，图 3-11a 给出了力矩分配的过程和弯矩图。

在图 3-11b 的荷载作用下，利用五跨等跨连续梁弯矩系数可得各截面的弯矩如下：

支座弯矩

$$M_B = 0.105 \times 306 \times 6^2 \text{N} \cdot \text{m} = 1157 \text{N} \cdot \text{m}$$

$$M_C = 0.079 \times 306 \times 6^2 \text{N} \cdot \text{m} = 870 \text{N} \cdot \text{m}$$

跨中弯矩

$$M_1 = -0.078 \times 306 \times 6^2 \text{kN} \cdot \text{m} = -859 \text{kN} \cdot \text{m}$$

$$M_2 = -0.033 \times 306 \times 6^2 \text{kN} \cdot \text{m} = -364 \text{kN} \cdot \text{m}$$

$$M_3 = -0.046 \times 306 \times 6^2 \text{kN} \cdot \text{m} = -507 \text{kN} \cdot \text{m}$$

将图 3-11a、b 叠加，即为倒梁法计算所得的连续基础梁的弯矩图，所有的弯矩在图中均画在受拉一边，如图 3-11c 所示。

（2）基础的剪力计算

$A$ 点左边剪力

$$V_A^{左} = 306 \times 1.1 \text{kN} = 337 \text{kN}$$

$A$ 点右边剪力

$$V_A^{右} = -\frac{p_j L}{2} + \frac{M_B - M_A}{L} = -\frac{306 \times 6}{2} \text{kN} + \frac{1104 - 185}{6} \text{kN} = -764 \text{kN}$$

$B$ 点左边剪力

$$V_B^{左} = \frac{p_j L}{2} + \frac{M_B - M_A}{L} = \frac{306 \times 6}{2} \text{kN} + \frac{1104 - 185}{6} \text{kN} = 1072 \text{kN}$$

$B$ 点右边剪力

$$V_B^{右} = -\frac{p_j L}{2} - \frac{M_B - M_C}{L} = -\frac{306 \times 6}{2} \text{kN} - \frac{1104 - 884}{6} \text{kN} = -956 \text{kN}$$

$C$ 点左边剪力

$$V_C^{左} = \frac{p_j L}{2} - \frac{M_B - M_C}{L} = \frac{306 \times 6}{2} \text{kN} - \frac{1104 - 884}{6} \text{kN} = 880 \text{kN}$$

$C$ 点右边剪力

$$V_C^{右} = -\frac{p_j L}{2} = -\frac{306 \times 6}{2} \text{kN} = -918 \text{kN}$$

根据对称关系，剪力图为反对称，如图 3-11d 所示。

（3）支座不平衡力调整　　由剪力图 3-11d 可求得各支座反力

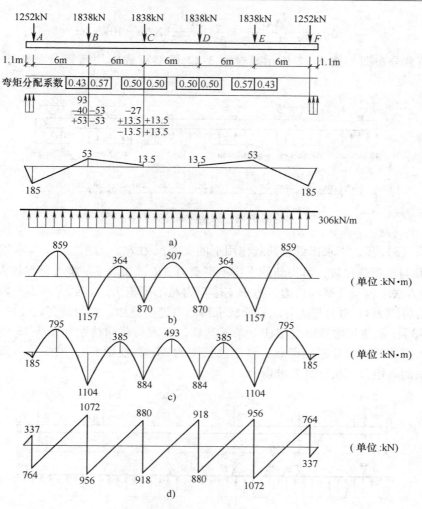

图 3-11　基础内力分析

$$R_A = 764\text{kN} + 337\text{kN} = 1101\text{kN}$$

$$R_B = 956\text{kN} + 1072\text{kN} = 2028\text{kN}$$

$$R_C = 918\text{kN} + 880\text{kN} = 1798\text{kN}$$

由对称性可知，支座 $F$、$E$、$D$ 分别与支座 $A$、$B$、$C$ 的受力情况相同。
支座反力与支座处柱作用力不相等，各支座不平衡力为

$$\Delta R_A = P_1 - R_A = 1252\text{kN} - 1101\text{kN} = 151\text{kN}$$

$$\Delta R_B = P - R_B = 1838\text{kN} - 2028\text{kN} = -190\text{kN}$$

$$\Delta R_C = P - R_C = 1838\text{kN} - 1798\text{kN} = 40\text{kN}$$

对支座不平衡力进行调整，调整荷载为

$$\Delta q_A = \frac{\Delta R_A}{l_0 + l_1/3} = \frac{151}{1.1 + 6/3}\text{kN/m} = 48.7\text{kN/m}$$

$$\Delta q_B = \frac{\Delta R_B}{l_1/3 + l_2/3} = \frac{-190}{6/3 + 6/3}\text{kN/m} = -47.5\text{kN/m}$$

$$\Delta q_C = \frac{\Delta R_C}{l_2/3 + l_3/3} = \frac{40}{6/3 + 6/3}\text{kN/m} = 10\text{kN/m}$$

调整荷载分布图如图 3-12 所示。对图 3-12 调整荷载应用弯矩分配法求内力，计算从略。

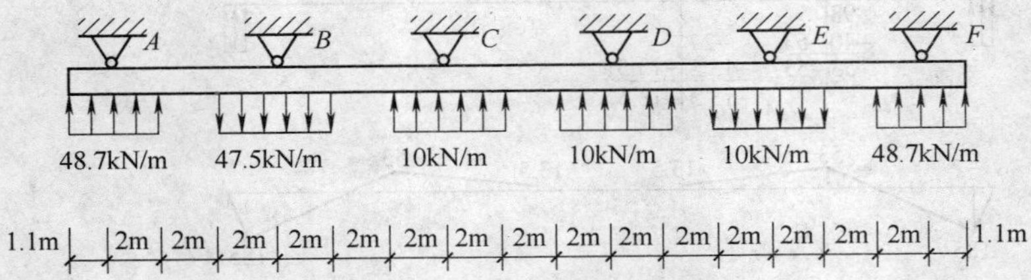

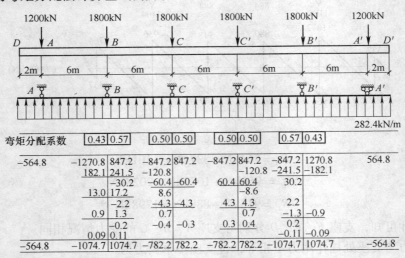

图 3-12　调整荷载分布图

重复第（3）步，可求出调整荷载作用下的支座反力 $R_i'$，与第（3）步求得的支座反力 $R_i$ 叠加，并与柱荷载比较，可得新的支座不平衡力 $\Delta R_i'$，如果不平衡力仍然较大，继续按照第（3）步方法求调整荷载与内力，再求支座反力与不平衡力。直到支座不平衡力满足设计要求。最后将图 3-11 内力与所有调整荷载求得内力进行叠加，作为最终设计内力。

**［例 3-3］** 某建筑物基础采用柱下条形基础，基础荷载和柱距如图 3-13 所示，图中荷载为相应于荷载基本组合时的荷载。基础总长度为 34m，柱距 6m，共 5 跨，设 $EI$ 为常数，试用倒梁法的弯矩分配法计算基础内力。

| 弯矩分配系数 | | 0.43 | 0.57 | | 0.50 | 0.50 | | 0.50 | 0.50 | | 0.57 | 0.43 | | |
|---|---|---|---|---|---|---|---|---|---|---|---|---|---|---|
| −564.8 | | −1270.8 | 847.2 | | −847.2 | 847.2 | | −847.2 | 847.2 | | −847.2 | 1270.8 | | 564.8 |
| | | 182.1 | 241.5 | | −120.8 | | | | | | −120.8 | −241.5 | −182.1 | |
| | | | −30.2 | | −60.4 | −60.4 | | 60.4 | 60.4 | | 30.2 | | | |
| | | 13.0 | 17.2 | | 8.6 | | | | −8.6 | | | | | |
| | | | −2.2 | | −4.3 | −4.3 | | 4.3 | 4.3 | | 2.2 | | | |
| | | 0.9 | 1.3 | | 0.7 | | | | 0.7 | | | −1.3 | −0.9 | |
| | | | −0.2 | | −0.4 | −0.3 | | 0.3 | 0.4 | | 0.2 | | | |
| | | 0.09 | 0.11 | | | | | | | | −0.11 | −0.09 | | |
| −564.8 | | −1074.7 | 1074.7 | | −782.2 | 782.2 | | −782.2 | 782.2 | | −1074.7 | 1074.7 | | −564.8 |

图 3-13　荷载布置及力矩分配法计算过程

**解：**（1）计算基底净反力

$$p_i = \frac{\sum F_i}{L} = \frac{2 \times 1200 + 4 \times 1800}{34}\text{kN/m} = 282.4\text{kN/m}$$

（2）求固端弯矩

$$M_{AD} = -M_{AB} = \frac{1}{2} \times 282.4 \times 2^2\text{kN} \cdot \text{m} = 564.8\text{kN} \cdot \text{m}$$

$$M_{BA} = -M_{B'A'} = \frac{1}{8} \times 288.4 \times 6^2 \mathrm{kN \cdot m} = -1270.8 \mathrm{kN \cdot m}$$

$$M_{BC} = M_{CC'} = M_{C'B'} = \frac{1}{12} \times 282.4 \times 6^2 \mathrm{kN \cdot m} = 847.2 \mathrm{kN \cdot m}$$

$$M_{CB} = M_{C'C} = M_{B'C'} = -\frac{1}{12} \times 282.4 \times 6^2 \mathrm{kN \cdot m} = -847.2 \mathrm{kN \cdot m}$$

$$M_{A'D'} = -M_{A'B'} = -M_{AD} = -564.8 \mathrm{kN \cdot m}$$

（3）求弯矩分配系数　设 $i = \dfrac{EI}{6}$，则

$$\mu_{BA} = \mu_{B'A'} = \frac{3i}{3i + 4i} = 0.43$$

$$\mu_{BC} = \mu_{B'C'} = \frac{4i}{3i + 4i} = 0.57$$

$$\mu_{CB} = \mu_{C'B'} = \mu_{CC'} = \mu_{C'C} = \frac{4i}{4i + 4i} = 0.5$$

（4）用力矩分配法计算弯矩

1）计算各支座处的不平衡力矩

$$\sum M_B^{\mathrm{f}} = -\sum M_{B'}^{\mathrm{f}} = -1270.8 \mathrm{kN \cdot m} + 847.2 \mathrm{kN \cdot m} = -423.6 \mathrm{kN \cdot m}$$

$$\sum M_C^{\mathrm{f}} = \sum M_{C'}^{\mathrm{f}} = 0$$

2）先进行第一轮的力矩分配及传递（从 $B$ 和 $B'$ 开始），然后进行 $C$ 和 $C'$ 的力矩分配及传递，再回到 $B$ 和 $B'$，如此循环直到误差允许为止，详细过程如图 3-13 所示。弯矩图如图 3-14a 所示。

（5）剪力计算　根据支座弯矩及外荷载，以每跨梁为隔离体求支座剪力，剪力图如图 3-14b 所示，由计算结果可看出，支座反力和柱荷载存在较大的不平衡力，应按渐进法进行调整，调整过程从略。

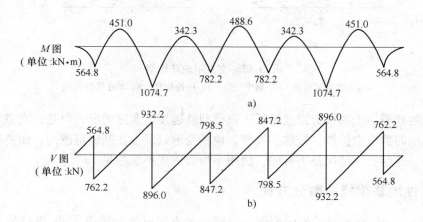

图 3-14　弯矩图与剪力图

## 3.4　弹性地基梁法

### 3.4.1　文克尔地基模型

文克尔地基模型假定：地基任一点所受的压力强度只与该点的地基变形成正比，而不影响该点以外的变形。这种关系的表达式为

$$p = ks \tag{3-20}$$

式中　$p$ ——地基上任一点的压力强度（$kN/m^2$）；

　　　$k$ ——地基基床系数，表示产生单位变形所需的压力强度（$kN/m^3$）；

　　　$s$ ——压力作用点的地基变形（m）。

这个假定是文克尔于 1867 年提出的，故称文克尔地基模型。实质上是把地基看作由无数分割开的小土柱组成的体系，或者，进一步用一根弹簧代替土柱，则变成为由许多独立的且互不影响的弹簧组成的体系，如图 3-15 所示。对于某一种地基，其基床系数为一定值，建立的地基模型计算简便，只要 $k$ 值选择得当，便可获得较为满意的结果。

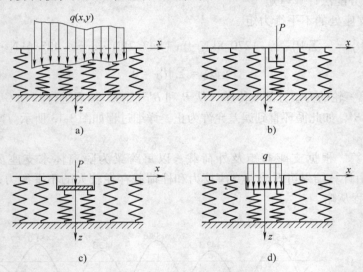

图 3-15　文克尔地基模型

a）非均匀荷载　b）集中荷载　c）刚性荷载　d）均布柔性荷载

地基土越软弱，土的抗剪强度越低，该模型就越接近实际情况。但是，文克尔地基模型忽略了地基中的剪应力扩散，按这一模型，地基变形只发生在基底范围内，而基底范围外没有地基变形，这与实际情况是不符的，使用不当会造成不良后果。

### 3.4.2　弹性地基梁挠曲微分方程

图 3-16a 为一弹性地基梁的受荷图，沿梁长 $x$ 方向取微分梁单元 $dx$ 进行分析，其上作用分布荷载 $q$（$kN/m$）和地基反力 $p$（$kN/m^2$），微分梁单元左右截面上的内力如图 3-16b 所示。设梁的宽度为 $b$，根据微分梁单元上竖向力的平衡 $\sum Y = 0$，得

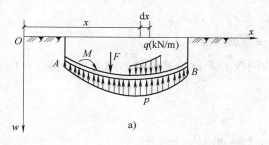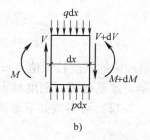

图 3-16　弹性地基梁计算简图
a) 基底反力　b) 微分单元受力

$$V - (V + \mathrm{d}V) + b \cdot p\mathrm{d}x - q\mathrm{d}x = 0$$

故

$$\frac{\mathrm{d}V}{\mathrm{d}x} = bp - q$$

由于 $V = \dfrac{\mathrm{d}M}{\mathrm{d}x}$，上式可改写为

$$\frac{\mathrm{d}^2 M}{\mathrm{d}x^2} = bp - q$$

由材料力学知，梁的挠曲微分方程为

$$EI \frac{\mathrm{d}^2 w}{\mathrm{d}x^2} = -M$$

对 $x$ 取两次导数

$$EI \frac{\mathrm{d}^4 w}{\mathrm{d}x^4} = -\frac{\mathrm{d}^2 M}{\mathrm{d}x^2}$$

因此有

$$EI \frac{\mathrm{d}^4 w}{\mathrm{d}x^4} = -bp + q$$

根据文克尔地基假设，及地基沉降与基础梁的挠曲变形协调条件 $s = w$，可知

$$p = ks = kw$$

代入上式得

$$EI \frac{\mathrm{d}^4 w}{\mathrm{d}x^4} + bkw = q \qquad (3\text{-}21)$$

式中　$E$、$I$——基础梁的弹性模量（$kN/m^2$）和惯性矩（$m^4$）；

　　　　$b$——基础梁的宽度（m）；

　　　　$k$——地基基床系数（$kN/m^3$）。

　　式（3-21）即为文克尔地基上梁的基本挠曲微分方程，基本未知函数为梁的挠度 $w$，是一个四阶常系数线性非齐次微分方程。为求解，先考虑梁上无荷载部分，或当梁上的分布荷载 $q = 0$ 时，梁的挠曲微分方程变为齐次方程

$$EI \frac{\mathrm{d}^4 w}{\mathrm{d}x^4} + bkw = 0 \qquad (3\text{-}22)$$

令

$$\lambda = \sqrt[4]{kb/4EI} \tag{3-23}$$

$\lambda$ 称为基础梁的柔度特征值（$m^{-1}$），$\lambda$ 的倒数 $1/\lambda$ 称为基础梁的刚度特征值（m），$1/\lambda$ 值越大，梁对地基的相对刚度越大。

式（3-22）可写成如下形式

$$\frac{d^4 w}{dx^4} + 4\lambda^4 w = 0 \tag{3-24}$$

微分方程的通解为

$$w = e^{\lambda x}(C_1 \cos\lambda x + C_2 \sin\lambda x) + e^{-\lambda x}(C_3 \cos\lambda x + C_4 \sin\lambda x) \tag{3-25}$$

式中　$C_1$、$C_2$、$C_3$、$C_4$——待定参数，根据荷载及边界条件确定；

　　　　$\lambda x$——无量纲量，当 $x = L$（$L$ 为基础长度）时，$\lambda L$ 称为柔性指数，它反映相对刚度对内力分布的影响。

弹性地基梁可按 $\lambda L$ 值的大小分为下列三种类型（见图 3-17）：

1）无限长梁：荷载作用点与两端的距离都大于 $\pi/\lambda$，又称柔性梁。

2）半无限长梁：荷载作用点与一端的距离大于 $\pi/\lambda$，与另一端的距离小于 $\pi/\lambda$，又称有限刚度梁。

3）有限长梁：荷载作用点与两端的距离都小于 $\pi/\lambda$，又称刚性梁。

下面分别讨论无限长梁、半无限长梁以及有限长梁在文克尔地基上受到竖向集中力或集中力矩作用时的解答。

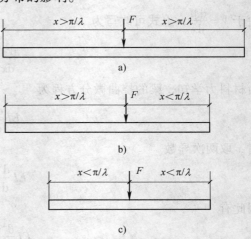

图 3-17　弹性地基梁类型

a）无限长梁　b）半无限长梁　c）有限长梁

### 3.4.3　无限长梁的解

**1. 无限长梁受竖向集中力 $F_0$ 作用**（向下为正）

梁的挠度随加荷点的距离增加而减小，当梁端离加荷点距离 $x$ 为无限远时，梁端挠度为零。在实际应用时，只要 $x \geqslant \pi/\lambda$ 可将其视为无限长梁处理，梁端挠度为零。

当无限长梁受竖向集中荷载 $F_0$ 作用时，如图 3-18 所示，设集中力作用点为坐标原点 $O$，则该梁是对称的，边界条件为：

1）当 $x \to \infty$ 时，$w = 0$。

2）当 $x = 0$ 时，$dw/dx = 0$；由于梁的连续性和对称性，该点挠曲线的切线为水平。

3）当 $x = 0 + \varepsilon$（$\varepsilon$ 为无限小量）时，$V = -F_0/2$。

将边界条件 1）代入挠度方程，可得 $C_1 = C_2 = 0$。于是梁的挠度方程为

$$w = e^{-\lambda x}(C_3 \cos\lambda x + C_4 \sin\lambda x)$$

将边界条件 2）代入，可得 $C_3 = C_4 = C$，上式可改写为

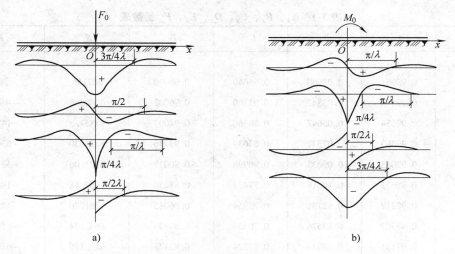

图 3-18　无限长梁的挠度 $\omega$、转角 $\theta$、弯矩 $M$、剪力 $V$ 分布图
a）集中力作用下　b）集中力偶作用下

$$w = Ce^{-\lambda x}(\cos\lambda x + \sin\lambda x)$$

在 $O$ 点右侧 $x = 0 + \varepsilon$（$\varepsilon$ 为无限小量）处把梁切开，则作用于梁右半部截面上的剪力 $V$ 等于基底总反力之半，其值为 $F_0/2$，并指向下方，即边界条件 3）

$$V = EI\left(\frac{\mathrm{d}^3 w}{\mathrm{d}x^3}\right)_{x=0+\varepsilon} = -\frac{F_0}{2}$$

由此可得
$$C = \frac{F_0\lambda}{2kb}$$

这样，得到受集中力 $F_0$ 作用时无限长梁的挠度公式（$x \geqslant 0$）

$$w = \frac{F_0\lambda}{2kb}e^{-\lambda x}(\cos\lambda x + \sin\lambda x) \tag{3-26}$$

分别对挠度 $w$ 求一阶、二阶和三阶导数，就可以求得梁截面的转角 $\theta = \mathrm{d}w/\mathrm{d}x$，弯矩 $M = -EI\mathrm{d}^2w/\mathrm{d}x^2$，和剪力 $Q = -EI\mathrm{d}^3w/\mathrm{d}x^3$。计算公式（$x \geqslant 0$ 情况）如下

挠度
$$w = \frac{F_0\lambda}{2kb}A_x \tag{3-27a}$$

转角
$$\theta = -\frac{F_0\lambda^2}{kb}B_x \tag{3-27b}$$

弯矩
$$M = \frac{F_0}{4\lambda}C_x \tag{3-27c}$$

剪力
$$V = -\frac{F_0}{2}D_x \tag{3-27d}$$

其中
$$A_x = e^{-\lambda x}(\cos\lambda x + \sin\lambda x), \ B_x = e^{-\lambda x}\sin\lambda x$$
$$C_x = e^{-\lambda x}(\cos\lambda x - \sin\lambda x), \ D_x = e^{-\lambda x}\cos\lambda x$$

上面 $A_x$，$B_x$，$C_x$，$D_x$ 四个系数均是 $\lambda x$ 的函数，其值可查表 3-1。

### 表 3-1　$A_x$，$B_x$，$C_x$，$D_x$，$E_x$，$F_x$ 函数表

| $\lambda x$ | $A_x$ | $B_x$ | $C_x$ | $D_x$ | $E_x$ | $F_x$ |
|---|---|---|---|---|---|---|
| 0 | 1 | 0 | 1 | 1 | $\infty$ | $-\infty$ |
| 0.02 | 0.99961 | 0.01960 | 0.96040 | 0.98000 | 382156 | $-382105$ |
| 0.04 | 0.99844 | 0.03842 | 0.92160 | 0.96002 | 48802.6 | $-48776.6$ |
| 0.06 | 0.99654 | 0.05647 | 0.88360 | 0.94007 | 14851.3 | $-14738.0$ |
| 0.08 | 0.99393 | 0.07377 | 0.84639 | 0.92016 | 6354.30 | $-6340.76$ |
| 0.10 | 0.99065 | 0.09033 | 0.90998 | 0.90032 | 3321.06 | $-3310.01$ |
| 0.12 | 0.98672 | 0.10618 | 0.77437 | 0.88054 | 1962.18 | $-1952.78$ |
| 0.14 | 0.98217 | 0.12131 | 0.73954 | 0.86085 | 1261.70 | $-1253.48$ |
| 0.16 | 0.97702 | 0.13576 | 0.70550 | 0.84126 | 863.174 | $-855.840$ |
| 0.18 | 0.97131 | 0.14954 | 0.67224 | 0.82178 | 619.176 | $-612.524$ |
| 0.20 | 0.96507 | 0.16266 | 0.63975 | 0.80241 | 461.078 | $-454.971$ |
| 0.22 | 0.95831 | 0.17513 | 0.60804 | 0.78318 | 353.904 | $-348.240$ |
| 0.24 | 0.95106 | 0.18698 | 0.57710 | 0.76408 | 278.526 | $-273.229$ |
| 0.26 | 0.94336 | 0.19822 | 0.54691 | 0.74514 | 223.862 | $-218.874$ |
| 0.28 | 0.93522 | 0.20887 | 0.51748 | 0.72635 | 183.183 | $-178.457$ |
| 0.30 | 0.92666 | 0.21893 | 0.48880 | 0.70773 | 152.233 | $-147.733$ |
| 0.35 | 0.90360 | 0.24164 | 0.42033 | 0.66196 | 101.318 | $-97.2646$ |
| 0.40 | 0.87844 | 0.26103 | 0.35637 | 0.91740 | 71.7915 | $-68.0628$ |
| 0.45 | 0.85150 | 0.27735 | 0.29680 | 0.57415 | 53.3711 | $-49.8871$ |
| 0.50 | 0.82307 | 0.29079 | 0.24149 | 0.53228 | 41.2142 | $-37.9185$ |
| 0.55 | 0.7934 | 0.30156 | 0.19030 | 0.49186 | 32.2843 | $-29.6754$ |
| 0.60 | 0.76284 | 0.30988 | 0.14307 | 0.45295 | 26.8201 | $-23.7685$ |
| 0.65 | 0.73153 | 0.31594 | 0.09966 | 0.41559 | 22.3922 | $-19.4496$ |
| 0.70 | 0.69972 | 0.31991 | 0.05990 | 0.37981 | 19.0435 | $-16.1724$ |
| 0.75 | 0.66761 | 0.32198 | 0.02364 | 0.34563 | 16.4562 | $-13.6409$ |
| $\pi/4$ | 0.64479 | 0.33240 | 0 | 0.32240 | 14.9672 | $-12.1834$ |
| 0.80 | 0.63538 | 0.32233 | $-0.00928$ | 0.31305 | 14.4202 | $-11.6477$ |
| 0.85 | 0.60320 | 0.32111 | $-0.03902$ | 0.28209 | 12.7924 | $-10.0518$ |
| 0.90 | 0.57120 | 0.31848 | $-0.06574$ | 0.25273 | 11.4729 | $-8.75491$ |
| 0.95 | 0.53954 | 0.31458 | $-0.8962$ | 0.22496 | 10.3905 | $-7.68705$ |
| 1.00 | 0.50833 | 0.30956 | $-0.11079$ | 0.19877 | 9.49305 | $-6.79724$ |
| 1.05 | 0.4766 | 0.30354 | $-0.12943$ | 0.17412 | 8.74207 | $-6.04780$ |
| 1.10 | 0.44765 | 0.29666 | $-0.14567$ | 0.15099 | 8.10850 | $-5.41038$ |
| 1.15 | 0.41836 | 0.28901 | $-0.15967$ | 0.12934 | 7.57013 | $-4.86335$ |
| 1.20 | 0.38986 | 0.28072 | $-0.17158$ | 0.10914 | 7.10976 | $-4.39002$ |
| 1.25 | 0.36223 | 0.27189 | $-0.18155$ | 0.09034 | 6.71390 | $-3.97735$ |

（续）

| $\lambda x$ | $A_x$ | $B_x$ | $C_x$ | $D_x$ | $E_x$ | $F_x$ |
|---|---|---|---|---|---|---|
| 1.30 | 0.33550 | 0.26260 | −0.18970 | 0.07290 | 6.37186 | −3.61500 |
| 1.35 | 0.30972 | 0.25295 | −0.19617 | 0.05678 | 6.07508 | −3.29477 |
| 1.40 | 0.28492 | 0.24301 | −0.20110 | 0.04191 | 5.81664 | −3.01003 |
| 1.45 | 0.26113 | 0.23286 | −0.20459 | 0.02827 | 5.59088 | −2.75541 |
| 1.50 | 0.23835 | 0.22257 | −0.20679 | 0.01578 | 5.39317 | −2.52652 |
| 1.55 | 0.21622 | 0.21220 | −0.20779 | 0.00441 | 5.21965 | −2.31974 |
| $\pi/2$ | 0.20788 | 0.20788 | −0.20788 | 0 | 5.15382 | −2.23953 |
| 1.60 | 0.19592 | 0.20181 | −0.20771 | −0.00590 | 5.06711 | −2.13210 |
| 1.65 | 0.17625 | 0.19144 | −0.20664 | −0.01520 | 4.93283 | −1.96109 |
| 1.70 | 0.15762 | 0.18116 | −0.20470 | −0.02354 | 4.81454 | −1.80464 |
| 1.75 | 0.14002 | 0.17099 | −0.20197 | −0.03097 | 4.71026 | −1.66098 |
| 1.80 | 0.12342 | 0.16098 | −0.19853 | −0.03756 | 4.61834 | −1.52865 |
| 1.85 | 0.10782 | 0.15115 | −0.19448 | −0.04333 | 4.53732 | −1.40638 |
| 1.90 | 0.09318 | 0.14154 | −0.18989 | −0.04825 | 4.46596 | −1.29312 |
| 1.95 | 0.07950 | 0.13217 | −0.18483 | −0.05267 | 4.40314 | −1.18795 |
| 2.00 | 0.06674 | 0.12306 | −0.17938 | −0.05632 | 4.34792 | −1.09008 |
| 2.05 | 0.05488 | 0.11423 | −0.17359 | −0.05936 | 4.29946 | −0.99885 |
| 2.10 | 0.04388 | 0.10571 | −0.16753 | −0.06182 | 4.25700 | −0.91368 |
| 2.15 | 0.03373 | 0.09749 | −0.16124 | −0.06376 | 4.21988 | −0.83407 |
| 2.20 | 0.02438 | 0.08958 | −0.15479 | 0.06521 | 4.18751 | −0.75959 |
| 2.25 | 0.01580 | 0.08200 | −0.14821 | −0.06621 | 4.15936 | −0.68987 |
| 2.30 | 0.0796 | 0.07476 | −0.14156 | −0.06680 | 4.13495 | −0.62457 |
| 2.35 | 0.00084 | 0.06785 | −0.13487 | −0.06702 | 4.11387 | −0.56340 |
| $3\pi/4$ | 0 | 0.06702 | −0.13404 | −0.06702 | 4.11147 | −0.55610 |
| 2.40 | −0.00562 | 0.06128 | −0.12817 | −0.06689 | 4.09573 | −0.50611 |
| 2.45 | −0.01143 | 0.05503 | −0.12150 | −0.06647 | 4.08019 | −0.45248 |
| 2.50 | −0.01663 | 0.04913 | −0.11489 | −0.06576 | 4.06692 | −0.40229 |
| 2.55 | −0.02127 | 0.04354 | −0.10836 | −0.06481 | 4.05568 | −0.35537 |
| 2.60 | −0.02536 | 0.03829 | −0.10193 | −0.06364 | 4.04618 | −0.31156 |
| 2.65 | −0.02894 | 0.03335 | −0.09563 | −0.06228 | 4.03821 | −0.27070 |
| 2.70 | −0.03204 | 0.02872 | −0.08948 | −0.06076 | 4.03157 | −0.23264 |
| 2.75 | −0.03469 | 0.02440 | −0.08348 | −0.05909 | 4.02608 | −0.19727 |
| 2.80 | −0.03693 | 0.02037 | −0.07767 | −0.05730 | 4.02157 | −0.16445 |
| 2.85 | −0.03877 | 0.01663 | −0.07203 | −0.05540 | 4.01790 | −0.13408 |
| 2.90 | −0.04026 | 0.01316 | −0.06659 | −0.05343 | 4.01495 | −0.10603 |
| 2.95 | −0.04142 | 0.00997 | −0.06134 | −0.05138 | 4.01259 | −0.08020 |

（续）

| $\lambda x$ | $A_x$ | $B_x$ | $C_x$ | $D_x$ | $E_x$ | $F_x$ |
|---|---|---|---|---|---|---|
| 3.00 | −0.04226 | 0.00703 | −0.05631 | −0.05631 | 4.01074 | −0.05650 |
| 3.10 | −0.04314 | 0.00187 | −0.04688 | −0.04501 | 4.00819 | −0.01505 |
| $\pi$ | −0.04321 | 0 | −0.04321 | −0.04321 | 4.00748 | 0 |
| 3.20 | −0.04307 | −0.002838 | −0.03831 | −0.04069 | 4.00675 | 0.01910 |
| 3.40 | −0.04079 | −0.00853 | −0.02374 | −0.03227 | 4.00563 | 0.06840 |
| 3.60 | −0.03659 | −0.01209 | −0.01241 | −0.02450 | 4.00533 | 0.09693 |
| 3.80 | −0.03138 | −0.01369 | −0.00400 | −0.01769 | 4.00501 | 0.10969 |
| 4.00 | −0.02583 | −0.01386 | −0.00189 | −0.01197 | 4.00442 | 0.11105 |
| 4.20 | −0.02042 | −0.01307 | 0.00572 | −0.00735 | 4.00364 | 0.10468 |
| 4.40 | −0.01546 | −0.01168 | 0.00791 | −0.00377 | 4.00279 | 0.09354 |
| 4.60 | −0.01112 | −0.00999 | 0.00886 | −0.00113 | 4.00200 | 0.07996 |
| $3\pi/2$ | −0.00898 | −0.00898 | 0.00898 | 0 | 4.00161 | 0.07190 |
| 4.80 | −0.00748 | −0.00820 | 0.00892 | −0.00072 | 4.00134 | 0.06561 |
| 5.0 | −0.00455 | −0.00646 | 0.00837 | −0.00191 | 4.00085 | 0.05170 |
| 5.50 | 0.00001 | −0.00288 | 0.00578 | 0.00290 | 4.00020 | 0.02307 |
| 6.00 | 0.00169 | −0.00069 | 0.00307 | 0.00060 | 4.00003 | 0.00554 |
| $2\pi$ | 0.00187 | 0 | 0.00187 | 0.00187 | 4.00001 | 0 |
| 6.50 | 0.00179 | 0.00032 | 0.00114 | 0.00147 | 4.00001 | −0.00259 |
| 7.00 | 0.00129 | 0.00060 | 0.00009 | 0.00069 | 4.00001 | −0.00479 |
| $9\pi/4$ | 0.00120 | 0.00060 | 0 | 0.00060 | 4.00001 | 0.00482 |
| 7.50 | 0.00071 | 0.00052 | −0.00033 | 0.00019 | 4.00001 | −0.00415 |
| $5\pi/2$ | 0.00039 | 0.00039 | −0.00039 | 0 | 4.00000 | −0.00311 |
| 8.00 | 0.00028 | 0.00033 | −0.00038 | −0.00005 | 4.00000 | −0.00266 |

对于梁的左半部（$x<0$）可利用对称关系求得，其中挠度 $w$、弯矩 $M$ 和基底反力 $p$ 是关于原点 $O$ 对称的，而转角 $\theta$、剪力 $V$ 是关于原点反对称的，如图 3-18a 所示。在计算时，$x$ 取距离的绝对值，$w$ 和 $M$ 的正负号与式（3-27）相同，但 $\theta$ 和 $V$ 取相反符号。

**2. 无限长梁受集中力偶 $M_0$ 的作用**（顺时针方向为正）

当无限长梁受集中力偶 $M_0$ 作用时，如图 3-18b 所示，以集中力偶 $M_0$ 作用点为坐标原点 $O$，边界条件有：

1）当 $x \to \infty$ 时，$w=0$。

2）当 $x=0$ 时，$w=0$；由于荷载和基底反力对称于原点，且梁也对称于原点。

3）当 $x=0$ 时，$M = -EId^2w/dx^2 = M_0/2$。

由以上边界条件可得

$$C_1 = C_2 = 0;\quad C_3 = 0;\quad C_4 = \frac{M_0}{4\lambda^2 EI} = \frac{M_0\lambda^2}{kb}$$

于是，可得 $x \geqslant 0$ 时无限长梁受集中力偶 $M_0$ 作用的挠度 $w$、转角 $\theta$、弯矩 $M$ 和剪力 $V$ 的

计算公式如下

挠度
$$\omega = \frac{M_0\lambda^2}{kb}B_x \qquad\qquad (3\text{-}28\text{a})$$

转角
$$\theta = \frac{M_0\lambda^3}{kb}C_x \qquad\qquad (3\text{-}28\text{b})$$

弯矩
$$M = \frac{M_0}{2}D_x \qquad\qquad (3\text{-}28\text{c})$$

剪力
$$V = -\frac{M_0\lambda}{2}A_x \qquad\qquad (3\text{-}28\text{d})$$

对于梁的左半部（$x < 0$），同样可利用图 3-18b 所示的对称关系求得。在计算时，$x$ 取距离的绝对值，$w$ 和 $M$ 的正负号与式（3-28）相反，$\theta$ 和 $V$ 取相同符号。

**3. 若干集中荷载作用下的无限长梁**

当无限长梁上作用有若干荷载时，可用叠加原理求得其内力。但应注意各项的正负号。如图 3-19 所示，在 $A$、$B$、$C$ 三点处作用有 $F_A$、$M_A$、$F_B$、$M_C$。以 $a$、$b$、$c$ 分别表示 $A$、$B$、$C$ 三点到原点的距离，则对 $O$ 点可直接写出

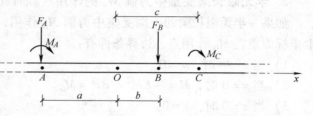

图 3-19　若干集中荷载作用下的无限长梁

$$M = \frac{F_A}{4\lambda}C_a + \frac{M_A}{2}D_a + \frac{F_B}{4\lambda}C_b - \frac{M_C}{2}D_c$$

$$V = -\frac{F_A}{2}D_a - \frac{M_A\lambda}{2}A_a + \frac{F_B}{2}D_b - \frac{M_C\lambda}{2}A_c$$

### 3.4.4　半无限长梁的解

**1. 半无限长梁受集中荷载 $F_0$ 作用**（向下为正）

如果一半无限长梁的一端受集中荷载 $F_0$ 作用，如图 3-20a 所示，另一端延至无限远，取坐标原点在 $F_0$ 作用点，边界条件有：

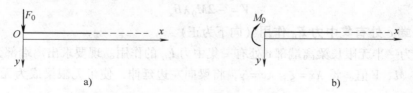

a)　　　　　　　　　　　　　　　　　　　b)

图 3-20　半无限长梁

a）集中力作用下　b）集中力偶作用下

1）当 $x \to \infty$ 时，$w = 0$。

2）当 $x = 0$ 时，$M = -EI\mathrm{d}^2w/\mathrm{d}x^2 = 0$。

3）当 $x = 0$ 时，$V = -EI\mathrm{d}^3w/\mathrm{d}x^3 = -F_0$。

由以上边界条件可得

$$C_1 = C_2 = 0 \; ; \quad C_4 = 0 \; ; \quad C_3 = \frac{F_0}{2EI\lambda^3} = \frac{2F_0\lambda}{kb}$$

于是可得半无限长梁受集中力 $F_0$ 作用时的挠度 $w$、转角 $\theta$、弯矩 $M$ 和剪力 $V$ 的计算公式如下

挠度
$$w = \frac{2F_0\lambda}{kb} D_x \tag{3-29a}$$

转角
$$\theta = -\frac{2F_0\lambda^2}{kb} A_x \tag{3-29b}$$

弯矩
$$M = -\frac{F_0}{\lambda} B_x \tag{3-29c}$$

剪力
$$V = -F_0 C_x \tag{3-29d}$$

**2. 半无限长梁受集中力偶 $M_0$ 的作用**（顺时针方向为正）

如果一半无限长梁的一端受集中力偶 $M_0$ 作用，如图 3-20b 所示，另一端延至无限远，取坐标原点在 $M_0$ 作用点，边界条件有：

1）当 $x \to \infty$ 时，$w = 0$。

2）当 $x = 0$ 时，$M = -EI\mathrm{d}^2 w / \mathrm{d}x^2 = M_0$。

3）当 $x = 0$ 时，$V = 0$。

由以上边界条件可得

$$C_1 = C_2 = 0 \; ; \quad C_3 = -C_4 = -\frac{M_0}{2EI\lambda^2} = -\frac{2M_0\lambda^2}{kb}$$

于是可得半无限长梁受集中力偶 $M_0$ 作用时的挠度 $w$、转角 $\theta$、弯矩 $M$ 和剪力 $V$ 的计算公式如下

挠度
$$\omega = -\frac{2M_0\lambda^2}{kb} C_x \tag{3-30a}$$

转角
$$\theta = \frac{4M_0\lambda^3}{kb} D_x \tag{3-30b}$$

弯矩
$$M = M_0 A_x \tag{3-30c}$$

剪力
$$V = -2M_0\lambda B_x \tag{3-30d}$$

**3. 离杆端 $c$ 处有集中力 $F_0$ 作用**（向下为正）

图 3-21 为一半无限长梁离端部 $c$ 处有一集中力 $F_0$ 的作用。现要求出离端部为 $x$ 处 $K-K$ 截面上的 $\omega$、$M$、$V$ 值。设 $\lambda x = \xi$，$\lambda c = \gamma$，将梁向左边延伸，使半无限梁成为无限长梁。半无限长梁在 $A$ 处的边界条件是 $M = 0$，$V = 0$，但延伸为无限长梁后，$A$ 处便有内力，$F_A = \dfrac{F_0}{2}$ $D\left(\gamma\right)$，$M_A = \dfrac{F_0}{4\lambda} C\left(\gamma\right)$。为了满足实际边界条件，便必须在 $A$ 处施加两个集中荷载，使梁在作用力 $F_0$ 及施加集中荷载作用下在 $A$ 处产生的内力叠加后满足原梁的边界条件。由于在 $A$ 处施加集中力和集中力偶，则 $K-K$ 截面上的 $\omega$、$M$、$V$ 值为 $F_0$、$F_A$、$M_A$ 作用下叠加的结果。叠加计算简图如图 3-22 所示。求得最后结果如下：

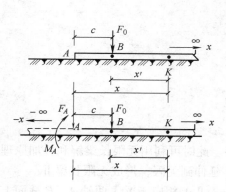

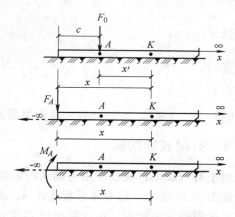

图 3-21　离杆端 $c$ 处有集中力作用　　　　图 3-22　集中力作用时的叠加计算简图

挠度
$$\omega = \frac{F\lambda}{kb}\overline{p}$$

弯矩
$$M = \frac{F}{\lambda}\overline{M}$$

剪力
$$V = F\overline{V}$$

式中的 $\overline{p}$、$\overline{M}$、$\overline{V}$ 是 $\xi$、$\gamma$ 的函数，可查附表 5 确定。

**4. 离杆端 $c$ 处有集中力偶 $M_0$ 作用**（顺时针方向为正）

图 3-23 为一半无限长梁离杆端 $c$ 处有集中力偶 $M_0$ 作用。与上述求解方法步骤相同，将半无限长梁延伸为无限长梁，端部 $A$ 处便有内力 $F_A$、$M_A$，$F_A = -\dfrac{M_0\lambda}{2}A(\gamma)$，$M_A = \dfrac{M_0}{2}D(\gamma)$。

为了满足实际边界条件，便必须在 $A$ 处施加两个集中荷载，如图 3-23 所示，使梁在作用力 $M_0$ 及施加集中荷载作用下在 $A$ 处产生的内力叠加后满足原梁的边界条件。由于在 $A$ 处施加集中力和集中力偶，则 $K-K$ 截面上的 $\omega$、$M$、$V$ 值为 $M_0$、$F_A$、$M_A$ 作用下叠加的结果。叠加计算简图如图 3-24 所示。求得最后结果如下：

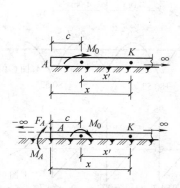

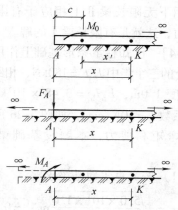

图 3-23　离杆端 $c$ 处有集中力偶作用　　　　图 3-24　集中力偶作用时的叠加计算简图

挠度　　　　　　　　　　　$\omega = \dfrac{M_0 \lambda^2}{kb} \overline{p}$

弯矩　　　　　　　　　　　$M = M_0 \overline{M}$

剪力　　　　　　　　　　　$V = M_0 \lambda \overline{V}$

式中的 $\overline{p}$、$\overline{M}$、$\overline{V}$ 是 $\xi$、$\gamma$ 的函数，可查附表 6 确定。

### 3.4.5　有限长梁的解

对于有限长梁，荷载作用对梁端的影响不可忽略。此时可利用无限长梁解和叠加原理求解。如图 3-25 所示，将有限长梁 Ⅰ 由 $A$，$B$ 两端向外延伸到无限，形成无限长梁 Ⅱ。

按无限长梁的解答，可计算出已知荷载下无限长梁 Ⅱ 上相应于梁 Ⅰ 两端 $A$、$B$ 截面上引起的弯矩 $M_a$、$M_b$ 和剪力 $V_a$、$V_b$。由于实际有限长梁 Ⅰ 的 $A$、$B$ 两端是自由界面，不存在任何内力，为了要利用无限长梁 Ⅱ 求得相应于原有限长梁 Ⅰ 的解答，就必须设法消除发生在无限长梁 Ⅱ 中 $A$、$B$ 两截面的弯矩和剪力。为此，可在无限长梁 Ⅱ 的 $A$、$B$ 两点外侧分别施加一对虚拟的集中荷载 $M_A$、$V_A$ 和 $M_B$、$V_B$，并要求这两对附加荷载在 $A$、$B$ 两截面中产生的内力分别为 $-M_a$、$-V_a$ 和 $-M_b$、$-V_b$，以抵消 $A$、$B$ 两端内力。

按这一条件可列出方程组求解，可得有限长梁 Ⅰ 的内力与无限长梁 Ⅱ 在外荷载和附加荷载作用下叠加的结果相当。

具体的计算步骤如下：

1）把有限长梁 Ⅰ 延长到无限长，计算无限长梁 Ⅱ 上相应于有限长梁 Ⅰ 的两端 $A$ 和 $B$ 截面由于外荷载引起的内力 $M_a$、$V_a$ 和 $M_b$、$V_b$。

2）按无限长梁计算梁端的附加荷载 $M_A$、$V_A$ 和 $M_B$、$V_B$。

3）再按叠加原理计算在已知荷载和虚拟荷载共同作用下无限长梁 Ⅱ 上相应于有限长梁 Ⅰ 各点的内力，这就是有限长梁 Ⅰ 的解。

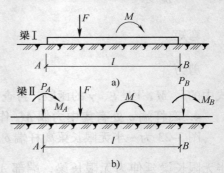

图 3-25　有限长梁的计算
a）有限长梁　b）扩展为无限长梁

**[例 3-4]**　已知柱下条形基础上作用相应荷载基本组合的三个集中力 $F = 180\text{kN}$，相距 4.0m，基础梁宽度 1.0m，$E_b I_b = 3.48 \times 10^5 \text{kN} \cdot \text{m}^2$，地基基床系数 $k = 50\text{N/cm}^3$，如图 3-26 所示。试求基础梁弯矩和剪力，本题设基础梁为无限长梁。

**解：**（1）按文克尔地基梁求解

$$\lambda = \sqrt[4]{\dfrac{kb}{4E_b I_b}} = \sqrt[4]{\dfrac{5.0 \times 10^4 \times 1.0}{4 \times 3.48 \times 10^5}} \text{m}^{-1} = 0.435 \text{m}^{-1}$$

（2）计算集中力作用点截面弯矩和剪力

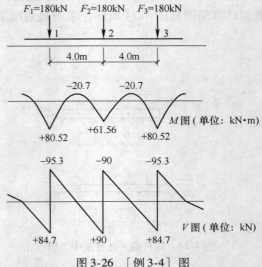

图 3-26　[例 3-4] 图

由式 $M = \dfrac{F_0}{4\lambda} C_x$，$V = \pm \dfrac{F_0}{2} D_x$ 求解，其中 $C_x$，$D_x$ 由表 3-1 查得。

1）对②截面：

$F_2$ 的作用 $x = 0$，$\lambda x = 0$，$C_x = 1.0$，$D_x = 1.0$

$F_1$ 和 $F_3$ 的作用 $x = 4.0$，$\lambda x = 1.74$，$C_x = -0.20244$，$D_x = -0.02969$

则
$$M_2 = \frac{180}{4 \times 0.435} \times (1.0 - 2 \times 0.20244) \text{kN} \cdot \text{m} = 61.56 \text{kN} \cdot \text{m}$$

$$V_2^{左} = -\frac{180}{2} \times (-0.02969) \text{kN} + \frac{180}{2} \times 1.0 \text{kN} + \frac{180}{2} \times (-0.02969) \text{kN} = 90 \text{kN}$$

$$V_2^{右} = -\frac{180}{2} \times (-0.02969) \text{kN} - \frac{180}{2} \times 1.0 \text{kN} + \frac{180}{2} \times (-0.02969) \text{kN} = -90 \text{kN}$$

2）对①截面（与③截面相同）：

$F_1$ 的作用 $x = 0$，$\lambda x = 0$，$C_x = 1.0$，$D_x = 1.0$

$F_2$ 的作用 $x = 4.0$，$\lambda x = 1.74$，$C_x = -0.20244$，$D_x = -0.02969$

$F_3$ 的作用 $x = 8.0$，$\lambda x = 3.48$，$C_x = -0.01920$，$D_x = -0.02916$

则
$$M_1 = M_3 = \frac{180}{4 \times 0.435} \times (1.0 - 0.20244 - 0.01920) \text{kN} \cdot \text{m} = 80.52 \text{kN} \cdot \text{m}$$

$$V_1^{左} = \frac{180}{2} \times 1.0 \text{kN} + \frac{180}{2} \times (-0.02969) \text{kN} + \frac{180}{2} \times (-0.02916) \text{kN}$$

$$= 90 \text{kN} - 2.6721 \text{kN} - 2.6244 \text{kN} = 84.70 \text{kN}$$

$$V_1^{右} = -\frac{180}{2} \times 1.0 \text{kN} + \frac{180}{2} \times (-0.02969) \text{kN} + \frac{180}{2} \times (-0.02916) \text{kN}$$

$$= -90 \text{kN} - 2.6721 \text{kN} - 2.6244 \text{kN} = -95.30 \text{kN}$$

$$V_3^{左} = -V_1^{右}$$

$$V_3^{右} = -V_1^{左}$$

（3）求跨中弯矩 $M_{1-2}$：

$F_1$ 的作用 $x = 2$，$\lambda x = 0.87$，$C_x = -0.04972$

$F_2$ 的作用同 $F_1$　$C_x = -0.04972$

$F_3$ 的作用 $x = 6$，$\lambda x = 2.61$，$C_x = -0.10067$

则
$$M_{1-2} = \frac{180}{4 \times 0.435} \times (-0.04972 \times 2 - 0.10067) \text{kN} \cdot \text{m} = -20.70 \text{kN} \cdot \text{m}$$

又
$$M_{2-3} = M_{1-2}$$

［例 3-5］　某柱下钢筋混凝土条形基础，如图 3-27 所示，图中荷载相应于荷载基本组合。其抗弯刚度 $E_b I_b = 4.8 \times 10^6 \text{kN} \cdot \text{m}^2$，梁长 17m，基底宽 2.5m，地基土的压缩模量 $E_{s1-2} = 1.2 \times 10^4 \text{kN/m}^2$。基岩位于基底以下 6m 处，压缩层土的重度 $\gamma = 19.6 \text{kN/m}^3$，基础埋深 1.5m。试计算基础中点 $C$ 处的挠度、弯矩和基底反力。

解：（1）确定基床系数和梁的柔度指数　基底附加压力为

$$p_0 = p - \gamma d$$

$$= \frac{\sum F_k + G_k}{A} - \gamma d$$

$$= \frac{(1400 + 2600) \times 2/1.35 + 17 \times 2.5 \times 20 \times 1.5}{17 \times 2.5} \text{kN/m}^2 - 19.6 \times 1.5 \text{kN/m}^2$$

$$= 140.03 \text{kN/m}^2$$

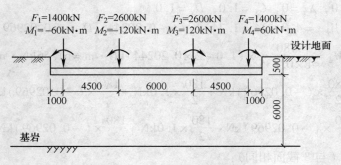

图 3-27 ［例 3-5］图

基底中点处的沉降量为

$$s_0 = 4\psi_s \cdot \frac{p_0}{E_s}(z_i \overline{\alpha}_i - z_{i-1} \overline{\alpha}_{i-1})$$

取 $\psi_s = 1.0$，$z_{i-1} = 0$，$z_i = 6\text{m}$

由 $\frac{l}{b} = \frac{8.5}{1.25} = 6.8$，$\frac{z}{b} = \frac{6}{1.25} = 4.8$ 查《建筑地基基础设计规范》附录 K 得

$$\overline{\alpha}_i = 0.1365$$

则基底中点沉降量 $s_0$ 为

$$s_0 = 4 \times \frac{140.03}{1.2 \times 10^4} \times 0.1365 \times 6\text{m} = 0.038\text{m}$$

由 $\frac{l}{b} = \frac{17}{2.5} = 6.8$，查《建筑地基基础规范》得

$$w_m = 2.02, \quad w_0 = 2.31$$

则

$$s_m = \frac{w_m}{w_0}s_0 = \frac{2.02}{2.31} \times 0.038\text{m} = 0.033\text{m} = 3.3\text{cm}$$

基床系数

$$k = \frac{p_0}{s_m} = \frac{140.03}{0.033}\text{kN/m}^3 = 4.2 \times 10^3 \text{kN/m}^3$$

柔度指数

$$\lambda = \sqrt[4]{\frac{kb}{4E_b I_b}} = \sqrt[4]{\frac{4.2 \times 10^3 \times 2.5}{4 \times 4.8 \times 10^6}}\text{m}^{-1} = 0.153\text{m}^{-1}$$

由于

$$\frac{\pi}{4\lambda} < l < \frac{\pi}{\lambda}$$

故属中长梁，按有限长梁计算。

（2）按无限长梁梁端内力计算 如图 3-28 所示，按无限长梁上相应于原基础左端 A，右端 B 处，由外荷载引起的弯矩、剪力分别为 $M_a = M_b$，$V_a = -V_b$（因荷载对称），列表计算见表 3-2。

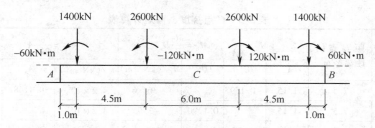

图 3-28　按无限长梁计算内力示意图

表 3-2　梁端内力计算

| 外荷载 | 与 A 点的距离 x/m | $M_a = \dfrac{F_0}{4\lambda}C_x,\ M_a = \dfrac{M_0}{2}D_x$ | | | | $V_a = -\dfrac{F_0}{2}D_x,\ V_a = -\dfrac{M_0\lambda}{2}A_x$ | | |
|---|---|---|---|---|---|---|---|---|
| | | $\lambda_x$ | $C_x$ | $D_x$ | $M_a/(\text{kN}\cdot\text{m})$ | $D_x$ | $A_x$ | $Q_a/\text{kN}$ |
| $F_1 = 1400\text{kN}$ | 1.0 | 0.1533 | 0.716 | | 1634.7 | 0.848 | | 593.6 |
| $M_1 = -60\text{kN}\cdot\text{m}$ | 1.0 | 0.1533 | | 0.848 | 25.4 | | 0.980 | 4.5 |
| $F_2 = 2600\text{kN}$ | 5.5 | 0.8432 | -0.035 | | -148.4 | 0.284 | | 369.2 |
| $M_2 = -120\text{kN}\cdot\text{m}$ | 5.5 | 0.8432 | | 0.284 | 17.0 | | 0.613 | 5.6 |
| $F_3 = 2600\text{kN}$ | 11.5 | 1.763 | -0.201 | | -852.3 | -0.033 | | -42.5 |
| $M_3 = 120\text{kN}\cdot\text{m}$ | 11.5 | 1.763 | | -0.033 | 1.98 | | 0.130 | -1.20 |
| $F_4 = 1400\text{kN}$ | 16.0 | 2.453 | -0.121 | | -276.3 | -0.066 | | -46.2 |
| $M_4 = 60\text{kN}\cdot\text{m}$ | 16.0 | 2.453 | | -0.067 | 2.0 | | -0.011 | -0.051 |
| 总　　计 | | | | | 404.1 | | | 882.9 |

由计算得出 $M_A = M_B = 404.1\text{kN}\cdot\text{m}$，$V_A = -V_B = 882.9\text{kN}$。

（3）按无限长梁梁端附加荷载计算　由 $\lambda l = 2.61$，查表 3-1 得

$A_l = -0.02597,\ C_l = -0.10117,\ D_l = -0.06337,\ E_l = 4.04522,\ F_l = -0.30666$

$$
\begin{aligned}
P_A = P_B &= (E_l + F_l)\big[(1 + D_l)V_a + \lambda(1 - A_l)M_a\big] \\
&= (4.04522 - 0.30666)\times\big[(1 - 0.06337)\times 882.9 + 0.1533 \times \\
&\quad (1 + 0.02579)\times 404.1\big]\text{kN} = 3329.2\text{kN}
\end{aligned}
$$

$$
M_A = -M_B = -(E_l + F_l)\Big[(1 + C_l)\frac{V_a}{2\lambda} + (1 - D_l)M_a\Big]
$$

$$
= -(4.04522 - 0.30666)\times\Big[(1 - 0.10117)\times\frac{882.9}{2\times 0.1533} + 0.1533\times(1 + 0.06337)\times 404.1\Big]\text{kN}\cdot\text{m}
$$

$$
= -11283.1\text{kN}\cdot\text{m}
$$

（4）计算 C 点的挠度、弯矩和地基净反力　如图 3-29 所示，先计算 C 点左半部荷载的影响，然后根据荷载的对称性，叠加得出 C 点处的挠度、弯矩和基底的净反力，计算结果见表 3-3。

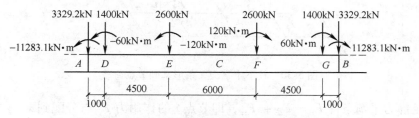

图 3-29　外荷载与梁端边界条件力作用下的无限长梁

**表 3-3　C 点挠度、弯矩计算表**

| 外荷载与边界条件力 | 距 C 点的距离 x/m | $M_C=\dfrac{F_0}{4\lambda}C_x$, $M_C=\dfrac{M_0}{2}D_x$ | | | | $w_C=\dfrac{F_0\lambda}{2kb}A_x$, $w_C=\dfrac{M_0\lambda^2}{kb}B_x$ | | | |
|---|---|---|---|---|---|---|---|---|---|
| | | $\lambda_x$ | $C_x$ | $D_x$ | $M_C/(\text{kN}\cdot\text{m})$ | $k/(\text{kN/m}^3)$ | $A_x$ | $B_x$ | $w_C/\text{cm}$ |
| $F_1=1400\text{kN}$ | 7.5 | 1.15 | -0.1597 | | -364.6 | $4.2\times10^3$ | 0.4148 | | 0.424 |
| $M_1=-60\text{kN}\cdot\text{m}$ | 7.5 | 1.15 | | 0.1290 | -3.9 | $4.2\times10^3$ | | 0.2890 | -0.0038 |
| $F_2=2600\text{kN}$ | 3.0 | 0.46 | 0.286 | | 1212.7 | $4.2\times10^3$ | 0.845 | | 1.604 |
| $M_2=-120\text{kN}\cdot\text{m}$ | 3.0 | 0.46 | | 0.566 | -34.0 | $4.2\times10^3$ | | 0.2810 | -0.0075 |
| $P_A=3329.2\text{kN}$ | 8.5 | 1.30 | -0.1897 | | -1029.9 | $4.2\times10^3$ | 0.3355 | | 0.815 |
| $M_A=11283.1\text{kN}\cdot\text{m}$ | 8.5 | 1.30 | | 0.0729 | -411.3 | $4.2\times10^3$ | | 0.263 | -0.664 |
| 总　　计 | | | | | -631 | | | | 2.168 |

于是
$$M_C=2\times(-631)\text{kN}\cdot\text{m}=-1262\text{kN}\cdot\text{m}$$
$$w_C=2\times2.168\text{cm}=4.34\text{cm}$$
$$p_C=kw_C=4.2\times10^3\times0.0434\text{kN/m}^2=182.1\text{kN/m}^2$$

# 3.5　十字交叉条形基础

当上部结构荷载较大，以致沿柱列的一个方向设置柱下条形基础已不能满足地基承载力和地基变形要求时，可考虑沿柱列的两个方向都设置条形基础，形成柱下十字交叉条形基础。它是由柱网下的纵横两方向条形基础组成的空间结构，可以增大基础底面积及基础刚度，减少基底附加压力和基础不均匀沉降。

这是一种空间结构，柱网传来的集中荷载与弯矩作用在两组条形基础的交叉点上，应用弹性半空间体理论进行精确计算十分麻烦。目前一般常采用简化方法，简化计算时，将柱荷载按一定原则分配到纵、横两个方向的条形基础上，然后分别按单向条形基础进行内力计算与配筋。

## 3.5.1　节点荷载的初步分配

### 1. 节点荷载的分配原则

柱下十字交叉条形基础节点荷载如图 3-30所示，节点荷载一般按下列原则进行分配：

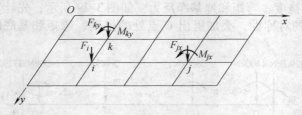

图 3-30　柱下十字交叉条形基础节点荷载

1）满足静力平衡条件 $F_i=F_{ix}+F_{iy}$，即节点 $i$ 的作用力 $F_i$ 与分配到 $x$、$y$ 方向基础梁的作用力 $F_{ix}$、$F_{iy}$ 之和相等。

2）满足变形协调条件 $\omega_{ix} = \omega_{iy} = s$，即节点 $i$ 按 $x$、$y$ 方向基础梁计算的挠度 $\omega_{ix}$、$\omega_{iy}$ 与节点 $i$ 处的地基沉降值 $s$ 相等。

并假定各节点纵、横两个方向的力矩分别由纵、横方向的基础梁单独承担，不再分配。

柱下十字交叉条形基础节点类型如图 3-31 所示。

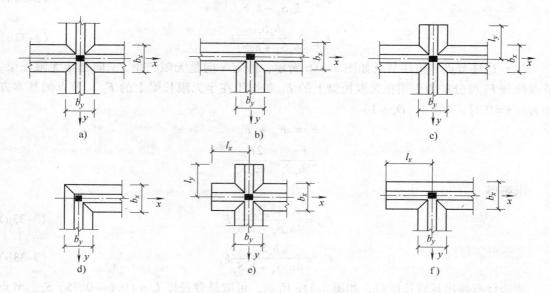

图 3-31　柱下十字交叉条形基础节点类型

### 2. 节点荷载的分配方法

（1）内柱节点　内柱节点如图 3-31a 所示，设 $F_{ix}$ 和 $F_{iy}$ 分别为节点荷载 $F_i$ 在 $x$ 向和 $y$ 向条形基础的分配荷载。根据无限长梁受集中荷载作用的解，可得 $x$ 向条形基础在 $F_{ix}$ 作用下 $i$ 节点产生的沉降（$x = 0$ 时，$A_x = 1$）为

$$w_{ix} = \frac{F_{ix}\lambda_x}{2kb_x} = \frac{F_{ix}}{2kb_xS_x} \qquad (3\text{-}31)$$

其中

$$S_x = \frac{1}{\lambda_x} = \sqrt[4]{\frac{4EI_x}{kb_x}}$$

式中　$k$——地基基床系数（$kN/m^3$）；

　　　$b_x$——基础梁 $x$ 向的基底宽度（m）；

　　　$S_x$——基础梁 $x$ 向的刚度特征值（m）；

　$E$、$I_x$——基础梁 $x$ 向的弹性模量（$kN/m^2$）和惯性矩（$m^4$）。

同理可得 $y$ 向条形基础在 $F_{iy}$ 作用下 $i$ 节点产生的沉降为

$$w_{iy} = \frac{F_{iy}\lambda_y}{2kb_y} = \frac{F_{iy}}{2kb_yS_y}$$

式中　$b_y$——基础梁 $y$ 向的基底宽度（m）；

　　　$S_y$——基础梁 $y$ 向的刚度特征值（m），$S_y = 1/\lambda_y$；

　$E$、$I_y$——基础梁 $y$ 向的弹性模量（$kN/m^2$）和惯性矩（$m^4$）；

由节点变形协调条件 $\omega_{ix} = \omega_{iy}$ 得

$$\frac{F_{ix}}{2kb_xS_x} = \frac{F_{iy}}{2kb_yS_y}$$

根据静力平衡条件 $F_i = F_{ix} + F_{iy}$，可解得

$$F_{ix} = \frac{b_xS_x}{b_xS_x + b_yS_y}F_i \tag{3-32a}$$

$$F_{iy} = \frac{b_yS_y}{b_xS_x + b_yS_y}F_i \tag{3-32b}$$

（2）边柱节点　边柱节点如图 3-31b 所示，假定 $x$ 向是无限长梁，$y$ 向是半无限长梁，节点荷载 $F_i$ 可分解为作用在无限长梁上的 $F_{ix}$ 和作用在半无限长梁上的 $F_{iy}$，节点的基本方程为（$x = 0$ 时，$A_x = 1$，$D_x = 1$）

$$F_i = F_{ix} + F_{iy}$$

$$\frac{F_{ix}}{2kb_xS_x} = \frac{2F_{iy}}{kb_yS_y}$$

求解得

$$F_{ix} = \frac{4b_xS_x}{4b_xS_x + b_yS_y}F_i \tag{3-33a}$$

$$F_{iy} = \frac{b_yS_y}{4b_xS_x + b_yS_y}F_i \tag{3-33b}$$

当边柱有伸出悬臂长度时，如图 3-31c 所示，可取悬臂长度 $l_y = (0.6 \sim 0.75)S_y$。节点的荷载分配为

$$F_{ix} = \frac{\alpha b_xS_x}{\alpha b_xS_x + b_yS_y}F_i \tag{3-34a}$$

$$F_{iy} = \frac{b_yS_y}{\alpha b_xS_x + b_yS_y}F_i \tag{3-34b}$$

式中　$\alpha$、$\beta$——系数，可查表 3-4。

表 3-4　$\alpha$、$\beta$ 值表

| $L/S$ | 0.60 | 0.62 | 0.64 | 0.65 | 0.66 | 0.67 | 0.68 | 0.69 | 0.70 | 0.71 | 0.73 | 0.75 |
| --- | --- | --- | --- | --- | --- | --- | --- | --- | --- | --- | --- | --- |
| $\alpha$ | 1.43 | 1.41 | 1.38 | 1.36 | 1.35 | 1.34 | 1.32 | 1.31 | 1.30 | 1.29 | 1.26 | 1.24 |
| $\beta$ | 2.80 | 2.84 | 2.91 | 2.94 | 2.97 | 3.00 | 3.03 | 3.05 | 3.08 | 3.10 | 3.18 | 3.23 |

（3）角柱节点　角柱节点如图 3-31d 所示，柱荷载可分解为作用在两个半无限长梁的荷载 $F_{ix}$ 和 $F_{iy}$，根据半无限长梁的解，可推导出节点荷载分配公式同内柱节点（$x = 0$ 时，$D_x = 1$）。

为减缓转角节点处地基反力过于集中，常在两个方向伸出悬臂，如图 3-31e 所示，当 $l_x/S_x = l_y/S_y$ 时，节点荷载分配公式同内柱节点。

当角柱节点仅在一个方向伸出悬臂时，如图 3-31f 所示，悬臂长度取 $l_x = (0.6 \sim 0.75)S_x$，节点荷载分配公式为

$$F_{ix} = \frac{\beta b_xS_x}{\beta b_xS_x + b_yS_y}F_i \tag{3-35a}$$

$$F_{iy} = \frac{b_y S_y}{\beta b_x S_x + b_y S_y} F_i \qquad (3\text{-}35b)$$

### 3.5.2　节点荷载的调整

按照以上方法进行柱荷载分配后，可分别按纵、横两个方向的条形基础计算，但在交叉点处基础重叠部分面积重复计算了一次，扩大了承载面积。交叉节点下的基底面积之和可能在基底总面积中占有很大比例，甚至达到 20%。结果使基底反力减小，致使计算结果偏于不安全，故在节点荷载分配后还需进行调整。调整方法如下

**1. 计算调整前的平均地基净反力**

$$p_j = \frac{\sum F}{\sum A + \sum \Delta A} \qquad (3\text{-}36)$$

式中　$\sum F$——相应于荷载基本组合时，交叉条形基础上竖向荷载的总和（kN）；

$\quad\;\sum A$——交叉条形基础支承总面积（$m^2$）；

$\quad\;\sum \Delta A$——交叉条形基础节点处重叠面积之和（$m^2$）。

**2. 地基净反力增量**

调整后的平均基底净反力为

$$p_j' = \frac{\sum F}{\sum A} = m p_j \qquad (3\text{-}37)$$

式中　$m$——修正系数。

将式（3-35）代入式（3-34）得　$m = 1 + \dfrac{\sum \Delta A}{\sum A}$

于是有

$$p_j' = \left( 1 + \frac{\sum \Delta A}{\sum A} \right) p_j = p_j + \frac{\sum \Delta A}{\sum A} p_j = p_j + \Delta p_j$$

其中

$$\Delta p_j = \frac{\sum \Delta A}{\sum A} p_j$$

式中　$\Delta p_j$——基底净反力增量（kN）。

**3. $x$、$y$ 方向分配荷载增量**

将 $\Delta p$ 按节点分配荷载和节点荷载的比例折算成分配荷载增量，对任一节点 $i$，$x$、$y$ 方向分配荷载增量 $\Delta F_{ix}$、$\Delta F_{iy}$ 分别为

$$\Delta F_{ix} = \frac{F_{ix}}{F_i} \Delta A_i \Delta p_j \qquad (3\text{-}38a)$$

$$\Delta F_{iy} = \frac{F_{iy}}{F_i} \Delta A_i \Delta p_j \qquad (3\text{-}38b)$$

式中　$\Delta A_i$——节点 $i$ 处基础重叠面积（$m^2$）。

节点处基础重叠面积按下面方法计算（见图 3-32）

1）内柱和带悬挑的板带

$$\Delta A = b_x \cdot b_y$$

2）边柱、无悬挑的板带和边缘横向板带

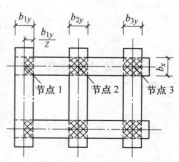

图 3-32　基础重叠面积计算

$$\Delta A = b_x \cdot b_y / 2$$

式中　$b_x$、$b_y$——节点 $i$ 处 $x$、$y$ 方向基础梁宽度（m）。

### 4. 调整后的分配荷载

调整后节点荷载在 $x$、$y$ 方向分配荷载 $F'_x$、$F'_y$ 分别为

$$F'_{ix} = F_{ix} + \Delta F_{ix} \tag{3-39a}$$

$$F'_{iy} = F_{iy} + \Delta F_{iy} \tag{3-39b}$$

[**例 3-6**] 某框架结构基础平面如图 3-33 所示，相应于荷载基本组合时，上部结构传至基础顶部柱荷载 $F_1 = 1200\text{kN}$，$F_2 = 2000\text{kN}$，$F_3 = 2500\text{kN}$，$F_4 = 3000\text{kN}$，$x$ 轴向基础宽度 $b_x = 3\text{m}$，$y$ 轴向基础宽度 $b_y = 2\text{m}$，持力土层的基床系数 $k = 5 \times 10^4 \text{kN/m}^3$，基础采用 C20 混凝土，弹性模量 $E = 2.55 \times 10^7 \text{kN/m}^2$，试按简化法计算各节点的分配荷载并进行调整。

**解**：（1）计算 $S_x$ 和 $S_y$

JL-1 基础　　　　　　　　　　　　　$b_x = 3\text{m}$，$I_x = 0.127\text{m}^4$

$$S_x = \sqrt[4]{\frac{4EI_x}{kb_x}} = \sqrt[4]{\frac{4 \times 2.55 \times 10^7 \times 0.127}{5 \times 10^4 \times 2}}\text{m} = 3.05\text{m}$$

JL-2 基础

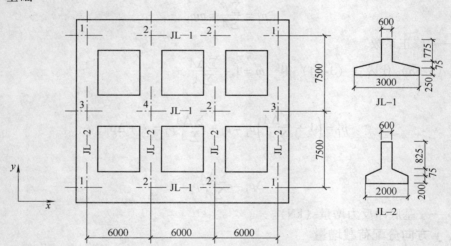

图 3-33　框架结构基础平面示意图

$$b_y = 2\text{m}，I_y = 0.11\text{m}^4$$

$$S_y = \sqrt[4]{\frac{4EI_y}{kb_y}} = \sqrt[4]{\frac{4 \times 2.55 \times 10^7 \times 0.11}{5 \times 10^4 \times 2}}\text{m} = 3.26\text{m}$$

（2）计算分配荷载

角柱节点 1

$$F_{1x} = F_1 \frac{b_x S_x}{b_x S_x + b_y S_y} = 1200 \times \frac{3 \times 3.05}{3 \times 3.05 + 2 \times 3.26}\text{kN} = 701\text{kN}$$

$$F_{1y} = F_1 \frac{b_y S_y}{b_x S_x + b_y S_y} = 1200 \times \frac{2 \times 3.26}{3 \times 3.05 + 2 \times 3.26}\text{kN} = 499\text{kN}$$

边柱节点 2

$$F_{2x} = F_2 \frac{4b_x S_x}{4b_x S_x + b_y S_y} = 2000 \times \frac{4 \times 3 \times 3.05}{4 \times 3 \times 3.05 + 2 \times 3.26} kN = 1697 kN$$

$$F_{2y} = F_2 \frac{b_y S_y}{4b_x S_x + b_y S_y} = 2000 \times \frac{2 \times 3.26}{4 \times 3 \times 3.05 + 2 \times 3.26} kN = 303 kN$$

边柱节点 3

$$F_{3x} = F_3 \frac{b_x S_x}{b_x S_x + 4b_y S_y} = 2500 \times \frac{3 \times 3.05}{3 \times 3.05 + 4 \times 2 \times 3.26} kN = 650 kN$$

$$F_{3y} = F_3 \frac{4b_y S_y}{b_x S_x + 4b_y S_y} = 2500 \times \frac{4 \times 2 \times 3.26}{3 \times 3.05 + 4 \times 2 \times 3.26} kN = 1850 kN$$

内柱节点 4

$$F_{4x} = F_4 \frac{b_x S_x}{b_x S_x + b_y S_y} = 3000 \times \frac{3 \times 3.05}{3 \times 3.05 + 2 \times 3.26} kN = 1752 kN$$

$$F_{4y} = F_4 \frac{b_y S_y}{b_x S_x + b_y S_y} = 3000 \times \frac{2 \times 3.26}{3 \times 3.05 + 2 \times 3.26} kN = 1248 kN$$

（3）分配荷载的调整

$$\sum F = 1200 \times 4 kN + 2000 \times 4 kN + 2500 \times 2 kN + 3000 \times 2 kN = 23800 kN$$

$$\sum A = 3 \times 3 \times 20 m^2 + 8 \times (7.5 - 3) \times 2 m^2 = 252 m^2$$

$$\sum \Delta A = 2 \times 3 \times 1 m^2 + 4 \times 2 \times 1.5 m^2 + 2 \times 3 \times 2 m^2 = 30 m^2$$

$$p_j = \frac{23800}{252 + 30} kN/m^2 = 84.4 kN/m^2$$

$$\Delta p_j = \frac{\sum \Delta A}{\sum A} p_j = \frac{30}{252} \times 84.4 kN/m^2 = 10.0 kN/m^2$$

节点 1

$$\Delta P_{1x} = \frac{P_{1x}}{P_1} \Delta A \Delta p_j = \frac{701}{1200} \times 0 \times 10.0 kN = 0 kN$$

$$\Delta P_{1y} = \frac{P_{1y}}{P_1} \Delta A \Delta p_j = \frac{499}{1200} \times 0 \times 13.5 kN = 0 kN$$

$$P'_{1x} = P_{1x} + \Delta P_{1x} = 701 kN + 0 kN = 701 kN$$

$$P'_{1y} = P_{1y} + \Delta P_{1y} = 499 kN + 0 kN = 499 kN$$

节点 2

$$\Delta P_{2x} = \frac{1697}{2000} \times 3 \times 10.0 kN = 25.5 kN$$

$$\Delta P_{2y} = \frac{303}{2000} \times 3 \times 10.0\text{kN} = 4.5\text{kN}$$

$$P'_{2x} = 1697\text{kN} + 25.5\text{kN} = 1722.5\text{kN}$$

$$P'_{2y} = 303\text{kN} + 4.5\text{kN} = 307.5\text{kN}$$

同理，节点 3

$$P'_{3x} = 657.8\text{kN}; \quad P'_{3y} = 1872.2\text{kN}$$

节点 4

$$P'_{4x} = 1787\text{kN}; \quad P'_{4y} = 1273\text{kN}$$

按照上述过程进行荷载分配和调整后，即可分别按纵、横两个方向的条形基础用简化计算法或弹性地基梁的解法进行内力和基底反力的计算。

[例 3-7]　某框架结构采用十字交叉条形基础，如图 3-34 所示。纵向基础梁 JL$_1$ 与 JL$_3$ 截面相同，横向基础梁 JL$_4$ 与 JL$_5$ 截面相同。相应于荷载基本组合时，上部结构传至基础顶部荷载 $F_1 = 511\text{kN}$，$F_2 = 730\text{kN}$，$F_3 = 840\text{kN}$，$F_4 = 1200\text{kN}$，$F_5 = 686\text{kN}$，$F_6 = 980\text{kN}$，持力土层的基床系数 $k = 5 \times 10^3 \text{kN/m}^3$，基础采用 C20 混凝土，弹性模量 $E = 2.55 \times 10^7 \text{kN/m}^2$，试按简化法计算各节点的分配荷载。

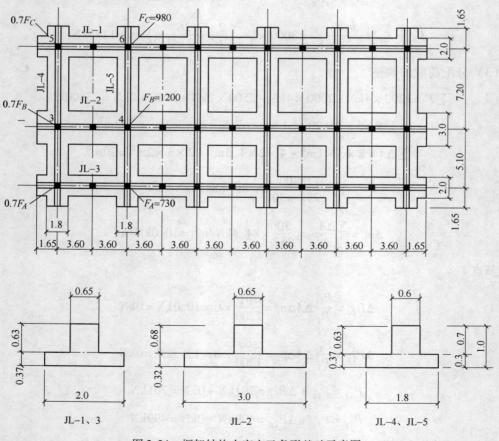

图 3-34　框架结构十字交叉条形基础示意图

**解：**（1）截面特征

1）纵向基础梁 $JL_1$ 与 $JL_3$

$$A_1 = 0.65 \times 1.0\text{m}^2 + 1.35 \times 0.3\text{m}^2 = 0.65\text{m}^2 + 0.405\text{m}^2 = 1.055\text{m}^2$$

$$S = 0.65 \times 0.5\text{m}^3 + 0.405 \times 0.15\text{m}^3 = 0.386\text{m}^3$$

$$y_1 = \frac{S}{A_1} = \frac{0.386}{1.055}\text{m} = 0.37\text{m}$$

$$I_{b1} = \frac{1}{12} \times 0.65 \times 1.0^3\text{m}^4 + 0.65 \times (0.5 - 0.37)^2\text{m}^4 + \frac{1}{12} \times 1.35 \times 0.3^3\text{m}^4$$

$$+ 0.405 \times (0.37 - 0.15)^2\text{m}^4 = 0.088\text{m}^4$$

$$S_1 = S_3 = \sqrt[4]{\frac{4E_b I_{b1}}{kb_1}} = \sqrt[4]{\frac{4 \times 2.55 \times 10^7 \times 0.088}{0.5 \times 10^4 \times 2}}\text{m} = 5.47\text{m}$$

同理可得

纵向基础梁 $JL_2$

$$I_{b2} = 0.102\text{m}^4, \quad S_2 = \sqrt[4]{\frac{4 \times 2.55 \times 10^7 \times 0.104}{0.5 \times 10^4 \times 3}}\text{m} = 5.14\text{m}$$

2）横向基础梁 $JL_4$ 与 $JL_5$

$$I_{b4} = 0.08\text{m}^4, \quad S_4 = S_5 = \sqrt[4]{\frac{4 \times 2.55 \times 10^7 \times 0.08}{0.5 \times 10^4 \times 1.8}}\text{m} = 5.49\text{m}$$

（2）节点荷载分配

节点 1 　　　　　$\dfrac{l_x}{S_x} = \dfrac{1.65}{5.47} = 0.302, \quad \dfrac{l_y}{S_y} = \dfrac{1.65}{5.49} = 0.301$

两者基本相等。节点荷载分配如下

$$F_{1x} = \frac{b_x S_x}{b_x S_x + b_y S_y} \times F_1 = \frac{b_3 S_3}{b_3 S_3 + b_4 S_4} \times F_1$$

$$= \frac{2 \times 5.47}{2 \times 5.47 + 1.8 \times 5.49} \times 511\text{kN} = 268.5\text{kN}$$

$$F_{1y} = \frac{b_y S_y}{b_x S_x + b_y S_y} \times F_1 = \frac{b_4 S_4}{b_3 S_3 + b_4 S_4} \times F_1$$

$$= \frac{1.8 \times 5.49}{2 \times 5.47 + 1.8 \times 5.49} \times 511\text{kN} = 242.5\text{kN}$$

节点 2 　　　　　$\dfrac{l_y}{S_y} = \dfrac{1.65}{5.49} = 0.301$

查相关设计手册可得 $\alpha = 2.24$。节点荷载分配如下

$$F_{2x} = \frac{\alpha b_x S_x}{\alpha b_x S_x + b_y S_y} \times F_2 = \frac{\alpha b_3 S_3}{\alpha b_3 S_3 + b_5 S_5} \times F_2$$

$$= \frac{2.24 \times 2 \times 5.47}{2.24 \times 2 \times 5.47 + 1.8 \times 5.49} \times 730kN = 520.8kN$$

$$F_{2y} = \frac{b_y S_y}{\alpha b_x S_x + b_y S_y} \times F_2 = \frac{b_5 S_5}{\alpha b_3 S_3 + b_5 S_5} \times F_2$$

$$= \frac{1.8 \times 5.49}{2.24 \times 2 \times 5.47 + 1.8 \times 5.49} \times 730kN = 209.2kN$$

节点 3

$$\frac{l_x}{S_x} = \frac{1.65}{5.14} = 0.321$$

查相关设计手册可得 $\alpha = 2.167$。节点荷载分配如下

$$F_{3x} = \frac{b_x S_x}{b_x S_x + \alpha b_y S_y} \times F_3 = \frac{b_2 S_2}{b_2 S_2 + \alpha b_4 S_4} \times F_3$$

$$= \frac{3 \times 5.14}{3 \times 5.14 + 2.167 \times 1.8 \times 5.49} \times 840kN = 351.7kN$$

$$F_{3y} = \frac{\alpha b_y S_y}{b_x S_x + \alpha b_y S_y} \times F_3 = \frac{\alpha b_4 S_4}{b_2 S_2 + \alpha b_4 S_4} \times F_3$$

$$= \frac{2.167 \times 1.8 \times 5.49}{3 \times 5.14 + 2.167 \times 1.8 \times 5.49} \times 840kN = 480.3kN$$

节点 4

$$F_{4x} = \frac{b_x S_x}{b_x S_x + b_y S_y} \times F_4 = \frac{b_2 S_2}{b_2 S_2 + b_5 S_5} \times F_4$$

$$= \frac{3 \times 5.14}{3 \times 5.14 + 1.8 \times 5.49} \times 1200kN = 731kN$$

$$F_{4y} = \frac{b_y S_y}{b_x S_x + b_y S_y} \times F_4 = \frac{b_5 S_5}{b_2 S_2 + b_5 S_5} \times F_4$$

$$= \frac{1.8 \times 5.49}{3 \times 5.14 + 1.8 \times 5.49} \times 1200kN = 469kN$$

节点 5

$$F_{5x} = \frac{F_{1x}}{F_1} \times F_5 = \frac{268.5}{511} \times 686kN = 360.5kN$$

$$F_{5y} = \frac{F_{1y}}{F_1} \times F_5 = \frac{242.5}{511} \times 686kN = 325.5kN$$

节点 6

$$F_{6x} = \frac{F_{2x}}{F_2} \times F_6 = \frac{520.8}{730} \times 980kN = 699.2kN$$

$$F_{6y} = \frac{F_{2y}}{F_2} \times F_6 = \frac{209.2}{730} \times 980 \text{kN} = 280.8 \text{kN}$$

（3）分配荷载调整　计算从略。

# 复 习 题

[3-1]　基底反力分布假设有哪些？其适用条件各是什么？

[3-2]　柱下条形基础有哪些构造要求？

[3-3]　柱下条形基础计算的倒梁法计算模型如何确定？简述倒梁法的计算步骤。

[3-4]　柱下条形基础倒梁法求得的支座反力为何与柱实际作用荷载不相等？如何调整？

[3-5]　文克尔地基梁的基本假定是什么？

[3-6]　如何区分无限长梁、半无限长梁和有限长梁？

[3-7]　简述无限长梁与半无限长梁内力计算方法。

[3-8]　十字交叉条形基础节点荷载分配的原则是什么？分配的节点荷载为何需调整？

[3-9]　某建筑物柱下条形基础上部传来荷载与柱距如图 3-35 所示。基础埋深 $d = 1.5 \text{m}$，持力层土修正后的地基承载力特征值 $f_a = 156 \text{kN/m}^2$，相应于荷载基本组合时，柱荷载 $F_A = 1252 \text{kN}$，$F_B = F_C = 1838 \text{kN}$，柱距 6m，共 5 跨，基础梁伸出左端边柱轴线 1.1m。

（1）确定基础底面尺寸。

（2）用静力平衡法计算基础梁内力，并绘出内力图。

（3）假定用弯矩分配法求得支座反力为 $R_A = 1224 \text{kN}$，$R_B = 2072 \text{kN}$，$R_C = 1632 \text{kN}$，试对支座不平衡力进行调整，并绘出调整荷载分布图。

（4）用连续梁系数法计算基础梁内力，并绘出内力图。

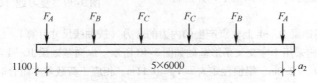

图 3-35　复习题[3-9]图

[3-10]　某柱下条形基础的柱距和相应于荷载基本组合的柱荷载如图 3-36 所示，试用连续梁系数法计算其内力，并绘出内力图。

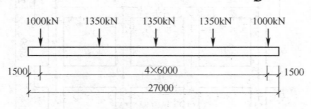

图 3-36　复习题[3-10]图

[3-11]　某柱下钢筋混凝土条形基础的柱距和相应于荷载基本组合的柱荷载如图 3-37 所示（按无限长梁考虑），基础梁的抗弯刚度 $E_b I_b = 4.0 \times 10^5 \text{kN} \cdot \text{m}^2$，基底宽度 $b = 2.5 \text{m}$，持力层土的基床系数 $k = 3.6 \times 10^3 \text{kN/m}^3$。用弹性地基梁法计算基础中点 $C$ 处的弯矩与剪力。

[3-12]　某柱下钢筋混凝土条形基础的柱距和相应于荷载基本组合的柱荷载如图 3-38 所示，基础梁的抗弯刚度 $E_b I_b = 4.0 \times 10^5 \text{kN} \cdot \text{m}^2$，基底宽度 $b = 2.5 \text{m}$，持力层土的基床系数 $k = 3.6 \times 10^3 \text{kN/m}^3$。用弹性

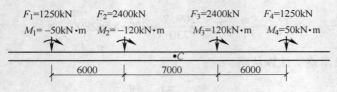

图 3-37　复习题 [3-11] 图

地基梁法计算基础中点 $C$ 处的弯矩与剪力。

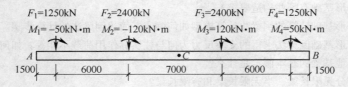

图 3-38　复习题 [3-12] 图

[3-13]　某框架结构十字交叉条形基础平面如图 3-39 所示。相应于荷载基本组合的柱荷载 $F_1 = 900\text{kN}$，$F_2 = 1200\text{kN}$，$F_3 = 1300\text{kN}$，$F_4 = 1800\text{kN}$，$x$ 轴方向基础宽度 $b_x = 3.6\text{m}$，惯性矩 $I_x = 0.134\text{m}^4$，$y$ 轴方向基础宽度 $b_y = 3.0\text{m}$，惯性矩 $I_y = 0.127\text{m}^4$，持力层土的基床系数 $k = 5 \times 10^4 \text{ kN/m}^3$，基础混凝土强度等级 C30，弹性模量 $E = 3.0 \times 10^7 \text{ kN} / \text{ m}^2$。（结构与荷载均对称）

（1）试将柱荷载分配到 $x$、$y$ 方向梁上，并进行调整。

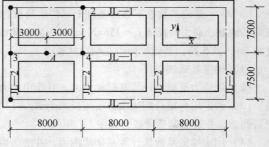

图 3-39　复习题 [3-13] 图

（2）求 $F_3$、$F_4$ 在基础梁 JL—1 上 $A$ 点产生的内力的合力（按轴线尺寸计算）。

[3-14]　某框架结构采用十字交叉条形基础如图 3-40 所示。纵向基础梁 JL—1 与横向基础梁 JL—2 截面均相同，梁底宽 $b_1 = b_2 = 2.0\text{m}$，梁惯性矩 $I_1 = I_2 = 0.11\text{m}$。相应于荷载基本组合时，上部结构传至基础顶部柱荷载 $F_1 = 650\text{kN}$，$F_2 = 860\text{kN}$，$F_3 = 940\text{kN}$，$F_4 = 1400\text{kN}$，持力土层的基床系数 $k = 5 \times 10^3 \text{kN/m}^3$，基础采用 C20 混凝土，弹性模量 $E = 2.55 \times 10^7 \text{kN/m}^2$，试按简化法计算各节点的分配荷载。

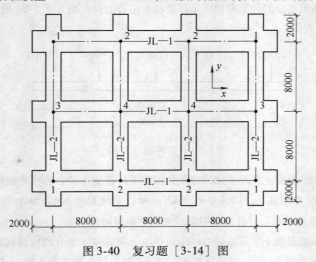

图 3-40　复习题 [3-14] 图

# 第4章 筏形基础

## 4.1 概述

当地基承载力低、而上部结构的荷载又较大，以致十字交叉条形基础仍不能提供足够的底面积来满足地基承载力的要求时，可采用钢筋混凝土满堂基础，这种满堂基础称为筏形基础。筏形基础具有减小基底压力，提高地基承载力和调整地基不均匀沉降的能力，可以避免结构发生明显的局部不均匀沉降。特别对于有地下室的房屋或大型储液结构，如水池、油库等，筏形基础是一种比较理想的基础结构。

**1. 筏形基础类型**

筏形基础可分为平板式和梁板式两种类型。平板式筏形基础是一块等厚度（厚度为 $0.5 \sim 2.5m$）的钢筋混凝土平板（见图1-8a）。若柱距较大、柱荷载相差较大时，板内会产生较大的弯矩，此时宜在板上沿柱轴纵横向设置基础梁（见图1-8b、c），即形成梁板式筏形基础，这时板的厚度虽比平板式小得多，但其刚度较大，能承受更大的弯矩。肋梁设在板下使地坪自然形成，且较经济，但施工不方便。肋梁也可设在板的上方，施工方便，但要架空地坪。

梁板式筏形基础可分为单向肋梁筏形基础和双向肋梁筏形基础。单向肋梁筏形基础仅在一个方向的柱下布置肋梁（见图4-1）；双向肋梁筏形基础在纵、横两个方向的柱下都布置肋梁（见图4-2）。双向肋梁筏形基础又可分为主次肋梁筏形基础与双主肋梁筏形基础。

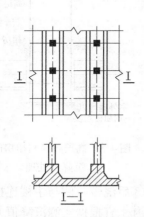

图4-1 单向肋梁筏形基础

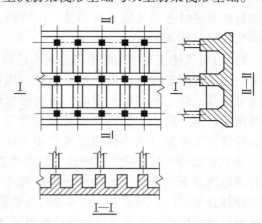

图4-2 双向肋梁筏形基础

筏形基础的结构与钢筋混凝土楼盖结构相似，由柱子或墙传来的荷载，经主、次肋梁及板传给地基。若将基底反力看作作用于筏形基础底板上的荷载，则筏形基础相当于一个倒置的钢筋混凝土楼盖。目前，筏形基础的内力计算方法主要有刚性板条法、倒楼盖法、有限刚度板法。

（1）刚性板条法　当筏形基础底面较规则，柱距相等，基础底板截面形状相同时，可将筏形基础离散为板带（或板条），按地基上基础梁计算方法求解内力。这种方法忽略了板带间的剪力产生的静力不平衡，所以是一种近似的计算方法。

（2）倒楼盖法　将筏形基础作为地基上板或梁板组合体系计算。

（3）有限刚度板法　如果上部结构和筏形基础的刚度足够大，将筏形基础假设为绝对刚性，在工程实用中可认为是合理的。但在一般情况下，筏形基础属于有限刚度板，上部结构、基础和土是共同工作的，应按共同作用的原理分析，或按弹性地基上矩形板理论计算。

**2. 上部结构的嵌固部位**

在进行上部结构计算分析时，首先要确定其嵌固部位，嵌固部位又直接影响基础弯矩，所以它对于结构分析和基础设计都是非常重要的，并且直接与建筑物的经济性和安全性有关。

对于不带地下室的筏形基础，上部结构嵌固部位为筏形基础顶部。带有地下室的筏形基础，JGJ6—2011《高层建筑筏形与箱形基础技术规范》制定了如下原则：

1）对于上部结构为框架、剪力墙或框剪结构的单层或多层地下室，当地下室层间侧移刚度大于或等于与其相连的上部结构底层侧向刚度的1.5倍时，地下一层结构顶部可作为上部结构的嵌固部位，否则认为上部结构嵌固在筏形基础的顶部。

2）当地下一层结构顶板作为上部结构的嵌固部位时，应能保证将上部结构的地震作用或水平力传递到地下室抗侧力构件上，沿地下室外墙和内墙边缘的板面不应有大洞口；地下一层结构顶板应采用梁板式楼盖，板厚不应小于180mm，其混凝土强度等级不宜小于C30；楼面应采用双层双向配筋，且每层每个方向的配筋率不宜小于0.25%。

**3. 高层建筑筏形基础与裙房基础之间的构造要求**

1）当高层建筑与相连的裙房之间设置沉降缝时，高层建筑的基础埋深应大于裙房基础的埋深，其值不应小于2m。当不满足该要求时必须采取有效措施。沉降缝地面以下处应用粗砂填实（见图4-3）。

2）当高层建筑与相连的裙房之间不设置沉降缝时，宜在裙房一侧设置用于控制沉降差的后浇带。当高层建筑基础面积满足地基承载力和变形要求时，后浇带宜设在与高层建筑相邻裙房的第一跨内。当需要满足高层建筑地基承载力、降低高层建筑沉降量，减小高层建筑与裙房间的沉降差而增大高层建筑基础面积时，后浇带可设在距主楼边柱的第二跨内，此时尚应满足下列条件：①地基土质应较均匀；②裙房结构

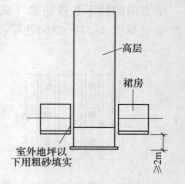

图4-3　高层建筑与裙房间的沉降缝处理

刚度较好且基础以上的地下室和裙房结构层数不应少于两层；③后浇带一侧与主楼连接的裙房基础底板厚度应与高层建筑的基础底板厚度相同。后浇带混凝土宜根据实测沉降值并计算后期沉降差能满足设计要求后方可进行浇筑。

3）当高层建筑与相连的裙房之间不允许设置沉降缝和后浇带时，高层建筑及与其紧邻一跨裙房的筏板应采用相同厚度，裙房筏板的厚度宜从第二跨裙房开始逐步变化，应同时满足主、裙房基础整体性和基础板的变形要求；应进行地基变形和基础内力的验算，验算时应分析地基与结构间变形的相互影响，并应采取有效措施防止产生有不利影响的差异沉降。

## 4.2 筏形基础的设计步骤和构造要求

### 1. 基础底面积确定

1）应满足地基持力层土的承载力要求。如果将坐标原点置于筏形基础底板形心处，则基础底面任一点压力可按下式计算

$$p_k(x,y) = \frac{\sum F_k + G_k}{A} \pm \frac{M_{kx}}{I_x}y \pm \frac{M_{ky}}{I_y}x \tag{4-1}$$

式中 $\sum F_k$——相应于荷载标准组合时，作用于筏形基础上竖向荷载总和（kN）；

$G_k$——筏形基础自重与其上土的重量之和（kN）；

$A$——筏形基础底面积（m$^2$）；

$M_{kx}$、$M_{ky}$——相应于荷载标准组合时，竖向荷载 $\sum F_k$ 对通过筏形基础底面形心的 $x$ 轴和 $y$ 轴的力矩（kN·m）；

$I_x$、$I_y$——筏形基础底面积对 $x$ 轴和 $y$ 轴的惯性矩（m$^4$）；

$x$、$y$——计算点的 $x$ 轴和 $y$ 轴的坐标（m）。

轴心受压时，基底压力应满足以下要求

$$p_k \leqslant f_a \tag{4-2}$$

偏心受压时，在满足式（4-2）的同时，还要满足下式要求

$$p_{kmax} \leqslant 1.2f_a \tag{4-3}$$

对于非抗震设防的高层建筑筏形基础与箱形基础，在满足式（4-2）与式（4-3）的同时，还要满足下式要求

$$p_{kmin} \geqslant 0 \tag{4-4}$$

式中 $p_k$、$p_{kmax}$、$p_{kmin}$——相应于荷载标准组合时，基础底面平均压力值和基础底面边缘最大与最小压力值（kPa）；

$f_a$——修正后的地基承载力特征值（kPa）。

当地下水位较高时，验算公式中的基底压力项应减去基础底面处的浮力，即

$$p_k - p_w \leqslant f_a \tag{4-5a}$$

$$p_{kmax} - p_w \leqslant 1.2f_a \tag{4-5b}$$

式中 $p_w$——地下水位作用在基础底面上的浮力（kPa），即 $p_w = \gamma_w h_w$；

$h_w$——地下水位至基底的距离（m）。

2）在地基均匀的条件下，筏形基础底面形心宜与结构竖向永久荷载重心重合。当不能重合时，在荷载效应准永久值组合下，偏心距宜符合下式要求

$$e \leqslant 0.1W/A \tag{4-6}$$

式中 $W$——与偏心距方向一致的基础底面边缘抵抗矩（m$^3$）；

$A$——基础底面积（m$^2$）。

如果偏心较大，或者不能满足式（4-6）的要求，为减少偏心距和扩大基底面积，可将筏形基础底板外伸悬挑，对于肋梁不外伸的悬挑筏形基础底板，挑出长度不宜大于 2m，如做成坡度，其边缘厚度不应小于 200mm。

　　3）如有软弱下卧层，应验算下卧层强度，验算方法与天然地基上浅基础相同。

**2. 筏板厚度的确定**

　　筏板厚度应根据抗弯、抗冲切、抗剪切要求确定。一般不小于柱网较大跨度的1/20，并不得小于200mm。也可根据楼层层数，按每层50mm确定。对12层以上建筑的梁板式筏形基础，其底板厚度与最大双向板格的短边净跨之比不应小于1/14，且板厚不应小于400mm。对于高层建筑的平板式筏形基础，可采用厚筏板，筏板厚度不应小于500mm，可取1~3m。

**3. 筏板配筋的确定**

　　筏板的配筋应根据内力计算结果确定，构造要求如下：

　　1）受力钢筋最小直径不应小于10mm，间距100~200mm。分布钢筋直径不应小于8mm，间距不应大于300mm。

　　2）平板式筏形基础可按柱下板带与跨中板带分别分析内力，柱下板带和跨中板带的底板钢筋应有1/3贯通全跨，顶部钢筋应按实际配筋全部连通，上下贯通钢筋的配筋率均不应小于0.15%。

　　3）梁板式筏形基础底板的配筋，除满足计算配筋外，底板的顶部跨中钢筋应按实际配筋全部连通；纵横方向底部支座钢筋尚应有1/3贯通全跨。底板上下贯通钢筋的配筋率均不应小于0.15%。

　　4）对无外伸肋梁的双向外伸板角底面，应配置5~7根辐射状的附加钢筋，如图4-4所示。附加钢筋的直径与边跨板的主筋相同，钢筋外端间距不大于200mm，且内锚长度（从肋梁外边缘起算）应大于板的外伸长度。

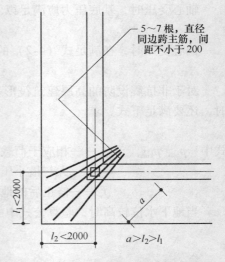

　　5）当筏板的厚度大于2000mm时，宜在板厚中间部位设置直径不小于12mm、间距不大于300mm的双向钢筋网。

**4. 筏板混凝土强度等级的确定**

　　筏板的混凝土强度等级不应小于C30，当有地下室时应采用防水混凝土，防水混凝土的抗渗等级应根据地下水的最大水头与防渗混凝土厚度的比值确定，但不应小于0.6MPa。对重要建筑物，宜采用自防水并设置架空排水层。

图4-4　底板双向悬臂附加放射筋

**5. 基础梁**

　　基础梁高度由计算确定。梁板式筏形基础梁的高跨比不宜小于1/6。基础梁顶面和底面的纵向受力钢筋由计算确定，顶部钢筋按实际钢筋全部贯通，底部支座钢筋尚应有1/3贯通全跨。上下贯通钢筋的配筋率均不应小于0.15%。

**6. 墙体**

　　筏形基础地下室外墙的厚度不应小于250mm，内墙厚度不宜小于200mm。墙体内应设置双面钢筋，钢筋不宜采用光面圆钢筋，钢筋配置除满足承载力要求外，尚应考虑变形、抗裂及防渗等要求。水平钢筋直径不应小于12mm，竖向钢筋直径不应小于10mm，间距不应大于200mm。

**7. 地下室底层柱、剪力墙与梁板式筏形基础基础梁连接**

1）柱、墙的边缘至基础梁边缘的距离不应小于 50mm（见图 4-5）。

2）当交叉基础梁的宽度小于柱截面的边长时，交叉基础梁连接处应设八字角，柱角与八字角之间的净距不宜小于 50mm（见图 4-5a）。

3）单向基础梁与柱的连接，当柱截面的边长大于 400mm 时，可按图 4-5b 采用；当柱截面的边长小于或等于 400mm 时，可按图 4-5c 采用。

4）基础梁与剪力墙的连接可按图 4-5d 采用。

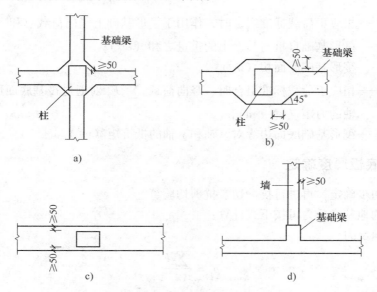

图 4-5　柱或墙与基础梁的连接构造要求

**8. 基础的沉降**

基础的沉降应小于建筑物的允许沉降值。可按分层总和法或按 GB50007—2011《建筑地基基础设计规范》规定的方法计算，如果基础埋置较深，应适当考虑由于基坑开挖引起的回弹变形。

## 4.3　刚性板条法：平板式筏形基础

当地基土比较均匀，地基压缩层范围内无软弱土层或液化土层，上部结构整体刚度较好，柱网和荷载较均匀、相邻柱荷载及柱距的变化不超过 20%，且平板式筏形基础板的厚跨比或梁板式筏形基础梁的高跨比不小于 1/6 时，筏形基础可不考虑整体弯曲而仅考虑底板局部弯曲作用，计算筏形基础的内力时，基底反力可按直线分布或平面分布，并扣除底板及其上填土的自重。当不符合上述要求时，筏形基础内力可按弹性地基梁板等理论进行分析。计算分析时应根据土层情况和地区经验选用地基模型和参数。

### 4.3.1　基础底面尺寸确定

轴心受压时，相应于荷载标准组合时的基底平均压力应满足式（4-2）要求。基底平均

压力按下式计算

$$p_k = \frac{\sum F_k + G_k}{A} \tag{4-7a}$$

偏心受压时，相应于荷载标准组合时的基底最大与最小压力按下式计算，同时，还应满足式 (4-2) ~ 式 (4-4) 的要求

$$p_{k\,\min}^{\max} = \frac{\sum F_k + G_k}{A} \pm \frac{M_{kx}}{W_x} \pm \frac{M_{ky}}{W_y} \tag{4-7b}$$

式中　　$\sum F_k$——相应于荷载标准组合时，作用于筏形基础上竖向荷载总和 (kN)；

　　　　$G_k$——筏形基础自重与其上土的重量之和 (kN)；

　　　　$A$——筏形基础底面积 (m²)；

$M_{kx}$、$M_{ky}$——相应于荷载标准组合时，竖向荷载 $\sum F_k$ 对通过筏基底面形心的 $x$ 轴和 $y$ 轴的力矩 (kN·m)；

$W_x$、$W_y$——筏形基础底面边缘对 $x$ 轴和 $y$ 轴的抵抗矩 (m³)。

### 4.3.2　基础底板厚度确定

根据构造初步确定，再进行抗冲切、抗剪切验算。

基础底面的地基净反力可按下式计算：

基底平均净反力

$$p_j = \frac{\sum F}{A} \tag{4-8a}$$

基底最大与最小净反力

$$p_{j\,\min}^{\max} = \frac{\sum F}{A} \pm \frac{M_x}{W_x} \pm \frac{M_y}{W_y} \tag{4-8b}$$

偏心受压时基底任一点的基底净反力

$$p_{j(x,y)} = \frac{\sum F}{A} \pm \frac{M_x}{I_x}y \pm \frac{M_y}{I_y}x \tag{4-8c}$$

式中　　$\sum F$——相应于荷载基本组合时，作用于筏形基础上的竖向荷载之和 (kN)；

$M_x$、$M_y$——相应于荷载基本组合时，竖向荷载 $\sum F$ 对通过筏形基础底面形心的 $x$ 轴和 $y$ 轴的力矩 (kN·m)；

　　　　$A$——筏形基础底面面积 (m²)；

$W_x$、$W_y$——筏形基础底面边缘对 $x$ 轴和 $y$ 轴的截面抵抗矩 (m³)；

$I_x$、$I_y$——筏形基础底面边缘对 $x$ 轴和 $y$ 轴的截面惯性矩 (m⁴)；

$x$、$y$——筏形基础某点到过筏形基础底面形心的 $y$ 轴和 $x$ 轴的距离 (m)。

#### 1. 平板式筏形基础柱下的板厚

平板式筏形基础柱下的板厚应满足受冲切承载力的要求。计算时应考虑作用在冲切临界截面重心上的不平衡弯矩产生的附加剪力。对基础的边柱和角柱进行冲切验算时，其冲切力应分别乘以 1.1 和 1.2 的增大系数。

距柱边 $h_0/2$ 处冲切临界截面的最大剪应力由两部分组成，一部分是冲切力引起的剪应力，一部分是不平衡弯矩产生的附加剪应力。最大剪应力 $\tau_{max}$ 按下式计算（见图 4-6）

$$\tau_{max} = F_l/u_m h_0 + \alpha_s M_{unb} c_{AB}/I_s \tag{4-9}$$

$$\tau_{max} \leqslant 0.7(0.4 + 1.2/\beta_s)\beta_{hp}f_t \tag{4-10}$$

$$\alpha_s = 1 - 1\Big/\left(1 + \frac{2}{3}\sqrt{(c_1/c_2)}\right) \tag{4-11}$$

$$M_{unb} = Ne_N - Pe_P \pm M_c \tag{4-12}$$

式中　$F_l$——相应于荷载基本组合时的冲切力（kN），对内柱取轴力设计值减去筏板冲切破坏锥体内的基底净反力设计值，对边柱和角柱，取轴力设计值减去筏板冲切临界截面范围内的基底净反力设计值；

$u_m$——距柱边 $h_0/2$ 处冲切临界截面的周长（m）；

$h_0$——筏板的有效高度（m）；

$\alpha_s$——不平衡弯矩通过冲切临界截面上的偏心剪力传递的分配系数；

$M_{unb}$——作用在冲切临界截面重心上的不平衡弯矩（kN·m），对边柱如图 4-7 所示；

$c_{AB}$——沿弯矩作用方向，冲切临界截面重心至冲切临界截面最大剪应力点的距离（m）；

$I_s$——冲切临界截面对其重心的极惯性矩（m⁴）；

$\beta_s$——柱截面长边与短边的比值，当 $\beta_s < 2$ 时，$\beta_s$ 取 2，当 $\beta_s > 4$ 时，$\beta_s$ 取 4；

$\beta_{hp}$——受冲切承载力截面高度影响系数，$h_0 < 800mm$ 时，取 1.0，$h_0 \geqslant 2000mm$ 时，取 0.9，其间按线性内插法取用；

$f_t$——混凝土轴心抗拉强度设计值（kN/m²）；

$c_1$——与弯矩作用方向一致的冲切临界截面的边长（m）；

$c_2$——垂直于 $c_1$ 的冲切临界截面的边长（m）；

$N$——相应于荷载的基本组合时，柱根部柱轴力设计值（kN）；

$P$——相应于荷载的基本组合时，冲切临界截面范围内基底反力设计值（kN）；

$M_c$——相应于荷载的基本组合时，柱根部弯矩设计值（kN·m）；

$e_N$——柱根部轴向力 $N$ 到冲切临界截面重心的距离（m）；

$e_P$——冲切临界截面范围内基底反力设计值之和对冲切临界截面重心的偏心距（m）；对内柱，由于对称的缘故，$e_N = e_P = 0$，所以，$M_{unb} = M_c$；

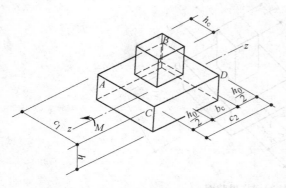

图 4-6　内柱冲切临界截面示意

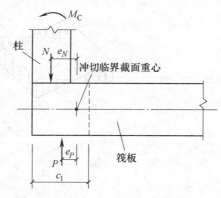

图 4-7　边柱 $M_{unb}$ 计算示意图

冲切临界截面的周长 $u_m$，冲切临界截面对其重心的极惯性矩 $I_s$，以及沿弯矩作用方向冲切临界截面重心至冲切临界截面最大剪应力点的距离 $c_{AB}$，应根据柱所处的位置分别进行计算。

内柱应按下列公式计算（见图 4-8）

$$u_m = 2c_1 + 2c_2$$

$$I_s = c_1 h_0^3/6 + c_1^3 h_0/6 + c_2 h_0 c_1^2/2$$

$$c_1 = h_c + h_0, c_2 = b_c + h_0, c_{AB} = c_1/2$$

式中　$h_c$——与弯矩作用方向一致的柱截面边长（m）；

　　　$b_c$——垂直于 $h_c$ 的柱截面边长（m）。

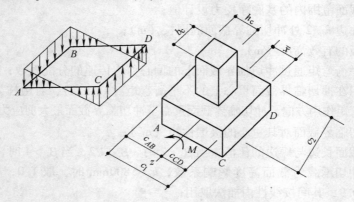

图 4-8　内柱冲切临界截面

边柱应按下列公式计算（见图 4-9）

$$u_m = 2c_1 + c_2$$

$$I_s = c_1 h_0^3/6 + c_1^3 h_0/6 + 2h_0 c_1 (c_1/2 - \bar{x})^2 + c_2 h_0 \bar{x}^2$$

$$c_1 = h_c + h_0/2 \quad c_2 = b_c + h_0 \quad c_{AB} = c_1 - \bar{x}$$

$$\bar{x} = c_1^2/(2c_1 + c_2)$$

式中　$\bar{x}$——冲切临界截面重心位置（m）。

当边柱外侧筏板的悬挑长度大于 $h_0 + 0.5 b_c$ 时，边柱柱下筏板冲切临界截面的计算同中柱。

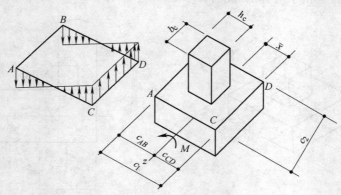

图 4-9　边柱冲切临界截面

角柱应按下列公式计算（见图4-10）

$$u_m = c_1 + c_2$$

$$I_s = c_1 h_0^3/12 + c_1^3 h_0/12 + c_1 h_0 (c_1/2 - \bar{x})^2 + c_2 h_0 \bar{x}^2$$

$$c_1 = h_c + h_0/2 \quad c_2 = b_c + h_0/2 \quad c_{AB} = c_1 - \bar{x}$$

$$\bar{x} = c_1^2/(2c_1 + 2c_2)$$

式中 $\bar{x}$——冲切临界截面重心位置（m）。

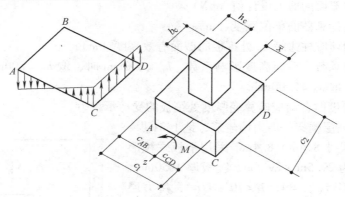

图4-10 角柱冲切临界截面

当角柱两相邻外侧筏板的悬挑长度大于 $h_0 + 0.5b_c$ 和 $h_0 + 0.5h_c$ 时，角柱柱下筏板冲切临界截面的计算同中柱。

当柱荷载较大，等厚度筏板的受冲切承载力不能满足要求时，可在筏板上面增设柱墩或在筏板下局部增加板厚或采用抗冲切箍筋来提高受冲切承载能力。

### 2. 平板式筏形基础内筒下的板厚

平板式筏形基础内筒下的板厚应满足受冲切承载力的要求，其受冲切承载力按下式计算

$$F_l/u_m h_0 \leqslant 0.7\beta_{hp}f_t/\eta \qquad (4-13)$$

式中 $F_l$——相应于荷载基本组合时的内筒所承受的轴力设计值减去筏板冲切破坏锥体内的基底净反力设计值（kN）；

$u_m$——距内筒外表面 $h_0/2$ 处冲切临界截面的周长（m），如图4-11所示；

$h_0$——距内筒外表面 $h_0/2$ 处筏板的截面有效高度（m）；

$\eta$——内筒冲切临界截面周长影响系数，取1.25。

当需要考虑内筒根部弯矩的影响时，距内筒外表面 $h_0/2$ 处冲切临界截面的最大剪应力可按式（4-9）计算，并应满足下式要求

$$\tau_{max} \leqslant 0.7\beta_{hp}f_t/\eta \qquad (4-14)$$

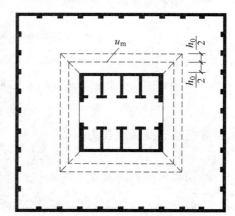
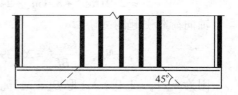

图4-11 筏板受内筒冲切的临界截面位置

### 3. 受剪承载力验算

平板式筏板除满足受冲切承载力外，尚应按下式验算距内筒边缘或柱边缘 $h_0$ 处筏板的受剪承载力

$$V_s \leqslant 0.7\beta_{hs}f_t b_w h_0 \tag{4-15}$$

$$\beta_{hs} = (800/h_0)^{1/4}$$

式中　　$V_s$——相应于荷载基本组合时，基底净反力平均值产生的距内筒或柱边缘 $h_0$ 处筏板单位宽度的剪力设计值（kN）；

$b_w$——筏板计算截面单位宽度（m）；

$h_0$——距内筒或柱边缘 $h_0$ 处筏板的截面有效高度（m）；

$\beta_{hs}$——受剪承载力截面高度影响系数，$h_0 < 800mm$ 时，取 $h_0 = 800mm$，$h_0 \geqslant 2000mm$ 时，取 $h_0 = 2000mm$。

当筏板为变厚度时，尚应验算变厚度处筏板的受剪承载力。

**［例 4-1］** 某高层框架—剪力墙建筑，地上 31 层，地下 1 层，柱网尺寸 $8.4m \times 8.4m$。采用平板式筏形基础，底面尺寸为 $29.5m \times 29.5m$，筏板厚 1850mm，混凝土强度等级 C35，$f_t = 1.57 \times 10^3 kN/m^2$，持力层为圆砾。底层柱截面尺寸为 $1.2m \times 1.2m$，混凝土强度等级 C50。相应于荷载基本组合时，上部结构总重 $G = 516955.8kN$，某根中柱传来轴向压力 $N_{max} = 25439kN$，弯矩 $M_x = 126.8kN \cdot m$，如图 4-12 所示。试验算底板是否满足冲切要求。

**解：** 保护层厚度取 50mm

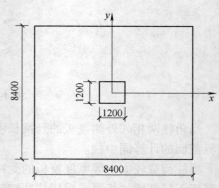

图 4-12　［例 4-1］图（单位：mm）

$$h_0 = h - 50mm = 1850mm - 50mm = 1800mm = 1.8m$$

$$c_1 = h_c + h_0 = 1200mm + 1800mm = 3000mm = 3m$$

$$c_2 = b_c + h_0 = 1200mm + 1800mm = 3000mm = 3m$$

$$c_{AB} = c_1/2 = 3/2m = 1.5m$$

冲切临界截面周长为

$$u_m = 2c_1 + 2c_2 = 2 \times 3m + 2 \times 3m = 12m$$

冲切临界截面对其重心的极惯性矩为

$$I_s = \frac{c_1 h_0^3}{6} + \frac{c_1^3 h_0}{6} + \frac{c_2 h_0 c_1^2}{2} = \frac{3 \times 1.8^3}{6}m^4 + \frac{3^3 \times 1.8}{6}m^4 + \frac{3 \times 1.8 \times 3^2}{2}m^4$$

$$= 2.916m^4 + 8.1m^4 + 24.3m^4 = 35.316m^4$$

轴向荷载引起的冲切力

$$F_l = N_{max} - \frac{Gc_1 c_2}{BL} = 25439kN - \frac{516955.8 \times 3 \times 3}{29.5 \times 29.5}kN = 20092.7kN$$

因为 $h_c/b_c = 1.0 < 2$，取 $\beta_s = 2$。$h_0 = 1800mm > 800mm$ 但 $< 2000mm$，插值可求得 $\beta_{hp} = 0.917$。$M_{unb} = M_x = 126.8kN \cdot m$

$$\alpha_s = 1 - \frac{1}{1 + \frac{2}{3}\sqrt{c_1/c_2}} = 1 - \frac{1}{1 + \frac{2}{3}\sqrt{3/3}} = 0.4$$

$$\tau_{max} = \frac{F_l}{u_m h_0} + \frac{\alpha_s M_{unb} c_{AB}}{I_s} = \frac{20093}{12 \times 1.8}\text{kN/m}^2 + \frac{0.4 \times 126.8 \times 1.5}{35.316}\text{kN/m}^2 = 932.37\text{kN/m}^2$$

$0.7(0.4 + 1.2/\beta_s)\beta_{hp}f_t = 0.7 \times (0.4 + 1.2/2) \times 0.917 \times 1.57 \times 10^3\text{kN/m}^2 = 1007.8\text{kN/m}^2 > \tau_{max}$

由以上计算可知，底板满足抗冲切要求。

## 4.3.3 基础底板内力计算

基础底面的净反力可按式（4-8）计算。在计算出基底净反力后，常用倒楼盖法和刚性板条法计算筏板的内力。倒楼盖法是按柱下板带和跨中板带，采用无梁楼盖方法进行内力分析。这里主要介绍刚性板条法，刚性板条法的计算步骤如下：

先将筏形基础在 $x, y$ 方向分成若干条带，如图 4-13 所示，而后取出每一条带按独立的条形基础进行计算。按这种方法计算时，由于没有考虑条带之间的剪力，因此，每一条带柱荷载的总和与基底净反力总和不平衡，需进行调整。

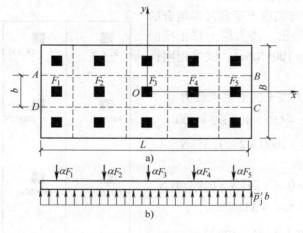

图 4-13 刚性板条法

设某条带的宽度为 $b$，长度为 $L$，条带内的柱总荷载为 $\sum F$；条带内基底净反力平均值为 $\overline{p}_j$，则基底净反力的总和为 $\overline{p}_j bL$，但其值与柱荷载总和 $\sum F$ 不相等，求二者的平均值

$$\overline{F} = \frac{1}{2}\left(\sum F + \overline{p}_j bL\right) \tag{4-16}$$

柱荷载和基底净反力都按其平均值进行修正。

柱荷载的修正系数

$$\alpha = \frac{\overline{F}}{\sum F} \tag{4-17}$$

各柱的修正值分别为 $\alpha F_i$。

基底平均净反力的修正值按下式计算

$$\overline{p}'_j = \frac{\overline{F}}{bL} \tag{4-18}$$

最后采用修正后的柱荷载及基底净反力，按独立的柱下条形基础计算基础内力和配筋。

按基底反力直线分布计算的平板式筏形基础，在进行钢筋配置时，柱下板带中在柱宽及其两侧各 0.5 倍板厚且不大于 1/4 板跨的有效宽度范围内，其钢筋配置量不应小于柱下板带钢筋配置量的一半，且应能承受部分不平衡弯矩 $\alpha_m M_{unb}$，$M_{unb}$ 为作用在冲切临界截面中心上的部分不平衡弯矩，$\alpha_m$ 可按下式计算

$$\alpha_m = 1 - \alpha_s \tag{4-19}$$

式中　$\alpha_m$——不平衡弯矩通过弯曲传递的分配系数；

　　　$\alpha_s$——按式（4-11）计算。

考虑到整体弯曲的影响，筏板的柱下板带和跨中板带的底板钢筋应有 1/3 贯通全跨，顶部钢筋应按实际配筋全部连通，上下贯通钢筋的配筋率均不应小于 0.15%。

对有抗震设防要求、平板式筏形基础的顶面作为上部结构的嵌固端时，计算柱下板带截面组合弯矩设计值时，柱根内力应考虑乘以与其抗震等级相应的增大系数。

[例 4-2] 某平板式筏形基础如图 4-14 所示，板厚 0.8m，柱距与相应于荷载基本组合的柱竖向荷载已在图中给出。持力层土修正后的地基承载力特征值 $f_a = 100\text{kN/m}^2$。试采用刚性板条法计算基础内力。

**解：**（1）验算持力层土的地基承载力

$$\sum F_k = (350 \times 2 + 450 + 400 \times 2 + 500 + 1400 \times 4 + 1000 \times 2)/1.35\text{kN}$$
$$= 7444.4\text{kN}$$

$$G_k = 21.5 \times 15.5 \times 0.8 \times 24\text{kN} = 6398.4\text{kN}$$

$$A = 15.5 \times 21.5\text{m}^2 = 333.25\text{m}^2$$

$$I_x = \frac{1}{12} \times 15.5 \times 21.5^3\text{m}^4 = 12837\text{m}^4$$

$$I_y = \frac{1}{12} \times 21.5 \times 15.5^3\text{m}^4 = 6672\text{m}^4$$

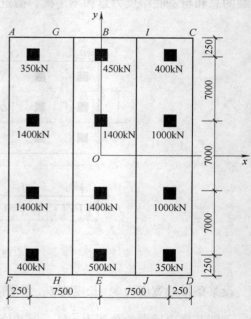

图 4-14　[例 4-2] 图

$$M_{ky} = \sum F_k e_x, \quad e_x = x' - \frac{B}{2}$$

$$x' = \frac{F_1 x_1 + F_2 x_2 + F_3 x_3 + \cdots + F_{12} x_{12}}{\sum F}$$

$$= \frac{1}{10050} \times [7.75 \times (450 + 1400 + 1400 + 500) + 15.25 \times (400 + 1000 + 1000 + 350) + 0.25 \times (350 + 1400 + 1400 + 400)]\text{m} = 7.153\text{m}$$

$$e_x = x' - \frac{B}{2} = 7.153\text{m} - \frac{15.5}{2}\text{m} = -0.597\text{m}$$

$$M_{ky} = 7444.4 \times 0.597\text{kN} \cdot \text{m} = 4444.3\text{kN} \cdot \text{m}$$

同理，
$$M_{kx} = \sum F_k e_y, \quad e_y = y' - \frac{L}{2}$$

$$y' = \frac{F_1 y_1 + F_2 y_2 + F_3 y_3 + \cdots + F_{12} y_{12}}{\sum F}$$

$$= \frac{1}{10050} \times [\, 0.25 \times (400 + 500 + 350) + 7.25 \times (1400 + 1400 + 1000) + 14.25 \times$$

$$(1400 + 1400 + 1000) + 21.25 \times (350 + 450 + 400)\,]\,\mathrm{m}$$

$$= 10.700\mathrm{m}$$

$$e_y = y' - \frac{L}{2} = 10.700\mathrm{m} - \frac{21.5}{2}\mathrm{m} = -0.05\mathrm{m}$$

$$M_{kx} = 7444.4 \times 0.05\mathrm{kN \cdot m} = 372.2\mathrm{kN \cdot m}$$

基底平均压力

$$p_k = \frac{\sum F_k + G_k}{A} = \frac{7444.4 + 6398.4}{333.25}\mathrm{kN/m^2} = 41.5\mathrm{kN/m^2} < f_a$$

基底压力最大值

$$p_{kmax} = \frac{\sum F_k + G_k}{A} + \frac{M_{kx}}{I_x}y_{max} + \frac{M_{ky}}{I_y}x_{max}$$

$$= 41.5\mathrm{kN/m^2} + \frac{372.2}{12837} \times 10.75\mathrm{kN/m^2} + \frac{4444.3}{6672} \times 7.75\mathrm{kN/m^2} = 46.97\mathrm{kN/m^2} < 1.2f_a$$

（2）计算基底净反力　不计基础自重的各点基底净反力计算如下

$$F_{ji} = \frac{\sum F}{A} \pm \frac{M_x}{I_x}y_i \pm \frac{M_y}{I_y}x_i$$

$A$ 点　　$p_{jA} = (30.16 - 0.039 \times 10.75 + 0.899 \times 7.75)\mathrm{kN/m^2} = 36.71\mathrm{kN/m^2}$

$B$ 点　　$p_{jB} = (30.16 - 0.039 \times 10.75 + 0.899 \times 0)\mathrm{kN/m^2} = 29.74\mathrm{kN/m^2}$

$C$ 点　　$p_{jC} = (30.16 - 0.039 \times 10.75 - 0.899 \times 7.75)\mathrm{kN/m^2} = 22.81\mathrm{kN/m^2}$

$D$ 点　　$p_{jD} = (30.16 + 0.039 \times 10.75 - 0.899 \times 7.75)\mathrm{kN/m^2} = 23.58\mathrm{kN/m^2}$

$E$ 点　　$p_{jE} = (30.16 + 0.039 \times 10.75 + 0.899 \times 0)\mathrm{kN/m^2} = 30.55\mathrm{kN/m^2}$

$F$ 点　　$p_{jF} = (30.16 + 0.039 \times 10.75 + 0.899 \times 7.75)\mathrm{kN/m^2} = 37.51\mathrm{kN/m^2}$

（3）计算板条 $AGHF$ 的内力

基底平均净反力

$$\bar{p}_j = \frac{1}{2}(p_{jA} + p_{jF}) = \frac{1}{2} \times (36.71 + 37.51)\mathrm{kN/m^2} = 37.11\mathrm{kN/m^2}$$

基底净反力的合力

$$\bar{p}_j bL = 37.11 \times 4 \times 21.5\mathrm{kN} = 3191.46\mathrm{kN}$$

柱荷载总和

$$\sum F = (350 + 1400 + 1400 + 400)\mathrm{kN} = 3550\mathrm{kN}$$

基底净反力的合力与柱荷载总和的平均值

$$\bar{F} = \frac{1}{2}(\bar{p}_j bL + \sum F) = \frac{1}{2} \times (3191.46 + 3550)\mathrm{kN} = 3370.73\mathrm{kN}$$

柱荷载修正系数

$$\alpha = \frac{\overline{F}}{\sum F} = \frac{3370.73}{3550} = 0.950$$

各柱荷载修正值如图 4-15 所示。

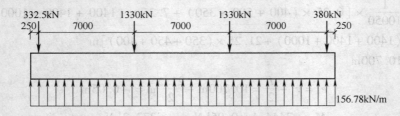

图 4-15　板带 AGHF 各柱荷载修正值

修正的基底平均净反力

$$\overline{p}'_j = \frac{\overline{F}}{bL} = \frac{3370.73}{4 \times 21.5} \text{kN/m}^2 = 39.195 \text{kN/m}^2$$

单位长度基底平均净反力

$$b\,\overline{p}'_j = 4 \times 39.195 \text{kN/m} = 156.78 \text{kN/m}$$

最后按柱下条形基础计算内力。本例按静力平衡法计算各截面的弯矩和剪力，如图 4-16所示。

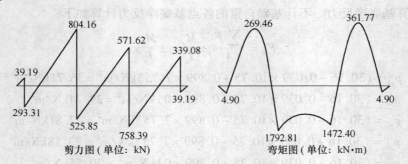

图 4-16　AGFH 板带内力

（4）计算板带 GIJH 的内力

$$\overline{p}_j = \frac{1}{2}(p_{jB} + p_{jE}) = \frac{1}{2} \times (29.74 + 30.55)\text{kN/m}^2 = 30.15 \text{kN/m}^2$$

$$\overline{p}_j bL = 30.15 \times 7.5 \times 21.5 \text{kN} = 4860.88 \text{kN}$$

$$\sum F = (450 + 1400 + 1400 + 500)\text{kN} = 3750 \text{kN}$$

$$\overline{F} = \frac{1}{2}(\overline{p}_j bL + \sum F) = \frac{1}{2} \times (4860.88 + 3750)\text{kN} = 4305.44 \text{kN}$$

$$\alpha = \frac{\overline{F}}{\sum F} = \frac{4305.44}{3750} = 1.148$$

各柱荷载修正值如图 4-17a 所示

$$\bar{p}'_j b = \frac{4305.44}{21.5} \text{kN/m} = 200.25 \text{kN/m}$$

最后内力如图 4-17b、c 所示。

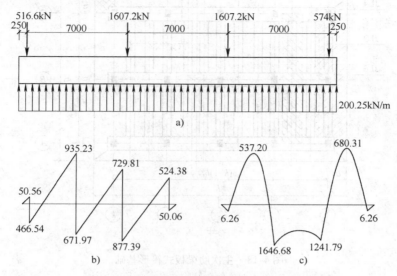

图 4-17 板带 *GIJH* 荷载修正值和带内力图
a) 板带 *GIJH* 各柱荷载修正值 b) 剪力图（单位：kN） c) 弯矩图（单位：kN·m）

## 4.4 倒楼盖法：主次肋梁板式筏形基础

倒楼盖法计算基础内力的步骤是将筏形基础作为倒楼盖，基底净反力作为荷载，底板按连续单向板或双向板计算。采用倒楼盖法计算基础内力时，在两端第一、二开间内，应按计算增加 10% ~ 20% 的配筋量且上下均匀配置。双向肋梁板式筏形基础内力计算常采用倒楼盖法。双向肋梁板式筏形基础又可分为主次肋梁板式筏形基础与双主肋梁板式筏形基础。本节首先介绍主次肋梁板式筏形基础的内力计算与设计。

主次肋梁板式筏形基础由底板、纵肋梁、横肋梁（或称主肋梁、次肋梁）组成，如图 4-18 所示。基底净反力传递路径为首先传给底板，底板传给次肋梁，次肋梁传给主肋梁。设计计算步骤下：

**1. 确定基础底面尺寸**

方法同平板式筏形基础。

**2. 计算底板内力及配筋**

基底净反力计算同式（4-8）。底板跨中及支座弯矩按连续板计算，可近似按下式计算

$$M = \frac{1}{10} p_j l_0^2 \tag{4-20}$$

式中 $l_0$——筏形基础底板的跨度（m）。

如果筏形基础底板有外伸悬挑，悬挑部分弯矩按悬臂板计算

$$M_1 = \frac{1}{2} p_j l_1^2 \tag{4-21a}$$

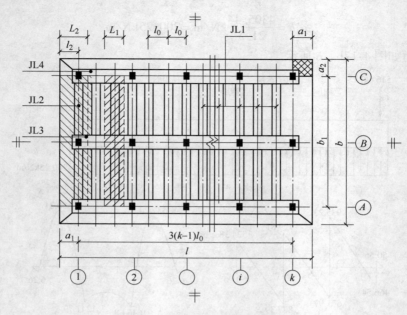

图 4-18　主次肋梁板式筏形基础

$$M_2 = \frac{1}{2}p_j l_2^2 \tag{4-21b}$$

式中　$l_1$、$l_2$——筏形基础底板两个方向悬挑板的悬挑长度（m）。

筏形基础底板配筋按下面的简化公式计算

$$A_s = \frac{M}{0.9 f_y h_0} \tag{4-22}$$

式中　$M$——相应于荷载基本组合时，计算截面的设计弯矩（N·mm）；

$f_y$——钢筋的抗拉强度设计值（N/mm²）；

$h_0$——筏形基础底板的有效计算高度（mm）。

**3. 计算基础梁内力及配筋**

图 4-18 所示为一主次肋梁筏形基础。其中 $JL_1$ 是中间次肋梁，$JL_2$ 是边缘次肋梁，$JL_3$、$JL_4$ 分别为中间主肋梁与边缘主肋梁。

中间次肋梁 $JL_1$ 受荷面积 $A_1 = b_1 L_1$，承担的基底净反力总合力

$$R_1 = p_j b_1 L_1 \tag{4-23a}$$

边缘次肋梁 $JL_2$ 受荷面积 $A_2 = b_1 L_2$，承担的基底净反力总合力

$$R_2 = p_j b_1 L_2 \tag{4-23b}$$

设 $\beta = R_2/R_1$，则

$$R_2 = \beta R_1 \tag{4-24}$$

也就是一根边缘次肋梁可折算成 $\beta$ 根中间次肋梁承担的基底净反力。

设中间次肋梁 $JL_1$ 有 $n$ 根，边缘次肋梁 $JL_2$ 只有两根，将整个基础的次肋梁折算成中间次肋梁，则共有 $(n + 2\beta)$ 根中间次肋梁。

设作用在中间次肋梁 $JL_1$ 上的柱子传来的总轴向压力为 $\sum N'$，此荷载由 $(n + 2\beta)$ 根

中间次肋梁来承担。则每根中间次肋梁 $JL_1$ 与中间主肋梁 $JL_3$ 的交叉点处便有力 $F_1$ 的作用，同时中间次肋梁也以同样的力反作用于中间主肋梁上

$$F_1 = \sum N'/(n+2\beta) \tag{4-25}$$

作用在 $JL_1$ 上基底净反力的总合力是 $R_1$，所以在 $JL_1$ 与边缘主肋梁 $JL_4$ 的交叉点上，有作用力 $F_2$

$$F_2 = (R_1 - F_1)/2 \tag{4-26}$$

$JL_2$ 与 $JL_3$ 交叉点的作用力 $F_3$

$$F_3 = \beta F_1 \tag{4-27}$$

$JL_2$ 与 $JL_4$ 交叉点的作用力 $F_4$

$$F_4 = \beta F_2 \tag{4-28}$$

$JL_4$ 除了 $JL_1$、$JL_2$ 的反作用力之外，还有承受 $A$、$C$ 轴线外侧悬挑筏板传来的基底净反力，此部分基底净反力将以线荷载 $q$ 的形式作用于 $JL_4$ 上

$$q = p_j a_2 \tag{4-29}$$

除此之外，在筏形基础底板的四个转角处，有面积为 $a_1 a_2$ 的基底净反力尚未计入，它们将以集中力 $F_5$ 的形式作用于 $JL_4$ 的端部

$$F_5 = p_j a_1 a_2 \tag{4-30}$$

最后各基础梁的受力图如图 4-19 所示。

各基础梁的内力计算可参照柱下条形基础的计算方法。

基础梁配筋参照 GB50010—2011《混凝土结构设计规范》的设计方法。

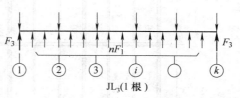

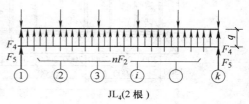

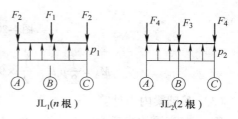

图 4-19　各梁受力图

[**例 4-3**] 某主次肋梁筏形基础，柱距与相应于荷载基本组合时的各柱荷载如图 4-20 所示。柱的总荷载 $\sum F = 54270\text{kN}$，修正后的地基承载力特征值为 $f_a = 100\text{kPa}$，基础埋置深度 $d = 1.6\text{m}$，试按倒楼盖法计算基础的内力。

**解：**（1）确定基础底面尺寸

$$\sum F = 5427 \times 10^4 \text{N}, \ f_a = 10 \times 10^4 \text{N/m}^2, \ d = 1.6\text{m}, \ L = 33\text{m}$$

基础宽度
$$B = \frac{\sum F_k}{(f_a - \gamma D)L} = \frac{54270/1.35}{(100 - 20 \times 1.6) \times 33}\text{m} = 17.9\text{m}, \ \text{取} \ B = 18\text{m}$$

（2）基础底板弯矩计算

基底净反力
$$p_j = \frac{\sum F}{BL} = \frac{5427 \times 10^4}{18 \times 33}\text{N/m}^2 = 9.14 \times 10^4 \text{N/m}^2$$

跨中及支座弯矩
$$M = \frac{1}{10} p_j l^2 = \frac{1}{10} \times 9.14 \times 10^4 \times 2^2 \text{N} \cdot \text{m} = 3.66 \times 10^4 \text{N} \cdot \text{m}$$

悬挑部分弯矩
$$M_1 = \frac{1}{2} p_j l_1^2 = \frac{1}{2} \times 9.14 \times 10^4 \times 1.5^2 \text{N} \cdot \text{m} = 10.28 \times 10^4 \text{N} \cdot \text{m}$$

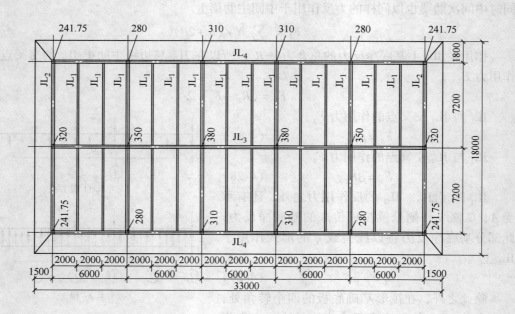

图 4-20　　[例 4-3] 图

$$M_2 = \frac{1}{2} p_j l_2^2 = \frac{1}{2} \times 9.14 \times 10^4 \times 1.8^2 \text{N} \cdot \text{m} = 14.81 \times 10^4 \text{N} \cdot \text{m}$$

（3）基础梁内力计算

JL$_1$　基底平均净反力　　　　$p_1 = 9.14 \times 10^4 \times 2.0 \text{N/m} = 18.28 \times 10^4 \text{N/m}$

　　　基底净反力总和　　　　$R_1 = 18.28 \times 10^4 \times 14.4 \text{N} = 263.23 \times 10^4 \text{N}$

JL$_2$　基底平均净反力　　　　$p_2 = 9.14 \times 10^4 \times (2 \times 0.5 + 1.5) \text{N/m} = 22.85 \times 10^4 \text{N/m}$

　　　基底净反力总和　　　　$R_2 = 22.85 \times 10^4 \times 14.4 \text{N} = 329.04 \times 10^4 \text{N}$

则　　　　　　　　　　　　$R_2 = \dfrac{329.04}{263.23} \times R_1 = 1.25 R_1$

横向共 16 根梁，其中 JL$_2$ 两根，折算成 JL$_1$，共有 $(14 + 2 \times 1.25) R_1 = 16.5 R_1$

JL$_3$ 纵梁上所有柱的总荷重 $\sum F_1 = 2100 \times 10^4 \text{N}$，因此作用在每根 JL$_1$ 横梁中点的集中力为

$$F_1 = \frac{2100 \times 10^4}{16.5} \text{N} = 127.3 \times 10^4 \text{N}$$

作用在 JL$_4$ 纵梁上，JL$_1$ 横梁两端的集中力为

$$F_2 = \frac{R_1 - F_1}{2} = \frac{263.23 - 127.3}{2} \times 10^4 \text{N} = 68.0 \times 10^4 \text{N}$$

（4）JL$_1$ 横向基础梁的弯矩计算　根据平衡条件，求剪力等于零的点

$$F_2 - p_1 x = 0 \qquad x = \frac{68.0 \times 10^4}{18.28 \times 10^4} \text{m} = 3.72 \text{m}$$

跨中最大弯矩

$$M_{max} = 18.28 \times 10^4 \times 3.72^2/2 N \cdot m - 68.0 \times 10^4 \times 3.72 N \cdot m = -126.5 \times 10^4 N \cdot m$$

支座弯矩

$$M_b = F_1 L/4 - R_1 L/8$$

$$= 127.3 \times 10^4 \times 14.4/4 N \cdot m - 263.23 \times 10^4 \times 14.4/8 N \cdot m = -15.53 \times 10^4 N \cdot m$$

计算结果如图 4-21 所示。同理可求得 $JL_2$ 横向基础梁的内力，计算从略。

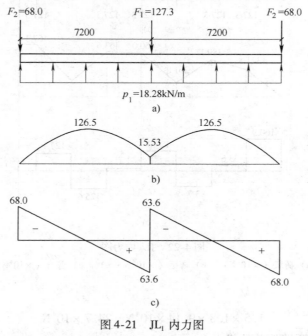

图 4-21　$JL_1$ 内力图

a) 荷载（$\times 10^4 N$）　b) 弯矩（$\times 10^4 N \cdot m$）　c) 剪力（$\times 10^4 N$）

（5）$JL_3$ 纵向基础梁的弯矩、剪力计算　基础梁上作用的荷载如图 4-22 所示，作用在 $JL_2$ 横梁中点的集中力为

$$F_3 = 1.25 F_1 = 1.25 \times 127.3 \times 10^4 N = 159.1 \times 10^4 N$$

弯矩计算

截面 $A - 160.9 \times 10^4 \times 2 N \cdot m = -321.8 \times 10^4 N \cdot m$

截面 $B - 160.9 \times 10^4 \times 4 N \cdot m + 127.3 \times 10^4 \times 2 N \cdot m = -389.1 \times 10^4 N \cdot m$

截面 $C - 160.9 \times 10^4 \times 6 N \cdot m + 127.3 \times 10^4 \times 6 N \cdot m = -201.8 \times 10^4 N \cdot m$

截面 $D ( -160.9 \times 8 - 222.7 \times 2 + 127.3 \times 10 ) \times 10^4 N \cdot m = -460.0 \times 10^4 N \cdot m$

截面 $E ( -160.9 \times 10 - 222.7 \times 4 + 127.3 \times 16 ) \times 10^4 N \cdot m = -463.6 \times 10^4 N \cdot m$

截面 $F ( -160.9 \times 12 - 222.7 \times 6 + 127.3 \times 24 ) \times 10^4 N \cdot m = -212.7 \times 10^4 N \cdot m$

截面 $G ( -160.9 \times 14 - 222.7 \times 8 - 252.7 \times 2 + 127.3 \times 32 ) \times 10^4 N \cdot m = -467.3 \times 10^4 N \cdot m$

计算结果的弯矩和剪力图如图 4-22 所示。

（6）$JL_4$ 纵向基础梁的弯矩、剪力计算　如图 4-23 所示，作用在 $JL_2$ 横梁两端的集中力为

$$F_4 = \frac{R_2 - F_3}{2} = \frac{329.04 - 159.1}{2} \times 10^4 N = 85.0 \times 10^4 N$$

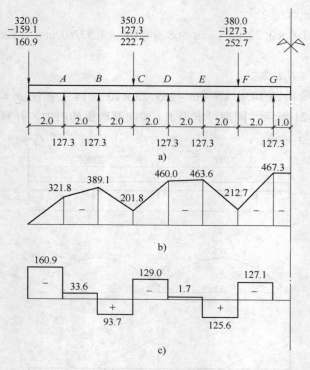

图 4-22  JL₃ 内力图

a) 荷载（×10⁴N）    b) 弯矩（×10⁴N·m）    c) 剪力（×10⁴N）

角部悬挑板反力

$$1.5 \times 1.8 \times 9.14 \times 10^4 \text{N} = 24.7 \times 10^4 \text{N}$$

作用在 JL₂ 横梁两端的总的集中力

$$F_4 = (85.0 + 24.7) \times 10^4 \text{N} = 109.7 \times 10^4 \text{N}$$

弯矩计算

截面 $A$ $(-132.1 \times 2 + 0.5 \times 9.14 \times 1.8 \times 2^2) \times 10^4 \text{N} \cdot \text{m} = -231.3 \times 10^4 \text{N} \cdot \text{m}$

截面 $B$ $(-132.1 \times 4 + 68.0 \times 2 + 0.5 \times 9.14 \times 1.8 \times 4^2) \times 10^4 \text{N} \cdot \text{m} = -260.8 \times 10^4 \text{N} \cdot \text{m}$

截面 $C$ $(-132.1 \times 6 + 68.0 \times 6 + 0.5 \times 9.14 \times 1.8 \times 6^2) \times 10^4 \text{N} \cdot \text{m} = -88.5 \times 10^4 \text{N} \cdot \text{m}$

截面 $D$ $(-132.1 \times 8 + 68.0 \times 10 - 212 \times 2 + 0.5 \times 9.14 \times 1.8 \times 8^2) \times 10^4 \text{N} \cdot \text{m}$
$$= -274.3 \times 10^4 \text{N} \cdot \text{m}$$

截面 $E$ $(-132.1 \times 10 + 68.0 \times 16 - 212 \times 4 + 0.5 \times 9.14 \times 1.8 \times 10^2) \times 10^4 \text{N} \cdot \text{m}$
$$= -258.4 \times 10^4 \text{N} \cdot \text{m}$$

截面 $F$ $(-132.1 \times 12 + 68.0 \times 24 - 212 \times 6 + 0.5 \times 9.14 \times 1.8 \times 12^2) \times 10^4 \text{N} \cdot \text{m}$
$$= -40.7 \times 10^4 \text{N} \cdot \text{m}$$

截面 $G$ $(-132.1 \times 14 + 68.0 \times 32 - 212 \times 8 - 242 \times 2 + 0.5 \times 9.14 \times 1.8 \times 14^2) \times 10^4 \text{N} \cdot \text{m}$
$$= -241.1 \times 10^4 \text{N} \cdot \text{m}$$

截面 $H$ $(-132.1 \times 15 + 68.0 \times 37 - 212 \times 9 - 242 \times 3 + 0.5 \times 9.14 \times 1.8 \times 15^2) \times 10^4 \text{N} \cdot \text{m}$
$$= -248.7 \times 10^4 \text{N} \cdot \text{m}$$

弯矩图和剪力图如图 4-23 所示。

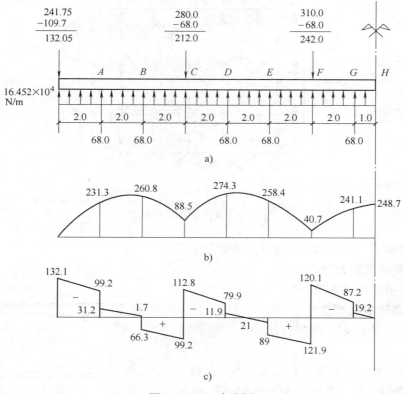

图 4-23　JL$_4$ 内力图

a）荷载（×10⁴N）　　b）弯矩（×10⁴N·m）　　c）剪力（×10⁴N）

## 4.5　倒楼盖法：双主肋梁板式筏形基础

双主肋梁板式筏形基础也可视为是在柱下十字交叉条形基础上加上底板。当柱网接近正方形或长宽比小于 1.5，且在柱网单元内不布置次肋梁时，筏形基础底板可近似地按倒置的双向多跨连续板承受基底净反力的作用计算。作用在基础梁上的荷载按板角 45°线的受荷面积来划分。如图 4-24 所示。从图中可以看出，基础梁受荷有两种情况：三角形荷载与梯形荷载。纵向梁 JL$_1$、JL$_2$ 承受三角形荷载，但数值不同，JL$_2$ 的三角形荷载为 JL$_1$ 的三角形荷载的两倍。但 JL$_1$ 还有轴线以外的一部分基底净反力，它们以均布线荷载的形式作用在 JL$_1$ 上。横向梁 JL$_3$、JL$_4$ 承受梯形荷载，其数值也不相同。JL$_4$ 承受两边传来的梯形荷载，JL$_3$ 承受单边传来的梯形荷载，同时还有轴线以外的部分基底反力传来的均匀线荷载。

双向板的计算按弹性理论的弹性阶段计算方法来计算。近似地按双向交叉板条在板中心处挠度相等的变形协调条件来考虑。根据板承受的基底净反力，求出板的跨中及支座弯矩。其方法是将基底净反力 $p_j$ 分解为在 $x$、$y$ 两个方向上的分荷载 $p_{jx}$、$p_{jy}$，但必须保证

$$p_j = p_{jx} + p_{jy} \tag{4-31}$$

基底净反力传力路径为，首先传给底板，底板传给主肋梁。

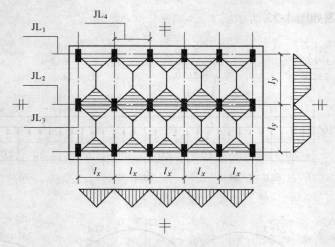

图 4-24　纵横梁荷载分布图

双主肋梁板式筏形基础的设计计算步骤如下：

**1. 确定基础底面尺寸**

方法同平板式筏形基础。

**2. 确定基础底板厚度**

根据构造初步确定，再进行抗冲切、抗剪切验算。

基底净反力的计算同主次肋梁板式筏形基础。

（1）抗冲切验算　基础底板的冲切强度按下式验算

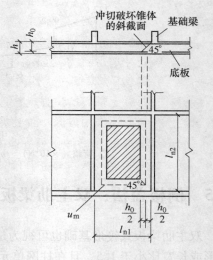

图 4-25　底板冲切计算示意

$$F_l \leqslant 0.7\beta_{hp}f_t u_m h_0 \qquad (4\text{-}32)$$

式中　$F_l$——底板承受的冲切力，为相应于荷载基本组合时的基底净反力乘以图 4-25 所示阴影部分面积（kN）；

$\beta_{hp}$——受冲切承载力截面高度影响系数，$h_0$ 小于 800mm 时，取 1.0，$h_0$ 大于等于 2000mm 时，取 0.9，其间按线性内插法取用；

$f_t$——混凝土轴心抗拉强度设计值（kN/m²）；

$u_m$——距荷载边为 $h_0/2$ 处的周长，如图 4-25 所示；

$h_0$——基础底板的有效高度（m）。

当底板区格为矩形双向板时，底板的截面有效高度 $h_0$ 可按下式计算

$$h_0 = \frac{(l_{n1}+l_{n2})-\sqrt{(l_{n1}+l_{n2})^2-\dfrac{4p_j l_{n1} l_{n2}}{p_j+0.7\beta_{hp}f_t}}}{4} \qquad (4\text{-}33)$$

式中　$l_{n1}$、$l_{n2}$——计算板格的短边和长边的净长度（m）；

$p_j$——相应于荷载基本组合时，平均基底净反力（kN/m²）；

（2）抗剪切验算　基础底板的斜截面抗剪强度应符合下式要求

$$V_s \leqslant 0.7\beta_{hs}f_t(l_{n2}-2h_0)h_0 \tag{4-34}$$

$$\beta_{hs}=(800/h_0)^{1/4}$$

式中　$V_s$——相应于荷载基本组合时，距板支座边缘 $h_0$ 处，基底净反力产生的总剪力，如图 4-26 中阴影部分面积与基底净反力的乘积（kN）；

　　　$\beta_{hs}$——受剪切承载力截面高度影响系数，当 $h_0$ 小于 800mm 时，取 800mm；$h_0$ 大于 2000mm 时，取 2000mm；

　　　$f_t$——混凝土轴心抗拉强度设计值（kN/m²）；

　　　$l_{n2}$——计算板格的长边净长度（m）；

　　　$h_0$——筏形基础底板的有效高度（m）。

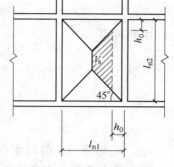

图 4-26　底板剪切计算示意

**3. 计算基础底板内力及配筋**

筏形基础的底板可分成单列双向板、双列双向板、三列双向板。单列双向板一般出现在单跨框架结构中；双列双向板出现在双跨框架结构中；三列双向板出现在三跨以上的框架结构中。

单列双向板、双列双向板、三列双向板，根据不同的支承条件编出其板号及支座编号，应用时应注意查其所对应编号的表格。

（1）单列双向板　图 4-27 所示为一单列双向板，有两个板的编号 1、2 及两个支座编号 $a$、$b$。板 1 称为角区格，板 2 称为中间区格。

1）角区格 1。图 4-28 所示为单列双向板的角区格 1。将荷载分解在两个方向上，$x$ 方向为 $p_{1x}$，$y$ 方向为 $p_{1y}$，即

$$p_{1x}=x_{1x}p_j \tag{4-35a}$$

$$p_{1y}=x_{1y}p_j \tag{4-35b}$$

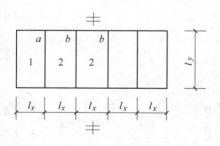

图 4-27　单列双向板

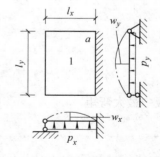

图 4-28　角区格 1

$x_{1x}$、$x_{1y}$ 分别为荷载在 $x$、$y$ 方向上的荷载分配系数。显然

$$x_{1x}+x_{1y}=1$$

从板中央取单位长度的板条，$x$ 方向的板条简化为一端固定一端铰支的梁，$y$ 方向简化成两端铰支的梁。

$x$ 方向的梁，在 $x=l_x/2$ 处，有挠度 $w_x=p_{1x}l_x^4/192EI$；$y$ 方向的梁，在 $y=l_y/2$ 处，有挠度 $w_y=5p_{1y}l_y^4/384EI$；在板的中点处，有 $w_x=w_y$，$p_j=p_{1x}+p_{1y}$。

由 $w_x = w_y$ 得

$$p_{1x}l_x^4/192EI = 5p_{1y}l_y^4/384EI$$

由 $p_{1y} = p_j - p_{1x}$ 得

$$p_{1x} = \frac{5(l_y/l_x)^4}{2+5(l_y/l_x)^4}p_j = \frac{5\lambda^4}{2+5\lambda^4}p_j = x_{1x}p_j$$

由此可得

$$x_{1x} = \frac{5\lambda^4}{2+5\lambda^4} \tag{4-36a}$$

$$x_{1y} = 1 - x_{1x} = \frac{2}{2+5\lambda^4} \tag{4-36b}$$

$$\lambda = l_y/l_x$$

$x_{1x}$、$x_{1y}$ 与板的几何尺寸有关，已制成表格。应用时可根据 $\lambda = l_y/l_x$ 的值查表 4-1。

板中最大弯矩，在考虑板的扭转影响之后（推导过程略）得出

$$M_{1x} = -\varphi_{1x}p_jl_x^2 \tag{4-37a}$$

$$M_{1y} = -\varphi_{1y}p_jl_y^2 \tag{4-37b}$$

$\varphi_{1x}$、$\varphi_{1y}$ 为系数，根据 $\lambda = l_y/l_x$ 的值查表 4-1。

2）中间区格 2。图 4-29 所示为单列双向板的中间区格 2。
从板中央在 $x$、$y$ 方向上各取一单位宽度的板带。$x$ 方向简化为两端固定的梁，$y$ 方向简化成两端铰支的梁。

$x$ 方向的梁，在 $x = l_x/2$ 处，有挠度 $w_x = p_{2x}l_x^4/384EI$；$y$ 方向的梁，在 $y = l_y/2$ 处，有挠度 $w_y = 5p_{2y}l_y^4/384EI$；利用在板中点处的条件 $w_x = w_y$，$p_j = p_{2x} + p_{2y}$，可得

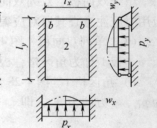

图 4-29　中间区格 2

$$p_{2x} = x_{2x}p_j \tag{4-38a}$$

$$p_{2y} = x_{2y}p_j \tag{4-38b}$$

$$x_{2x} = \frac{5\lambda^4}{1+5\lambda^4} \tag{4-39a}$$

$$x_{2y} = \frac{1}{1+5\lambda^4} \tag{4-39b}$$

板中最大弯矩

$$M_{2x} = -\varphi_{2x}p_jl_x^2 \tag{4-40a}$$

$$M_{2y} = -\varphi_{2y}p_jl_y^2 \tag{4-40b}$$

$x_{2x}$、$x_{2y}$、$\varphi_{2x}$、$\varphi_{2y}$ 是 $\lambda$ 的函数，可查表 4-2。

3）支座弯矩 $M_a$、$M_b$。$a$ 支座是 1、2 号两块板的交接支座，在 $l_x$ 方向简化成一端固定一端铰支的梁。$b$ 支座是两块 2 号板的交接支座，在 $l_x$ 方向上简化成两端固定的梁。一端固定一端铰支的梁，在固定端处的弯矩为 $pl^2/8$，两端固定的梁在固定端处的弯矩为 $pl^2/12$。因此，在 $a$、$b$ 支座处弯矩 $M_a$、$M_b$ 取两板在交接支座处弯矩的平均值，即

$$M_a = \left(\frac{x_{1x}}{16} + \frac{x_{2x}}{24}\right)p_jl_x^2 \tag{4-41}$$

### 表 4-1 一端固定三边简支板系数表

第 1 种情况

$\lambda = l_y / l_x$

$p_x = x_{1x} p_j$

$p_y = (1 - x_{1x}) p_j$

| $\lambda$ | $\varphi_{1x}$ | $\varphi_{1y}$ | $x_{1x}$ |
|---|---|---|---|
| 1.20 | 0.0429 | 0.0163 | 0.838 |
| 1.22 | 0.0437 | 0.0156 | 0.847 |
| 1.24 | 0.0444 | 0.0149 | 0.855 |
| 1.26 | 0.0452 | 0.0141 | 0.863 |
| 1.28 | 0.0459 | 0.0134 | 0.870 |
| 1.30 | 0.0467 | 0.0127 | 0.877 |

| $\lambda$ | $\varphi_{1x}$ | $\varphi_{1y}$ | $x_{1x}$ |
|---|---|---|---|
| 0.50 | 0.007 | 0.0865 | 0.135 |
| 0.52 | 0.0080 | 0.0839 | 0.155 |
| 0.54 | 0.0089 | 0.0812 | 0.176 |
| 0.56 | 0.0099 | 0.0784 | 0.197 |
| 0.58 | 0.0108 | 0.0757 | 0.220 |
| 0.60 | 0.0117 | 0.0730 | 0.245 |

| 1.32 | 0.0473 | 0.0122 | 0.884 |
|---|---|---|---|
| 1.34 | 0.0480 | 0.0116 | 0.890 |
| 1.36 | 0.0486 | 0.0111 | 0.895 |
| 1.38 | 0.0493 | 0.0105 | 0.901 |
| 1.40 | 0.0499 | 0.0100 | 0.906 |

| 0.62 | 0.0127 | 0.0700 | 0.275 |
|---|---|---|---|
| 0.64 | 0.0138 | 0.0671 | 0.299 |
| 0.66 | 0.0148 | 0.0641 | 0.322 |
| 0.68 | 0.0159 | 0.0612 | 0.347 |
| 0.70 | 0.0169 | 0.0582 | 0.375 |

| 1.42 | 0.0504 | 0.009 | 0.910 |
|---|---|---|---|
| 1.44 | 0.0510 | 0.009 | 0.915 |
| 1.46 | 0.0513 | 0.0087 | 0.919 |
| 1.48 | 0.0525 | 0.0083 | 0.923 |
| 1.50 | 0.0526 | 0.0079 | 0.926 |

| 0.72 | 0.0180 | 0.0557 | 0.403 |
|---|---|---|---|
| 0.74 | 0.0191 | 0.0531 | 0.430 |
| 0.76 | 0.0202 | 0.0506 | 0.456 |
| 0.78 | 0.0213 | 0.0480 | 0.481 |
| 0.80 | 0.0224 | 0.0455 | 0.506 |

| 1.52 | 0.0530 | 0.0076 | 0.930 |
|---|---|---|---|
| 1.54 | 0.0534 | 0.0073 | 0.933 |
| 1.56 | 0.0538 | 0.0069 | 0.937 |
| 1.58 | 0.0542 | 0.0066 | 0.940 |
| 1.60 | 0.0546 | 0.0063 | 0.942 |

| 0.82 | 0.0235 | 0.0434 | 0.529 |
|---|---|---|---|
| 0.84 | 0.0246 | 0.0414 | 0.553 |
| 0.86 | 0.0258 | 0.0393 | 0.578 |
| 0.88 | 0.0269 | 0.0373 | 0.600 |
| 0.90 | 0.0280 | 0.0352 | 0.621 |

| 1.62 | 0.0550 | 0.0061 | 0.945 |
|---|---|---|---|
| 1.64 | 0.0554 | 0.0058 | 0.948 |
| 1.66 | 0.0559 | 0.0056 | 0.950 |
| 1.68 | 0.0563 | 0.0053 | 0.952 |
| 1.70 | 0.0567 | 0.0051 | 0.954 |

| 0.92 | 0.0291 | 0.0336 | 0.641 |
|---|---|---|---|
| 0.94 | 0.0302 | 0.0320 | 0.661 |
| 0.96 | 0.0312 | 0.0304 | 0.680 |
| 0.98 | 0.0323 | 0.0288 | 0.697 |
| 1.00 | 0.0334 | 0.0272 | 0.714 |

| 1.72 | 0.0571 | 0.0049 | 0.956 |
|---|---|---|---|
| 1.74 | 0.0575 | 0.0047 | 0.958 |
| 1.76 | 0.0573 | 0.0046 | 0.960 |
| 1.78 | 0.0582 | 0.0044 | 0.962 |
| 1.80 | 0.0585 | 0.0042 | 0.963 |

| 1.02 | 0.0344 | 0.0260 | 0.729 |
|---|---|---|---|
| 1.04 | 0.0354 | 0.0247 | 0.744 |
| 1.06 | 0.0364 | 0.0235 | 0.759 |
| 1.08 | 0.0374 | 0.0222 | 0.772 |
| 1.10 | 0.0384 | 0.0210 | 0.785 |

| 1.82 | 0.0589 | 0.0041 | 0.965 |
|---|---|---|---|
| 1.84 | 0.0592 | 0.0039 | 0.966 |
| 1.86 | 0.0594 | 0.0038 | 0.968 |
| 1.88 | 0.0597 | 0.0036 | 0.969 |
| 1.90 | 0.0600 | 0.0034 | 0.970 |

| 1.12 | 0.0393 | 0.0201 | 0.798 |
|---|---|---|---|
| 1.14 | 0.0402 | 0.0191 | 0.809 |
| 1.16 | 0.0411 | 0.0182 | 0.819 |
| 1.18 | 0.0420 | 0.0172 | 0.829 |
| 1.20 | 0.0429 | 0.0163 | 0.838 |

| 1.92 | 0.0601 | 0.0033 | 0.971 |
|---|---|---|---|
| 1.94 | 0.0602 | 0.0032 | 0.972 |
| 1.96 | 0.0604 | 0.0030 | 0.973 |
| 1.98 | 0.0605 | 0.0029 | 0.974 |
| 2.00 | 0.0606 | 0.0028 | 0.976 |

### 表 4-2　两端固定两端简支板系数表

$$\lambda = l_y / l_x$$
$$p_x = x_{2x} p_j$$
$$p_y = (1 - x_{2x}) p_j$$

第 2 种情况

| $\lambda$ | $\varphi_{2x}$ | $\varphi_{2y}$ | $x_{2x}$ | $\lambda$ | $\varphi_{2x}$ | $\varphi_{2y}$ | $x_{2x}$ |
|---|---|---|---|---|---|---|---|
| | | | | 1.20 | 0.0313 | 0.0098 | 0.912 |
| | | | | 1.22 | 0.0316 | 0.0093 | 0.917 |
| | | | | 1.24 | 0.0320 | 0.0088 | 0.922 |
| | | | | 1.26 | 0.0323 | 0.0084 | 0.926 |
| | | | | 1.28 | 0.0327 | 0.0079 | 0.931 |
| | | | | 1.30 | 0.0330 | 0.0074 | 0.935 |
| 0.50 | 0.0073 | 0.0801 | 0.238 | | | | |
| 0.52 | 0.0081 | 0.0765 | 0.267 | 1.32 | 0.0333 | 0.0071 | 0.938 |
| 0.54 | 0.0089 | 0.0729 | 0.298 | 1.34 | 0.0335 | 0.0067 | 0.941 |
| 0.56 | 0.0098 | 0.0693 | 0.330 | 1.36 | 0.0338 | 0.0064 | 0.945 |
| 0.58 | 0.0105 | 0.0656 | 0.361 | 1.38 | 0.0340 | 0.0060 | 0.948 |
| 0.60 | 0.0114 | 0.0620 | 0.393 | 1.40 | 0.0343 | 0.0057 | 0.950 |
| 0.62 | 0.0123 | 0.0589 | 0.424 | 1.42 | 0.0345 | 0.0054 | 0.953 |
| 0.64 | 0.0131 | 0.0557 | 0.454 | 1.44 | 0.0347 | 0.0052 | 0.956 |
| 0.66 | 0.0140 | 0.0526 | 0.485 | 1.46 | 0.0349 | 0.0049 | 0.958 |
| 0.68 | 0.0148 | 0.0494 | 0.516 | 1.48 | 0.0351 | 0.0047 | 0.960 |
| 0.70 | 0.0157 | 0.0463 | 0.546 | 1.50 | 0.0353 | 0.0044 | 0.962 |
| 0.72 | 0.0165 | 0.0438 | 0.574 | 1.52 | 0.0355 | 0.0042 | 0.964 |
| 0.74 | 0.0173 | 0.0413 | 0.600 | 1.54 | 0.0357 | 0.0040 | 0.966 |
| 0.76 | 0.0182 | 0.0388 | 0.626 | 1.56 | 0.0358 | 0.0039 | 0.967 |
| 0.78 | 0.0190 | 0.0353 | 0.649 | 1.58 | 0.0360 | 0.0037 | 0.969 |
| 0.80 | 0.0198 | 0.0338 | 0.671 | 1.60 | 0.0362 | 0.0035 | 0.970 |
| 0.82 | 0.0205 | 0.0320 | 0.693 | 1.62 | 0.0363 | 0.0034 | 0.972 |
| 0.84 | 0.0213 | 0.0301 | 0.714 | 1.64 | 0.0365 | 0.0032 | 0.973 |
| 0.86 | 0.0220 | 0.0283 | 0.732 | 1.66 | 0.0366 | 0.0031 | 0.975 |
| 0.88 | 0.0228 | 0.0264 | 0.750 | 1.68 | 0.0368 | 0.0029 | 0.976 |
| 0.90 | 0.0235 | 0.0246 | 0.766 | 1.70 | 0.0369 | 0.0028 | 0.977 |
| 0.92 | 0.0241 | 0.0233 | 0.781 | 1.72 | 0.0370 | 0.0027 | 0.978 |
| 0.94 | 0.0248 | 0.0219 | 0.795 | 1.74 | 0.0371 | 0.0026 | 0.979 |
| 0.96 | 0.0254 | 0.0205 | 0.809 | 1.76 | 0.0372 | 0.0024 | 0.980 |
| 0.98 | 0.0261 | 0.0192 | 0.821 | 1.78 | 0.0373 | 0.0025 | 0.981 |
| 1.00 | 0.0267 | 0.0179 | 0.833 | 1.80 | 0.0374 | 0.0022 | 0.981 |
| 1.02 | 0.0272 | 0.0170 | 0.843 | 1.82 | 0.0375 | 0.0021 | 0.982 |
| 1.04 | 0.0277 | 0.0161 | 0.853 | 1.84 | 0.0376 | 0.0020 | 0.983 |
| 1.06 | 0.0283 | 0.0151 | 0.862 | 1.86 | 0.0377 | 0.0020 | 0.984 |
| 1.08 | 0.0288 | 0.0142 | 0.871 | 1.88 | 0.0378 | 0.0019 | 0.984 |
| 1.10 | 0.0293 | 0.0133 | 0.880 | 1.90 | 0.0319 | 0.0018 | 0.985 |
| 1.12 | 0.0297 | 0.0126 | 0.887 | 1.92 | 0.0380 | 0.0017 | 0.985 |
| 1.14 | 0.0301 | 0.0119 | 0.893 | 1.94 | 0.0381 | 0.0017 | 0.986 |
| 1.16 | 0.0305 | 0.0112 | 0.900 | 1.96 | 0.0381 | 0.0016 | 0.987 |
| 1.18 | 0.0309 | 0.0105 | 0.906 | 1.98 | 0.0382 | 0.0016 | 0.987 |
| 1.20 | 0.0313 | 0.0098 | 0.912 | 2.00 | 0.0385 | 0.0015 | 0.988 |

$$M_b = \frac{1}{12}x_{2x}p_j l_x^2 \tag{4-42}$$

（2）双列双向板　图 4-30 所示为一双列双向板，有两个板的编号 3、4 及四个支座编号 $a$、$b$、$c$、$d$。

1）区格 3。图 4-31 所示区格 3 是长、短边各有一边固定、一边简支的板，在板的中心处有挠度

$$w_x = p_{3x}l_x^4 / 192EI \qquad w_y = p_{3y}l_y^4 / 192EI$$

利用条件 $w_x = w_y$ 与 $p_j = p_{3x} + p_{3y}$ 可得

$$p_{3x} = x_{3x}p_j \tag{4-43a}$$
$$p_{3y} = x_{3y}p_j \tag{4-43b}$$
$$x_{3x} = \frac{\lambda^4}{1 + \lambda^4} \tag{4-44a}$$
$$x_{3y} = \frac{1}{1 + \lambda^4} \tag{4-44b}$$

板中最大弯矩

$$M_{3x} = -\varphi_{3x}p_j l_x^2 \tag{4-45a}$$
$$M_{3y} = -\varphi_{3y}p_j l_y^2 \tag{4-45b}$$

$x_{3x}$、$x_{3y}$、$\varphi_{3x}$、$\varphi_{3y}$ 是 $\lambda$ 的函数，可查表 4-3。

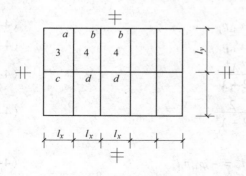

图 4-30　双列双向板

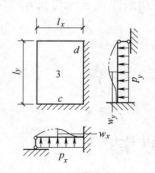

图 4-31　区格 3

2）区格 4。图 4-32 所示区格 4 是两个长边固定及一个短边固定一个短边简支的板，在板的中心处有挠度

$$w_x = p_{4x}l_x^4 / 384EI \qquad w_y = p_{4y}l_y^4 / 192EI$$

利用条件 $w_x = w_y$ 与 $p_j = p_{4x} + p_{4y}$ 可得

$$p_{4x} = x_{4x}p_j \tag{4-46a}$$
$$p_{4y} = x_{4y}p_j \tag{4-46b}$$
$$x_{4x} = \frac{2\lambda^4}{1 + 2\lambda^4} \tag{4-47a}$$
$$x_{4y} = \frac{1}{1 + 2\lambda^4} \tag{4-47b}$$

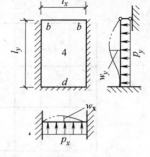

图 4-32　区格 4

板中最大弯矩

$$M_{4x} = -\varphi_{4x}p_jl_x^2 \tag{4-48a}$$

$$M_{4y} = -\varphi_{4y}p_jl_y^2 \tag{4-48b}$$

$x_{4x}$、$x_{4y}$、$\varphi_{4x}$、$\varphi_{4y}$是 $\lambda$ 的函数，可查表4-4。

3）支座弯矩。与单列双向板情况相同，支座弯矩取两板交接支座处固定端弯矩的平均值。

$$M_a = \left(\frac{x_{3x}}{16} + \frac{x_{4x}}{24}\right)p_jl_x^2 \tag{4-49}$$

$$M_b = \frac{1}{12}x_{4x}p_jl_x^2 \tag{4-50}$$

$$M_c = \frac{1}{8}x_{3y}p_jl_y^2 = \frac{1}{8}(1-x_{3x})p_jl_y^2 \tag{4-51}$$

$$M_d = \frac{1}{8}x_{4y}p_jl_y^2 = \frac{1}{8}(1-x_{4x})p_jl_y^2 \tag{4-52}$$

（3）三列双向板　图4-33所示为一三列双向板，有四个板的编号 3、4、4′、5 及六种支座编号 a、b、c、d、e、f。区格 3、4 的计算公式及相应系数与双列双向板相同，此处不再介绍。边缘区格 4′ 与区格 4 都是三边固定一边铰支，但区格 4 是两长边及一短边固定。而区格 4′ 则是两短边及一长边固定。

1）区格 4′。图4-34所示为区格 4′，在板的中心处有挠度

$$w_x = p'_{4x}l_x^4/192EI \qquad w_y = p'_{4y}l_y^4/384EI$$

利用条件 $w_x = w_y$ 与 $p_j = p'_{4x} + p'_{4y}$ 可得

$$p'_{4x} = x'_{4x}p_j \tag{4-53a}$$

$$p'_{4y} = x'_{4y}p_j \tag{4-53b}$$

$$x'_{4x} = \frac{\lambda^4}{2+\lambda^4} \tag{4-54a}$$

$$x'_{4y} = \frac{2}{2+\lambda^4} \tag{4-54b}$$

板中最大弯矩

$$M'_{4x} = -\varphi'_{4x}p_jl_x^2 = -\varphi_{4y}p_jl_x^2 \tag{4-55a}$$

$$M'_{4y} = -\varphi'_{4y}p_jl_y^2 = -\varphi_{4x}p_jl_y^2 \tag{4-55b}$$

$x'_{4x}$ 未制成表格，计算时可直接将 $\lambda$ 带入公式计算。

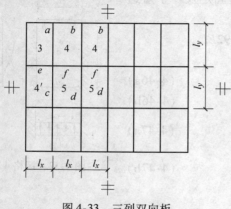

图4-33　三列双向板

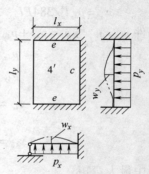

图4-34　区格 4′

## 表 4-3 两邻边固定两邻边简支板系数表

$$\lambda = l_y/l_x$$
$$p_x = x_{3x}p_j$$
$$p_y = (1 - x_{3x})\,p_j$$

第 3 种情况

| $\lambda$ | $\varphi_{3x}$ | $\varphi_{3y}$ | $x_{3x}$ |
| --- | --- | --- | --- |
| 0.50 | 0.0037 | 0.0589 | 0.059 |
| 0.52 | 0.0043 | 0.0577 | 0.068 |
| 0.54 | 0.0050 | 0.0565 | 0.078 |
| 0.56 | 0.0056 | 0.0553 | 0.089 |
| 0.58 | 0.0063 | 0.0541 | 0.101 |
| 0.60 | 0.0069 | 0.0529 | 0.115 |
| 0.62 | 0.0077 | 0.0516 | 0.129 |
| 0.64 | 0.0086 | 0.0502 | 0.143 |
| 0.66 | 0.0094 | 0.0489 | 0.159 |
| 0.68 | 0.0103 | 0.0475 | 0.176 |
| 0.70 | 0.0111 | 0.0462 | 0.194 |
| 0.72 | 0.0121 | 0.0448 | 0.211 |
| 0.74 | 0.0131 | 0.0434 | 0.230 |
| 0.76 | 0.0141 | 0.0421 | 0.249 |
| 0.78 | 0.0151 | 0.0407 | 0.270 |
| 0.80 | 0.0161 | 0.0393 | 0.291 |
| 0.82 | 0.0172 | 0.0380 | 0.312 |
| 0.84 | 0.0183 | 0.0367 | 0.332 |
| 0.86 | 0.0193 | 0.0345 | 0.353 |
| 0.88 | 0.0204 | 0.0340 | 0.375 |
| 0.90 | 0.0215 | 0.0377 | 0.396 |
| 0.92 | 0.0226 | 0.0315 | 0.417 |
| 0.94 | 0.0237 | 0.0304 | 0.437 |
| 0.96 | 0.0247 | 0.0292 | 0.458 |
| 0.98 | 0.0258 | 0.0281 | 0.478 |
| 1.00 | 0.0269 | 0.0269 | 0.500 |
| 1.02 | 0.0280 | 0.0259 | 0.521 |
| 1.04 | 0.0290 | 0.0249 | 0.540 |
| 1.06 | 0.0301 | 0.0240 | 0.559 |
| 1.08 | 0.0311 | 0.0230 | 0.576 |
| 1.10 | 0.0322 | 0.0220 | 0.594 |
| 1.12 | 0.0332 | 0.0212 | 0.611 |
| 1.14 | 0.0341 | 0.0203 | 0.628 |
| 1.16 | 0.0351 | 0.0195 | 0.644 |
| 1.18 | 0.0360 | 0.0186 | 0.659 |
| 1.20 | 0.0370 | 0.0178 | 0.673 |

| $\lambda$ | $\varphi_{3x}$ | $\varphi_{3y}$ | $x_{3x}$ |
| --- | --- | --- | --- |
| 1.20 | 0.0370 | 0.0178 | 0.675 |
| 1.22 | 0.0379 | 0.0171 | 0.689 |
| 1.24 | 0.0388 | 0.0165 | 0.702 |
| 1.26 | 0.0396 | 0.0158 | 0.715 |
| 1.28 | 0.0405 | 0.0152 | 0.728 |
| 1.30 | 0.0414 | 0.0145 | 0.741 |
| 1.32 | 0.0422 | 0.0140 | 0.752 |
| 1.34 | 0.0429 | 0.0134 | 0.765 |
| 1.36 | 0.0437 | 0.0129 | 0.773 |
| 1.38 | 0.0444 | 0.0123 | 0.783 |
| 1.40 | 0.0452 | 0.0118 | 0.793 |
| 1.42 | 0.0459 | 0.0114 | 0.802 |
| 1.44 | 0.0465 | 0.0109 | 0.812 |
| 1.46 | 0.0472 | 0.0105 | 0.820 |
| 1.48 | 0.0478 | 0.0100 | 0.827 |
| 1.50 | 0.0485 | 0.0096 | 0.835 |
| 1.52 | 0.0491 | 0.0092 | 0.842 |
| 1.54 | 0.0496 | 0.0089 | 0.849 |
| 1.56 | 0.0502 | 0.0085 | 0.855 |
| 1.58 | 0.0501 | 0.0082 | 0.862 |
| 1.60 | 0.0513 | 0.0078 | 0.868 |
| 1.62 | 0.0518 | 0.0075 | 0.875 |
| 1.64 | 0.0523 | 0.0072 | 0.879 |
| 1.66 | 0.0527 | 0.0070 | 0.884 |
| 1.68 | 0.0532 | 0.0067 | 0.889 |
| 1.70 | 0.0537 | 0.0064 | 0.893 |
| 1.72 | 0.0541 | 0.0062 | 0.897 |
| 1.74 | 0.0545 | 0.0060 | 0.901 |
| 1.76 | 0.0549 | 0.0057 | 0.905 |
| 1.78 | 0.0553 | 0.0055 | 0.909 |
| 1.80 | 0.0557 | 0.0053 | 0.913 |
| 1.82 | 0.0560 | 0.0051 | 0.916 |
| 1.84 | 0.0562 | 0.0049 | 0.919 |
| 1.86 | 0.0567 | 0.0048 | 0.922 |
| 1.88 | 0.0571 | 0.0046 | 0.925 |
| 1.90 | 0.0574 | 0.0044 | 0.929 |
| 1.92 | 0.0577 | 0.0043 | 0.931 |
| 1.94 | 0.0580 | 0.0041 | 0.933 |
| 1.96 | 0.0585 | 0.0039 | 0.936 |
| 1.98 | 0.0586 | 0.0038 | 0.938 |
| 2.00 | 0.0589 | 0.0035 | 0.941 |

### 表 4-4　三边固定一边简支板系数表

$$\lambda = l_y / l_x$$
$$p_x = x_{4x} p_j$$
$$p_y = (1 - x_{4x}) \, p_j$$

第 4 种情况

| λ | $\varphi_{4x}$ | $\varphi_{4y}$ | $x_{4x}$ | λ | $\varphi_{4x}$ | $\varphi_{4y}$ | $x_{4x}$ |
|---|---|---|---|---|---|---|---|
| | | | | 1.20 | 0.0283 | 0.0119 | 0.806 |
| | | | | 1.22 | 0.0287 | 0.0114 | 0.816 |
| | | | | 1.24 | 0.0292 | 0.0108 | 0.825 |
| | | | | 1.26 | 0.0296 | 0.0103 | 0.834 |
| | | | | 1.28 | 0.0301 | 0.0097 | 0.843 |
| | | | | 1.30 | 0.0305 | 0.0092 | 0.851 |
| 0.50 | 0.0038 | 0.0560 | 0.111 | 1.32 | 0.0308 | 0.0088 | 0.859 |
| 0.52 | 0.0045 | 0.0545 | 0.127 | 1.34 | 0.0312 | 0.0081 | 0.866 |
| 0.54 | 0.0052 | 0.0529 | 0.144 | 1.36 | 0.0315 | 0.0080 | 0.872 |
| 0.56 | 0.0058 | 0.0514 | 0.163 | 1.38 | 0.0319 | 0.0076 | 0.878 |
| 0.58 | 0.0065 | 0.0498 | 0.183 | 1.40 | 0.0322 | 0.0072 | 0.885 |
| 0.60 | 0.0072 | 0.0483 | 0.206 | | | | |
| 0.62 | 0.0080 | 0.0467 | 0.228 | 1.42 | 0.0325 | 0.0069 | 0.890 |
| 0.64 | 0.0087 | 0.0450 | 0.252 | 1.44 | 0.0328 | 0.0066 | 0.896 |
| 0.66 | 0.0095 | 0.0434 | 0.276 | 1.46 | 0.0331 | 0.0063 | 0.901 |
| 0.68 | 0.0102 | 0.0417 | 0.300 | 1.48 | 0.0334 | 0.0060 | 0.906 |
| 0.70 | 0.0110 | 0.0401 | 0.324 | 1.50 | 0.0337 | 0.0057 | 0.910 |
| 0.72 | 0.0118 | 0.0385 | 0.349 | 1.52 | 0.0339 | 0.0055 | 0.914 |
| 0.74 | 0.0126 | 0.0370 | 0.373 | 1.54 | 0.0341 | 0.0053 | 0.918 |
| 0.76 | 0.0135 | 0.0354 | 0.400 | 1.56 | 0.0344 | 0.0050 | 0.922 |
| 0.78 | 0.0143 | 0.0350 | 0.425 | 1.58 | 0.0346 | 0.0048 | 0.926 |
| 0.80 | 0.0151 | 0.0323 | 0.450 | 1.60 | 0.0348 | 0.0046 | 0.929 |
| 0.82 | 0.0159 | 0.0309 | 0.476 | 1.62 | 0.0350 | 0.0044 | 0.932 |
| 0.84 | 0.0167 | 0.0295 | 0.500 | 1.64 | 0.0352 | 0.0042 | 0.935 |
| 0.86 | 0.0174 | 0.0282 | 0.522 | 1.66 | 0.0353 | 0.0041 | 0.938 |
| 0.88 | 0.0182 | 0.0268 | 0.545 | 1.68 | 0.0355 | 0.0039 | 0.941 |
| 0.90 | 0.0190 | 0.0254 | 0.567 | 1.70 | 0.0357 | 0.0037 | 0.943 |
| 0.92 | 0.0197 | 0.0243 | 0.580 | 1.72 | 0.0359 | 0.0035 | 0.946 |
| 0.94 | 0.0204 | 0.0232 | 0.610 | 1.74 | 0.0360 | 0.0034 | 0.948 |
| 0.96 | 0.0212 | 0.0220 | 0.630 | 1.76 | 0.0362 | 0.0033 | 0.950 |
| 0.98 | 0.0219 | 0.0209 | 0.648 | 1.78 | 0.0363 | 0.0031 | 0.952 |
| 1.00 | 0.0226 | 0.0198 | 0.667 | 1.80 | 0.0365 | 0.0030 | 0.954 |
| 1.02 | 0.0232 | 0.0189 | 0.684 | 1.82 | 0.0366 | 0.0029 | 0.956 |
| 1.04 | 0.0238 | 0.0180 | 0.699 | 1.84 | 0.0367 | 0.0028 | 0.958 |
| 1.06 | 0.0245 | 0.0171 | 0.715 | 1.86 | 0.0369 | 0.0026 | 0.960 |
| 1.08 | 0.0251 | 0.0162 | 0.731 | 1.88 | 0.0370 | 0.0025 | 0.962 |
| 1.10 | 0.0257 | 0.0153 | 0.745 | 1.90 | 0.0371 | 0.0024 | 0.963 |
| 1.12 | 0.0262 | 0.0146 | 0.760 | 1.92 | 0.0372 | 0.0023 | 0.965 |
| 1.14 | 0.0267 | 0.0139 | 0.773 | 1.94 | 0.0373 | 0.0022 | 0.966 |
| 1.16 | 0.0273 | 0.0133 | 0.785 | 1.96 | 0.0375 | 0.0022 | 0.967 |
| 1.18 | 0.0278 | 0.0126 | 0.796 | 1.98 | 0.0376 | 0.0021 | 0.968 |
| 1.20 | 0.0283 | 0.0119 | 0.806 | 2.00 | 0.0377 | 0.0020 | 0.970 |

2）区格5。图 4-35 所示为区格 5，在板的中心处有挠度

$$w_x = p_{5x}l_x^4/384EI \qquad w_y = p_{5y}l_y^4/384EI$$

利用条件 $w_x = w_y$ 与 $p_j = p_{5x} + p_{5y}$ 可得

$$p_{5x} = x_{5x}p_j \qquad\qquad (4\text{-}56a)$$

$$p_{5y} = x_{5y}p_j \qquad\qquad (4\text{-}56b)$$

$$x_{5x} = \frac{\lambda^4}{1 + \lambda^4} \qquad\qquad (4\text{-}57a)$$

$$x_{5y} = \frac{1}{1 + \lambda^4} \qquad\qquad (4\text{-}57b)$$

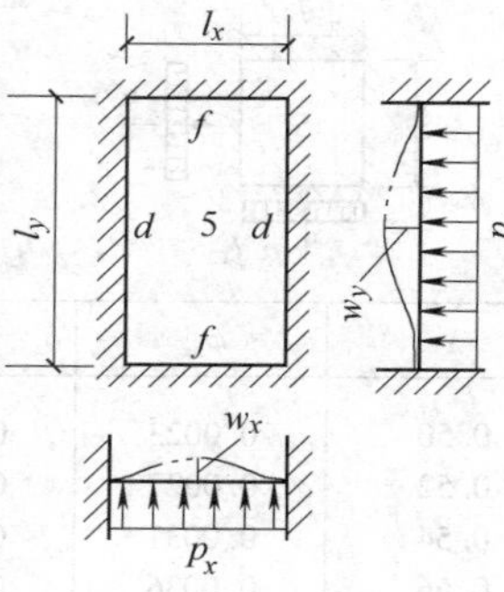

板中最大弯矩

$$M_{5x} = -\varphi_{5x}p_jl_x^2 \qquad\qquad (4\text{-}58a)$$

图 4-35　区格 5

$$M_{5y} = -\varphi_{5y}p_jl_y^2 \qquad\qquad (4\text{-}58b)$$

3）支座弯矩

$$M_a = \left(\frac{x_{3x}}{16} + \frac{x_{4x}}{24}\right)p_jl_x^2 \qquad\qquad (4\text{-}59)$$

$$M_b = \frac{1}{12}x_{4x}p_jl_x^2 \qquad\qquad (4\text{-}60)$$

$$M_c = \left(\frac{x'_{4x}}{16} + \frac{x_{5x}}{24}\right)p_jl_x^2 \qquad\qquad (4\text{-}61)$$

$$M_d = \frac{1}{12}x_{5x}p_jl_x^2 \qquad\qquad (4\text{-}62)$$

$$M_e = \left(\frac{x_{3y}}{16} + \frac{x'_{4y}}{24}\right)p_jl_y^2 = \left(\frac{1 - x_{3x}}{16} + \frac{1 - x'_{4x}}{24}\right)p_jl_y^2 \qquad\qquad (4\text{-}63)$$

$$M_f = \left(\frac{x_{4y}}{16} + \frac{x_{5y}}{24}\right)p_jl_y^2 = \left(\frac{1 - x_{4x}}{16} + \frac{1 - x'_{5x}}{24}\right)p_jl_y^2 \qquad\qquad (4\text{-}64)$$

上述的 $x_{ix}$、$\varphi_{ix}$、$\varphi_{iy}$（$i = 3$、4、5）是 $\lambda$ 的函数，可查表 4-3 ~ 表 4-5。

（4）支座弯矩调整　不同区格的板跨中弯矩，可以从相应的表格中查得相应的系数 $\varphi_{ix}$、$\varphi_{iy}$ 代入相应的公式后直接求出。对于板的支座弯矩，上面计算得到的是轴线处的弯矩，需进行调整，求出最危险截面处的设计弯矩。最危险设计截面在基础梁边，需根据基础梁轴线处弯矩求出梁边的设计弯矩。设基础梁的宽度为 $b$，板在基础梁支座处的集中反力近似地看成 $p_jl/2$，如图 4-36 所示，这样在支座处弯矩的调整值为

$$\Delta M = \frac{1}{2}p_jl \cdot \frac{1}{2}b = \frac{1}{4}p_jlb$$

在 $x$、$y$ 方向上弯矩的调整值为

$$\Delta M_{ix} = \frac{1}{4}p_{ix}l_xb = \frac{1}{4}x_{ix}p_jl_xb \qquad\qquad (4\text{-}65a)$$

$$\Delta M_{iy} = \frac{1}{4}p_{iy}l_yb = \frac{1}{4}(1 - x_{ix})p_jl_yb \qquad\qquad (4\text{-}65b)$$

式中，$i = 1$、2、3、4、5。

### 表 4-5　四边固定板系数表

$$\lambda = l_y / l_x$$
$$p_x = x_{5x} p_j$$
$$p_y = (1 - x_{5x}) p_j$$

第 5 种情况

| $\lambda$ | $\varphi_{5x}$ | $\varphi_{5y}$ | $x_{5x}$ | $\lambda$ | $\varphi_{5x}$ | $\varphi_{5y}$ | $x_{5x}$ |
|---|---|---|---|---|---|---|---|
| | | | | 1.20 | 0.0244 | 0.0118 | 0.675 |
| | | | | 1.22 | 0.0249 | 0.0113 | 0.689 |
| | | | | 1.24 | 0.0255 | 0.0109 | 0.702 |
| | | | | 1.26 | 0.0260 | 0.0104 | 0.715 |
| | | | | 1.28 | 0.0266 | 0.0100 | 0.728 |
| | | | | 1.30 | 0.0271 | 0.0095 | 0.741 |
| 0.50 | 0.0023 | 0.0367 | 0.059 | | | | |
| 0.52 | 0.0027 | 0.0361 | 0.068 | | | | |
| 0.54 | 0.0031 | 0.0355 | 0.078 | 1.32 | 0.0275 | 0.0091 | 0.752 |
| 0.56 | 0.0036 | 0.0348 | 0.089 | 1.34 | 0.0280 | 0.0087 | 0.763 |
| 0.58 | 0.0040 | 0.0342 | 0.101 | 1.36 | 0.0284 | 0.0084 | 0.773 |
| 0.60 | 0.0044 | 0.0336 | 0.115 | 1.38 | 0.0289 | 0.0080 | 0.783 |
| | | | | 1.40 | 0.0293 | 0.0076 | 0.793 |
| 0.62 | 0.0050 | 0.0329 | 0.129 | | | | |
| 0.64 | 0.0055 | 0.0321 | 0.143 | 1.42 | 0.0297 | 0.0073 | 0.802 |
| 0.66 | 0.0061 | 0.0314 | 0.159 | 1.44 | 0.0301 | 0.0070 | 0.812 |
| 0.68 | 0.0066 | 0.0306 | 0.176 | 1.46 | 0.0304 | 0.0068 | 0.820 |
| 0.70 | 0.0072 | 0.0299 | 0.194 | 1.48 | 0.0308 | 0.0065 | 0.827 |
| | | | | 1.50 | 0.0312 | 0.0062 | 0.835 |
| 0.72 | 0.0079 | 0.0291 | 0.211 | | | | |
| 0.74 | 0.0086 | 0.0285 | 0.230 | 1.52 | 0.0315 | 0.0060 | 0.842 |
| 0.76 | 0.0092 | 0.0274 | 0.249 | 1.54 | 0.0318 | 0.0057 | 0.849 |
| 0.78 | 0.0099 | 0.0266 | 0.270 | 1.56 | 0.0321 | 0.0055 | 0.855 |
| 0.80 | 0.0106 | 0.0258 | 0.291 | 1.58 | 0.0324 | 0.0052 | 0.862 |
| | | | | 1.60 | 0.0327 | 0.0050 | 0.868 |
| 0.82 | 0.0113 | 0.0250 | 0.312 | | | | |
| 0.84 | 0.0121 | 0.0242 | 0.332 | 1.62 | 0.0330 | 0.0048 | 0.873 |
| 0.86 | 0.0128 | 0.0233 | 0.353 | 1.64 | 0.0332 | 0.0046 | 0.879 |
| 0.88 | 0.0136 | 0.0225 | 0.375 | 1.66 | 0.0335 | 0.0045 | 0.884 |
| 0.90 | 0.0143 | 0.0217 | 0.396 | 1.68 | 0.0337 | 0.0043 | 0.889 |
| | | | | 1.70 | 0.0340 | 0.0041 | 0.893 |
| 0.92 | 0.0150 | 0.0210 | 0.417 | | | | |
| 0.94 | 0.0158 | 0.0202 | 0.437 | 1.72 | 0.0342 | 0.0039 | 0.897 |
| 0.96 | 0.0165 | 0.0195 | 0.458 | 1.74 | 0.0344 | 0.0038 | 0.901 |
| 0.98 | 0.0173 | 0.0187 | 0.478 | 1.76 | 0.0347 | 0.0036 | 0.905 |
| 1.00 | 0.0180 | 0.0180 | 0.500 | 1.78 | 0.0349 | 0.0035 | 0.909 |
| | | | | 1.80 | 0.0351 | 0.0033 | 0.913 |
| 1.02 | 0.0187 | 0.0173 | 0.521 | | | | |
| 1.04 | 0.0194 | 0.0166 | 0.540 | 1.82 | 0.0353 | 0.0032 | 0.916 |
| 1.06 | 0.0200 | 0.0160 | 0.559 | 1.84 | 0.0355 | 0.0031 | 0.919 |
| 1.08 | 0.0207 | 0.0153 | 0.576 | 1.86 | 0.0356 | 0.0030 | 0.922 |
| 1.10 | 0.0214 | 0.0146 | 0.594 | 1.88 | 0.0358 | 0.0029 | 0.925 |
| | | | | 1.90 | 0.0360 | 0.0028 | 0.928 |
| 1.12 | 0.0220 | 0.0140 | 0.611 | | | | |
| 1.14 | 0.0226 | 0.0135 | 0.628 | 1.92 | 0.0361 | 0.0027 | 0.931 |
| 1.16 | 0.0232 | 0.0129 | 0.644 | 1.94 | 0.0363 | 0.0026 | 0.933 |
| 1.18 | 0.0238 | 0.0124 | 0.659 | 1.96 | 0.0364 | 0.0025 | 0.936 |
| 1.20 | 0.0244 | 0.0118 | 0.675 | 1.98 | 0.0366 | 0.0024 | 0.938 |
| | | | | 2.00 | 0.0367 | 0.0023 | 0.941 |

调整后的支座处弯矩为

$$M_{ix} = M_i - \Delta M_{ix} \qquad (4\text{-}66a)$$

$$M_{jy} = M_j - \Delta M_{iy} \qquad (4\text{-}66b)$$

式中，$i = a$、$b$、$c$、$d$；$j = c$、$d$、$e$、$f$。

（5）底板的配筋计算  底板配筋按下面的简化公式计算

$$A_s = \frac{M}{0.9 f_y h_0} \qquad (4\text{-}67)$$

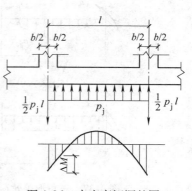

图 4-36  支座弯矩调整图

式中  $M$——相应于荷载基本组合时，计算截面的设计弯矩（N·mm）；

$f_y$——钢筋的抗拉强度设计值（N/mm$^2$）；

$h_0$——筏形基础底板的有效计算高度（mm）。

### 4. 基础梁内力分析与配筋

四周支承于基础梁上的底板，按三角形或梯形面积将面荷载传给基础梁，因此基础梁承受三角形或梯形两种形式的荷载。

设筏形基础底板的两个边长为 $l_x$、$l_y$，当 $l_y > l_x$ 时，传给 $l_x$ 方向上基础梁的荷载为三角形荷载，传给 $l_y$ 方向上基础梁的荷载为梯形荷载。

基础梁的内力可按倒置的连续梁进行计算，当用连续梁系数法求梁端弯矩时，可将三角形或梯形荷载等效为均布 $\bar{p}_j$。当用弯矩分配法求梁端弯矩时，可利用结构力学中的方法求出在相应荷载作用下的梁端弯矩，然后进行弯矩分配。

（1）均布等效荷载 $\bar{p}_j$  求均布等效荷载的原则：保证梁在均布等效荷载作用下固定端弯矩与三角形荷载或梯形荷载作用下梁的固定端弯矩相等。

如图 4-37 所示，设梁在三角形荷载作用下固定端弯矩为 $M_A$、$M_B$，由结构力学可知

$$M_A = M_B = \frac{5}{96} p_j l_x^2$$

在均布等效荷载 $\bar{p}_j$ 作用下，梁的固定端弯矩为

$$\bar{M}_A = \bar{M}_B = \frac{1}{12} \bar{p}_j l_x^2$$

令 $\bar{M}_A = M_A$，则有

$$\bar{p}_j = \frac{5}{8} p_j = 0.625 p_j \qquad (4\text{-}68)$$

如图 4-38 所示，设在梯形荷载作用下均布等效荷载为 $\bar{p}_j$，此时梁的固定端弯矩为

$$\bar{M}_A = \bar{M}_B = \frac{1}{12} \bar{p}_j l_y^2$$

而在梯形荷载作用下，梁的固定端弯矩为

$$M_A = M_B = \frac{1}{12} p_j l_y^2 (1 - 2\alpha^2 + \alpha^3) \qquad \alpha = a / l_y$$

令 $\bar{M}_A = M_A$，则有

$$\bar{p}_j = p_j (1 - 2\alpha^2 + \alpha^3) \qquad (4\text{-}69)$$

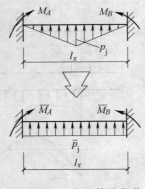

图 4-37　三角形等效荷载

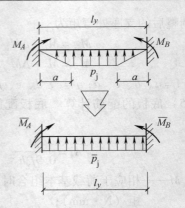

图 4-38　梯形等效荷载

（2）梁的跨内弯矩　用连续梁系数法或弯矩分配法求出梁端弯矩之后，要求梁任一点的内力，仍然要用作用于梁上的实际荷载，即三角形荷载或梯形荷载。在三角形荷载作用下，由图 4-39a 可知

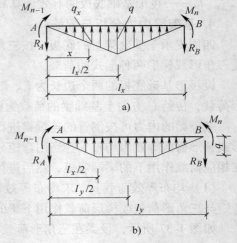

图 4-39　梁跨内弯矩计算图

$$V(x) = -R_A + \frac{1}{2}q_x x$$

$$R_A = \frac{1}{8}p_j l_x^2 + (M_{n-1} - M_n)/l_x$$

$$q_x = 2qx/l_x = p_j x$$

$$q = p_j l_x/2$$

$$M(x) = -R_A x + \frac{1}{6}q_x x^2 + M_{n-1}$$

$M_{max}$ 发生在 $V(x) = 0$ 处。由此而得

$$x_0 = \sqrt{\frac{1}{4}l_x^2 + \frac{2(M_{n-1} - M_n)}{p_j l}} \qquad (4\text{-}70)$$

将 $x_0$ 代入 $M(x)$ 方程可得

$$M_{max} = -R_A x_0 + \frac{1}{6}q_x x_0^2 + M_{n-1} \qquad (4\text{-}71)$$

在工程中，常用下面近似公式计算跨中最大弯矩

边跨

$$M_{max} \approx -\frac{1}{24}p_j l_x^3 + 0.4M_B \qquad (4\text{-}72)$$

中间跨

$$M_{max} = -\frac{1}{24}p_j l_x^3 + \frac{M_n + M_{n-1}}{2} \qquad (4\text{-}73)$$

式中　$M_B$——第二支座的设计弯矩（N · mm）。

在梯形荷载作用下，由图 4-39b 可知

$$R_A = \frac{1}{4}(2l_y - l_x)q + (M_{n-1} - M_n)/l_y$$

$$q = p_j l_x / 2$$

$$V(x) = -R_A + \frac{1}{4}ql_x + q\left(x - \frac{l_x}{2}\right) = qx - \frac{1}{2}ql_y - (M_{n-1} - M_n)/l_y$$

$$M(x) = -R_A x + \frac{1}{4}ql_x\left(x - \frac{l_x}{3}\right) + \frac{1}{2}q\left(x - \frac{l_x}{2}\right)^2 + M_{n-1}$$

$$= \frac{1}{2}q\left(l_y x - x^2 - \frac{1}{12}l_x^2\right) - (M_{n-1} - M_n)x/l_y + M_{n-1}$$

$M_{max}$ 发生在 $V(x) = 0$ 处。由此求出

$$x_0 = \frac{1}{2}l_y + (M_{n-1} - M_n)/ql_y \tag{4-74}$$

将 $x_0$ 代入 $M(x)$ 方程可得

$$M_{max} = -\frac{1}{2}q\left(l_y x_0 - x_0^2 - \frac{1}{12}l_x^2\right) - (M_{n-1} - M_n)x_0/l_y + M_{n-1} \tag{4-75}$$

在工程中，常用下面近似公式计算跨中最大弯矩

边跨

$$M_{max} \approx -(3l_y^2 - l_x^2)q/24 + 0.4M_B \tag{4-76}$$

中间跨

$$M_{max} = -(3l_y^2 - l_x^2)q/24 + (M_n + M_{n-1})/2 \tag{4-77}$$

式中　$M_B$——第二支座的设计弯矩（N·mm）。

基础梁配筋参照 GB50010—2011《混凝土结构设计规范》的设计方法。

[例 4-4]　图 4-40 所示为双主肋梁筏形基础，相应于荷载基本组合的基底净反力 $p_j = 12.8 \times 10^4 \text{N/m}^2$，基础底板的跨度 $l_x = 6.0\text{m}$，$l_y = 7.2\text{m}$，$\lambda = \dfrac{l_y}{l_x} = \dfrac{7.2}{6.0} = 1.2$。试计算内力并配筋。

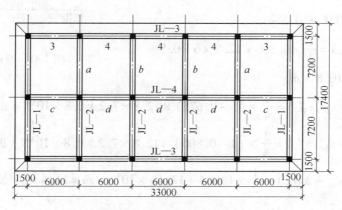

图 4-40　基础平面图

解：（1）基础底板的计算

$$p_j l_x^2 = 12.8 \times 10^4 \times 6.0^2 \text{N} = 460.8 \times 10^4 \text{N}$$

$$p_j l_y^2 = 12.8 \times 10^4 \times 7.2^2 \text{N} = 663.55 \times 10^4 \text{N}$$

按双列连续板的区格 3 和区格 4 的计算简图，查表 4-3 与 4-4 求得弯矩系数。

$$\varphi_{3x} = 0.0370, \quad \varphi_{3y} = 0.0178, \quad x_{3x} = 0.675$$
$$\varphi_{4x} = 0.0283, \quad \varphi_{4y} = 0.0119, \quad x_{4x} = 0.806$$

计算板的各部位弯矩值如下

角格 3
$$M_x = -\varphi_{3x} p_j l_x^2 = -0.0370 \times 460.8 \times 10^4 \mathrm{N} \cdot \mathrm{m} = -17.0 \times 10^4 \mathrm{N} \cdot \mathrm{m}$$
$$M_y = -\varphi_{3y} p_j l_y^2 = -0.0178 \times 663.55 \times 10^4 \mathrm{N} \cdot \mathrm{m} = -11.8 \times 10^4 \mathrm{N} \cdot \mathrm{m}$$

中间格 4
$$M_x = -\varphi_{4x} p_j l_x^2 = -0.0283 \times 460.8 \times 10^4 \mathrm{N} \cdot \mathrm{m} = -13.0 \times 10^4 \mathrm{N} \cdot \mathrm{m}$$
$$M_y = -\varphi_{4y} p_j l_y^2 = -0.0119 \times 663.55 \times 10^4 \mathrm{N} \cdot \mathrm{m} = -7.9 \times 10^4 \mathrm{N} \cdot \mathrm{m}$$

支座弯矩
$$M_a = \left( \frac{x_{3x}}{16} + \frac{x_{4x}}{24} \right) p_j l_x^2 = \left( \frac{0.675}{16} + \frac{0.806}{24} \right) \times 460.8 \times 10^4 \mathrm{N} \cdot \mathrm{m} = 34.9 \times 10^4 \mathrm{N} \cdot \mathrm{m}$$

$$M_b = \frac{x_{4x}}{12} p_j l_x^2 = \frac{0.806}{12} \times 460.8 \times 10^4 \mathrm{N} \cdot \mathrm{m} = 31.0 \times 10^4 \mathrm{N} \cdot \mathrm{m}$$

$$M_c = \frac{(1 - x_{3x}) \, p_j l_y^2}{8} = \frac{(1 - 0.675)}{8} \times 663.55 \times 10^4 \mathrm{N} \cdot \mathrm{m} = 27.0 \times 10^4 \mathrm{N} \cdot \mathrm{m}$$

$$M_d = \frac{(1 - x_{4x}) \, p_j l_y^2}{8} = \frac{(1 - 0.806)}{8} \times 663.55 \times 10^4 \mathrm{N} \cdot \mathrm{m} = 16.1 \times 10^4 \mathrm{N} \cdot \mathrm{m}$$

计算基础底板支座处的实际设计弯矩时, 考虑横向和纵向基础梁宽度 $b = 0.8\mathrm{m}$ 的影响, 需对弯矩进行调整。由图 4-41 可得

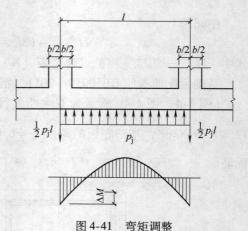

图 4-41　弯矩调整

$$\Delta M_{ix} = \frac{p_{ix} l_x b}{4} = \frac{x_{ix} p_j l_x b}{4}$$

$$\Delta M_{iy} = \frac{p_{iy} l_y b}{4} = \frac{(1 - x_{ix}) \, p_j l_y b}{4}$$

$$\Delta M_{ax} = -\frac{1}{4} x_{3x} p_j l_x b = \frac{1}{4} \times 0.675 \times 12.8 \times 6 \times$$
$$0.8 \times 10^4 \mathrm{N} \cdot \mathrm{m} = 10.4 \times 10^4 \mathrm{N} \cdot \mathrm{m}$$

$$\Delta M_{bx} = \frac{1}{4} x_{4x} p_j l_x b = \frac{1}{4} \times 0.806 \times 12.8 \times 6 \times 0.8 \times$$
$$10^4 \mathrm{N} \cdot \mathrm{m} = 12.4 \times 10^4 \mathrm{N} \cdot \mathrm{m}$$

$$\Delta M_{cy} = \frac{1}{4} (1 - x_{3x}) p_j l_y b = \frac{1}{4} \times (1 - 0.675) \times 12.8 \times 7.2 \times 0.8 \times 10^4 \mathrm{N} \cdot \mathrm{m} = 6.0 \times 10^4 \mathrm{N} \cdot \mathrm{m}$$

$$\Delta M_{dy} = \frac{1}{4} (1 - x_{4x}) p_j l_y b = \frac{1}{4} \times (1 - 0.806) \times 12.8 \times 7.2 \times 0.8 \times 10^4 \mathrm{N} \cdot \mathrm{m} = 3.6 \times 10^4 \mathrm{N} \cdot \mathrm{m}$$

$$\Delta \overline{M}_{ax} = \frac{1}{2} (\Delta M_{ax} + \Delta M_{bx}) = \frac{1}{2} \times (10.4 + 12.4) \times 10^4 \mathrm{N} \cdot \mathrm{m} = 11.4 \times 10^4 \mathrm{N} \cdot \mathrm{m}$$

$$\Delta \overline{M}_{bx} = \Delta M_{bx} = 12.4 \times 10^4 \mathrm{N} \cdot \mathrm{m}$$

$$\Delta \overline{M}_{cy} = \Delta M_{cy} = 6.0 \times 10^4 \mathrm{N} \cdot \mathrm{m}$$

$$\Delta \overline{M}_{dy} = \Delta M_{dy} = 3.6 \times 10^4 \mathrm{N} \cdot \mathrm{m}$$

从上述支座弯矩中减去 $\Delta \overline{M}$ 可得弯矩调整值, 即

$$M_{ax} = M_a - \Delta \overline{M}_{ax} = 34.9 \times 10^4 \mathrm{N} \cdot \mathrm{m} - 11.4 \times 10^4 \mathrm{N} \cdot \mathrm{m} = 23.5 \times 10^4 \mathrm{N} \cdot \mathrm{m}$$

$$M_{bx} = M_b - \Delta \overline{M}_{bx} = 31.0 \times 10^4 \text{N} \cdot \text{m} - 12.4 \times 10^4 \text{N} \cdot \text{m} = 18.6 \times 10^4 \text{N} \cdot \text{m}$$

$$M_{cy} = M_c - \Delta \overline{M}_{cy} = 27.0 \times 10^4 \text{N} \cdot \text{m} - 6.0 \times 10^4 \text{N} \cdot \text{m} = 21.0 \times 10^4 \text{N} \cdot \text{m}$$

$$M_{dy} = M_d - \Delta \overline{M}_{dy} = 16.1 \times 10^4 \text{N} \cdot \text{m} - 3.6 \times 10^4 \text{N} \cdot \text{m} = 12.5 \times 10^4 \text{N} \cdot \text{m}$$

悬挑板的弯矩为

$$M = \frac{p_j}{2} \left( l - \frac{b}{2} \right)^2 = \frac{1}{2} \times 12.8 \times 10^4 \times \left( 1.5 - \frac{0.8}{2} \right)^2 \text{N} \cdot \text{m} = 7.7 \times 10^4 \text{N} \cdot \text{m}$$

（2）基础梁的计算

1）作用于横梁 JL—1 上的荷载，为悬挑板的均布基底净反力和边跨梯形荷载基底净反力之和，基础梁 JL—1 荷载计算简图如图 4-42 所示。悬挑板的荷载

$$p_{j1} = 12.8 \times 10^4 \times 1.5 \text{N/m} = 19.2 \times 10^4 \text{N/m}$$

当 $P_j = p_j l_x / 2 = 12.8 \times 10^4 \times 3 \text{N/m} = 38.4 \times 10^4 \text{N/m}$，$a = 3 \text{m}$ 时，梯形荷载的均布等效荷载为

$$\overline{p}_{j2} = \left( 1 - 2 \frac{a^2}{l_y^2} + \frac{a^3}{l_y^3} \right) P_j = \left( 1 - 2 \times \frac{3^2}{7.2^2} + \frac{3^3}{7.2^3} \right) \times 38.4 \times 10^4 \text{N/m} = 27.8 \times 10^4 \text{N/m}$$

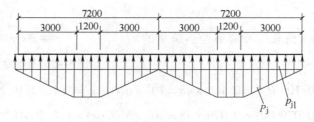

图 4-42　基础梁 JL—1 荷载计算简图

因此，按均布荷载计算二跨连续梁的弯矩和剪力为

$$p_{j1} + \overline{p}_{j2} = (19.2 + 27.8) \times 10^4 \text{N/m} = 47.0 \times 10^4 \text{N/m}$$

支座弯矩

$$M_B = 0.125 \left( p_{j1} + \overline{p}_{j2} \right) l_y^2 = 0.125 \times 47.0 \times 10^4 \times 7.2^2 \text{N} \cdot \text{m} = 304.6 \times 10^4 \text{N} \cdot \text{m}$$

跨中最大弯矩

$$M_{max} = - \left[ 0.070 \times p_{j1} l_y^2 + \left( \frac{3 l_y^2 - l_x^2}{24} P_j - 0.4 M_B \right) \right]$$

$$= - \left[ 0.070 \times 19.2 \times 7.2^2 + \left( \frac{3 \times 7.2^2 - 6^2}{24} \times 38.4 - 0.4 \times 304.6 \right) \right] \times 10^4 \text{N} \cdot \text{m}$$

$$= - 139.1 \times 10^4 \text{N} \cdot \text{m}$$

剪力近似地按照以下公式计算

$$Q_A = - 0.375 p_{j1} l_y - \frac{(l_y - a)}{2} P_j + \frac{M_B}{l_y}$$

$$= \left( - 0.375 \times 19.2 \times 7.2 - \frac{7.2 - 3}{2} \times 38.4 + \frac{304.6}{7.2} \right) \times 10^4 \text{N}$$

$$= - 90.2 \times 10^4 \text{N}$$

$$Q_B^{左} = -Q_B^{右} = 0.625 p_{j1} l_y + \frac{(l_y - a)}{2} p_j + \frac{M_B}{l_y}$$

$$= \left( 0.625 \times 19.2 \times 7.2 + \frac{7.2 - 3}{2} \times 38.4 + \frac{304.6}{7.2} \right) \times 10^4 \text{N}$$

$$= 209.3 \times 10^4 \text{N}$$

基础梁 JL—1 的内力如图 4-43 所示。

2）JL—2 为中间跨横向基础梁，梁的两侧均有梯形荷载作用，用上述折算成等量均布荷载方法，计算所得的弯矩和剪力应乘 2，为实际计算弯矩和剪力。

3）作用于纵梁 JL—4 上的是三角形荷载，如图 4-44 所示，梁的两边都有荷载，故得

$$P_j = p_j l_x = 12.8 \times 10^4 \times 6 \text{N/m} = 76.8 \times 10^4 \text{N/m}$$

按三角形荷载的均布等效荷载为

$$\overline{P}_j = 0.625 P_j = 0.625 \times 76.8 \times 10^4 \text{N/m}$$

$$= 48 \times 10^4 \text{N/m}$$

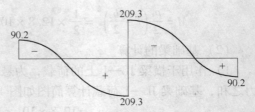

剪力图（单位：$10^4$N）

弯矩图（单位：$10^4$N·m）

图 4-43　基础梁 JL—1 内力图

因此，按上述均布荷载 $\overline{P}_j$ 计算五跨连续梁的支座弯矩为

$$M_B = 0.105 \, \overline{P}_j l_x^2 = 0.105 \times 48 \times 10^4 \times 6^2 \text{N·m} = 181.4 \times 10^4 \text{N·m}$$

$$M_C = 0.079 \, \overline{P}_j l_x^2 = 0.079 \times 48 \times 10^4 \times 6^2 \text{N·m} = 136.5 \times 10^4 \text{N·m}$$

跨中最大弯矩如下

边跨　　$$M_{1max} = -\frac{P_j l_x^2}{12} + 0.4 M_B = -\frac{76.8 \times 10^4 \times 6^2}{12} \text{N·m} + 0.4 \times 181.4 \times 10^4 \text{N·m}$$

$$= -157.8 \times 10^4 \text{N·m}$$

中间跨　　$$M_{2max} = -\frac{P_j l_x^2}{12} + \frac{M_B + M_C}{2} = -\frac{76.8 \times 10^4 \times 6^2}{12} \text{N·m} + \frac{181.4 + 136.5}{2} \times 10^4 \text{N·m}$$

$$= -71.5 \times 10^4 \text{N·m}$$

$$M_{3max} = -\frac{P_j l_x^2}{12} + M_C = -\frac{76.8 \times 10^4 \times 6^2}{12} \text{N·m} + 136.5 \times 10^4 \text{N·m}$$

$$= -93.9 \times 10^4 \text{N·m}$$

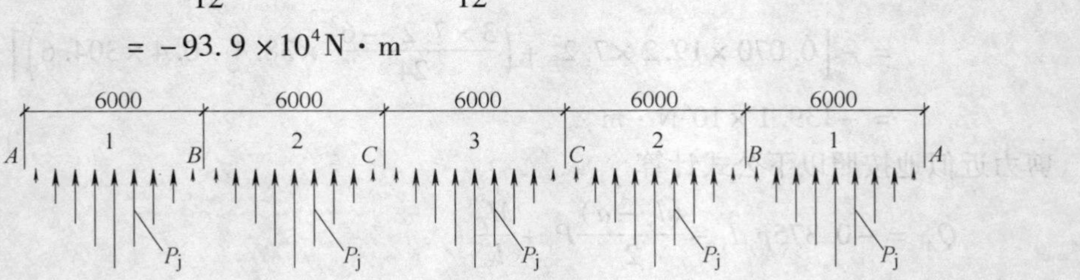

图 4-44　基础梁 JL—4 荷载计算简图

剪力可近似地按以下公式计算

$$Q_A = -\frac{P_j l_x}{4} + \frac{M_B}{l_x} = \left( -\frac{76.8 \times 6}{4} + \frac{181.4}{6} \right) \times 10^4\,\text{N} = -85.0 \times 10^4\,\text{N}$$

$$Q_B^{左} = \frac{P_j l_x}{4} + \frac{M_B}{l_x} = \left( \frac{76.8 \times 6}{4} + \frac{181.4}{6} \right) \times 10^4\,\text{N} = 145.4 \times 10^4\,\text{N}$$

$$Q_B^{右} = -\frac{P_j l_x}{4} - \frac{M_B - M_C}{l_x} = \left( -\frac{76.8 \times 6}{4} - \frac{181.4 - 136.5}{6} \right) \times 10^4\,\text{N} = -122.7 \times 10^4\,\text{N}$$

$$Q_C^{左} = \frac{P_j l_x}{4} - \frac{M_B - M_C}{l_x} = \left( \frac{76.8 \times 6}{4} - \frac{181.4 - 136.5}{6} \right) \times 10^4\,\text{N} = 92.8 \times 10^4\,\text{N}$$

$$Q_C^{右} = -\frac{P_j l_x}{4} = -\frac{76.8 \times 6}{4} \times 10^4\,\text{N} = -115.2 \times 10^4\,\text{N}$$

基础梁 JL—4 的内力如图 4-45 所示。

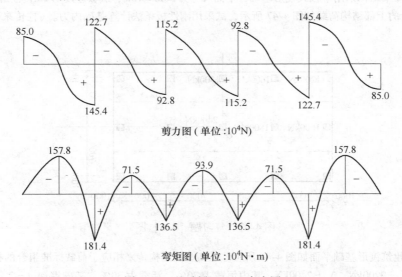

剪力图 ( 单位 : $10^4$ N)

弯矩图 ( 单位 : $10^4$ N · m)

图 4-45　基础梁 JL—4 内力图

　　各梁板内力计算完毕后，按照 GB 50010—2010《混凝土结构设计规范》即可进行配筋计算。如果工程需要，还应进行沉降验算，并满足 GB 50007—2011《建筑地基基础设计规范》的相关规定。

# 复 习 题

　　[4-1]　什么是筏形基础? 筏形基础可分为哪几种形式?

　　[4-2]　筏形基础有哪些构造要求?

　　[4-3]　筏形基础内力计算方法有哪些? 各自的特点和适用条件是什么?

　　[4-4]　平板式筏形基础采用刚性板条法计算时为什么要进行荷载修正?

　　[4-5]　某高层框架－剪力墙建筑，地上 18 层，地下 1 层，柱网尺寸 8.1m×8.1m。采用平板式筏形基础，底面尺寸为 33m×33m，筏板厚 1550mm，混凝土强度等级 C35，$f_t = 1.57 \times 10^3\,\text{kN/m}^2$，持力层为圆砾。底层柱截面尺寸为 1.0m×1.0m，混凝土强度等级 C50。相应于荷载基本组合时，上部结构总重为

235224kN，某根中柱传来轴向压力 $N_{\max}=14172$kN，弯矩 $M_x=86.6$kN·m，如图 4-46 所示。试验算底板是否满足冲切要求。

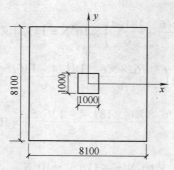

图 4-46　复习题 [4-5] 图

[4-6]　某框架结构采用平板式筏形基础，平面尺寸为 30m×16m，底板厚度 1.0m，柱距与柱传来相应于荷载基本组合的上部结构荷载如图 4-47 所示，试采用刚性板条法计算基础内力。（柱传来荷载关于 x、y 轴均对称）

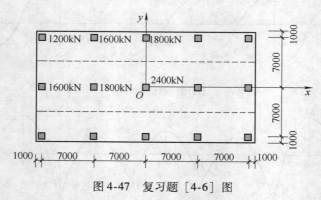

图 4-47　复习题 [4-6] 图

[4-7]　某建筑筏形基础平面如图 4-48 所示。已知上部结构传来相应于荷载标准组合的柱荷载值 $N_1=$ 2000kN，$N_2=N_3=2200$kN，$N_4=2400$kN，其中恒载占 70%，活载占 30%。基础埋深 $d=2.0$m，持力层土修正后的地基承载力特征值 $f_a=114$kN/m²，基础混凝土强度等级 C30，弹性模量 $E=3.0\times10^7$kN/m²，基础钢筋为 HRB335 级，假定基础底面长 $l=20$m。

（1）设计基础筏板。

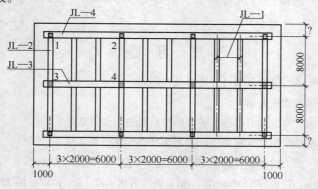

图 4-48　复习题 [4-7] 图

（2）求各基础梁承受的作用力。

（3）用连续梁系数法求 JL—1 的内力，并把求得的弯矩作为调整后的弯矩，计算 JL—1 的配筋。（JL—1截面 $b \times h = 500mm \times 1000mm$）

[4-8]　某建筑采用双主肋梁筏形基础如图 4-49 所示。已知相应于荷载基本组合的基底净反力 $p_j = 150kN/m^2$，基础筏板厚 $h_1 = 600mm$，基础梁截面 $b \times h_2 = 600mm \times 2000mm$，混凝土强度等级 C30，钢筋为 HRB335 级。

（1）计算筏板内力和配筋。

（2）计算 JL—1 内力和配筋。

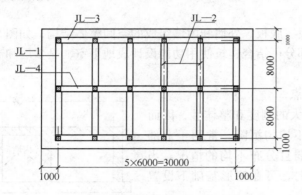

图 4-49　复习题 [4-8] 图

# 第5章　箱形基础

## 5.1　概述

箱形基础是由顶板、底板、外墙和内墙组成的空间整体结构，如图 5-1 所示，一般由钢筋混凝土建造，空间部分可结合建筑使用功能设计成地下室，是多层和高层建筑中广泛采用的一种基础形式。

**1. 箱形基础的特点**

1）箱形基础有很大的刚度和整体性，因而能有效地调整基础的不均匀沉降，常用于上部结构荷载大、地基软弱且分布不均的情况。当地基特别软弱且复杂时，可在箱形基础下设置桩基础，即桩箱基础。

2）箱形基础有较好的抗震效果，因为箱形基础将上部结构较好地嵌固于基础，基础又埋

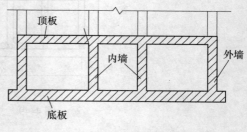

图 5-1　箱形基础

置得较深，因而可降低建筑物的重心，从而增加建筑物的整体性。在地震区，对抗震、人防和地下室有要求的高层建筑，宜采用箱形基础。

3）有较好的补偿性，箱形基础的埋置深度一般比较大，基础底面处土的自重应力和水压力在很大程度上补偿了由于建筑物自重和荷载产生的基底压力。如果箱形基础有足够的埋深，使得基底土的自重应力等于基底接触压力，从理论上讲，此时的基底附加压力等于零，在地基中就不会产生附加应力，因而也就不会产生地基沉降，也不存在地基承载力问题。按照这种概念进行地基基础设计称为补偿性设计。但在施工过程中，由于基坑开挖卸去了土自重，使坑底发生回弹，当建造上部结构和基础时，土体会因再度受荷而发生沉降，在这一过程中，地基中的应力发生一系列变化，因此，实际上不存在那种完全不引起沉降和强度问题的理想情况，但如果能精心设计、合理施工，就能有效地发挥箱形基础的补偿作用。

**2. 上部结构的嵌固部位**

当地下室的四周外墙与土层紧密接触时，上部结构的嵌固部位按下列规定确定：

1）上部结构为剪力墙结构，地下室为单层或多层箱形基础地下室，地下一层结构顶板可作为上部结构的嵌固部位。

2）上部结构为框架、框架—剪力墙或框架—核心筒结构，地下室为单层箱形基础，箱形基础顶板作为上部结构的嵌固部位。

当地下一层结构顶板作为上部结构的嵌固部位时，应能保证将上部结构的地震作用或水平力传递到地下室抗侧力构件上，沿地下室外墙和内墙边缘的板面不应有大洞口；地下一层结构顶板应采用梁板式楼盖，板厚不应小于 180mm，其混凝土强度等级不宜小于 C30；楼面

应采用双层双向配筋，且每层每个方向的配筋率不宜小于 0.25%。

箱形基础的设计与计算比一般基础要复杂得多，长期以来没有统一的计算方法，合理的设计应考虑上部结构、基础和地基的共同作用。我国于 20 世纪 70 年代在北京、上海等地的高层建筑中进行了测试研究工作，对箱形基础的地基反力和箱形基础内力分析等问题取得了重要成果，为箱形基础的设计与施工提供了有效的依据。本章根据 JGJ6—2011《高层建筑箱形与筏形基础技术规范》介绍箱形基础设计中的有关问题。

## 5.2　箱形基础的构造要求

### 1. 箱形基础的平面尺寸

箱形基础的平面尺寸应根据地基强度、上部结构的布局和荷载分布等条件确定。在地基均匀的条件下，基础底面形心宜与结构竖向永久荷载重心重合。当偏心较大时，可使箱形基础底板四周伸出不等长的短悬臂以调整底面形心位置。如不可避免偏心时，在荷载效应准永久值组合下，偏心距宜符合下式要求

$$e \leqslant 0.1 W/A \tag{5-1}$$

式中　　$W$——与偏心距方向一致的基础底面的抵抗矩（$m^3$）；

　　　　$A$——基础底面积（$m^2$）。

根据设计经验，也可控制偏心距不大于偏心方向基础底面边长的 1/60。

### 2. 箱形基础的高度

箱形基础的高度是指箱形基础底板底面到顶板顶面的外包尺寸。它应满足结构承载力和刚度的要求，并考虑使用要求，一般取建筑物高度 1/8 ~ 1/12，也不宜小于箱形基础长度（不包括底板悬挑部分）的 1/20，且不宜小于 3m。

### 3. 箱形基础的埋置深度

在确定高层建筑的基础埋置深度时，应考虑建筑物的高度、体型、地基土质、抗震设防烈度等因素，并应满足抗倾覆和抗滑移的要求。抗震设防区天然土质地基上的箱形基础，其埋深不宜小于建筑物高度的 1/15；当桩与箱形基础底板连接的构造符合《高层建筑箱形与筏形基础技术规范》的规定时，桩箱形基础的埋置深度（不计桩长）不宜小于建筑物高度的 1/18。

### 4. 箱形基础的顶板、底板

箱形基础的顶板、底板厚度应按跨度、荷载、基底反力大小确定，底板应进行斜截面抗剪和抗冲切验算。考虑上部结构嵌固在箱形基础顶板时，顶板厚度不应小于 180mm；底板厚度不应小于 400mm，且底板厚度与最大双向板格的短边之比不应小于 1/14，如图 5-2 所示。

顶板、底板配筋应根据抗弯计算确定，跨中钢筋则按实际配筋全部连通，其纵、横方向支座钢筋中应有不少于 1/4 贯通全

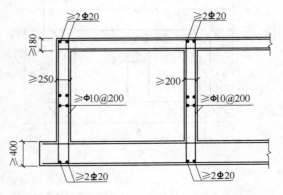

图 5-2　箱形基础顶板、底板、墙尺寸及配筋构造图

跨，底板上下贯通钢筋配筋率不应小于0.15%。

### 5. 箱形基础的墙体

箱形基础的墙体是保证箱形基础整体刚度和纵、横方向抗剪强度的重要构件。

外墙沿建筑物四周布置，内墙一般沿上部结构柱网和剪力墙纵横均匀布置。

墙体要有足够的密度，当上部结构为框架或框剪结构时，要求墙体水平截面积不宜小于箱形基础水平投影面积的1/12。对基础平面长宽比大于4的箱形基础，其纵墙水平截面面积不宜小于箱形基础水平投影面积的1/18。在计算墙体水平截面面积时，可不扣除洞口部分。当墙率满足上述要求时，墙距可能仍很大，建议墙的间距不宜大于10m。

墙体的厚度应根据实际受力情况确定，外墙厚度不应小于250mm，内墙厚度不宜小于200mm。

墙体内应设置双面钢筋，竖向和水平钢筋的直径不应小于10mm，间距不应大于200mm。除上部为剪力墙外，内、外墙的墙顶处宜配置两根直径不小于20mm的通长构造钢筋。

### 6. 墙体开洞的限制

洞口对墙体削弱很大，应尽量不开洞、少开洞。必须开洞时，宜开小洞、圆洞或切角洞。避免开偏洞和边洞（指在柱边、墙端开洞）及高度大于2m的高洞，宽度大于1.2m的宽洞，一个柱距内开洞两个以上的连洞和对位洞（使弱点集中在同一断面上）；也不宜在内力最大的断面上开洞，否则要采取加强措施。

门洞宜设在柱间居中部位，洞边至上层柱中心的水平距离不宜小于1.2m，洞口上过梁的高度不宜小于层高的1/5。洞口面积与墙体面积之比称为开洞系数 $\gamma$，如图5-3a所示，$\gamma$ 应符合下式要求

$$\gamma = bh/BH \leqslant 1/6 \tag{5-2}$$

式中　$b$、$h$——洞口的宽、高（m）；

　　　$B$——墙体轴线距离（m）；

　　　$H$——箱形基础全高（m）。

墙体洞口周围应设置加强钢筋，如图5-3b所示。洞口四周附加钢筋面积不应小于洞口内被切断钢筋面积的一半，且不应少于两根直径为14mm的钢筋，附加钢筋应从洞口边缘处延长40倍钢筋直径。洞口每个角部各加不少于两根直径为12mm的斜筋，长度不小于1m。

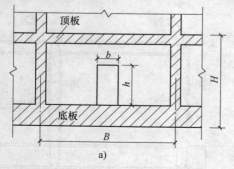
a)

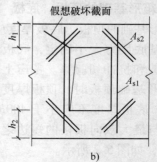
b)

图 5-3　墙体开洞位置与洞口加强筋示意图

a）墙体开洞位置示意图　　b）墙体开洞洞口加强筋示意图

**7. 其他构造要求**

1）在底层柱与箱形基础交接处，应验算墙体的局部承压强度，当承压强度不能满足时，应增加墙体的承压面积，且墙边与柱边或柱角与八字角之间的净距不宜小于 50mm。

2）底层现浇柱主筋伸入箱形基础的深度，对三面或四面与箱形基础墙相连的内柱，除四角钢筋直通基底外，其余钢筋伸入顶板底面以下的长度不应小于其直径的 40 倍。外柱、与剪力墙相连的柱及其他内柱的主筋应直通到基础底板的底面。

3）箱形基础在相距 40m 左右处应设置一道施工缝，并应设在柱距三等分的中间范围内。

4）箱形基础的混凝土强度等级不应低于 C25，并应采用密实混凝土刚性防水。当要求较高时，宜采用自防水并设置架空排水层。

## 5.3  箱形基础的地基验算

### 5.3.1  地基强度验算

目前箱形基础的地基强度验算和一般天然地基上的浅基础大体相同，但在总荷载中扣除了水浮力，并且对偏心荷载作了更严格的限制。基础底面压力应满足如下要求：

1）在非地震区

$$p_k \leqslant f_a \tag{5-3}$$

$$p_{kmax} \leqslant 1.2 f_a \tag{5-4}$$

$$p_{kmin} \geqslant 0 \tag{5-5}$$

式中　$p_k$——相应于荷载标准组合时的基底平均压力（kPa）；

$p_{kmax}$、$p_{kmin}$——相应于荷载标准组合时的基底最大压力和最小压力（kPa）；

$f_a$——修正后的地基承载力特征值（kPa）。

2）在地震区，除应符合 $p_k$ 和 $p_{kmax}$ 要求外，还应符合下式要求

$$p_E \leqslant f_{aE} \tag{5-6}$$

$$p_{E\,max} \leqslant 1.2 f_{aE} \tag{5-7}$$

$$f_{aE} = \zeta_a f_a$$

式中　$p_E$——相应于地震作用效应标准组合时，基底平均压力（kPa）；

$p_{E\,max}$——相应于地震作用效应标准组合时，基底边缘的最大压力（kPa）；

$f_{aE}$——调整后的地基抗震承载力（kPa）；

$\zeta_a$——地基土的抗震承载力调整系数，按表 5-1 采用。

表 5-1　地基土抗震承载力调整系数

| 岩土名称和性状 | $\zeta_a$ |
|---|---|
| 岩石，密实的碎石土，密实的砾、粗、中砂，$f_{ak} \geqslant 300$ 的黏性土和粉土 | 1.5 |
| 中密、稍密的碎石土，中密和稍密的砾、粗、中砂，密实和中密的细、粉砂，$150 \leqslant f_{ak} < 300$ 的黏性土和粉土，坚硬黄土 | 1.3 |
| 稍密的细、粉砂，$100 \leqslant f_{ak} < 150$ 的黏性土和粉土，可塑黄土 | 1.1 |
| 淤泥，淤泥质土，松散的砂，杂填土，新近堆积的黄土及流塑黄土 | 1.0 |

在地震作用下，对于高宽比大于 4 的高层建筑，基础底面不宜出现零应力区；对于其他建筑，当基础底面边缘出现零应力时，零应力区的面积不应超过基底面积的 15%；与裙房相连且采用天然地基的高层基础，在地震作用下主楼基础底面不宜出现零应力区。

基底各项压力的简化计算如下（见图 5-4）

$$p_k = \frac{F_k + G_k}{A} \qquad (5-8)$$

$$p_{k_{max}}^{k_{min}} = \frac{F_k + G_k}{bl} \pm \frac{M_k}{W} \qquad (5-9)$$

当地震作用验算中基底出现零应力区时

$$p_{Emax} = \frac{2(F_k + G_k)}{3ba} \qquad (5-10)$$

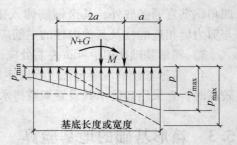

图 5-4　基底压力计算简图

式中　$F_k$——相应于荷载标准组合时，上部结构传至基础顶面的竖向力（kN）；

$G_k$——基础自重和基础上的土重之和（kN），在计算地下水位以下部分时，应取土的有效重度；

$A$——基础底面面积（$m^2$）；

$M_k$——相应于荷载标准组合时，作用于矩形基础底面的力矩（kN·m）；

$W$——基础底面边缘抵抗矩（$m^3$）；

$b$——垂直于力矩作用方向的基础底面边长（m）；

$a$——合力作用点至基础底面最大压力边缘的距离（m）。

## 5.3.2　地基变形验算

由于箱形基础埋深较大，随着施工的进展，地基的受力状态和变形十分复杂。在基坑开挖前大多用井点降低地下水位，以便进行基坑开挖和基础施工，因此由于降水使地基压缩。在基坑开挖阶段，由于卸去土重引起地基回弹变形，根据某些工程的实测，回弹变形不容忽视。当基础施工时，由于逐步加载，使地基产生再压缩变形。基础施工完后可停止降水，地基又回弹。最后，在上部结构施工和使用阶段，由于继续加载，地基继续产生压缩变形。

为了使地基变形计算所取用的参数尽可能与地基实际受力状态相吻合，可以在室内进行模拟实际施工过程的压缩－回弹试验，但由于模拟的条件与实际情况不尽符合，故目前实用上仍以 GB50007—2011《建筑地基基础设计规范》推荐的方法计算箱形基础的沉降，具体应用时作一些修正。

1）当采用土的压缩模量计算箱形基础的最终沉降量 $s$ 时，最终沉降量 $s$ 为按式（1-16）与式（1-19）分别计算沉降量的总和。

2）当采用土的变形模量计算箱形基础的最终沉降量 $s$ 时，可按下式计算

$$s = p_k b \eta \sum_{i=1}^{n} \frac{\delta_i - \delta_{i-1}}{E_{0i}} \qquad (5-11)$$

式中　$p_k$——长期效应组合下的基础底面处的平均压力标准值（$kN/m^2$）；

$b$——基础底面宽度（m）；

$\delta_i$、$\delta_{i-1}$——与基础长宽比 $L/b$ 及基础底面至第 $i$ 层土和第 $i-1$ 层土底面的距离深度 $z$ 有关

的系数，可按表5-2确定；

$E_{0i}$——基础底面下第 $i$ 层土变形模量（MPa），通过试验或按地区经验确定；

$\eta$——沉降计算修正系数，可按表5-3确定。

表5-2　按 $E_0$ 计算沉降时的 $\delta$ 系数

| $m = \dfrac{2z}{b}$ | $n = \dfrac{l}{b}$ | | | | | | $n \geqslant 10$ |
|---|---|---|---|---|---|---|---|
| | 1 | 1.4 | 1.8 | 2.4 | 3.2 | 5 | |
| 0.0 | 0.000 | 0.000 | 0.000 | 0.000 | 0.000 | 0.000 | 0.000 |
| 0.4 | 0.100 | 0.100 | 0.100 | 0.100 | 0.100 | 0.100 | 0.104 |
| 0.8 | 0.200 | 0.200 | 0.200 | 0.200 | 0.200 | 0.200 | 0.208 |
| 1.2 | 0.299 | 0.300 | 0.300 | 0.300 | 0.300 | 0.300 | 0.311 |
| 1.6 | 0.380 | 0.394 | 0.397 | 0.397 | 0.397 | 0.397 | 0.412 |
| 2.0 | 0.446 | 0.472 | 0.482 | 0.486 | 0.486 | 0.486 | 0.511 |
| 2.4 | 0.499 | 0.538 | 0.556 | 0.565 | 0.567 | 0.567 | 0.605 |
| 2.8 | 0.542 | 0.592 | 0.618 | 0.635 | 0.640 | 0.640 | 0.687 |
| 3.2 | 0.577 | 0.637 | 0.671 | 0.696 | 0.707 | 0.709 | 0.763 |
| 3.6 | 0.606 | 0.676 | 0.717 | 0.750 | 0.768 | 0.772 | 0.831 |
| 4.0 | 0.630 | 0.708 | 0.756 | 0.796 | 0.820 | 0.830 | 0.892 |
| 4.4 | 0.650 | 0.735 | 0.789 | 0.837 | 0.867 | 0.883 | 0.949 |
| 4.8 | 0.668 | 0.759 | 0.819 | 0.873 | 0.908 | 0.932 | 1.001 |
| 5.2 | 0.683 | 0.780 | 0.834 | 0.904 | 0.948 | 0.977 | 1.050 |
| 5.6 | 0.697 | 0.798 | 0.867 | 0.933 | 0.981 | 1.018 | 1.096 |
| 6.0 | 0.708 | 0.814 | 0.887 | 0.958 | 1.011 | 1.056 | 1.138 |
| 6.4 | 0.719 | 0.828 | 0.904 | 0.980 | 1.031 | 1.090 | 1.178 |
| 6.8 | 0.728 | 0.841 | 0.920 | 1.000 | 1.065 | 1.122 | 1.215 |
| 7.2 | 0.736 | 0.852 | 0.935 | 1.019 | 1.088 | 1.152 | 1.251 |
| 7.6 | 0.744 | 0.863 | 0.948 | 1.036 | 1.109 | 1.180 | 1.285 |
| 8.0 | 0.751 | 0.872 | 0.960 | 1.051 | 1.128 | 1.205 | 1.316 |
| 8.4 | 0.757 | 0.881 | 0.970 | 1.065 | 1.146 | 1.229 | 1.347 |
| 8.8 | 0.762 | 0.888 | 0.980 | 1.078 | 1.162 | 1.251 | 1.376 |
| 9.2 | 0.768 | 0.896 | 0.989 | 1.089 | 1.178 | 1.272 | 1.404 |
| 9.6 | 0.772 | 0.902 | 0.998 | 1.100 | 1.192 | 1.291 | 1.431 |
| 10.0 | 0.777 | 0.908 | 1.005 | 1.110 | 1.205 | 1.309 | 1.456 |
| 11.0 | 0.786 | 0.922 | 1.022 | 1.132 | 1.238 | 1.349 | 1.506 |
| 12.0 | 0.794 | 0.933 | 1.037 | 1.151 | 1.257 | 1.384 | 1.550 |

注：1. $l$、$b$ 为矩形基础的长度与宽度。

2. $z$ 为基础底面至该层土底面的距离。

表5-3　修正系数 $\eta$

| $m = 2z_n/b$ | $0 < m \leqslant 0.5$ | $0.5 < m \leqslant 1$ | $1 < m \leqslant 2$ | $2 < m \leqslant 3$ | $3 < m \leqslant 5$ | $5 < m \leqslant \infty$ |
|---|---|---|---|---|---|---|
| $\eta$ | 1.00 | 0.95 | 0.90 | 0.80 | 0.75 | 0.70 |

按式（5-11）进行沉降计算时，沉降计算深度 $z_n$，应按下式计算

$$z_n = (z_m + \xi b)\beta \qquad (5\text{-}12)$$

式中　$z_m$——与基础长宽比有关的经验值（m），可按表5-4确定；

$\xi$——折减系数，可按表5-4确定；

$\beta$——调整系数，可按表5-5确定。

表 5-4　　$z_m$ 值和折减系数 $\xi$

| $l/b$ | $m \leqslant 1$ | 2 | 3 | 4 | $\geqslant 5$ |
|---|---|---|---|---|---|
| $z_m$ | 11.6 | 12.4 | 12.5 | 12.7 | 13.2 |
| $\xi$ | 0.42 | 0.49 | 0.53 | 0.60 | 1.00 |

表 5-5　　调整系数 $\beta$

| 土　类 | 碎　石 | 砂　土 | 粉　土 | 黏性土 | 软　土 |
|---|---|---|---|---|---|
| $\beta$ | 0.30 | 0.50 | 0.60 | 0.75 | 1.00 |

　　箱形基础的地基变形计算值，不应大于建筑物的地基变形允许值。根据工程的调查发现，许多工程的沉降量尽管很大，但对建筑物本身没有什么危害，只是对毗邻建筑物有较大影响，但过大的沉降还会造成室内外高差，影响建筑物正常使用，也可能引起地下管道的损坏。因此，箱形基础的允许沉降量应根据建筑物的使用要求和可能产生的对相邻建筑物的影响按地区经验确定，当无地区经验时，应符合表 1-7 的限值要求。对体型简单的高层建筑基础的平均沉降量允许值为 200mm。

　　对于多层或高层建筑和高耸结构，整体刚度很大，可近似为刚性结构，其地基变形应由建筑物的整体倾斜值控制。整体倾斜是指基础倾斜方向两端点的沉降差与其距离的比值，应符合表 1-7 的要求。由于横向边长较短，主要控制横向整体倾斜。横向整体倾斜可由下式计算

$$\alpha_T = (s_A - s_B) / B \tag{5-13}$$

式中　$\alpha_T$——横向整体倾斜值；

　　$s_A$、$s_B$——基础横向两端点沉降量（m）；

　　$B$——基础宽度（m）。

　　当整体倾斜超过一定数值时，会造成人们心理的恐慌，并直接影响建筑物的稳定性，使上部结构产生过大的附加应力，严重的还有倾覆的危险。此外，还会影响建筑物的正常使用，如电梯导轨的偏斜将影响电梯的正常运转等。

　　影响高层建筑整体倾斜的因素主要有上部结构荷载的偏心、地基土层分布的不均匀性、建筑物的高度、地震烈度、相邻建筑物的影响以及施工因素等。在地基均匀的条件下，应尽量使上部结构荷载的重心与基底形心相重合。当有邻近建筑物影响时，应综合考虑重心与形心的位置。施工因素往往很难估计，但应引起重视，应采取措施防止基坑底土结构的扰动。

## 5.3.3　稳定性验算

　　1）高层建筑在承受地震作用、风荷载或其他水平荷载时，筏形与箱形基础的抗滑移稳定性（见图 5-5）应符合下式要求

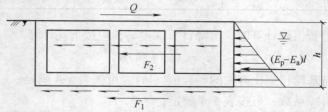

图 5-5　抗滑移稳定性验算示意图

$$K_s Q \leqslant F_1 + F_2 + (E_p - E_a) \, l \tag{5-14}$$

式中    $F_1$——基底摩擦力合力（kN）；

      $F_2$——平行于剪力方向的侧壁摩擦力合力（kN）；

$E_a$、$E_p$——垂直于剪力方向的地下结构外墙面单位长度上主动土压力合力、被动土压力合力（kN/m）；

      $l$——垂直于剪力方向的基础边长（m）；

      $Q$——作用在基础顶面的风荷载、水平地震作用或其他水平荷载（kN）；

      $K_s$——抗滑移稳定性安全系数，取 1.3。

2）高层建筑在承受地震作用、风荷载或其他水平荷载时，筏形与箱形基础的抗倾覆稳定性应符合下式要求

$$K_r M_c \leqslant M_r \tag{5-15}$$

式中    $M_r$——抗倾覆力矩（kN·m）；

      $M_c$——倾覆力矩（kN·m）；

      $K_r$——抗倾覆稳定性安全系数，取 1.5。

3）当地基内存在软弱土层或地基土质不均匀时，应采用极限平衡理论的圆弧滑动面法验算地基整体稳定性。要求最危险的滑动面上诸力对滑动圆弧的圆心所产生的抗滑力矩 $M_R$ 与滑动力矩 $M_S$ 之比应符合下式要求

$$K M_S \leqslant M_R \tag{5-16}$$

式中    $M_R$——抗滑力矩（kN·m）；

      $M_S$——滑动力矩（kN·m）；

      $K$——整体稳定性安全系数，取 1.2。

4）当建筑物地下室的一部分或全部在地下水位以下时，应进行抗浮稳定验算。抗浮稳定性验算应符合下式要求

$$F_k' + G_k \geqslant K_f F_f \tag{5-17}$$

式中    $F_k'$——上部结构传至基础顶面的竖向永久荷载（kN）；

      $G_k$——基础自重和基础上的土重之和（kN）；

      $F_f$——水浮力（kN），在建筑物使用阶段按与设计使用年限相应的最高水位计算，在施工阶段，按分析地质状况、施工季节、施工方法、施工荷载等因素后确定的水位计算；

      $K_f$——抗浮稳定性安全系数，可根据工程重要性和确定水位时统计数据的完整性取 1.0 ~ 1.1。

## 5.4 箱形基础的结构设计

### 5.4.1 箱形基础荷载

箱形基础埋于地下，承受图 5-6 所示的各种荷载，这些荷载有

1）地面堆载 $q_x$ 产生的侧压力

$$\sigma_1 = q_x \tan^2 (45° - \varphi/2) \tag{5-18a}$$

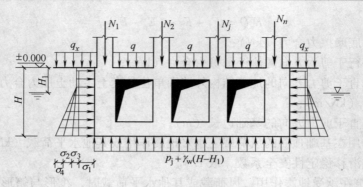

图 5-6　箱形基础荷载图

式中　$\varphi$——土的内摩擦角。

2）地下水位以上土的侧压力

$$\sigma_2 = \gamma H_1 \tan^2(45° - \varphi/2) \tag{5-18b}$$

式中　$\gamma$——土的重度（$kN/m^3$）；

　$H_1$——地表面到地下水面的深度（m）。

3）浸于地下水位中（$H - H_1$）高度土的侧压力

$$\sigma_3 = \gamma'(H - H_1)\tan^2(45° - \varphi'/2) \tag{5-18c}$$

式中　$\gamma'$——浸入水中的土重度（浮重度）（$kN/m^3$），$\gamma' = \gamma_s - \gamma_w = \gamma_s - 10$；

　$H$——地表面到箱形基础底面的高度（m）；

　$\gamma_s$——土的饱和重度（$kN/m^3$）；

　$\gamma_w$——水的重度，$\gamma_w = 10kN/m^3$；

　$\varphi'$——饱和土的内摩擦角。

4）地下水产生的侧压力

$$\sigma_4 = \gamma_w(H - H_1) \tag{5-18d}$$

5）基底净反力

$$\sigma_5 = p_j + \gamma_w(H - H_1) \tag{5-18e}$$

6）顶板荷载 $q$ 以及上部结构传来的集中力等。

## 5.4.2　地基反力计算

在箱形基础的设计中，基底反力的确定是甚为重要的，因为其分布规律和大小不仅影响箱形基础内力的数值，还可能改变内力的正负号，因此基底反力的分布成为箱形基础计算分析中的关键问题。

影响基底反力的因素很多，主要有土的性质、上部结构和基础的刚度、荷载的分布和大小、基础的埋深、基底尺寸和形状以及相邻基础的影响等。要精确地确定箱形基础的基底反力是一个非常复杂和困难的问题，过去曾将箱形基础视为置于文克尔地基或弹性半空间地基上的空心梁或板，用弹性地基上的梁板理论计算，其结果与实际差别较大，至今尚没有一个可靠而又实用的计算方法。

为此，探索箱形基础基底反力实测分布规律具有重要指导意义。我国于 20 世纪 70 年代曾在北京、上海等地对数幢高层建筑进行基底反力的量测工作。实测结果表明，对软土地区，纵向基底反力一般呈马鞍形（见图 5-7a），反力最大值离基础端部约为基础长边 1/8 ~ 1/9，最大值为平均值的 1.06 ~ 1.34 倍；对第四纪黏性土地区，纵向基底反力分布曲线一般呈抛物线形（见图 5-7b），反力最大值为平均值的 1.25 ~ 1.37 倍。

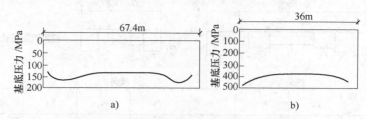

图 5-7　箱形基础纵向地基反力实测分布曲线

a）软土地区　b）第四纪黏性土地区

在大量实测资料整理统计的基础上，提出了高层建筑箱形基础基底反力实用计算法，并列入 JGJ 6—2011《高层建筑筏形与箱形基础技术规范》中，具体方法如下。

**1. 基底反力系数**

对于地基土比较均匀，上部结构为框架结构且荷载比较匀称，基础底板悬挑部分不超出 0.8m，可以不考虑相邻建筑物的影响以及满足各项构造要求的单幢建筑物箱形基础，可将矩形基础底面划分成 40 个区格（纵向 8 格、横向 5 格），第 $i$ 区格的基底净反力按下式确定

$$p_{ji} = \frac{\sum F}{BL} p_i \tag{5-19}$$

式中　$p_{ji}$——相应于荷载基本组合时，第 $i$ 区格的基底净反力（kPa）；

$\sum F$—— 相应于荷载基本组合时，上部结构竖向荷载总和（kN）；

$B$、$L$——箱形基础的宽度和长度（m）；

$p_i$——相应于 $i$ 区格的基底反力系数，查表 5-6 确定。

当纵横方向荷载不很匀称时，应分别求出由于荷载偏心产生的纵横向力矩引起的不均匀基底反力，并将该不均匀基底反力与由反力系数表计算的基底反力进行叠加。力矩引起的基底不均匀反力按直线变化计算。

当 $L/B = 1$ 时，正方形底面划分成 64 个区格（纵向 8 格，横向 8 格）。其他异形基础基底反力系数见附表 7。砂土地基基底反力系数见附表 8。

对于不符合基底反力系数法适用条件的情况，例如有相邻建筑物的影响、刚度不对称、地基土层分布不均匀等，应采用其他有效的方法，如考虑地基与基础共同作用的方法计算。

**2. 基底平均反力系数**

在分析箱形基础内力时，将箱形基础看成静定梁，在基底净反力作用下求出梁上各点的内力，然后再求出箱形基础所承担的弯矩。此时基底净反力可用基底平均反力系数法求得。

用平均反力系数求得沿基底长度方向各段的基底平均净反力

$$p_{j1} = \overline{p}_1 \cdot \sum F/L \tag{5-20a}$$

$$p_{j2} = \overline{p}_2 \cdot \sum F/L \tag{5-20b}$$

$$p_{j3} = \overline{p}_3 \cdot \sum F / L \qquad (5\text{-}20c)$$

$$p_{j4} = \overline{p}_4 \cdot \sum F / L \qquad (5\text{-}20d)$$

**表 5-6　箱形基础基底反力系数**

一般第四纪黏性土

| | 纵　向 | 纵向 | | | | 横向 | | | |
|---|---|---|---|---|---|---|---|---|---|
| $L/B$ | 横　向 | $p_4$ | $p_3$ | $p_2$ | $p_1$ | $p_1$ | $p_2$ | $p_3$ | $p_4$ |
| 1 | 4 | 1.381 | 1.179 | 1.128 | 1.108 | 1.108 | 1.128 | 1.179 | 1.381 |
| | 3 | 1.179 | 0.952 | 0.898 | 0.879 | 0.879 | 0.898 | 0.952 | 1.179 |
| | 2 | 1.128 | 0.898 | 0.841 | 0.821 | 0.821 | 0.841 | 0.898 | 1.128 |
| | 1 | 1.108 | 0.879 | 0.821 | 0.800 | 0.800 | 0.821 | 0.879 | 1.108 |
| | 1 | 1.108 | 0.879 | 0.821 | 0.800 | 0.800 | 0.821 | 0.879 | 1.108 |
| | 2 | 1.128 | 0.898 | 0.841 | 0.821 | 0.821 | 0.841 | 0.898 | 1.128 |
| | 3 | 1.179 | 0.952 | 0.898 | 0.879 | 0.879 | 0.898 | 0.952 | 1.179 |
| | 4 | 1.381 | 1.179 | 1.128 | 1.108 | 1.109 | 1.128 | 1.179 | 1.381 |
| 2 ~ 3 | 3 | 1.265 | 1.115 | 1.075 | 1.061 | 1.061 | 1.075 | 1.115 | 1.265 |
| | 2 | 1.073 | 0.904 | 0.865 | 0.853 | 0.853 | 0.865 | 0.904 | 1.073 |
| | 1 | 1.046 | 0.875 | 0.835 | 0.822 | 0.822 | 0.835 | 0.875 | 1.046 |
| | 2 | 1.073 | 0.904 | 0.865 | 0.853 | 0.853 | 0.865 | 0.904 | 1.073 |
| | 3 | 1.265 | 1.115 | 1.075 | 1.061 | 1.061 | 1.075 | 1.115 | 1.265 |
| 4 ~ 5 | 3 | 1.229 | 1.042 | 1.014 | 1.003 | 1.003 | 1.014 | 1.042 | 1.229 |
| | 2 | 1.096 | 0.929 | 0.904 | 0.895 | 0.895 | 0.904 | 0.929 | 1.096 |
| | 1 | 1.082 | 0.918 | 0.893 | 0.884 | 0.884 | 0.893 | 0.918 | 1.082 |
| | 2 | 1.096 | 0.929 | 0.904 | 0.895 | 0.895 | 0.904 | 0.929 | 1.096 |
| | 3 | 1.229 | 1.042 | 1.014 | 1.003 | 1.003 | 1.014 | 1.042 | 1.229 |
| 6 ~ 8 | 3 | 1.214 | 1.053 | 1.013 | 1.008 | 1.008 | 1.013 | 1.053 | 1.214 |
| | 2 | 1.083 | 0.939 | 0.903 | 0.899 | 0.899 | 0.903 | 0.939 | 1.083 |
| | 1 | 1.070 | 0.927 | 0.892 | 0.888 | 0.888 | 0.892 | 0.927 | 1.070 |
| | 2 | 1.083 | 0.939 | 0.903 | 0.899 | 0.899 | 0.903 | 0.939 | 1.083 |
| | 3 | 1.214 | 1.053 | 1.013 | 1.008 | 1.008 | 1.013 | 1.053 | 1.214 |

软 土 地 基

| | 纵　向 | $p_4$ | $p_3$ | $p_2$ | $p_1$ | $p_1$ | $p_2$ | $p_3$ | $p_4$ |
|---|---|---|---|---|---|---|---|---|---|
| | 横　向 | | | | | | | | |
| | 3 | 0.906 | 0.966 | 0.814 | 0.738 | 0.738 | 0.814 | 0.966 | 0.906 |
| | 2 | 1.124 | 1.197 | 1.009 | 0.914 | 0.914 | 1.009 | 1.197 | 1.124 |
| | 1 | 1.235 | 1.314 | 1.109 | 1.006 | 1.006 | 1.109 | 1.314 | 1.235 |
| | 2 | 1.124 | 1.197 | 1.009 | 0.914 | 0.914 | 1.009 | 1.197 | 1.124 |
| | 3 | 0.906 | 0.966 | 0.814 | 0.738 | 0.738 | 0.814 | 0.966 | 0.906 |

式中　$p_{ji}$——相应于荷载基本组合时，沿基底长度方向第 $i$ 区段的基底平均净反力（kN/m）；

$\overline{p}_i$——沿基底长度方向第 $i$ 区段的基底平均反力系数，查表 5-7 确定。

**表 5-7 箱形基础纵向平均基底反力系数**

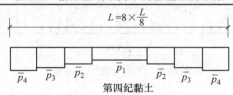

| 适用范围 | $L/B$ | $\overline{p}_4$ | $\overline{p}_3$ | $\overline{p}_2$ | $\overline{p}_1$ | $\overline{p}_1$ | $\overline{p}_2$ | $\overline{p}_3$ | $\overline{p}_4$ |
|---|---|---|---|---|---|---|---|---|---|
| 一般第四纪黏性土 | 2~3 | 1.144 | 0.983 | 0.943 | 0.930 | 0.930 | 0.943 | 0.983 | 1.144 |
| | 4~5 | 1.146 | 0.972 | 0.946 | 0.936 | 0.936 | 0.946 | 0.972 | 1.146 |
| | 6~8 | 1.133 | 0.982 | 0.945 | 0.940 | 0.940 | 0.945 | 0.982 | 1.133 |
| 软黏土 | 3~5 | 1.059 | 1.128 | 0.951 | 0.862 | 0.862 | 0.951 | 1.128 | 1.059 |

基底宽度方向各段的平均基底净反力，查表 5-8 确定各区段的平均基底反力系数，把式（5-20）中的 $L$ 用 $B$ 代换即可。

**表 5-8 箱形基础横向平均基底反力系数**

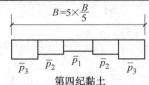

| 适用范围 | $\overline{p}_3$ | $\overline{p}_2$ | $\overline{p}_1$ | $\overline{p}_2$ | $\overline{p}_3$ |
|---|---|---|---|---|---|
| 一般第四纪黏性土 | 1.072 | 0.956 | 0.944 | 0.956 | 1.072 |
| 软黏土 | 0.856 | 1.061 | 1.166 | 1.061 | 0.856 |

**[例 5-1]** 某框架结构建筑物，结构平面如图 5-8 所示，地基土为黏性土，采用箱形基础，相应于荷载基本组合时，箱形基础（不包括底板）自重 $G = 43462.5\text{kN}$，上部结构荷载计算结果如图 5-9 所示。试计算基底反力并绘图。

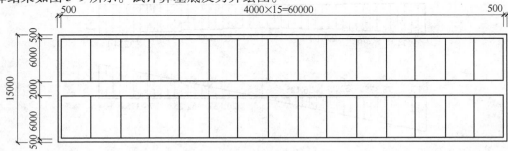

图 5-8 结构平面布置图

**解：** 按照基底反力系数法，将箱形基础底面分为 40 个区格，由于 $L/B = 61/15 = 4.1$，查表 5-6，可得各区格的反力系数。为了简化计算，取横向各区格的反力系数相等，把其平均值作为纵向反力系数，即

$$\overline{\alpha}_1 = (1.229 + 1.096 + 1.082 + 1.096 + 1.229)/5 = 1.1464$$

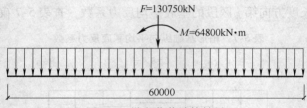

图 5-9　纵向荷载计算结果

可直接查表 5-7 得纵向各区段的平均基底反力系数如下

$$\bar{\alpha}_1 = 1.1464; \quad \bar{\alpha}_2 = 0.9720; \quad \bar{\alpha}_3 = 0.9458; \quad \bar{\alpha}_4 = 0.9360;$$

$$\bar{\alpha}_5 = 0.9360; \quad \bar{\alpha}_6 = 0.9458; \quad \bar{\alpha}_7 = 0.9720; \quad \bar{\alpha}_8 = 1.1464;$$

$$\sum P = F + G = 130750\text{kN} + 43462.5\text{kN} = 174212.5\text{kN}$$

则轴心荷载作用下，纵向各区段的基底反力为

$$p_1 = p_8 = \frac{\sum P}{L}\alpha_1 = \frac{174212.5}{61} \times 1.1464\text{kN/m} = 3274.1\text{kN/m}$$

$$p_2 = p_7 = \frac{\sum P}{L}\alpha_2 = \frac{174212.5}{61} \times 0.972\text{kN/m} = 2776.0\text{kN/m}$$

$$p_3 = p_6 = \frac{\sum P}{L}\alpha_3 = \frac{174212.5}{61 \times 15} \times 0.9458\text{kN/m} = 2701.1\text{kN/m}$$

$$p_4 = p_5 = \frac{\sum P}{L}\alpha_4 = \frac{174212.5}{61} \times 0.936\text{kN/m} = 2673.2\text{kN/m}$$

纵向弯矩引起基础边缘的最大反力为

$$p_{\max} = \frac{MB}{W} = \frac{64800 \times 15}{\frac{1}{6} \times 15 \times 61^2}\text{kN/m} = 104.5\text{kN/m}$$

纵向弯矩引起基底反力按直线分布，取每一区段平均值与轴心荷载作用下的基底反力叠加，即可得基底总反力，如图 5-10 所示。

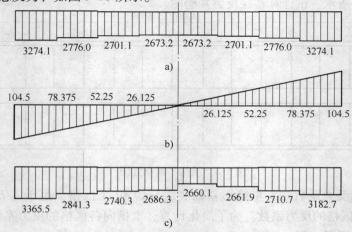

图 5-10　纵向基底总反力计算图形（单位：kN/m）
a）轴心荷载作用下基底反力　b）纵向弯矩作用下基底反力　c）基底总反力

### 5.4.3 箱形基础的内力计算

箱形基础的内力计算是个比较复杂的问题。从整体来看,箱形基础承受着上部结构荷载和基底反力的作用,在基础内产生整体弯曲应力。一方面,可以将箱形基础视作一空心厚板,用静定分析法计算任一截面的弯矩和剪力,弯矩使顶、底板轴向受压或受拉,剪力由横墙或纵墙承受。另一方面,顶、底板还分别由于顶板荷载和基底反力的作用产生局部弯曲应力,可以将顶、底板按周边固定的连续板计算内力。合理的分析方法应该考虑上部结构、基础和土的共同作用,根据共同作用的理论研究和实测资料表明,上部结构刚度对基础内力有较大影响,由于上部结构参与共同作用,分担了整个体系的整体弯曲应力,基础内力将随上部结构刚度的增加而减少,但这种共同作用分析方法距实际应用还有一定距离,故目前工程上应用的是考虑上部结构刚度的影响(采用上部结构等效刚度),按不同结构体系采用不同的分析方法。

**1. 箱形基础顶、底板仅考虑局部弯曲**

当地基压缩层深度范围内的土层在竖向和水平方向较均匀、且上部结构为平、立面布置较规则的剪力墙、框架、框架 – 剪力墙体系时,箱形基础的顶、底板可仅按局部弯曲计算,计算时基底反力应扣除底板的自重,即顶板按实际荷载、底板按基底净反力作用的周边固定双向连续板分析。

顶、底板钢筋配置量除满足局部弯曲的计算要求外,跨中钢筋按实际配筋全部连通,纵、横向支座钢筋中应有不少于 1/4 贯通全跨,底板上下贯通钢筋配筋率不应小于 0.15% 。

**2. 箱形基础顶、底板同时考虑局部弯曲与整体弯曲**

对不符合上述要求的箱形基础,应同时计算局部弯曲与整体弯曲。计算整体弯曲时应采用上部结构、箱形基础和地基共同作用的分析方法。

在计算整体弯曲产生的弯矩时,将上部结构的刚度折算成等效抗弯刚度,然后将整体弯曲产生的弯矩按基础刚度占总刚度的比例分配到基础。由局部弯曲产生的弯矩应乘以 0.8 的折减系数,叠加到整体弯曲的弯矩中去。具体方法如下。

(1)上部结构等效刚度 对于图 5-11 所示的框架结构,上部结构等效刚度计算公式如下

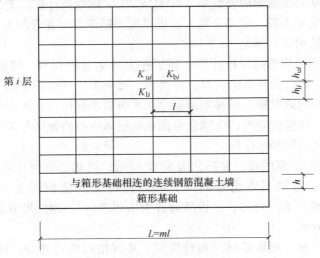

图 5-11 公式中的符号示意

$$E_B I_B = \sum_{i=1}^{n} \left[ E_b I_{bi} \left( 1 + \frac{K_{ui} + K_{li}}{2K_{bi} + K_{ui} + K_{li}} \cdot m^2 \right) \right] + E_w I_w \tag{5-21}$$

式中　　　$E_B I_B$——上部结构的等效刚度（$kN \cdot m^2$）；

　　　　　　$E_b$——梁、柱的混凝土弹性模量（$kPa$）；

$K_{ui}$、$K_{li}$、$K_{bi}$——第 $i$ 层上柱、下柱和梁的线刚度（$m^3$），其值分别为 $K_{ui} = I_{ui}/h_{ui}$，$K_{li} = I_{li}/h_{li}$，$K_{bi} = I_{bi}/l$；

　$I_{ui}$、$I_{li}$、$I_{bi}$——第 $i$ 层上柱、下柱和梁的截面惯性矩（$m^4$）；

　　　$h_{ui}$、$h_{li}$——第 $i$ 层上柱、下柱的高度（$m$）；

　　　　　　$L$——上部结构弯曲方向的总长度（$m$）；

　　　　　　$l$——上部结构弯曲方向的柱距（$m$）；

　　　　　　$m$——建筑物弯曲方向的节间数，$m = L/l$；

　　　$E_w$、$I_w$——在弯曲方向与箱形基础相连的连续钢筋混凝土墙的弹性模量（$kPa$）和惯性矩（$m^4$），$I_w = bh^3/12$（$b$、$h$ 分别为墙的厚度和高度）；

　　　　　　$n$——建筑物层数（不包括电梯机房、水箱间、塔楼的层数），当层数不大于 5 层时，$n$ 取实际楼层数，当层数大于 5 层时，$n$ 取 5。

　　式（5-21）适用于等柱距的框架结构，对柱距相差不超过 20% 的框架结构也可适用，此时，$l$ 取柱距的平均值。

　　（2）箱形基础的整体弯曲弯矩计算　从整个体系来看，上部结构和基础是共同作用的，因此，箱形基础承担的整体弯曲弯矩 $M_g$ 可以采用将整体弯曲产生的弯矩 $M$ 按基础刚度占总刚度的比例求出，即

$$M_g = M \frac{E_g I_g}{E_g I_g + E_B I_B} \tag{5-22}$$

式中　　$M_g$——箱形基础承担的整体弯曲弯矩（$kN \cdot m$）；

　　　　$M$——由整体弯曲产生的弯矩，可按静定梁分析或采用其他有效方法计算（$kN \cdot m$）；

　　　　$E_g$——箱形基础的混凝土弹性模量（$kPa$）；

　　　　$I_g$——箱形基础横截面的惯性矩（$m^4$），按工字形截面计算，上、下翼缘宽度分别为箱形基础顶板、底板全宽，腹板厚度为箱形基础在弯曲方向的墙体厚度总和；

　　　$E_B I_B$——上部结构等效刚度（$kN \cdot m^2$）。

　　（3）箱形基础的局部弯曲弯矩计算　顶板按实际承受的荷载，底板按扣除底板自重后的基底净反力作为局部弯曲计算的荷载，并将顶、底板视作周边固定的双向连续板计算局部弯曲弯矩。顶、底板的总弯矩为局部弯矩乘以 0.8 折减系数后与整体弯曲弯矩叠加。

　　在箱形基础顶、底板配筋时，应综合考虑承受整体弯曲的钢筋与局部弯曲的钢筋配置部位，以充分发挥各截面钢筋的作用。

　　[例 5-2]　某多层房屋的箱形基础如图 5-12 所示，按局部弯曲计算顶板、底板以及内、外墙的内力。相应于荷载基本组合时，上部结构传来的活荷载为 $36kN/m^2$，恒荷载为 $45kN/m^2$。相应于荷载标准组合时，顶板活荷载为 $2.0kN/m^2$。地面堆载为 $25kN/m^2$，土的饱和重度为 $\gamma_{sat} = 18kN/m^3$。

　　解：（1）顶板计算　箱形基础顶板计算时，角区格按两边固定，两边铰支的双向连续板计算；中区格按三边固定，一边铰支的双向连续板计算。取活荷载分项系数为 1.4，恒荷

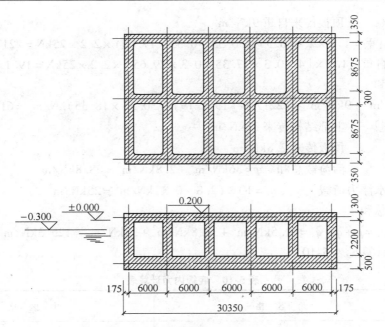

图 5-12　箱形基础简图（尺寸单位：mm）

载分项系数为 1.2。

顶板恒荷载　　　　　　$p = 1.2 \times 0.3 \times 25 \text{kN/m}^2 = 9 \text{kN/m}^2$

顶板活荷载　　　　　　$q = 1.4 \times 2.0 \text{kN/m}^2 = 2.8 \text{kN/m}^2$

顶板总荷载　　　　　　$p_j = 9 \text{kN/m}^2 + 2.8 \text{kN/m}^2 = 11.8 \text{kN/m}^2$

由于 $\lambda = l_y / l_x = 9000/6000 = 1.5$，近似查表 4-3 与 4-4 可计算顶板内力，见表 5-9。

表 5-9　顶板内力计算表

| 位　置 | 角　区　格 | 中　区　格 |
|---|---|---|
| 系数 | $\varphi_{3x} = 0.0485$，$\varphi_{3y} = 0.0096$<br>$x_{3x} = 0.835$ | $\varphi_{4x} = 0.0337$，$\varphi_{4y} = 0.0057$<br>$x_{4x} = 0.910$ |
| 跨中弯矩 | $M_x = \varphi_{3x} p_j l_x^2$<br>$\quad = 0.0485 \times 11.8 \times 6^2 \text{kN} \cdot \text{m} = 20.6 \text{kN} \cdot \text{m}$<br>$M_y = \varphi_{3y} p_j l_y^2$<br>$\quad = 0.0096 \times 11.8 \times 9^2 \text{kN} \cdot \text{m} = 9.2 \text{kN} \cdot \text{m}$ | $M_x = \varphi_{4x} p_j l_x^2$<br>$\quad = 0.0337 \times 11.8 \times 6^2 \text{kN} \cdot \text{m} = 14.3 \text{kN} \cdot \text{m}$<br>$M_y = \varphi_{4y} p_j l_y^2$<br>$\quad = 0.0057 \times 11.8 \times 9^2 \text{kN} \cdot \text{m} = 5.4 \text{kN} \cdot \text{m}$ |
| 支座弯矩 | $M_a = -\left(\dfrac{x_{3x}}{16} + \dfrac{x_{4x}}{24}\right) p_j l_x^2$<br>$\quad = -0.09 \times 11.8 \times 6^2 \text{kN} \cdot \text{m} = -38.2 \text{kN} \cdot \text{m}$<br>$M_b = -\left(\dfrac{1-x_{3x}}{8}\right) p_j l_y^2$<br>$\quad = -0.021 \times 11.8 \times 9^2 \text{kN} \cdot \text{m} = -20.1 \text{kN} \cdot \text{m}$ | $M_a = -\dfrac{x_{4x}}{12} p_j l_x^2$<br>$\quad = -0.076 \times 11.8 \times 6^2 \text{kN} \cdot \text{m} = -32.3 \text{kN} \cdot \text{m}$<br>$M_b = -\left(\dfrac{1-x_{4x}}{8}\right) p_j l_y^2$<br>$\quad = -0.011 \times 11.8 \times 9^2 \text{kN} \cdot \text{m} = -10.5 \text{kN} \cdot \text{m}$ |

（2）底板计算

底板恒荷载　　上部结构传来的恒荷载 45kN/m²

顶板传来自重 $9kN/m^2$

外墙自重 $=1.2 \times 2 \times (0.35 \times 30.35 + 0.35 \times 17.65) \times 2.2 \times 25kN = 2217.6kN$

内墙自重 $=1.2 \times [4 \times 0.3 \times 17.35 + 0.3 \times 29.65] \times 2.2 \times 25kN = 1961.19kN$

恒荷载总和

$p = 45kN/m^2 + 9kN/m^2 + (2217.6 + 1961.19)/(30.35 \times 18.35)kN/m^2 = 61.5kN/m^2$

底板活荷载　　　上部结构传来 $36kN/m^2$

顶板传来 $2.8kN/m^2$

活荷载总和　　$q = 36kN/m^2 + 2.8kN/m^2 = 38.8kN/m^2$

底板地下水浮力荷载　　　$q_f = 10 \times (2.8 - 0.3)kN/m^2 = 25kN/m^2$

底板荷载总和

$p_j = p + q + q_f = 61.5kN/m^2 + 38.8kN/m^2 + 25kN/m^2 = 125.3kN/m^2$

底板内力计算见表 5-10。

表 5-10　底板内力计算表

| 位　置 | 角　区　格 | 中　区　格 |
|---|---|---|
| 系数 | $\varphi_{3x} = 0.0485$，$\varphi_{3y} = 0.0096$ <br> $x_{3x} = 0.835$ | $\varphi_{4x} = 0.0337$，$\varphi_{4y} = 0.0057$ <br> $x_{4x} = 0.910$ |
| 跨中弯矩 | $M_x = -\varphi_{3x}p_j l_x^2$ <br> $= -0.0485 \times 125.3 \times 6^2 kN \cdot m = -218.8kN \cdot m$ <br> $M_y = -\varphi_{3y}p_j l_y^2$ <br> $= -0.0096 \times 125.3 \times 9^2 kN \cdot m = -97.4kN \cdot m$ | $M_x = -\varphi_{4x}p_j l_x^2$ <br> $= -0.0337 \times 125.3 \times 6^2 kN \cdot m$ <br> $= -152.0kN \cdot m$ <br> $M_y = -\varphi_{4y}p_j l_y^2$ <br> $= -0.0057 \times 125.3 \times 9^2 kN \cdot m$ <br> $= -57.9kN \cdot m$ |
| 支座弯矩 | $M_a = \left(\dfrac{x_{3x}}{16} + \dfrac{x_{4x}}{24}\right)p_j l_x^2$ <br> $= 0.09 \times 125.3 \times 6^2 kN \cdot m = 406.0kN \cdot m$ <br> $M_b = \left(\dfrac{1 - x_{3x}}{8}\right)p_j l_y^2$ <br> $= 0.021 \times 125.3 \times 9^2 kN \cdot m = 213.1kN \cdot m$ | $M_a = \dfrac{x_{4x}}{12}p_j l_x^2$ <br> $= 0.076 \times 125.3 \times 6^2 kN \cdot m = 342.8kN \cdot m$ <br> $M_b = \left(\dfrac{1 - x_{4x}}{8}\right)p_j l_y^2$ <br> $= 0.011 \times 125.3 \times 9^2 kN \cdot m = 111.6kN \cdot m$ |

（3）外墙计算　外墙按单向上下两端固定板计算。取土的内摩擦角 $\varphi = 30°$。

地下水位上的土侧压力

$$\sigma_1 = \gamma h_1 \tan^2\left(45° - \frac{\varphi}{2}\right) = 18 \times 0.3 \times \tan^2 30° kN/m^2 = 1.8kN/m^2$$

地下水位下的土侧压力

$$\sigma_2 = \gamma' h_2 \tan^2\left(45° \frac{\varphi}{2}\right) = (18 - 10) \times (2.8 - 0.5 - 0.3) \times \tan^2 30° kN/m^2 = 5.33kN/m^2$$

水压力

$$\sigma_3 = (2.8 - 0.5 - 0.3) \times 10kN/m^2 = 20kN/m^2$$

地面堆载侧压力

$$\sigma_4 = q_x \tan^2\left(45° - \frac{\varphi}{2}\right) = 25 \times \tan^2 30° \text{kN/m}^2 = 8.33 \text{kN/m}^2$$

将侧压力图形简化为矩形和三角形的组合，如图 5-13 所示。

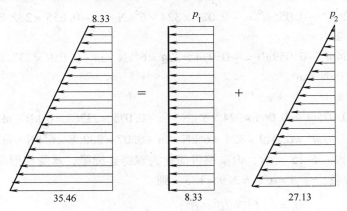

图 5-13　侧压力的等效计算简图（kN/m²）

沿墙长度方向取 1m 宽，按上下端固端板计算，跨中弯矩为

$$M_{ab} = \frac{1}{24}p_1 H^2 + \frac{1}{48}p_2 H^2 = \frac{1}{24} \times 8.33 \times 2.2^2 \text{kN} \cdot \text{m} + \frac{1}{48} \times 27.13 \times 2.2^2 \text{kN} \cdot \text{m} = 4.42 \text{kN} \cdot \text{m}$$

支座弯矩为

$$M_a = -\frac{1}{12}p_1 H^2 - \frac{1}{30}p_2 H^2 = -\frac{1}{12} \times 8.33 \times 2.2^2 \text{kN} \cdot \text{m} - \frac{1}{30} \times 27.13 \times 2.2^2 \text{kN} \cdot \text{m} = -7.74 \text{kN} \cdot \text{m}$$

$$M_b = -\frac{1}{12}p_1 H^2 - \frac{1}{20}p_2 H^2 = -\frac{1}{12} \times 8.33 \times 2.2^2 \text{kN} \cdot \text{m} - \frac{1}{20} \times 27.13 \times 2.2^2 \text{kN} \cdot \text{m} = -9.93 \text{kN} \cdot \text{m}$$

（4）内墙计算

1）纵墙。

恒荷载　　上部结构传来恒荷载 45kN/m²

　　　　　顶板传来自重为 9kN/m²

　　　　　恒荷载总和　　$p = (45 + 9) \times \dfrac{6}{2} \times 2 \text{kN/m} = 324 \text{kN/m}$

活荷载　　上部结构传来 36kN/m²

　　　　　顶板传来 2.8kN/m²

　　　　　活荷载总和　　$q = (36 + 2.8) \times \dfrac{6}{2} \times 2 \text{kN/m}^2 = 232.8 \text{kN/m}^2$

如图 5-14 恒荷载按满布，活荷载按最不利的荷载组合求弯矩和剪力。

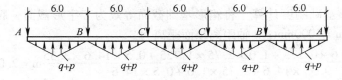

图 5-14　内纵墙荷载计算见图（尺寸单位：m）

跨中弯矩

$$M_{AB} = -0.053pl^2 - 0.067ql^2 = -0.053 \times 324 \times 6^2 \text{kN} \cdot \text{m} - 0.067 \times 232.8 \times 6^2 \text{kN} \cdot \text{m}$$
$$= -1179.7 \text{kN} \cdot \text{m}$$

$$M_{AB} = -0.026pl^2 - 0.055ql^2 = -0.026 \times 324 \times 6^2 \text{kN} \cdot \text{m} - 0.055 \times 232.8 \times 6^2 \text{kN} \cdot \text{m}$$
$$= -764.2 \text{kN} \cdot \text{m}$$

$$M_{AB} = -0.034pl^2 - 0.059ql^2 = -0.034 \times 324 \times 6^2 \text{kN} \cdot \text{m} - 0.059 \times 232.8 \times 6^2 \text{kN} \cdot \text{m}$$
$$= -891.0 \text{kN} \cdot \text{m}$$

支座弯矩

$$M_B = 0.066pl^2 + 0.075ql^2 = 0.066 \times 324 \times 6^2 \text{kN} \cdot \text{m} + 0.075 \times 232.8 \times 6^2 \text{kN} \cdot \text{m} = 1398.4 \text{kN} \cdot \text{m}$$
$$M_C = 0.049pl^2 + 0.07ql^2 = 0.049 \times 324 \times 6^2 \text{kN} \cdot \text{m} + 0.07 \times 232.8 \times 6^2 \text{kN} \cdot \text{m} = 1158.2 \text{kN} \cdot \text{m}$$

2）内横墙。如图 5-15 所示，内横墙可简化为双跨连续梁，承受梯形荷载。将梯形荷载转化为等效均布荷载，令 $\beta = a/l_y = 3/9 = 1/3$，则

$$\bar{p}_j = p_j (1 - 2\beta^2 + \beta^3)$$
$$= (324 + 232.8)(1 - 2/9 + 1/27) \text{kN/m} = 453.69 \text{kN/m}$$

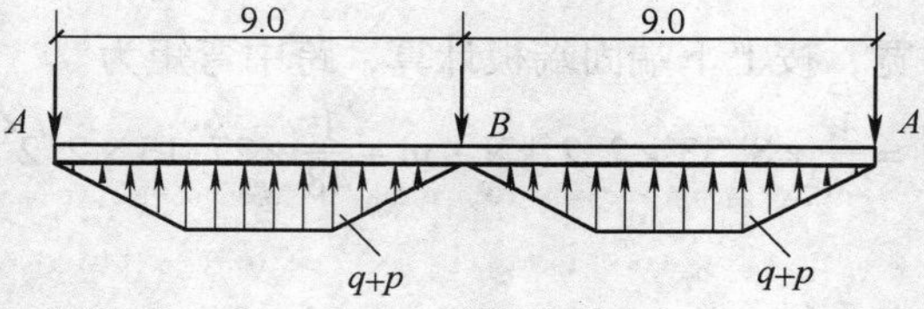

图 5-15　内横墙荷载计算见图(尺寸单位:m)

支座弯矩

$$M_B = \frac{\bar{p}_j l^2}{8} = 0.125 \times 453.69 \times 9^2 \text{kN} \cdot \text{m} = 4593.6 \text{kN} \cdot \text{m}$$

跨中弯矩

$$M_{\max} = -\frac{3l_y^2 - l_x^2}{24} p_j + 0.4 M_B = -\frac{3 \times 9^2 - 6^2}{24} \times (324 + 232.8) \text{kN} \cdot \text{m} + 0.4 \times 4593.6 \text{kN} \cdot \text{m}$$
$$= -2965.0 \text{kN} \cdot \text{m}$$

［例 5-3］ 图 5-16 所示为某 12 层框架结构建筑，纵向 12 节间，长度为 50.4m。箱形基础等效截面如图 5-17 所示。箱形基础宽度为 14.6m，跨中最大弯矩为 $M_{\max} = 3.2 \times 10^4 \text{kN} \cdot \text{m}$，采用 C30 混凝土，弹性模量 $E_g = 3.0 \times 10^7 \text{kN/m}^2$。框架梁、板、柱均采用 C40 混凝土，弹性模量 $E_b = 3.25 \times 10^7 \text{kN/m}^2$，上部结构梁截面为 250mm × 450mm，柱截面为 500mm × 500mm。计算基础的纵向整体弯矩。

**解：**（1）箱形基础刚度计算　将箱形基础截面等效为工字形截面，腹板厚 $d = (300 + 200 + 300 + 200) \text{mm} = 1000 \text{mm}$；$x$ 轴距离顶面距离为

$$y_0 = \frac{0.35 \times 14.6 \times 0.175 + 1.0 \times 2.75 \times 1.725 + 0.5 \times 14.6 \times 3.35}{0.35 \times 14.6 + 2.75 \times 1.0 + 0.5 \times 14.6} \text{m} = 2.0 \text{m}$$

利用移轴公式计算箱形基础截面惯性矩为

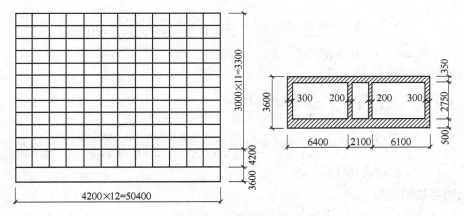

图 5-16　框架结构示意图

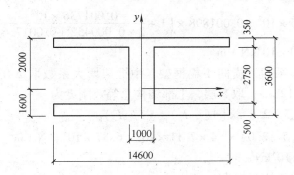

图 5-17　箱形基础等效截面

$$I_{\mathrm{g}} = \frac{14.6 \times 0.35^3}{12}\mathrm{m}^4 + 0.35 \times 14.6 \times 1.825^2\mathrm{m}^4 + \frac{1.0 \times 2.75^3}{12}\mathrm{m}^4 + 1.0 \times 2.75 \times 0.275^2\mathrm{m}^4 +$$

$$\frac{14.6 \times 0.5^3}{12}\mathrm{m}^4 + 14.6 \times 0.5 \times 1.35^2\mathrm{m}^4 = 32.32\mathrm{m}^4$$

（2）上部结构的总等效刚度　上部结构梁截面为 $250\mathrm{mm} \times 450\mathrm{mm}$，柱截面为 $500\mathrm{mm} \times 500\mathrm{mm}$，则纵梁的惯性矩为

$$I_{\mathrm{b}i} = \frac{0.25 \times 0.45^3}{12}\mathrm{m}^4 = 0.001898\mathrm{m}^4$$

纵梁线刚度为

$$K_{\mathrm{b}i} = I_{\mathrm{b}i}/4.2\mathrm{m} = 0.000452\mathrm{m}^3$$

标准层柱的线刚度为

$$K_{\mathrm{u}i} = K_{li} = \frac{0.5 \times 0.5^3}{12}/3.0\mathrm{m}^3 = 0.001736\mathrm{m}^3$$

底层柱的线刚度

$$K'_{li} = \frac{0.5 \times 0.5^3}{12}/4.2\mathrm{m}^3 = 0.001240\mathrm{m}^3$$

弯曲方向的节间数 $m = 12$，标准层的等效刚度为

$$(E_B I_B)_{标} = E_{\mathrm{b}}I_{\mathrm{b}i}\left[1 + \frac{(K_{\mathrm{u}i} + K_{li})\ m^2}{2K_{\mathrm{b}i} + K_{\mathrm{u}i} + K_{li}}\right]$$

$$= 3.25 \times 10^7 \times 0.001898 \times \left(1 + \frac{2 \times 0.001736 \times 12^2}{2 \times 0.000452 + 2 \times 0.001736}\right) kN \cdot m^2$$

$$= 7.11 \times 10^6 kN \cdot m^2$$

底层的等效刚度为

$$(E_B I_B)_{底} = E_b I_{bi} \left[1 + \frac{(K_{ui} + K'_{li}) m^2}{2K_{bi} + K_{ui} + K'_{li}}\right]$$

$$= 3.25 \times 10^7 \times 0.001898 \times \left(1 + \frac{(0.001736 + 0.001240) \times 12^2}{2 \times 0.000452 + 0.001736 + 0.001240}\right) kN \cdot m^2$$

$$= 6.87 \times 10^6 kN \cdot m^2$$

顶层的等效刚度为

$$(E_B I_B)_{顶} = E_b I_{bi} \left(1 + \frac{K_{li} m^2}{2K_{bi} + K_{li}}\right)$$

$$= 3.25 \times 10^7 \times 0.001898 \times \left(1 + \frac{0.001736 \times 12^2}{2 \times 0.000452 + 0.001736}\right) kN \cdot m^2$$

$$= 5.90 \times 10^6 kN \cdot m^2$$

考虑现浇楼板增大系数，横向 4 榀框架，中框架增大系数取 2.0，边框架增大系数取 1.5，上部结构总层数 12 > 5，取 5 层，上部结构总等效刚度为

$$E_B I_B = 2 \times (1.5 + 2.0) \times \left[4(E_B I_B)_{标} + (E_B I_B)_{底}\right]$$

$$= 2 \times (1.5 + 2.0) \times \left[4 \times 7.11 \times 10^6 + 6.87 \times 10^6\right] kN \cdot m^2$$

$$= 2.47 \times 10^8 kN \cdot m^2$$

则箱形基础承担的整体弯矩为

$$M_g = M_{max} \frac{E_g I_g}{E_g I_g + E_B I_B}$$

$$= 3.2 \times 10^4 \times \frac{3.0 \times 10^7 \times 32.32}{3.0 \times 10^7 \times 32.32 + 2.47 \times 10^8} kN \cdot m$$

$$= 2.55 \times 10^4 kN \cdot m$$

### 5.4.4 基础的截面设计与强度验算

**1. 顶板与底板**

由于顶板、底板一般不开洞、连续性好，具有良好的刚度。箱形基础的底板尺寸较厚，受力后有起拱作用，故其弯曲内力比按平板计算时要小；反力较集中于墙下（即底板支座）。因此，箱形基础的底板按平板计算是偏于安全的，不应无根据地加大底板厚度。

底板除计算正截面受弯承载力外，还应满足斜截面受剪承载力和受冲切承载力的要求。

（1）正截面抗弯计算　如果箱形基础仅考虑局部弯曲，则直接按局部弯矩配筋，但在构造上考虑可能的整体弯曲影响，将部分钢筋拉通。如应同时考虑整体弯曲，则将局部弯矩乘以 0.8 后求出配筋量，与整体配筋叠加配置。

计算整体弯曲所需配筋时，将箱形基础视为一块空心厚板，在基底反力以及上部结构传来的荷载作用下，将产生双向弯曲。计算时将箱形基础简化成沿纵横两个方向产生单向受弯的构件进行计算，荷载和基底反力重复使用一次，即把箱形基础沿纵向（$x$ 方向）看作一根

静定梁，用静力平衡法求出任一截面的弯矩 $M_x$，再求出箱形基础承受的弯矩 $M_{gx}$ 与拉力 $T_x$、压力 $T'_x$，同样沿横向（$y$ 方向）也看作一根静定

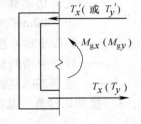

图 5-18　整体弯矩配筋计算

梁，求出任一截面的弯矩 $M_y$，再求出箱形基础承受的弯矩 $M_{gy}$ 与拉力 $T_y$、压力 $T'_y$。这样底板在两个方向上受到 $T_x$、$T_y$ 的拉力，顶板在两个方向上受到 $T'_x$、$T'_y$ 的压力，见图 5-18。

箱形基础整体弯曲时的拉力及压力按下式计算

$$T_x = T'_x = M_{gx}/zB \tag{5-23a}$$

$$T_y = T'_y = M_{gy}/zL \tag{5-23b}$$

式中　$M_{gx}$、$M_{gy}$——相应于荷载基本组合时，整体弯曲在箱形基础 $x$、$y$ 方向产生的弯矩（kN·m）；

$T_x$、$T_y$——相应于荷载基本组合时，整体弯曲在箱形基础底板 $x$、$y$ 方向每米的拉力（kN/m）；

$T'_x$、$T'_y$——相应于荷载基本组合时，整体弯曲在箱形基础顶板 $x$、$y$ 方向每米的压力（kN/m）；

$L$、$B$——箱形基础底板的长度、宽度（m）；

$z$——箱形基础计算高度，取顶、底板中距（m）。

当顶板整体弯曲引起的压力小于顶板混凝土的抗压设计强度时，顶板可以不计算受压钢筋，否则需按压弯构件验算顶板强度。

整体弯曲时，底板受拉钢筋面积可按下式计算

$$A_{slx} = M_{gx}/f_y zB \tag{5-24a}$$

$$A_{sly} = M_{gy}/f_y zL \tag{5-24b}$$

式中　$A_{slx}$、$A_{sly}$——整体弯曲时 $x$、$y$ 方向单位长度钢筋面积（mm²/m）；

$f_y$——钢筋抗拉强度设计值（MPa）。

底板应将局部弯曲和整体弯曲的计算钢筋用量叠加。

底板跨中

上层钢筋　　　　　　$A_{s上} = A_{s1}/2 + A_{s2}$

下层钢筋　　　　　　$A_{s下} = A_{s1}/2$

底板支座

上层钢筋　　　　　　$A_{s上} = A_{s1}/2$

下层钢筋　　　　　　$A_{s下} = A_{s1}/2 + A'_{s2}$

式中　$A_{s1}$——整体弯曲计算的底板单位长度钢筋面积（mm²/m）；

$A_{s2}$——局部弯曲计算的底板跨中单位长度钢筋面积（mm²/m）；

$A'_{s2}$——局部弯曲计算的底板支座单位长度钢筋面积（mm²/m）。

（2）斜截面抗剪计算　箱形基础顶板与底板厚度除根据荷载与跨度大小按正截面抗弯强度决定外，其斜截面抗剪强度应符合下式要求

$$V_s \leqslant 0.7\beta_{hs} f_t (l_{n2} - 2h_0) h_0 \tag{5-25}$$

$$\beta_{hs} = (800/h_0)^{1/4}$$

式中　$V_s$——相应于荷载基本组合时，距墙边缘 $h_0$ 处，基底净反力产生的总剪力，如

图 5-19 中阴影部分面积与基底净反力的乘积（kN）；

$\beta_{hs}$——受剪切承载力截面高度影响系数，当 $h_0$ 小于 800mm 时，取 800mm，当 $h_0$ 大于 2000mm 时，取 2000mm；

$f_t$——混凝土轴心抗拉强度设计值（kN/m²）；

$l_{n2}$——计算板格的长边净长度（m）；

$h_0$——箱形基础底板的有效高度（m）。

（3）抗冲切计算　基础底板的抗冲切强度按下式验算

$$F_l \leqslant 0.7\beta_{hp}f_t u_m h_0 \tag{5-26}$$

式中　$F_l$——相应于荷载基本组合时，底板承受的冲切力，为基底净反力乘以图 5-20 所示阴影部分面积（kN）；

$\beta_{hp}$——受冲切承载力截面高度影响系数，$h_0$ 小于 800mm 时，取 1.0，当 $h_0$ 大于等于 2000mm 时，取 0.9，其间按线性内插法取用；

$f_t$——混凝土轴心抗拉强度设计值（kN/m²）；

$u_m$——距荷载边为 $h_0/2$ 处的周长，如图 5-20 所示；

$h_0$——箱形基础底板的有效高度。

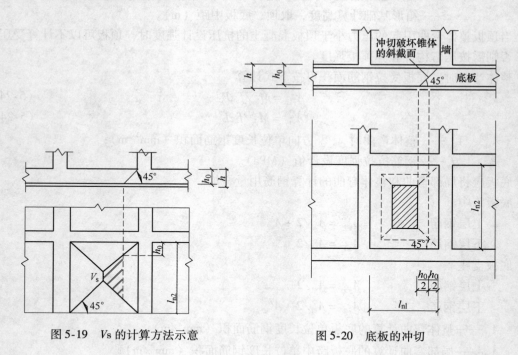

图 5-19　Vs 的计算方法示意　　　　图 5-20　底板的冲切

当底板区格为矩形双向板时，底板的截面有效高度 $h_0$ 可按下式计算

$$h_0 \geqslant \frac{(l_{n1}+l_{n2}) - \sqrt{(l_{n1}+l_{n2})^2 - \dfrac{4p_j l_{n1} l_{n2}}{p_j + 0.7\beta_{hp}f_t}}}{4} \tag{5-27}$$

式中　$l_{n1}$、$l_{n2}$——计算板格的短边和长边的净长度（m）；

$p_j$——相应于荷载基本组合时，基底平均净反力（kPa）。

**2. 内墙与外墙**

（1）箱形基础墙体截面剪力计算　箱形基础不仅承受着巨大的弯曲内力，同时还主要通过墙体承受巨大的剪力。

当仅需考虑局部弯曲时，可将基底净反力按基础底板等角分线与板中分线所围区域传给对应的纵横墙，并假设底层柱为支点，按连续梁计算基础墙上各点竖向剪力。墙体承担荷载与内力的计算方法参见［例5-2］。

当需同时考虑局部弯曲与整体弯曲时，按以下方法计算墙体承担剪力。

1）横墙截面剪力计算。如图5-21a所示，考虑第 $i$ 道纵墙和第 $j$ 道横墙相交的节点 $(i, j)$。其放大示意如图5-21b所示。第 $j$ 道横墙在 $(i, j)$ 节点的上、下截面承担的剪力 $V_{ij}^t$ 和 $V_{ij}^b$ 为

$$V_{ij}^t = p_j(A_1 + A'_1) \tag{5-28a}$$
$$V_{ij}^b = p_j(A_2 + A'_2) \tag{5-28b}$$

式中　$A_1$、$A'_1$、$A_2$、$A'_2$——图5-21a中所示各影响线范围内的底面积（m²）；

$p_j$——相应于荷载基本组合时，基底该区块的基底净反力（kPa）。

其他节点处的横墙剪力计算方法相同。

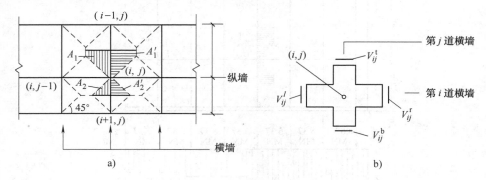

图5-21　横墙截面剪力计算

2）纵墙截面剪力计算。将箱形基础视为上部结构传来总荷载和基底净反力作用下的静定梁，即可求出任一横墙支座 $j$ 截面左侧或右侧的总剪力 $V_j^l$ 或 $V_j^r$。如图5-22所示，$j$ 截面左侧总剪力 $V_j^l$ 分配到第 $i$ 道纵墙的剪力 $\overline{V}_{ij}^l$ 为

$$\overline{V}_{ij}^l = \frac{1}{2}V_j^l\left(\frac{b_i}{\sum b_i} + \frac{N_{ij}}{\sum N_{ij}}\right) \tag{5-29}$$

式中　$b_i$——第 $i$ 道纵墙的宽度（m）；

$\sum b_i$——纵墙宽度总和（m）；

$N_{ij}$——第 $i$ 道纵墙和第 $j$ 道横墙交叉处柱子的竖向荷载（kN）；

$\sum N_{ij}$——第 $j$ 列上各柱荷载总和（kN）。

$\overline{V}_{ij}^l$ 尚应扣除横墙在左侧已经承担了的剪力 $V_{ij}^t$ 和 $V_{ij}^b$，才是纵墙在左侧截面实际承受的剪力 $V_{ij}^l$。参见图5-21和图5-22，有

$$V_{ij}^l = \overline{V}_{ij}^l - p_j(A_1 + A_2) \tag{5-30}$$

式中各符号意义同前。修正后的剪力分布如图 5-23 所示。

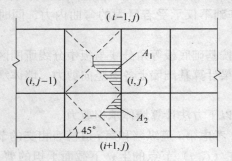

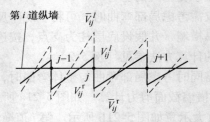

图 5-22　纵墙截面剪力计 　　　　　　　　图 5-23　纵墙截面剪力修正示意图

[**例 5-4**]　某工程箱形基础计算简图如图 5-24 所示，纵墙厚度 0.3m，相应于荷载基本组合时，$Q_j^{左}$ 为 3.6656MN，试求节点 $(i, j)$ 处各墙截面承担的剪力。

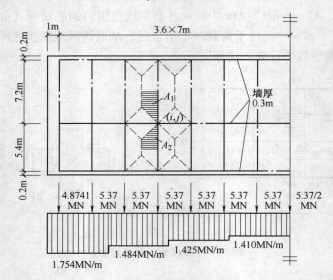

图 5-24　墙身剪力计算算例

**解：** 为简单计算，只考虑 $Q_j^{左}$ 按纵墙厚度分配，于是

$$\overline{Q}_{ij}^{左} = \overline{Q}_{i-1,j}^{左} = \overline{Q}_{i+1,j}^{左} = \frac{0.3}{0.9} \times 3.6656\text{MN} = 1.2219\text{MN}$$

$$A_1 = (1.8 + 3.6) \times 1.8 \times \frac{1}{2}\text{m}^2 = 4.86\text{m}^2$$

$$A_2 = (0.9 + 2.7) \times 1.8 \times \frac{1}{2}\text{m}^2 = 3.24\text{m}^2$$

相应区块的基底净反力

$$p_j = \frac{1.484}{0.2 + 7.2 + 5.4 + 0.2}\text{MPa} = 0.1142\text{MPa}$$

故由式（5-28）可得横墙承担剪力

$$Q_{ij}^{上} = p_j (A_1 + A_1) = 0.1142 \times 2 \times 4.86\text{MN} = 1.1100\text{MN}$$

$$Q_{ij}^{\overline{下}} = p_j \ (A_2 + A_2) \ = 0.1142 \times 2 \times 3.24MN = 0.7400MN$$

再由式 (5-30) 得纵墙承担剪力

$$Q_{ij}^{左} = \overline{Q}_{ij}^{左} - p_j \ (A_1 + A_2) \ = 1.2219MN - 0.1142 \times \ (4.86 + 3.24) \ MN = 0.2969MN$$

$$Q_{i-1,j}^{左} = \overline{Q}_{i-1,j}^{左} - p_j A_1 = 1.2219MN - 0.1142 \times 4.86MN = 0.6669MN$$

$$Q_{i+1,j}^{左} = \overline{Q}_{i+1,j}^{左} - p_j A_2 = 1.2219MN - 0.1142 \times 3.24MN = 0.8519MN$$

(2) 箱形基础墙身强度计算

1) 墙身抗剪强度计算。箱形基础的内、外墙，除与上部结构剪力墙连接者外，墙身的受剪截面应符合下式要求

$$V_w \leqslant 0.20 \beta_c f_c A_w \tag{5-31}$$

式中   $V_w$——相应于荷载基本组合时，墙身承担的竖向剪力 (kN)；

     $\beta_c$——混凝土强度影响系数，当混凝土强度等级不超过 C50 时，$\beta_c$ 取 1.0，当混凝土强度等级为 C80 时，$\beta_c$ 取 0.8，其间按线性内插法确定；

     $f_c$——混凝土轴心抗压强度设计值 (kPa)；

     $A_w$——墙身竖向有效截面积 (m²)。

2) 墙体洞口计算 (见图 5-25)。当箱形基础纵、横墙体上开设洞口时，应进行墙体洞口强度验算。面积较大的洞口上下应设过梁。

① 洞口过梁截面抗剪强度验算。单层箱形基础洞口上、下过梁的受剪截面应分别符合下列公式的要求

当 $h_i/b \leqslant 4$ 时

$$V_i \leqslant 0.25 \beta_c f_c A_i \ (i = 1, \ 为上过梁；i = 2, \ 为下过梁;) \tag{5-32a}$$

当 $h_i/b \geqslant 6$ 时

$$V_i \leqslant 0.20 \beta_c f_c A_i \ (i = 1, \ 为上过梁；i = 2, \ 为下过梁;) \tag{5-32b}$$

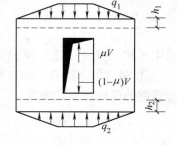

图 5-25 洞口计算图

当 $4 < h_i/b < 6$ 时，按线性内插法确定。

$$V_1 = \mu V + q_1 l/2 \tag{5-33a}$$
$$V_2 = (1 - \mu) V + q_2 l/2 \tag{5-33b}$$
$$\mu = \frac{1}{2} \left( \frac{b_1 h_1}{b_1 h_1 + b_2 h_2} + \frac{b_1 h_1^3}{b_1 h_1^3 + b_2 h_2^3} \right) \tag{5-34}$$

式中   $V_1$、$V_2$——上、下过梁的剪力设计值 (kN)；

     $V$——洞口中点处的剪力设计值 (kN)；

     $\mu$——剪力分配系数；

     $q_1$、$q_2$——作用在上、下过梁上的均布荷载设计值 (kPa)；

     $l$——洞口的净宽 (m)；

     $\beta_c$——混凝土强度影响系数，当混凝土强度等级不超过 C50 时，$\beta_c$ 取 1.0，当混凝土强度等级为 C80 时，$\beta_c$ 取 0.8，其间按线性内插法确定；

     $f_c$——混凝土轴心抗压强度设计值 (kN/m²)；

     $A_1$、$A_2$——上、下过梁的有效截面积 (m²)，上、下过梁可取图 5-26a 及图 5-26b 的

阴影部分计算，并取其中较大值。

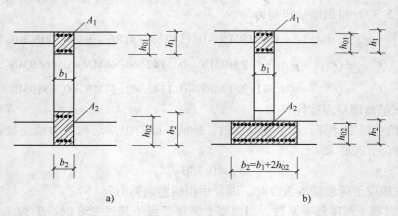

图 5-26　洞口上下过梁的有效面积计算

多层箱形基础洞口过梁的剪力设计值也可按式（5-32）～式（5-34）计算。

② 洞口过梁截面的抗弯承载力计算。计算洞口处上、下过梁的纵向钢筋，应同时考虑整体弯曲和局部弯曲的作用。单层箱形基础洞口上、下过梁截面的顶部和底部纵向钢筋，应分别按下式求得的弯矩设计值配置

$$M_1 = \mu Vl/2 + q_1 l^2/12 \tag{5-35a}$$
$$M_2 = (1 - \mu)Vl/2 + q_2 l^2/12 \tag{5-35b}$$

式中　$M_1$、$M_2$——上、下过梁的弯矩设计值（kN·m）。

③ 洞口加强钢筋。洞口两侧及四角应设加强钢筋，除应满足图 5-3b 所示构造要求外，加强钢筋尚应按下式验算

$$M_1 \leqslant f_y h_1 (A_{s1} + 1.4 A_{s2}) \tag{5-36a}$$
$$M_2 \leqslant f_y h_2 (A_{s1} + 1.4 A_{s2}) \tag{5-36b}$$

式中　$M_1$、$M_2$——上、下过梁的弯矩设计值（kN·m）；

　　　　$h_1$、$h_2$——上、下过梁截面高度（m）；

　　　　$A_{s1}$、$A_{s2}$——洞口每侧附加竖向钢筋总面积和洞角附加斜筋面积（m²）。

3）墙身抗弯计算。箱形基础的外墙和承受水平荷载的内墙应进行受弯计算。此时墙身视为顶、底部固定的多跨连续板，水平荷载按实际发生值取用。作用于箱形基础外墙上的土压力和水压力，如图 5-27 所示。

① 当无地面荷载时。在地下水位以上，外墙面 $z$（$z \leqslant H$）深度处单位面积上的压力为

$$p = K\gamma z \tag{5-37}$$

在地下水位以下，外墙面 $z$（$z > H$）深度处单位面积上的压力为

$$p = K[\gamma H + \gamma'(z - H)] + \gamma_w(z - H) \tag{5-38}$$

式中　$\gamma$、$\gamma'$——土的重度与有效重度（kN/m³）；

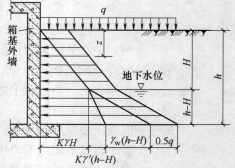

图 5-27　箱形基础外墙侧压力

$z$——自室外地坪起算的深度（m）；

$H$、$h$——自室外地坪起算的地下水位和箱形基础底板顶面深度（m）；

$\gamma_w$——水的重度（kN/m³）；

$K$——土压力系数，一般取用静止土压力系数 $K_0$，一般可取 0.5，考虑地震荷载时为被动土压力系数 $K_{p0}$。

② 当有地面荷载时。当室外地坪作用有均布荷载 $q$ 时，深度 $z$ 处的侧压力尚应在以式（5-38）中增加 $\Delta p$

$$\Delta p = 0.5q \qquad (5-39)$$

[**例 5-5**] 某建筑物上部结构为 12 层框架结构，底层层高 4.2m，标准层层高为 3.0m，结构平面如图 5-28a 所示，箱形基础长度 57m，宽度 15m，框架纵向梁截面为 0.25m × 0.45m，柱截面为 0.5m × 0.5m。相应于荷载基本组合时，上部结构作用基础上的荷载如图 5-28b 所示，每一竖向荷载为横向 4 个柱荷载之和，横向荷载偏心距为 0.1m。箱形基础高 4m，埋深为 6m，室内外高差 0.50m，箱形基础顶板厚 0.35m，底板厚 0.50m，底板挑出 0.50m，内墙厚 0.20m，外墙厚 0.30m。箱形基础顶板、内外墙重为 35kN/m²，底板重为 12.5kN/m²。地基土层分布：天然地面以下至 11m 处为黏土 $\gamma = 18$kN/m³，$f_{ak} = 140$kN/m²，$\eta_b = 0$，$\eta_d = 1.1$，$E_s = 6000$kN/m²；其下为 7m 厚粉质黏土 $\gamma = 18.5$kN/m³，$f_{ak} = 180$kN/m²，$E_s = 12000$kN/m²；再下为粉土 $\gamma = 18.7$kN/m³，$f_{ak} = 200$kN/m²，$E_s = 15000$kN/m²。箱形基础采用 C30 混凝土，弹性模量 $E_g = 3.0 \times 10^7$kN/m²，HRB335 级钢筋，$f_y = 300$N/mm²。框架梁、板、柱均采用 C40 混凝土，弹性模量 $E_b = 3.25 \times 10^7$kN/m²。试设计该箱形基础。

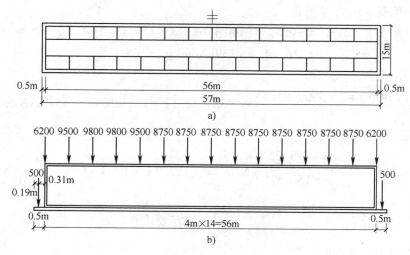

图 5-28 箱形基础计算实例

a）结构平面图 b）基础荷载（单位：kN）

**解**：1. 荷载计算

纵向

$$F = 8750\text{kN} \times 9 + 9500\text{kN} \times 2 + 9800\text{kN} \times 2 + 6200\text{kN} \times 2 = 129750\text{kN}$$

$$M = (9500 - 8750) \times 12\text{kN} \cdot \text{m} + (9800 - 8750) \times 16\text{kN} \cdot \text{m} + (9800 - 8750) \times 20\text{kN} \cdot \text{m} +$$

$$(9500 - 8750) \times 24kN \cdot m = 64800kN \cdot m$$

$$q = (35 + 12.5) \times 15kN/m = 712.5kN/m$$

横向（取一个开间计算）

$$F = 8750kN$$

$$M = 8750 \times 0.1kN \cdot m = 875kN \cdot m$$

$$q = (35 + 12.5) \times 4kN/m = 190kN/m$$

其荷载作用图如图 5-29 所示。

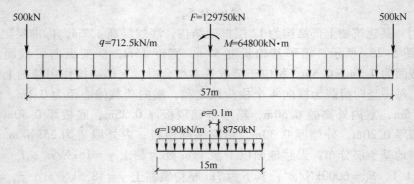

图 5-29　作用于箱形基础的纵、横向荷载

**2. 地基承载力验算**

修正后的地基承载力特征值

$$f_a = f_{ak} + \eta_b \gamma (b - 3) + \eta_d \gamma_0 (d - 0.5) = [140 + 0 + 1.1 \times 18 \times (5.5 - 0.5)]kN/m^2 = 239kN/m^2$$

$$1.2f_a = 1.2 \times 239kN/m^2 = 287kN/m^2$$

基底平均压力

$$p_k = \left[\frac{(129750 + 2 \times 500)/1.35}{57 \times 15} + (35 + 12.5)/1.2\right]kN/m^2 = 152.9kN/m^2 < f_a$$

纵向基底最大与最小压力

$$p_{k\,min}^{max} = \left(152.9 \pm \frac{64800/1.35}{\frac{1}{6} \times 15 \times 57^2}\right)kN/m^2 = (152.9 \pm 5.9)\ kN/m^2 = \frac{158.8}{147.0}kN/m^2$$

$$p_{k\,max} < 1.2f_a$$
$$p_{kmin} > 0$$　（满足要求）

横向基底最大与最小压力

$$p_{k\,min}^{max} = \frac{8750/1.35}{4 \times 15}kN/m^2 + (35 + 12.5)/1.2kN/m^2 \pm \frac{(8750/1.35) \times 0.1}{\frac{1}{6} \times 4 \times 15^2}kN/m^2$$

$$= 147.6kN/m^2 \pm 4.3kN/m^2 = \frac{151.9}{143.3}kN/m^2$$

$$p_{kmax} < 1.2f_a, p_{kmin} > 0$$

地基承载力满足要求。

3. 基础沉降计算

沉降计算公式

$$s = \psi_s \sum_{i=1}^{n} \frac{p_0^{\ominus}}{E_{si}} (z_i \overline{\alpha_i} - z_{i-1} \overline{\alpha_{i-1}})$$

式中 $\psi_s$——沉降计算经验系数，取 $\psi_s = 0.7$。

基底平均压力 $p_k = 152.9 \text{kN/m}^2$，则基底附加压力为

$$p_0 = p_k - \gamma d = 152.9 \text{kN/m}^2 - 18 \times 5.5 \text{kN/m}^2 = 53.9 \text{kN/m}^2$$

地基沉降计算深度为

$$z_n = b(2.5 - 0.4 \ln b) = 15 \times (2.5 - 0.4 \ln 15) \text{m} = 21.25 \text{m}$$

取 $z_n = 22 \text{m}$，基础沉降计算根据 GB 50007—2011《建筑地基基础设计规范》查表可得。计算过程见表 5-11。

**表 5-11 基础沉降计算**

| $L/B$ | 28.5/7.5 = 3.8 | | | |
|---|---|---|---|---|
| $z_i$ | 0 | 5 | 12 | 22 |
| $z_i/B$ | 0 | 0.67 | 1.6 | 2.93 |
| $\overline{\alpha_i}$ | $4 \times 0.25 = 1.00$ | $4 \times 0.2439 = 0.9756$ | $4 \times 0.2147 = 0.8588$ | $4 \times 0.1731 = 0.6924$ |
| $z_i \overline{\alpha_i}$ | 0 | 4.88 | 10.31 | 15.23 |
| $z_i \overline{\alpha_i} - z_{i-1} \overline{\alpha_{i-1}}$ | | 4.88 | 5.43 | 4.92 |
| $E_{si}$ | | 6000 | 12000 | 15000 |
| $\Delta s_i$ | | 0.044 | 0.024 | 0.018 |

基础最终沉降量

$$s = \psi_s \sum \Delta s_i = 0.7 \times (0.044 + 0.024 + 0.018) \text{m} = 0.060 \text{m}$$

查表 1-7 可得沉降允许值为 $200 \text{mm} > s = 60 \text{mm}$，故满足要求。

4. 基础横向倾斜计算

基础横向倾斜计算简图如图 5-30 所示，计算 $a$、$b$ 两点的沉降差，然后计算基础的横向倾斜。

估算基底的附加压力分布，如图 5-30b 所示，$a$、$b$ 两点的沉降差分别按均布压力和三角形分布压力叠加而得。计算过程从略，由计算得 $a$、$b$ 两点的沉降差为

$$\Delta s = 0.7 \times 0.0314 \text{m} = 0.022 \text{m}$$

故横向倾斜为 $\alpha_T = \dfrac{0.022}{15} = 0.00147$

建筑物自室外地面起算的建筑物高度为 37.7m，查表 1-7 可得允许的横向倾斜为 $0.003 > \alpha_T = 0.00147$，

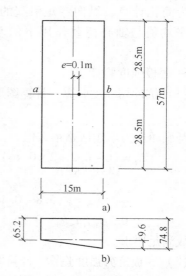

图 5-30 基础横向倾斜计算
a) 基础平面
b) 基础附加压力（单位：$\text{kN/m}^2$）

---

$\ominus$ $p_0$ 应取准永久组合设计值，本题近似取标准值进行计算。

故满足要求。

5. 基底净反力计算

根据基底反力系数法，将箱形基础底面划分 40 个区格（横向 5 个区格、纵向 8 个区格），$L/B = 57/15 = 3.8$，查表 5-6 可得各区格的反力系数，为简化计算，认为各横向区格反力系数相等，故取其平均值。

纵向各区段的平均反力系数查表 5-7 可得

$$\overline{\alpha}_1 = 1.144 \quad \overline{\alpha}_2 = 0.983 \quad \overline{\alpha}_3 = 0.943 \quad \overline{\alpha}_4 = 0.930$$

其余 4 区段平均反力系数与以上平均反力系数对称。

由轴心荷载引起的平均基底净反力为

$$p_{\mathrm{j}} = \frac{129750 + 2 \times 500}{57 \times 15}\mathrm{kN/m}^2 + 35\mathrm{kN/m}^2 = 187.92\mathrm{kN/m}^2$$

故纵向各区段的基底净反力为

$$p'_{\mathrm{j}1} = p_{\mathrm{j}}\overline{\alpha}_1 b = 187.92 \times 1.144 \times 15\mathrm{kN/m} = 3224.7\mathrm{kN/m}$$

$$p'_{\mathrm{j}2} = p_{\mathrm{j}}\overline{\alpha}_2 b = 187.92 \times 0.983 \times 15\mathrm{kN/m} = 2770.9\mathrm{kN/m}$$

$$p'_{\mathrm{j}3} = p_{\mathrm{j}}\overline{\alpha}_3 b = 187.92 \times 0.943 \times 15\mathrm{kN/m} = 2658.1\mathrm{kN/m}$$

$$p'_{\mathrm{j}4} = p_{\mathrm{j}}\overline{\alpha}_4 b = 187.92 \times 0.930 \times 15\mathrm{kN/m} = 2621.5\mathrm{kN/m}$$

其余四个区段基底净反力与以上对称，如图 5-31a 所示。

纵向弯矩引起的基础边缘的最大基底净反力为

$$\Delta P_{\max} = \frac{Mb}{W} = \frac{64800 \times 15}{\frac{1}{6} \times 15 \times 57^2}\mathrm{kN/m} = 119.7\mathrm{kN/m}$$

为简化计算，纵向弯矩引起的基底净反力按直线分布，如图 5-31b 所示，取每一区段的平均值与轴心荷载作用下的基底净反力叠加，得各区段基底总净反力如图 5-31c 所示。

6. 底板强度验算

（1）抗冲切强度验算　　计算图形如图 5-32 所示，按下式验算

$$F_l \leqslant 0.7\beta_{\mathrm{hp}}f_t u_{\mathrm{m}}h_0$$

基底净反力取边区格最大值　　$\overline{\alpha}_1 p_{\mathrm{j}} = 1.144 \times 187.92\mathrm{kN} = 215.0\mathrm{kN}$

$$F_l = (6 - 0.2 - 2 \times 0.46) \times (4 - 0.2 - 2 \times 0.46) \times 215.0\mathrm{kN} = 3021.7\mathrm{kN}$$

$$f_t = 1.43\mathrm{N/mm}^2, h_0 = 460\mathrm{mm}$$

$$u_{\mathrm{m}} = [(5.8 - 0.46) + (3.8 - 0.46)] \times 2\mathrm{mm} = 17360\mathrm{mm}$$

$$0.7\beta_{\mathrm{hp}}f_t u_{\mathrm{m}}h_0 = 0.7 \times 1.0 \times 1.43 \times 17360 \times 460\mathrm{kN} = 7993.6\mathrm{kN} > F_l$$

故满足要求。

（2）底板抗剪强度验算　　计算图形如图 5-33 所示，按下列公式验算，即

$$V_{\mathrm{s}} \leqslant 0.7\beta_{\mathrm{hs}}f_t (l_{n2} - 2h_0) h_0$$

$$V_{\mathrm{s}} = \left(\frac{2.0 + 4.88}{2}\right) \times 1.44 \times 215.0\mathrm{kN} = 1065.0\mathrm{kN}$$

$$f_t = 1.43\mathrm{N/mm}^2, \quad l_{n2} = 5.8, \quad h_0 = 460\mathrm{mm}$$

$$0.7\beta_{\mathrm{hs}}f_t(l_{n2} - 2h_0)h_0 = 0.7 \times 1.0 \times 1.43 \times 10^3 \times (5.8 - 2 \times 0.46) \times 0.46\mathrm{kN} = 2247.0\mathrm{kN} > V_{\mathrm{s}}$$

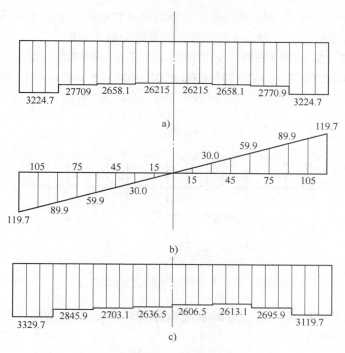

图 5-31　基底净反力

a）中心荷载作用下基底净反力　b）纵向弯矩作用下基底净反力　c）总基底净反力

故满足要求。

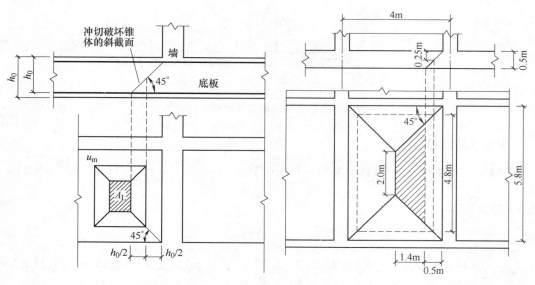

图 5-32　底板冲切强度计算　　　　图 5-33　底板抗剪切强度验算

### 7. 箱形基础内力计算

本例上部结构为框架结构，箱形基础内力应同时考虑整体弯曲和局部弯曲作用。

（1）整体弯曲计算

1）整体弯曲产生的弯矩 $M$。考虑整体弯曲时的计算简图，如图 5-34 所示。在上部结构荷载和基底净反力作用下，由静力平衡条件，求得跨中最大弯矩

$M = 7.125 \times (3329.7 \times 24.9375 + 2845.9 \times 17.8125 + 2703.1 \times 10.6875 + 2636.5 \times 3.5625) \text{kN} \cdot \text{m} -$

$(500 \times 28.31 + 6200 \times 28 + 9500 \times 24 + 9800 \times 20 + 9800 \times 16 + 9500 \times 12 + 8750 \times 8 + 8750 \times$

$4) \text{kN} \cdot \text{m} = 1225563.413 \text{kN} \cdot \text{m} - 987555.0 \text{kN} \cdot \text{m} = 238008 \text{kN} \cdot \text{m}$

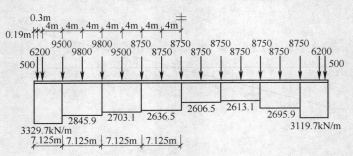

图 5-34　考虑整体弯曲时的计算简图

2）计算箱形基础刚度 $E_g I_g$。箱形基础横截面惯性矩按工字形计算，其计算简图如图 5-35 所示。

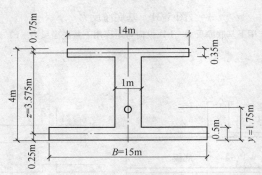

图 5-35　箱形基础横截面惯性矩计算简图

求中性轴位置

$$y(14 \times 0.35 + 31.5 \times 1 + 15 \times 0.5) = 14 \times 0.35 \times \left(4 - \frac{0.35}{2}\right) + 1 \times 3.15 \times \left(\frac{3.15}{2} + 0.5\right) +$$

$$0.5 \times 15 \times \frac{0.5}{2}$$

得
$$y = 1.75 \text{m}$$

$$I_g = \frac{1}{12} \times 14 \times 0.35^3 \text{m}^4 + 14 \times 0.35 \times \left(4 - 1.75 - \frac{0.35}{2}\right)^2 \text{m}^4 + \frac{1}{12} \times 1 \times 3.15^3 \text{m}^4 + 3.15 \times 1 \times$$

$$\left[\left(\frac{3.15}{2} + 0.5\right) - 1.75\right]^2 \text{m}^4 + \frac{1}{12} \times 15 \times 0.5^3 \text{m}^4 + 15 \times 0.5 \times \left(1.75 - \frac{0.5}{2}\right)^2 \text{m}^4 = 41 \text{m}^4$$

故
$$E_g I_g = 3.0 \times 10^6 \times 41 \text{kN} \cdot \text{m}^2 = 1.23 \times 10^8 \text{kN} \cdot \text{m}^2$$

3）计算上部结构总等效刚度 $E_B I_B$。上部结构梁截面 $0.25\text{m} \times 0.45\text{m}$，柱截面 $0.5\text{m} \times 0.5\text{m}$，底层层高 $4.2\text{m}$，标准层层高 $3.0\text{m}$，纵向跨度 $4\text{m}$，节间数为 $14$。

则纵梁的惯性矩为

$$I_{bi} = \frac{0.25 \times 0.45^3}{12} m^4 = 0.001898 m^4$$

纵梁线刚度为

$$K_{bi} = I_{bi}/4 = 0.0004746 m^3$$

标准层柱的线刚度为

$$K_{ui} = K_{li} = \left( \frac{0.5 \times 0.5^3}{12} /3.0 \right) m^3 = 0.001736 m^3$$

底层柱的线刚度

$$K'_{li} = \left( \frac{0.5 \times 0.5^3}{12} /4.2 \right) m^3 = 0.001240 m^3$$

标准层的等效刚度为

$$(E_B I_B)_{\text{标}} = E_b I_{bi} \left[ 1 + \frac{(K_{ui} + K_{li}) m^2}{2K_{bi} + K_{ui} + K_{li}} \right]$$

$$= 3.25 \times 10^7 \times 0.001898 \times \left[ 1 + \frac{2 \times 0.001736 \times 14^2}{2 \times 0.0004746 + 2 \times 0.001736} \right] kN \cdot m^2$$

$$= 9.56 \times 10^6 kN \cdot m^2$$

底层的等效刚度为

$$(E_B I_B)_{\text{底}} = E_b I_{bi} \left[ 1 + \frac{(K_{ui} + K'_{li}) m^2}{2K_{bi} + K_{ui} + K'_{li}} \right]$$

$$= 3.25 \times 10^7 \times 0.001898 \times \left[ 1 + \frac{(0.001736 + 0.001240) \times 14^2}{2 \times 0.0004746 + 0.001736 + 0.001240} \right] kN \cdot m^2$$

$$= 9.23 \times 10^6 kN \cdot m^2$$

考虑现浇楼板增大系数，横向 4 榀框架，上部结构总层数 12 > 5，取 5 层，上部结构总等效刚度为

$$E_B I_B = 2 \times (1.5 + 2.0) \times [4 \times (E_B I_B)_{\text{标}} + (E_B I_B)_{\text{底}}]$$

$$= 2 \times (1.5 + 2.0) \times [4 \times 9.56 \times 10^6 + 9.23 \times 10^6] kN \cdot m^2$$

$$= 3.323 \times 10^8 kN \cdot m^2$$

4）计算箱形基础承担的整体弯矩 $M_g$

$$M_g = M \frac{E_g I_g}{E_g I_g + E_B I_B} = 238008 \times \frac{1.23 \times 10^8}{1.23 \times 10^8 + 3.323 \times 10^8} kN \cdot m = 64298 kN \cdot m$$

（2）局部弯曲计算　以纵向跨中底板为例。因为跨中底板由纵向弯矩产生的基底净反力较小，在下面的计算中忽略，仅考虑轴向荷载产生的平均基底净反力。

平均基底净反力 $p_j = 187.92 kN/m^2$，基底平均反力系数 $\overline{\alpha}_4 = 0.93$，故实际基底净反力为

$$p'_j = 0.930 \times 187.92 kN/m^2 = 174.77 kN/m^2$$

支承条件为外墙简支，内墙固定，故按三边固定一边简支板计算内力，计算简图如图 5-36 所示。

由 $\lambda = l_y/l_x = 6/4 = 1.5$，查表 4-4 可得，$\varphi_{4x} = 0.0337$，$\varphi_{4y} = 0.0057$，$x_{4x} = 0.91$。

跨中弯矩

$$M_x = -0.8 \varphi_{4x} p_j l_x^2 = -0.8 \times 0.0337 \times 187.92 \times 4^2 kN \cdot m = -81.06 kN \cdot m$$

$$M_y = -0.8\varphi_{4y}p_jl_y^2 = -0.8 \times 0.0057 \times 187.92 \times 6^2 \text{kN} \cdot \text{m} = -30.85\text{kN} \cdot \text{m}$$

支座弯矩

$$M_x^0 = 0.8 \times \frac{1}{12}x_{4x}p_jl_x^2$$

$$= 0.8 \times \frac{1}{12} \times 0.91 \times 187.92 \times 4^2 \text{kN} \cdot \text{m}$$

$$= 182.41\text{kN} \cdot \text{m}$$

$$M_y^0 = 0.8 \times \frac{1}{8}(1 - x_{4x})p_jl_y^2$$

$$= 0.8 \times \frac{1}{8} \times (1 - 0.91) \times 187.92 \times 6^2 \text{kN} \cdot \text{m}$$

$$= 60.89\text{kN} \cdot \text{m}$$

以上计算中，0.8 为局部弯曲内力计算折减
系数。

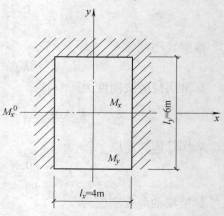

图 5-36　考虑局部弯曲时的计算简图

8. 底板配筋计算

（1）按整体弯曲计算的配筋（见图 5-35）

$$A_s = \frac{M_g}{0.9f_yZB} = \frac{64298 \times 10^6}{0.9 \times 300 \times 3575 \times 15}\text{mm}^2/\text{m} = 4440.8\text{mm}^2/\text{m}$$

取 $A_s/2 = 2220.4\text{mm}^2/\text{m}$ 与按局部弯曲计算的支座与跨中弯矩所需的钢筋叠加，配置箱形基
础底板上层与下层纵向通长钢筋。

（2）按局部弯曲计算的配筋　取底板有效高度 $h_0 = 460\text{mm}$，则有

跨中
$$A_{sx} = \frac{M_x}{0.9f_yh_0} = \frac{81.06 \times 10^6}{0.9 \times 300 \times 460}\text{mm}^2 = 652.7\text{mm}^2$$

$$A_{sy} = \frac{M_y}{0.9f_yh_0} = \frac{30.85 \times 10^6}{0.9 \times 300 \times 460}\text{mm}^2 = 248.4\text{mm}^2$$

支座
$$A_{sx}^0 = \frac{M_x^0}{0.9f_yh_0} = \frac{182.41 \times 10^6}{0.9 \times 300 \times 460}\text{mm}^2 = 1468.7\text{mm}^2$$

$$A_{sy}^0 = \frac{M_y^0}{0.9f_yh_0} = \frac{60.89 \times 10^6}{0.9 \times 300 \times 460}\text{mm}^2 = 490.3\text{mm}^2$$

跨中所需钢筋面积配置底板上层钢筋，支座计算所需钢筋面积配置底板下层钢筋。

（3）按整体与局部弯曲计算的总配筋

1）纵向：

上层配筋面积为 $2220.4\text{mm}^2/\text{m} + 652.7\text{mm}^2/\text{m} = 2873.1\text{mm}^2/\text{m}$，选配 $\Phi 22@120$（$A_s = 3041\text{mm}^2/\text{m}$）

下层配筋面积为 $2220.4\text{mm}^2/\text{m} + 1468.7\text{mm}^2/\text{m} = 3689.1\text{mm}^2/\text{m}$，选配 $\Phi 25@120$（$A_s = 3927\text{mm}^2/\text{m}$）

2）横向：

上层配筋面积为 $248.4\text{mm}^2/\text{m}$，与横向整体弯曲计算配筋面积叠加后选配钢筋。

下层配筋面积为 $490.3\text{mm}^2/\text{m}$，与横向整体弯曲计算配筋面积叠加后选配钢筋。

墙体和洞口计算从略。

# 复 习 题

[5-1] 什么是箱形基础? 什么情况下采用箱形基础?

[5-2] 箱形基础有哪些特点? 为什么箱形基础被认为是一种补偿性基础?

[5-3] 箱形基础的构造要求有哪些?

[5-4] 箱形基础基底反力的确定方法有哪几种?

[5-5] 什么是箱形基础的整体弯曲与局部弯曲?

[5-6] 什么情况下箱形基础的内力只按局部弯曲来分析? 什么情况下需同时考虑整体弯曲?

[5-7] 如何分析箱形基础顶、底板的内力?

[5-8] 如何分析箱形基础墙体内力?

[5-9] 某框架结构地基土为黏土, 采用箱形基础, 相应于荷载基本组合时, 上部结构传来荷载及箱形基础自重 (不包括底板自重) 总设计值为 $\sum F = 147000\text{kN}$, $\sum M = 24010\text{kN} \cdot \text{m}$, 结构平面图与受荷载作用简图如图 5-37 所示。试用基底平均反力系数法求基底平均反力, 并绘图。

图 5-37 复习题 [5-9] 图

[5-10] 如图 5-38 所示, 某 10 层框架结构, 纵向 10 个节间。箱形基础长度 42.0m, 宽度 15.0m, 纵向最大弯矩 $M_{max} = 2.8 \times 10^4 \text{kN} \cdot \text{m}$, 箱形基础采用 C30 混凝土, $E_g = 3.0 \times 10^7 \text{kN/m}^2$。框架梁、柱均采用 C40 混凝土, $E_b = 3.25 \times 10^7 \text{kN/m}^2$, 梁截面为 $300\text{mm} \times 500\text{mm}$, 柱截面为 $600\text{mm} \times 600\text{mm}$。试计算箱形基础的纵向整体弯矩。

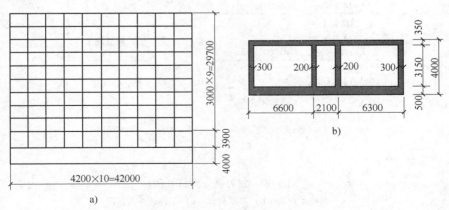

图 5-38 复习题 [5-10] 图

a) 结构纵剖面图 　 b) 箱形基础横剖面图

[5-11]　某建筑物上部结构为 12 层框架结构，底层层高为 3.9m，标准层层高 3.3m，结构平面图如图 5-39a 所示，框架纵向梁截面为 0.25m×0.50m，柱截面为 0.50m×0.50m。相应于荷载基本组合时，上部结构作用在基础上的荷载如图 5-39b 所示，每一竖向荷载为横向四个柱荷载之和，横向荷载偏心距为 0.15m。地基土层分布如图 5-39c 所示。箱形基础高 4m，埋深 −6m，室内外高差 0.50m，箱形基础顶板厚 0.35m，底板厚 0.50m，底板挑出 0.50m，内墙厚 0.20m，外墙厚 0.30m。箱形基础混凝土强度等级 C30，弹性模量 $E = 3.0 \times 10^7 kN/m^2$，钢筋采用 HRB335 级。框架结构的板、梁、柱混凝土强度等级 C40，弹性模量 $E = 3.25 \times 10^7 kN/m^2$。试设计该箱形基础。

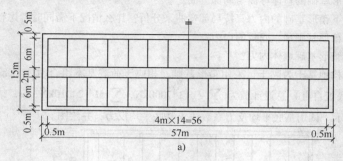

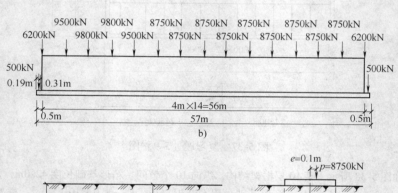

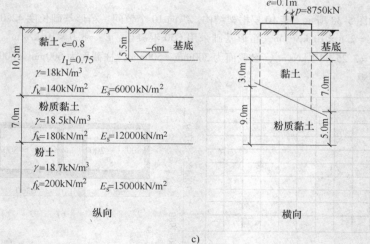

图 5-39　复习题 [5-11] 图

a）基础平面图　b）基础荷载　c）工程地质剖面图

# 第6章  动力机器基础

## 6.1  概述

动力机器是指在运转时会产生较大不平衡惯性力的一类机器。在工业建筑设计中，由于生产工艺的需要，往往有各种各样的机器放置于建筑物、构筑物的楼面或地面上。这些机器在运转过程中一般都会产生不可忽视的动力，并通过各自的基础将其传递给建筑物或地基，因此动力机器基础的设计是工业结构设计的一项重要内容。机器基础必须保证机器的良好运转，必须具有足够的强度、刚度和稳定性，并能满足控制的要求，保证周围人员的正常活动。正确设计振动设备基础是保证安全生产和正常使用的前提。设计中，若基础设计得不完善将会引起房屋内部构件的振动，使结构处于一种长期振动状态，严重者将导致构件的疲劳破坏，直接影响建筑物的安全性。

GB 50040—1996《动力机器基础设计规范》按机器的用途与性质不同，将动力机器基础划分为以下七种类型：活塞式压缩机基础、汽轮机组和电机基础、透平压缩机基础、破碎机和磨机基础、冲击机器（锻锤、落锤）基础、热模锻压力机基础、金属切削机床基础。

在设计过程中，常按动力机器在运转时产生的动力特性来进行分类，将机器分为周期性作用的机器和间歇性作用或冲击作用的机器两种类型。

**1. 周期性作用的机器**

1）往复运动的机器：如做活塞式运动的压缩机、内燃机、破碎机等。这类机器的特点是平衡性差、振幅大，且较低的转速容易引起邻近建筑的共振，易引发事故。

2）旋转运动的机器：如电动机、汽轮发电机及涡轮鼓风机等。这类机器的特点是工作频率高、平衡性能好以及振幅小。

**2. 间歇性作用或冲击作用的机器**

间歇性作用或冲击作用的机器（锻锤、落锤、冲压机等）的特点是冲击力大且无节奏，振动能量大，造成危害较多。

根据基础的结构类型，动力机械基础分为实体式基础、框架式基础、墙式基础三种类型，如图6-1所示。

（1）实体式基础  通常为钢筋混凝土或混凝土块体基础，也称大块体基础，适合多种类型的机器，如曲柄连杆类、轧钢机、金属切削机床、锻锤及电动机等，是目前采用最普遍的基础形式，特点是基础自身刚度大，振动主要由地基弹性变形产生，动力计算时可不考虑自身的变形，可按地基上的刚体进行计算。

（2）框架式基础  框架式基础由顶层梁板、柱和底板连接而成的基础。一般用于大型的高、中频机器，如透平压缩机、汽轮发电机、离心机和破碎机等基础。立柱之间可安装附属设备，顶板安装机器和工作平台。框架式基础的刚度较差，在动力计算时，基础及地基的

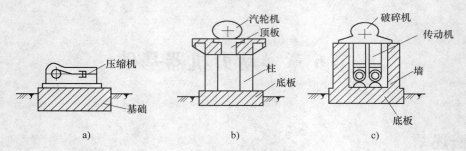

图 6-1　动力机器基础结构类型

a）实体式基础　b）框架式基础　c）墙式基础

弹性变形均应考虑，对于高转速的机器，可不考虑地基弹性影响。应按框架结构进行内力计算。

（3）墙式基础　墙式基础由顶板、纵横墙和底板连接而成的基础。墙厚一般为墙高的 1/6～1/4，刚度比较大，当要求基础安装在离地面有一定高度时宜采用墙式基础，破碎机多采用此类基础，可在两墙之间安装运输带和漏斗。动力计算时，在与水平扰力垂直的方向，当墙净高不超过墙厚的 4 倍时，可按实体基础计算，否则两个方向均应按框架结构进行内力计算。

动力机器的动荷载必然引起地基及基础的振动，从而产生一系列不良影响，如降低地基土强度并增加基础沉降量，影响工人健康和生产效率，影响机器正常使用等。因此，动力机器基础设计应满足以下基本要求：①地基和基础不应产生影响机器正常使用的变形；②基础本身要有足够强度刚度及耐久性；③基础不应产生影响工人健康及妨碍机器正常运转和生产以及造成建筑物开裂的剧烈震动；④基础的震动不应影响临近建筑的正常使用。

# 6.2　动力机器基础基本设计规定及设计步骤

## 6.2.1　一般规定

1）基础设计时，应取得的资料包括：①机器的型号、转速、功率、规格及轮廓尺寸图等；②机器自重及重心位置；③机器底座外廓图、辅助设备、管道位置和坑、沟、孔洞尺寸以及灌浆层厚度、地脚螺栓和预埋件的位置等；④机器的扰力和扰力矩及其方向；⑤基础的位置及其邻近建筑物的基础图；⑥建筑场地的地质勘察资料及地基动力试验资料。

2）动力机器基础宜与建筑物的基础、上部结构及混凝土地面分开。

3）当管道与机器连接而产生较大振动时，管道与建筑物连接处应采用隔振措施。

4）当动力机器基础的振动对邻近的人员、精密设备、仪器仪表、工厂生产及建筑物产生有害影响时，应采用隔振措施。低频机器和冲击机器的振动对厂房结构的影响，宜符合相关规定。

5）动力机器基础设计不得产生有害的不均匀沉降。

6）动力机器基础及毗邻建筑物基础置于天然地基上，当能满足施工要求时，两者的埋深可不在同一标高上，但基础建成后，基底标高差异部分的回填土必须夯实。

7）动力机器基础设置在整体性较好的岩石上时，除锻锤、落锤基础以外，可采用锚桩

（杆）基础，其基础设计宜符合相关规定。

8）动力机器底座边缘至基础边缘的距离不宜小于 100mm。除锻锤基础以外，在机器底座下应预留二次灌浆层，其厚度不宜小于 25mm。二次灌浆层应在设备安装就位并初调后，用微膨胀混凝土填充密实，且与混凝土基础面结合。

9）动力机器基础地脚螺栓的设置应符合下列规定：①带弯钩地脚螺栓的埋置深度不应小于 20 倍螺栓直径，带锚板地脚螺栓的埋置深度不应小于 15 倍螺栓直径；②地脚螺栓轴线距基础边缘不应小于 4 倍螺栓直径，预留孔边距基础边缘不应小于 100mm，当不能满足要求时，应采取加强措施；③预埋地脚螺栓底面下的混凝土净厚度不应小于 50mm，当为预留孔时，则孔底面下的混凝土净厚度不应小于 100mm。

10）动力机器基础宜采用整体式或装配整体式混凝土结构。

11）动力机器基础的混凝土强度等级不宜低于 C15，对按构造要求设计的或不直接承受冲击力的大块式或墙式基础，混凝土的强度等级可采用 C10。

12）动力机器基础的钢筋宜采用 HPB300、HRB335 级钢筋，不宜采用冷轧钢筋。受冲击力较大的部位，宜采用热轧变形钢筋。钢筋连接不宜采用焊接接头。

13）重要的或对沉降有严格要求的机器，应在其基础上设置永久的沉降观测点，并应在设计图样中注明要求。在基础施工、机器安装及运行过程中应定期观测，做好记录。

14）基组的总重心与基础底面形心宜位于同一竖线上，当不在同一竖线上时，两者之间的偏心距与平行偏心方向基底边长的比值不应超过下列限值：①对汽轮机组和电机基础，其限值为 3%；②对金属切削机床基础以外的一般机器基础：当地基承载力特征值 $f_{ak} \leqslant 150kPa$ 时，其限值为 3%；当地基承载力特征值 $f_{ak} > 150kPa$ 时，其限值为 5%。

15）当在软弱地基上建造大型的和重要的机器以及 1t 及 1t 以上的锻锤基础时，宜采用人工地基。

16）设计动力机器基础的荷载取值应符合下式规定：①当进行静力计算时，荷载采用设计值；②当进行动力计算时，荷载采用标准值。

## 6.2.2 地基和基础的计算规定

### 1. 动力机器基础底面地基强度验算

基础底面静压力包括：①基础自重和基础上回填土重；②机器自重和传至基础上的其他荷载。

在浅基础设计中，地基承载力应符合下式要求

$$p_k \leqslant \alpha_f f_a \tag{6-1}$$

在桩基础设计中，单桩的竖向力应符合下式要求

$$Q_k \leqslant \alpha_f R_a \tag{6-2}$$

式中　$p_k$——相应于作用的标准组合时，基础底面处的平均压力值（kPa）；

　　　$Q_k$——相应于作用的标准组合时，单桩竖向力标准值（kN）；

　　　$f_a$——修正后的地基承载力特征值（kPa）；

　　　$R_a$——单桩竖向承载力特征值（kPa）；

　　　$\alpha_f$——地基承载力的动力折减系数。

$\alpha_f$ 可按下列规定采用：

1）旋转式机器基础可采用 0.8。

2）锻锤基础可按下式计算

$$\alpha_f = \frac{1}{1 + \beta \dfrac{a}{g}} \tag{6-3}$$

式中　$a$——基础的振动加速度（m/s²）；

　　　$g$——重力加速度（m/s²）；

　　　$\beta$——地基土的动沉陷影响系数。

3）其他机器基础可采用 1.0。

**2. 地基土类别划分**

在进行动力机械基础设计时，允许振动线位移、允许振动加速度等参数的取值与地基类别密切相关，根据地基承载力标准值，将地基土分为四类，可按表 6-1 确定。

表 6-1　地基土类别

| 土 的 名 称 | 地基土承载力标准值 $f_k$/kPa | 地基土类别 |
|:---:|:---:|:---:|
| 碎石土 | $f_k > 500$ | 一类土 |
| 黏性土 | $f_k > 250$ | |
| 碎石土 | $300 < f_k \leqslant 500$ | 二类土 |
| 粉土、砂土 | $250 < f_k \leqslant 400$ | |
| 黏性土 | $180 < f_k \leqslant 250$ | |
| 碎石土 | $180 < f_k \leqslant 300$ | 三类土 |
| 粉土、砂土 | $160 < f_k \leqslant 250$ | |
| 黏性土 | $130 < f_k \leqslant 180$ | |
| 粉土、砂土 | $120 < f_k \leqslant 160$ | 四类土 |
| 黏性土 | $80 < f_k \leqslant 130$ | |

注：《建筑地基基础设计规范》中取消了地基承载力标准值，而采用地基承载力特征值，查表 6-1 时，可用 $f_{ak}$ 代替 $f_k$。

**3. 地基土的动沉陷影响系数**

地基土的动沉陷影响系数 $\beta$ 值，可按下列规定取值：

1）当为天然地基时，可按表 6-2 取值。

表 6-2　地基土动沉陷影响系数 $\beta$ 值

| 地基土类别 | $\beta$ |
|:---:|:---:|
| 一类土 | 1.0 |
| 二类土 | 1.3 |
| 三类土 | 2.0 |

2）对桩基可根据桩尖土层的类别按表 6-2 取值。

**4. 动力机器基础的最大振动线位移、速度、加速度验算**

动力机器基础的最大振动线位移、速度、加速度应分别满足下列公式要求

$$A_f \leq [A] \qquad (6\text{-}4)$$
$$v_f \leq [v] \qquad (6\text{-}5)$$
$$a_f \leq [a] \qquad (6\text{-}6)$$

式中 $A_f$——计算的基础最大振动线位移（m）；

$\qquad v_f$——计算的基础最大振动速度（m/s）；

$\qquad a_f$——计算的基础最大振动加速度（m/s²）；

$\quad [A]$——基础的允许振动线位移（m）；

$\quad [v]$——基础的允许振动速度（m/s）；

$\quad [a]$——基础的允许振动加速度（m/s²）。

### 6.2.3　动力机器基础设计步骤

1）收集有关设计技术资料。

2）确定地基方案，优先选择天然地基，但当遇到软弱土层、不均匀土层或可液化土层时应选择人工地基。

3）根据机器特性、工艺要求及工程地质条件，确定基础的类型及材料。

4）根据机器底座尺寸、孔洞、地脚螺栓等，初步确定基础顶面尺寸，结合地质条件及冻结深度、机器动力特性和生产工艺流程等要求，初步确定基础高度和埋深。

5）确定地基的动力参数。

6）根据地基强度和基组（基础、基础上机器、附属设备和基础上填土）重力初步估算基础底面尺寸。

7）复核地基承载力，根据初步确定的基础尺寸，计算其底面形心和质心的位置，尽量使机器基础总重心与基底形心在一竖直线上，并按式（6-1）验算地基承载力。

8）进行基础动力计算，按机器扰力的性质分别采用相关公式，计算基础的振幅、振动速度或振动加速度值，使之不超过规范的允许值。

9）根据所设计的基础形式及构造要求，确定材料强度等级并进行基础构件的强度计算，选择钢筋的直径及根数。

10）绘制基础施工详图。

## 6.3　实体式基础计算模型及地基动力特征参数

### 6.3.1　计算模型简述

对实体式基础振动计算，主要有以下几种模型：质量 – 弹簧模型、质量 – 弹簧 – 阻尼器模型、刚体 – 半空间模型，如图 6-2 所示。

质量 – 弹簧模型把实际的机器、基础、地基之间的振动问题简化成放在无质量的弹簧上的刚体振动问题，将地基土以上部分作为整个刚体看待，而将地基土的作用看做是无质量弹簧的反力。因此，这种简化方法也被称为基床系数法。在机器转速较低的情况下，采用该模型可以较好地反映基础的动力特性，但机器转速较高时，计算结果与实际情况出入较大。当机器扰力的圆频率与基组的自振频率一致时就会发生共振。但事实上，当扰力频率接近自振频率时，基组频率就会迅速增大而不宜控制。因此，称 0.75 ~ 1.25 之间的频率为基组的"共振区"。在设计中，为了防止共振的发生，应使得机器发生的扰力频率落在共振区之外。

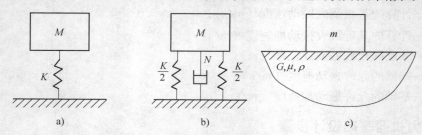

图 6-2　实体式基础振动计算模型
a）质量 - 弹簧模型　b）质量 - 弹簧 - 阻尼器模型　c）刚体 - 半空间模型

通过大量工程实践、试验和理论研究，在质量 - 弹簧模型基础上，为了考虑共振区的振动特性，又加上了阻尼器，从而形成了质量 - 弹簧 - 阻尼器模型，该模型中的基组质量通常和质量 - 弹簧模型取法相同，但有时也包括了地基下面一部分地基土的质量。显然，这类方法的关键在于如何确定基组的质量、弹簧刚度及阻尼系数。

刚体 - 半空间模型是将地基视为半无限连续体、基础作为空间上的刚体的一种模型，机器基础的振动就是以这个刚体的振动表示。利用弹性理论分析地基中的波的传播，由数值分析方法可以求出基础与半无限连续体接触面的动应力。利用这种动应力，就可写出刚体的运动方程，从而可以确定基础的振动状态。在此种计算模型中，需要知道的地基参数应该包括泊松比 $\mu$，剪切模量 $G$ 以及质量密度，虽然此种方法在理论上推导严密，但在实际工程中计算麻烦，且误差较大，目前已经提出了"比拟法"及"方程对比法"等方法将刚体 - 半空间模型转换成简单的质量 - 弹簧 - 阻尼器模型来计算。由于我国目前多数采用质量 - 弹簧 - 阻尼器模型，故本章着重介绍此类方法。

## 6.3.2　地基动力特征参数

机器基础的设计应力求避免与机器发生共振，因此必须准确地选择地基动力参数。使用质量 - 弹簧 - 阻尼器模型进行计算的关键在于确定基组质量、弹簧刚度及阻尼系数，在进行桩基设计时，基组质量还应考虑参与振动的桩和土的质量。

实体式基础的振动自由度有 6 个（见图 6-3），通常用基组的重心 $O$ 沿基组的惯性主轴 $Ox$、$Oy$、$Oz$ 的平移及绕轴的转角来描述。由于 3 种平移分属两种类型（沿 $Oz$ 的竖向振动以及沿 $Ox$ 或 $Oy$ 的水平振动），类似地，3 种转角也分属两种类型，因此机器振动仅有四种类型。相应地，利用质量 - 弹簧 - 阻

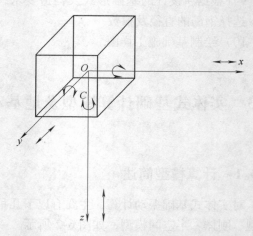

图 6-3　实体式基础坐标系及振动分量示意图

尼器模型分析这四类振动所需的地基刚度及阻尼系数也有四种。

下面先讨论竖向振动情况下的相关动力参数确定问题。

**1. 天然地基**

（1）天然地基的抗压刚度系数及抗压刚度　基底处地基单位面积的竖向弹性动反力与竖向弹性位移之间的关系为

$$p = C_z z \tag{6-7}$$

地基对基础的总弹性反力为

$$P = pA = C_z z A = K_z z \tag{6-8}$$

$$K_z = C_z A \tag{6-9}$$

式中　$p$——基底处地基单位面积的竖向弹性动反力（kPa）；

　　　$z$——竖向弹性位移（m）；

　　　$C_z$——天然地基的抗压刚度系数（kN/m²）；

　　　$A$——基础底面积（m²）；

　　　$K_z$——天然地基的抗压刚度（kN/m），表示基础在竖向产生单位位移所需要的总力。

天然地基的基本动力特性参数与地基土的性质，基础的特性及扰力特性相关，是机器基础－地基体系的综合性指标。天然地基的基本动力特性参数可由现场试验确定，试验方法应按 GB/T 50269—1997《地基动力特性测试规范》的规定采用。当无条件进行试验并有经验时，可按下列规定确定。

需要说明的是，当根据以下规定确定的地基动力参数，除冲击机器和热模锻压力机外，计算天然地基大块式基础的振动线位移时，应将计算所得的竖向振动位移值乘以折减系数 0.7，水平向振动位移值乘以折减系数 0.8。

根据现场试验及实测资料发现，天然地基的抗压刚度系数 $C_z$ 值与基础底面积大小有如下关系：当基础底面积大于或等于 20m² 时，$C_z$ 值变化不大，可近似认为是常数；当基础底面积小于 20m² 时，基底处地基单位面积的弹性动反力值与基础底面积的立方根成反比。因此天然地基的抗压刚度系数 $C_z$ 值应按下列规定确定：

1）当基础底面积大于或等于 20m² 时，抗压刚度系数 $C_z$ 值按表 6-3 采用。

2）当基础底面积小于 20m² 时，抗压刚度系数 $C_z$ 值可采用表 6-3 中的数值乘以底面积修正系数 $\beta_r$，$\beta_r$ 值按下式计算

$$\beta_r = \sqrt[3]{\frac{20}{A}} \tag{6-10}$$

式中　$\beta_r$——底面积修正系数；

　　　$A$——基础底面积（m²）。

表 6-3　天然地基的抗压刚度系数 $C_z$ 值　　　　　　（单位：kN/m³）

| 地基承载力的标准值 $f_k$/kPa | 土 的 名 称 | | |
|---|---|---|---|
| | 黏性土 | 粉土 | 砂土 |
| 300 | 66000 | 59000 | 52000 |
| 250 | 55000 | 49000 | 44000 |
| 200 | 45000 | 40000 | 36000 |

（续）

| 地基承载力的标准值 $f_k$/kPa | 土 的 名 称 | | |
|---|---|---|---|
| | 黏性土 | 粉土 | 砂土 |
| 150 | 35000 | 31000 | 28000 |
| 100 | 25000 | 22000 | 18000 |
| 80 | 18000 | 16000 | |

基础底部由不同土层组成的地基土，其影响深度 $h_d$ 可按下列规定取值：

方形基础　　$h_d = 2d$ 　　　　　　　　　　　　　　　　　　　　　　　（6-11）

式中　$d$——方形基础的边长（m）。

其他形状基础　　$h_d = 2\sqrt{A}$ 　　　　　　　　　　　　　　　　　　　（6-12）

基础影响地基土深度范围内，由不同土层组成的地基土（见图6-4），其抗压刚度系数可按下式计算

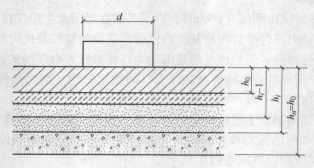

图 6-4　分层土地基

$$C_z = \dfrac{2/3}{\sum\limits_{i=1}^{n} \dfrac{1}{C_{zi}}\left[\dfrac{1}{1+\dfrac{2h_{i-1}}{h_d}} - \dfrac{1}{1+\dfrac{2h_i}{h_d}}\right]} \tag{6-13}$$

式中　$C_{zi}$——第 $i$ 层的土的抗压刚度系数（kN/m³）；

　　　$h_i$——从基础底面至第 $i$ 层土底面的深度（m）；

　　　$h_{i-1}$——从基础底面至第 $i-1$ 层土底面的深度（m）。

（2）天然地基的抗弯、抗剪、抗扭刚度系数及抗弯、抗剪、抗扭刚度　对于曲柄连杆等类型的基础，除了竖向振动外，还有水平振动、回转振动、扭转振动，计算时需要相应的刚度系数及刚度。天然地基的抗弯、抗剪、抗扭刚度系数可按下列公式计算

$$C_\varphi = 2.15C_z \tag{6-14}$$

$$C_x = 0.70C_z \tag{6-15}$$

$$C_\psi = 1.05C_z \tag{6-16}$$

式中　$C_\varphi$——天然地基抗弯刚度系数（kN/m³）；

　　　$C_x$——天然地基抗剪刚度系数（kN/m³）；

　　　$C_\psi$——天然地基抗扭刚度系数（kN/m³）。

天然地基的抗弯、抗剪、抗扭刚度可按下列公式计算

$$K_\varphi = C_\varphi I \qquad (6\text{-}17)$$

$$K_x = C_x A \qquad (6\text{-}18)$$

$$K_\psi = C_\psi I_z \qquad (6\text{-}19)$$

式中　$K_\varphi$——天然地基抗弯刚度（kN·m）；

　　　$K_x$——天然地基抗剪刚度（kN/m）；

　　　$K_\psi$——天然地基抗扭刚度（kN·m）；

　　　$I$——基础底面通过其形心轴的惯性矩（m$^4$）；

　　　$I_z$——基础底面通过其形心轴的极惯性矩（m$^4$）。

当基础采用埋置、地基承载力标准值小于 350kPa，且基础四周回填土与地基土的密度比不小于 0.85 时，其抗压刚度可乘以提高系数 $\alpha_z$，抗弯、抗剪、抗扭刚度可分别乘以提高系数 $\alpha_{x\varphi}$。提高系数 $\alpha_z$ 和 $\alpha_{x\varphi}$ 可按下列公式计算

$$\alpha_z = (1 + 0.4\delta_b)^2 \qquad (6\text{-}20)$$

$$\alpha_{x\varphi} = (1 + 1.2\delta_b)^2 \qquad (6\text{-}21)$$

$$\delta_b = \frac{h_t}{\sqrt{A}} \qquad (6\text{-}22)$$

式中　$\alpha_z$——基础埋深作用对地基抗压刚度的提高系数；

　　　$\alpha_{x\varphi}$——基础埋深作用对地基抗剪、抗弯、抗扭刚度的提高系数；

　　　$\delta_b$——基础埋深比，当 $\delta_b$ 大于 0.6 时，应取 0.6；

　　　$h_t$——基础埋置深度（m）。

基础与刚性地面相连时，地基抗弯、抗剪、抗扭刚度可分别乘以提高系数 $\alpha_1$，提高系数 $\alpha_1$ 可取 1.0 ~ 1.4，软弱地基土的提高系数 $\alpha_1$ 可取 1.4，其他地基土的提高系数可适当减小。

（3）天然地基的阻尼比　对于天然地基上的动力机器基础，当机器的工作频率在共振区以外时，地基对基础的阻尼作用并不明显，通常可以忽略不计。但当机器的工作频率在共振区以内时，地基对基础的阻尼作用比较显著，计算时必须考虑阻尼的影响。在实际工程中，一般不使用阻尼系数 $N$，而使用阻尼比来表示阻尼特性。

地基竖向阻尼比可按下列公式计算：

1）黏性土

$$\zeta_z = \frac{0.16}{\sqrt{\overline{m}}} \qquad (6\text{-}23)$$

$$\overline{m} = \frac{m}{\rho A \sqrt{A}} \qquad (6\text{-}24)$$

2）砂土、粉土

$$\zeta_z = \frac{0.11}{\sqrt{\overline{m}}} \qquad (6\text{-}25)$$

式中　$\zeta_z$——天然地基竖向阻尼比；

　　　$\overline{m}$——基组质量比；

$m$——基组的质量（t）；

$\rho$——地基土的密度（t/m³）。

水平回转向、扭转向阻尼比可按下列公式计算

$$\zeta_{x\varphi 1} = 0.5\zeta_z \tag{6-26}$$

$$\zeta_{x\varphi 2} = \zeta_{x\varphi 1} \tag{6-27}$$

$$\zeta_\psi = \zeta_{x\varphi 1} \tag{6-28}$$

式中　$\zeta_{x\varphi 1}$——天然地基水平回转耦合振动第一振型阻尼比；

　　　$\zeta_{x\varphi 2}$——天然地基水平回转耦合振动第二振型阻尼比；

　　　$\zeta_\psi$——天然地基阻尼比。

埋置基础的天然地基阻尼比，应为明置基础的阻尼比分别乘以基础埋深作用对竖向阻尼比的提高系数 $\beta_z$ 和水平、回转、扭转向的阻尼比提高系数 $\beta_{x\varphi}$。阻尼比提高系数可按下列公式计算

$$\beta_z = 1 + \delta_b \tag{6-29}$$

$$\beta_{x\varphi} = 1 + 2\delta_b \tag{6-30}$$

### 2. 桩基

受机器振动影响，在以下几种情况下需要使用桩基：①必须减少基础的振幅时；②必须提高基组自振频率时；③必须减少基础沉降时；④基底压力设计值大于地基土在振动作用下的地基承载力设计值时。

在这种情况下，我们仍使用质量–弹簧–阻尼器模型，只是基组质量还应包括桩以及土参加振动的当量质量。对竖向振动，其当量质量为

$$m_z = l_t l b \frac{\gamma}{g} \tag{6-31}$$

式中　$l$、$b$——矩形承台的长度和宽度（m）；

　　　$l_t$——折算长度（m），与桩长 $l_h$ 的关系是：当桩长 $l_h \leqslant 10m$ 时，$l_t = 1.8m$，当 $l_h \geqslant 15m$，$l_t = 2.4m$，当 $10m < l_h < 15m$ 时，$l_t = 1.8m + 0.12(l_h - 10)$；

　　　$\gamma$——土和桩的平均重度（kN/m³），可近似取土的重度；

　　　$g$——重力加速度（m/s²）。

桩基的基本动力参数可由现场试验确定，试验方法应按 GB/T 50269—1997《地基动力特性测试规范》的规定采用。当无条件进行试验并有经验时，可按下列规定确定。

（1）预制桩或打入式灌注桩的抗压刚度　预制桩或打入式灌注桩的抗压刚度可按下式计算

$$K_{pz} = n_p k_{pz} \tag{6-32}$$

$$k_{pz} = \sum C_{p\tau} A_{p\tau} + C_{pz} A_p \tag{6-33}$$

式中　$K_{pz}$——桩基础抗压刚度（kN/m）；

　　　$k_{pz}$——单桩的抗压刚度（kN/m）；

　　　$n_p$——桩数；

　　　$C_{p\tau}$——桩周各层土的当量抗剪刚度系数（kN/m³）；

　　　$A_{p\tau}$——各层土的桩周表面积（m²）；

$C_{pz}$——桩尖土的当量抗压刚度系数（$kN/m^3$）；

$A_p$——桩的截面面积（$m^2$）。

当桩的间距为 4～5 倍桩截面的直径或边长时，桩周各层土的当量抗剪刚度系数 $C_{pr}$ 可按表 6-4 采用。

**表 6-4　桩周土的当量抗剪刚度系数 $C_{pr}$ 值**

| 土 的 名 称 | 土 的 状 态 | 当量抗剪刚度系数 $C_{pr}/$（$kN/m^3$） |
| --- | --- | --- |
| 淤泥 | 饱和 | 6000～7000 |
| 淤泥质土 | 天然含水量 45%～50% | 8000 |
| 黏性土、粉土 | 软塑 | 7000～10000 |
| | 可塑 | 10000～15000 |
| | 硬塑 | 15000～25000 |
| 粉砂、细砂 | 稍密－中密 | 10000～15000 |
| 中砂、粗砂、砾砂 | 稍密－中密 | 20000～25000 |
| 圆砾、卵石 | 稍密 | 15000～20000 |
| | 中密 | 20000～30000 |

当桩的间距为 4～5 倍桩截面的直径或边长时，桩尖土层的当量抗压刚度系数 $C_{pz}$ 值可按表 6-5 采用。

**表 6-5　桩尖土的当量抗压刚度系数 $C_{pz}$ 值**

| 土 的 名 称 | 土 的 状 态 | 桩尖埋置深度/m | 当量抗压刚度系数 $C_{pz}/$（$kN/m^3$） |
| --- | --- | --- | --- |
| 黏性土、粉土 | 软塑、可塑 | 10～20 | 500000～800000 |
| | 软塑、可塑 | 20～30 | 800000～1300000 |
| | 硬塑 | 20～31 | 1300000～1600000 |
| 粉砂、细砂 | 中密、密实 | 20～30 | 100000～1300000 |
| 中砂、粗砂、砾砂 | 中密 | 7～15 | 100000～1300000 |
| 圆砾、卵石 | 密实 | | 1300000～2000000 |
| 页岩 | 中等风化 | — | 1500000～2000000 |

（2）预制桩或打入式灌注桩桩基的抗弯刚度　预制桩或打入式灌注桩桩基的抗弯刚度可按下式计算

$$K_{p\varphi} = k_{p\varphi} \sum_{i=1}^{n} r_i^2 \tag{6-34}$$

式中　$K_{p\varphi}$——抗压弯刚度（$kN/m$）；

$r_i$——第 $i$ 根桩的轴线至基础地面形心回转轴的距离（m）。

（3）预制桩或打入式灌注桩桩基的抗剪和抗扭刚度　预制桩或打入式灌注桩桩基的抗剪和抗扭刚度可按下列规定采用：

1）抗剪刚度和抗扭刚度可采用相应的天然地基抗剪刚度和抗扭刚度的 1.4 倍。

2）当计入基础埋深和刚性地面作用时，桩基抗剪刚度可按下式计算

$$K'_{px} = K_x (0.4 + \alpha_{x\varphi}\alpha_1) \tag{6-35}$$

式中　$K'_{px}$——基础埋深和刚性地面对桩基刚度提高作用后的桩基抗剪刚度（kN/m）。

　　3）计入基础埋深和刚性地面作用后的桩基抗扭刚度可按下式计算

$$K'_{p\psi} = K_{\psi} \ (0.4 + \alpha_{x\varphi}\alpha_1) \tag{6-36}$$

式中　$K'_{p\psi}$——基础埋深和刚性地面对桩基刚度提高作用后的桩基抗扭刚度（kN/m）。

　　当采用端承桩或桩上部土层的地基承载力标准值 $f_k$ 大于或等于 200kPa 时，桩基抗剪刚度和抗扭刚度不应大于相应的天然地基抗剪刚度和抗扭刚度。

　　斜桩的抗剪刚度应按下列规定确定：

　　1）当桩的斜度大于1：6，其间距为4~5倍桩截面的直径或边长时，斜桩的当量抗剪刚度可采用相应的天然地基抗剪刚度的1.6倍。

　　2）当计入基础埋深和刚性地面作用时，斜桩桩基的抗剪刚度可按下式计算

$$K'_{px} = K_x \ (0.6 + \alpha_{x\varphi}\alpha_1) \tag{6-37}$$

　　（4）预制桩或打入式灌注桩桩基竖向、水平向总质量及基组的总转动惯量　计算预制桩或打入式灌注桩桩基的固有频率和振动线位移时，其竖向、水平向总质量及基组的总转动惯量应按下列公式计算

$$m_{sz} = m + m_0 \tag{6-38}$$

$$m_{sx} = m + 0.4m_0 \tag{6-39}$$

$$m_0 = l_t bd\rho \tag{6-40}$$

$$J' = J(1 + \frac{0.4m_0}{m}) \tag{6-41}$$

$$J'_z = J_z(1 + \frac{0.4m_0}{m}) \tag{6-42}$$

式中　$m_{sz}$——桩基竖向总质量（t）；

　　　　$m_{sx}$——桩基水平回转向总质量（t）；

　　　　$m_0$——竖向振动时，桩和桩间土参加振动的当量质量（t）；

　　　　$l_t$——桩的折算长度（m），按式（6-31）$l_t$ 参数的说明采用；

　　　　$b$——基础底面的宽度（m）；

　　　　$d$——基础底面的长度（m）；

　　　　$J'$——基组通过其中心轴的总转动惯量（t·m²）；

　　　　$J'_z$——基组通过其中心轴的总极转动惯量（t·m²）；

　　　　$J$——基组通过其中心轴的转动惯量（t·m²）；

　　　　$J_z$——基组通过其中心轴的极转动惯量（t·m²）。

　　（5）预制桩和打入式灌注桩桩基的阻尼比　桩基竖向阻尼比可按下列公式计算：

　　1）桩基承台底下为黏性土

$$\zeta_{pz} = \frac{0.2}{\sqrt{m}} \tag{6-43}$$

　　2）桩基承台底下为砂土、粉土

$$\zeta_{pz} = \frac{0.14}{\sqrt{m}} \tag{6-44}$$

　　3）端承桩

$$\zeta_{pz} = \frac{0.10}{\sqrt{m}} \tag{6-45}$$

4）当桩基承台底与地基土脱空时，其竖向阻尼比可取端承桩的竖向阻尼比。

桩基水平回转向、扭转向阻尼比可按下列公式计算

$$\zeta_{px\varphi1} = 0.5\zeta_{pz} \tag{6-46}$$

$$\zeta_{px\varphi2} = \zeta_{px\varphi1} \tag{6-47}$$

$$\zeta_{p\psi} = \zeta_{p\psi} \tag{6-48}$$

式中　$\zeta_{pz}$——桩基竖向阻尼比；

　　$\zeta_{px\varphi1}$——桩基水平回转耦合振动第一振型阻尼比；

　　$\zeta_{px\varphi2}$——桩基水平回转耦合振动第二振型阻尼比；

　　$\zeta_{p\psi}$——桩基扭转向阻尼比。

计算桩基阻尼比时，可计入桩基承台埋深对阻尼比的提高作用，提高后的桩基竖向、水平回转向及扭转向阻尼比可按下列规定计算：

1）摩擦桩

$$\zeta'_{pz} = \zeta_{pz}(1 + 0.8\delta_b) \tag{6-49}$$

$$\zeta'_{px\varphi1} = \zeta'_{px\varphi1}(1 + 0.6\delta_b) \tag{6-50}$$

$$\zeta'_{px\varphi2} = \zeta'_{px\varphi1} \tag{6-51}$$

$$\zeta'_{p\psi} = \zeta'_{px\varphi1} \tag{6-52}$$

2）支承桩

$$\zeta'_{pz} = \zeta_{pz}(1 + \delta) \tag{6-53}$$

$$\zeta'_{px\varphi1} = \zeta'_{px\varphi1}(1 + 1.4\delta) \tag{6-54}$$

$$\zeta'_{px\varphi2} = \zeta'_{px\varphi1} \tag{6-55}$$

$$\zeta'_{p\psi} = \zeta'_{px\varphi1} \tag{6-56}$$

式中　$\zeta'_{pz}$——桩基承台埋深对阻尼比提高作用后的桩基竖向阻尼比；

　　$\zeta'_{px\varphi1}$——桩基承台埋深对阻尼比提高作用后的桩基水平回转耦合振动第一振型阻尼比；

　　$\zeta'_{px\varphi2}$——桩基承台埋深对阻尼比提高作用后的桩基水平回转耦合振动第二振型阻尼比；

　　$\zeta'_{p\psi}$——桩基承台埋深对阻尼比提高作用后的桩基扭转向阻尼比。

## 6.4　实体式机器基础振动计算方法

动力计算的目的，就是要求得基础振动时产生的振幅、速度和加速度，以便与相应允许值进行比较，从而判断基础设计是否合格。图 6-3 所示的实体基础，当基组重心和基础底面形心接近在同一竖向直线上时，基组振动可分解为相互独立的三种运动：沿 $Oz$ 轴的竖向振动、在 $xz$ 及 $yz$ 平面内的水平回转耦合振动、绕 $Oz$ 轴的旋转振动。这三种振动形式可以先分开计算，然后叠加起来。

### 6.4.1　竖向振动

当基组重心和基础底面形心近似在一条竖线上时，沿此竖线作用的竖向扰力或撞击将使基组产生竖向强迫振动或自由振动，如前所述，基组质量应包括基础质量、机器和附属设备

质量以及基础台阶上的土质量，即

$$m = \frac{W_g + W_c + W_s}{g} \tag{6-57}$$

式中　　$m$——机组质量（t）；

　　　　$W_g$——基础的重力（kN）；

　　　　$W_c$——机器及附属设备的重力（kN）；

　　　　$W_s$——基础台阶上土的重力（kN）。

下面来分析一下作用在基组上的各种力：①基组总重力 $W = mg$；②竖向扰力 $P_z$；③弹簧反力 $S$，它是由静反力 $W$ 及竖向位移 $z$ 引起的弹簧动反力 $K_z z$ 组成，即 $S = W + K_z z$；④阻尼器反力 $N_z \dfrac{dz}{dt}$。当基础垂直振动时，其动平衡方程为

$$\frac{d^2 z}{dt^2} + 2D_z \lambda_z \frac{dz}{dt} + \lambda_z^2 z = \frac{P_z}{m} \sin\omega t \tag{6-58}$$

$$D_z = \frac{N_z}{2\sqrt{mK_z}} \tag{6-59}$$

$$\lambda_z = \sqrt{\frac{K_z}{m}} \tag{6-60}$$

式中　　$z$——基础振动竖向位移（m）；

　　　　$D_z$——地基土的竖向阻尼比；

　　　　$t$——时间（s）；

　　　　$\lambda_z$——基础的无阻尼自振圆频率（固有频率）（rad/s）；

　　　　$P_z$——作用在基础上的竖向扰力（kN）；

　　　　$\omega$——扰力的圆频率（rad/s）。

由结构动力学相关知识可知，单质点单自由度问题一般可分为以下情况：无阻尼自由振动、有阻尼自由振动、简谐强迫振动。经推导，动平衡方程（6-58）的全解为

$$z = A_1 e^{-D_z \lambda_z t} \sin(\lambda_d t + \delta_1) + A_z \sin(\omega t - \delta) \tag{6-61}$$

$$\lambda_z = \sqrt{1 - D_z^2}\, \lambda_z \tag{6-62}$$

式中　　$A_1$——初始振幅（m）；

　　　　$\lambda_z$——基础的有阻尼自振圆频率（rad/s）；

　　　　$\delta_1$——初始相位差（rad）；

　　　　$\delta$——扰力与振幅 $A_z$ 间的相位差，即

$$\delta = \arctan \frac{2D_z \lambda_z \omega}{\lambda_z^2 - \omega^2} \tag{6-63}$$

由式（6-61）可以看出，振动由两部分组成：有阻尼的自由振动及纯强迫简谐振动。其中，有阻尼的自由振动为减幅振动（如锻锤基础），其运动与初始条件（$A_1$、$\delta_1$）有关，频率与扰力频率无关，由于地基的阻尼作用，这部分振动会在很短时间内消失；而纯强迫振动与初始条件无关，频率与扰力频率相同，它是自由振动消失以后的稳态振动（如各类具有竖向扰力的机器基础）。

若仅考虑基组的稳态振动，在计算过程中忽略有阻尼自由振动的影响，式（6-61）的

第一项可以忽略不计，则式（6-61）可表达为

$$z = A_z \sin(\omega t - \delta) \tag{6-64}$$

$$A_z = \frac{P_z}{K_z} \frac{1}{\sqrt{(1 - \frac{\omega^2}{\lambda_z^2})^2 + 4D_z^2 \frac{\omega^2}{\lambda_z^2}}} = A_{st}\eta \tag{6-65}$$

$$A_{st} = \frac{P_z}{K_z} \tag{6-66}$$

$$\eta = \frac{1}{\sqrt{(1 - \frac{\omega^2}{\lambda_z^2})^2 + 4D_z^2 \frac{\omega^2}{\lambda_z^2}}} \tag{6-67}$$

式中　$A_z$——机组纯强迫振动的振幅（m）；

　　　$A_{st}$——在扰力 $P_z$ 作用下基础的静位移（m）；

　　　$\eta$——动力系数。

由动力系数 $\eta$ 的定义式可知，$\eta$ 只与 $\omega/\lambda_z$ 及 $D_z$ 有关，且图 6-5 可知，只有在共振区（$\omega/\lambda_z = 0.75 \sim 1.25$）内，阻尼的作用才较为明显，因此，为方便起见，当实际状况处于非共振区时，我们便不再考虑阻尼效应，即式（6-65）中含 $D_z$ 的项可以忽略不计。

## 6.4.2　水平回转耦合振动

纯粹的水平振动的振幅 $A_x$ 计算公式形式上与竖向振动的振幅 $A_z$ 相同，仅将式（6-64）中的 $A_z$、$P_z$、$K_z$、$D_z$、$\lambda_z$ 改为 $A_x$、$P_x$、$K_x$、$D_x$、$\lambda_x$ 即可。但实际上水平振动必然会引起机器的摇摆振动，两者是耦合的。如图 6-6 所示的基础在水平扰力 $P_x$ 作用下，基础会产生水平位移 $x$，水平扰力 $P_x$ 与偏心距 $H$ 的乘积为作用在基础上的扰力矩 $M$，该扰力矩又会使基础产生转角 $\varphi$。此外，基组在竖向扰力偏心作用、竖向平面内的扰力矩作用下，均会产生耦合振动。

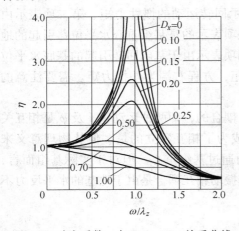

图 6-5　动力系数 $\eta$ 与 $D_z$、$\omega/\lambda_z$ 关系曲线

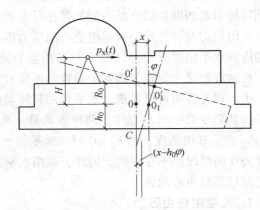

图 6-6　基础同时发生水平振动和回转振动示意图

为使问题的讨论更具一般性，我们现讨论水平扰力 $P_x\sin\omega t$ 及竖向平面内的扰力矩 $M_t\sin\omega t$ 作用下的基组振动问题，如图 6-7 所示。设基组重心的水平位移为 $x(t)$，基组在振

动平面内的回转角度为 $\varphi(t)$，地基的抗剪及抗弯刚度为 $K_x$ 和 $K_\varphi$，地基对基组的水平振动及回转振动的阻尼系数分别是 $N_x$ 和 $N_\varphi$，根据水平向力的动力平衡关系，可以列出式运动微分方程（6-68），根据基组重心的力矩的动力平衡条件，可以列出运动微分方程（6-69）

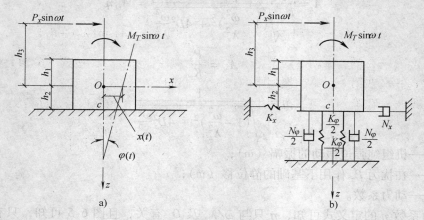

图 6-7　基础水平回转耦合计算简图

$$m\,\ddot{x} + N_x x - (N_x\dot{\varphi}h_2 + K_x\varphi h_2) = P_x\sin\omega t \tag{6-68}$$

$$I_m\,\ddot{\varphi} + (N_\varphi\dot{\varphi} + K_\varphi\varphi) - (N_x\dot{x} + K_x x)h_2 + (N_x\dot{\varphi}h_2 + K_x\varphi h_2)h_2 = (M_T + P_x h_s)\sin\omega t \tag{6-69}$$

式中　$m$——基组质量（t）；

$I_m$——基组对通过其重心 $O$ 并垂直于回转面的水平轴的质量惯性矩（$m^4$）。

微分方程（6-68）是水平振动的运动方程，左端第一项表示水平运动的惯性力、第二项表示由基组重心水平位移引起的阻尼反力及弹性反力、第三项表示由于基础回转引起基底水平位移从而引起的地基的阻尼反力及弹性反力，方程右边表示水平扰力。微分方程（6-69）是回转振动的运动方程，其左端第一项表示回转运动的惯性力矩、第二项表示由基础回转引起的地基阻尼反力矩及弹性反力矩、第三项表示的是基组重心水平位移引起的地基水平阻尼力及弹性反力对基组重心的反力矩、第四项表示由于基础回转引起的基底水平位移相应的水平阻尼力及弹性反力对基组重心的反力矩，方程右端为外扰力矩。需要注意的是，在列方程是一定要分清各个参数的正负号。

由上列方程组可以发现，水平及回转振动是相互耦合的，即两种运动量 $x$ 及 $\varphi$ 是相互关联的。如果令式中的 $h_2$ 为 0，两种运动量 $x$ 及 $\varphi$ 便成为了相互独立的量。但从物理意义来讲，$h_2$ 表示基组高度，当 $h_2 = 0$ 时，地基的水平反力通过基组重心。但对于实际基组而言，高度为 0 的情况是不存在的，因此，基组水平及回转振动相互耦合是由于地基的水平反力不可能通过基组重心而致。

### 1. 无阻尼自由振动

令式（6-68）、式（6-69）中的 $N_x = N_\varphi = 0$，$P_x = 0$，$M_T = 0$，便可得到相应的无阻尼水平回转耦合自由振动的运动方程

$$m\,\ddot{x} + K_x(x - \varphi h_2) = 0 \tag{6-70}$$

$$I_m \ddot{\varphi} + (K_\varphi + K_x h_2^2)\varphi - K_x x h_2 = 0 \tag{6-71}$$

以上两式的通解为

$$x = A_1 \sin(\lambda_1 t + \delta_1) + A_2 \sin(\lambda_2 t + \delta_2) \tag{6-72}$$

$$\varphi = \frac{1}{h_2}(1 - \frac{\lambda_1^2}{\lambda_x^2})A_1 \sin(\lambda_1 t + \delta_1) + \frac{1}{h_2}(1 - \frac{\lambda_2^2}{\lambda_x^2})A_2 \sin(\lambda_2 t + \delta_2) \tag{6-73}$$

式中　$\lambda_1$、$\lambda_2$——在耦合振动下的第一、第二固有频率（rad/s），按式（6-74）计算；

$\delta_1$、$\delta_2$——在第一、第二振型中的相位差（rad）；

$A_1$、$A_2$——在第一、第二振型中的振幅（m），按式（6-77）、式（6-78）计算。

$$\lambda_{1,2}^2 = \frac{1}{2}\left[(\lambda_x^2 + \lambda_\varphi^2) \mp \sqrt{(\lambda_x^2 - \lambda_\varphi^2)^2 + \frac{4mh_2^2\lambda_x^4}{I_m}}\right] \tag{6-74}$$

$$\lambda_x^2 = \frac{K_x}{m} \tag{6-75}$$

$$\lambda_\varphi^2 = \frac{K_\varphi + K_x h_2^2}{I_m} \tag{6-76}$$

$$A_1 = \frac{1}{\lambda_1 \ (\lambda_2^2 - \lambda_1^2 \varphi)}[(\lambda_2^2 - \lambda_x^2) \ x_0 + h_0 \lambda_x^2 \varphi_0] \tag{6-77}$$

$$A_2 = \frac{1}{\lambda_2 \ (\lambda_2^2 - \lambda_1^2 \varphi)}[(\lambda_x^2 - \lambda_1^2) \ x_0 - h_0 \lambda_x^2 \varphi_0] \tag{6-78}$$

### 2. 强迫振动的求解方法简述

在简谐扰力或扰力矩作用下，求解运动微分方程组的强迫振动解答可用直接求解联立方程的直接法求得，也可用振型分解法求得。而这些求解方法在结构动力学中都有较为详细的阐述，在此不再赘述。

### 3. 扭转振动

基组在受到绕竖轴的水平扭转力矩 $M_\psi \sin\omega t$ 作用下，将产生扭转振动。设扭转角为 $\psi$，地基抗扭刚度为 $K_\psi$，扭转阻尼系数为 $N_\psi$，基组绕竖轴的质量惯性矩为 $J_\psi$，与竖向振动方程相似，扭转振动的运动方程组为

$$J_m \ddot{\psi} + N_\psi \dot{\psi} + K_\psi \psi = M_\psi \sin\omega t \tag{6-79}$$

引入下列符号

$$\lambda_\psi = \sqrt{\frac{K_\psi}{J_m}} \ \text{及} \ D_\psi = \frac{N_\psi}{2\sqrt{J_m K_\psi}} \tag{6-80}$$

则式（6-80）可改写为

$$\ddot{\psi} + 2D_\psi \lambda_\psi \dot{\psi} + \lambda_\psi^2 \psi = \frac{M_\psi}{J_m}\sin\omega t \tag{6-81}$$

$\lambda_\psi$ 是扭转振动的自振圆频率，在扭转力矩 $M_\psi \sin\omega t$ 作用下强迫振动的稳态解相应的扭转角幅值 $A_\psi$ 为

$$A_\psi = \frac{M_\psi}{K_\psi} \frac{1}{\sqrt{(1 - \frac{\omega^2}{\lambda_\psi^2})^2 + 4D_\psi^2 \frac{\omega^2}{\lambda_\psi^2}}} \tag{6-82}$$

基础顶面要求控制振幅点的水平振幅 $A_{x\psi}$ 为

$$A_{x\psi} = A_\psi l_\psi \tag{6-83}$$

式中　$l_\psi$——控制振幅点与扭转轴的水平距离（m）。

以上讨论了大块式机器基础的振动计算方法，在实际工程中，可以利用上述计算原理和方法，结合各类机器基础的一些具体要求和规定，完成各类机器基础设计中的振动计算问题。

# 6.5　锻锤基础设计

利用气压或液压等传动机构使落下部分产生运动并积累动能，在极短的时间施加给锻件，使之获得塑性变形能，完成各种锻压工艺的锻压机械称为锻锤。锻锤一般由锤头、砧座及机座组成，砧座与基础间设有垫层，整个锻锤基础放置在地基上。锤头打击固定砧座的为有砧座锤；上下锤头对击的对击锤为无砧座锤。锻锤的规格通常以落下部分的质量来表示，但因它是限能性设备，其确切的性能参数应是打击能量。

锻锤的种类很多，按打击特性分，有对击锤和有砧座锤；按工艺用途分，有自由锻锤、模锻锤和板料冲压锤；按向下行程时作用在落下部分的力分为单作用锤和双作用锤。单作用锤工作时，落下部分为自由落体；双作用锤在向下行程时，落下部分除受重力作用外，还受压缩空气或液压力的作用，故打击能量较大。按驱动形式将锻锤分为蒸汽－空气锤、空气锤、机械锤、液压锤。

锻锤因结构简单、适用性强、便于维修，广泛应用于锻造工厂中，但锻锤在工作中会产生极大的振动，给地基极大的冲击力，因此必须在锻锤下单独建造一个大而坚固的基础，另外还需要将基础的振动值控制在一定范围以内，以避免过大的振动向外传播，影响其他设备的正常使用和厂房、人员的安全。当周围的环境对振动要求严格时，就要采用先进而且有效的隔振技术。图 6-8a 为双柱式自由锻锤及基础，图 6-8b 为模锻锤及基础，主要由锤架、落锤、砧块及基础组成。

　　　　　　　a)　　　　　　　　　　　　　　　　b)

图 6-8　锻锤及锻锤基础
a）双柱式自由锻锤及基础　b）模锻锤及基础

锻锤基础设计时，除了 6.2.1 节规定中所需资料外，尚应由机器制造厂方提供下列基础资料：

1) 落下部分公称质量及实际重。

2) 砧座及锤架重。

3）砧座高度、底面尺寸及砧座顶面对本车间地面的相对标高。

4）锤架底面尺寸及地脚螺栓的形式、直径、长度和位置。

5）落下部分的最大速度或最大行程、汽缸内径、最大进气压力或最大打击能量。

6）单臂锤锤架的重心位置。

## 6.5.1　锻锤基础设计的基本要求

### 1. 基础的类型及构造要求

1）不隔振锻锤基础通常采用梯形或台阶式的整体大块式基础，两种情况都要求高宽比不小于 1，锥形基础边缘处最小高度应大于或等于 $150 \sim 200$ mm，如图 6-10 所示。5t 及以下的锻锤，也可采用正圆锥壳基础，壳体倾斜部分长度 $l_q$ 应根据锻锤吨位及地基土类别确定，壳体厚度 $h_q = 0.125 l_q$，环梁宽度 $b_q = 0.250 l_q$，环梁宽度 $d_q = 0.200 l_q$，环梁外径 $R_q = 1.83 l_q \cos\alpha_q - \dfrac{h_q}{2\sin\alpha_q} + b_q$，壳体倾角 $\alpha_q$ 可取 $35°$，如图 6-9 所示。

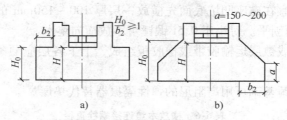

图 6-9　实体式锻锤基础类型
a）台阶形基础　b）锥形基础

2）隔振锻锤基础有隔振器置于砧座下的砧座隔振锻锤基础和隔振器置于基础下的基础隔振锻锤基础两种形式。

3）当地基土为四类土或锻锤基础外形尺寸受限制时，宜采用砧座隔振锻锤基础或人工地基。

### 2. 材料强度要求

锻锤基础宜采用钢筋混凝土结构，大块式基础的混凝土强度等级不宜低于 C15，正圆锥壳基础的混凝土强度等级不宜低于 C20。

砧座垫层的材料应符合下列规定：

1）由方木或胶合方木组成的木垫，宜选用材质均匀、耐腐性较强的一等材，并经干燥及防腐处理。

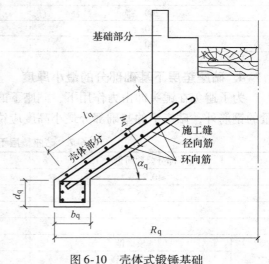

图 6-10　壳体式锻锤基础

2）木垫的材质应符合下列规定：

① 横放木垫可采用 TB20、TB17，对于不大于 1t 的锻锤，也可用 TB15、TC17、TC15。

② 竖放木垫可采用 TB15、TC17、TC15。

③ 竖放木垫下的横放木垫可采用 TB20、TB17。

④ 对于木材表层绝对含水率：采用方木时不宜大于 25%，采用胶合方木时不宜大于 15%。

3）对于不大于 5t 的锻锤可采用橡胶垫，橡胶垫可由普通型运输胶带或普通橡胶板组成，含胶量不宜低于 40%，肖氏硬度宜为 65Hs。其胶种和材质的选择应符合下列规定：

① 胶种宜采用氯丁胶、天然胶或顺丁胶。

② 当锻锤使用时间每天超过 16h 时，宜选用耐热橡胶带（板）。

③ 运输橡胶板的力学性能宜符合《运输胶带》的规定。

④ 普通橡胶板的力学性能宜符合《工业用硫化橡胶板的性能》的规定。

**3. 砧座下垫层的铺设方式**

在砧座下应铺设垫层，其主要作用是使砧座传来的压力比较均匀地作用在基础上、起到一定的缓冲作用和保护基础槽口内的混凝土免受伤害。此外，通过底层高度的调节，还能调整基础面和砧座的水平度，以保证机器的正常运作。

1）木垫横放并由多层组成时，上下各层应交叠成十字形。最上层沿砧座底面的短边铺设，每层木垫厚度不宜小于 150mm，并应每隔 0.5～1.0m 用螺栓将方木拧紧，螺栓直径可按表 6-6 选用。

2）木垫竖放时，宜在砧座凹坑底面先横放一层厚 100～150mm 的木垫，然后再沿凹坑用方木立砌，并将顶面刨平。对小于 0.5t 锻锤可不放横向垫木。

3）橡胶垫由一层或数层运输胶带或橡胶板组成，上下各层应顺条通缝叠放，并应在砧座凹坑内满铺。

4）对砧座隔振锻锤基础可用高阻尼的弹性隔振器替代垫层。

**表 6-6　横放木垫连接螺栓直径**

| 每层木垫厚度/mm | 螺栓直径/mm |
|---|---|
| 150 | 20 |
| 200 | 24 |
| 250 | 30 |
| 300 | 35 |

**4. 砧座垫层下基础部分的最小厚度**

为了避免在锤头冲击力作用下，砧座下的基础开裂或脱底，除了应在基础内配置一定数量的钢筋外，砧座下的基础部分最小高度应符合表 6-7 的规定。

**表 6-7　砧座垫层下基础部分的最小厚度**

| 落下部分公称质量/t | | 最小厚度/mm |
|---|---|---|
| ≤0.25 | | 600 |
| ≤0.75 | | 800 |
| 1 | | 1000 |
| 2 | | 1200 |
| 3 | 模锻锤 | 1500 |
| | 自由锻锤 | 1750 |
| 5 | | 2000 |
| 10 | | 2750 |
| 16 | | 3500 |

**5. 施工要求**

锻锤基础，在砧座垫层下 1.5m 高度范围内，不得设施工缝。砧座垫层下的基础上表面应一次抹平，严禁做找平层，其水平度要求：木垫下不应大于 1‰；橡胶垫下不应大于 0.5‰。

**6. 基础的配筋要求**

1）砧座垫层下基础上部，应配置水平钢筋网，钢筋直径宜为 10~16mm，钢筋间距宜为 100~150mm。钢筋应采用 HRB335 级钢，伸过凹坑内壁的长度，不宜小于 50 倍钢筋直径，一般伸至基础外缘，其层数可按表 6-8 采用，各层钢筋网的竖向间距，宜为 100~200mm，并按上密下疏的原则布置，最上层钢筋网的混凝土保护层厚度宜为 30~35mm。

表 6-8　钢筋网层数

| 落下部分公称质量/t | ≤1 | 2~3 | 5~10 | 16 |
|---|---|---|---|---|
| 钢筋网层数 | 2 | 3 | 4 | 5 |

2）砧座凹坑的四周，应配置竖向钢筋网，钢筋间距宜为 100~250mm，钢筋直径：当锻锤小于 5t 时，宜采用 12~16mm；当锻锤大于或等于 5t 时宜采用 16~20mm，其竖向钢筋，宜伸至基础底面。

3）基础的底面应配置水平钢筋网，钢筋间距宜为 100~250mm，钢筋直径：当锻锤小于 5t 时，宜采用 12~18mm；当锻锤大于或等于 5t 时，宜采用 18~22mm。

4）基础及基础台阶顶面，砧座凹坑外侧面及大于或等于 2t 的锻锤基础侧面，应配置直径 12~16mm、间距 150~250mm 的钢筋网。

5）大于或等于 5t 的锻锤砧座垫层下的基础部分，尚应沿竖向每隔 800mm 左右配置一层直径 12~16mm、间距 400mm 左右的水平钢筋网。

砧座凹坑与砧座、垫层的四周间隙中，应采用沥青麻丝填实，并应在间隙顶面 50~100mm 范围内用沥青浇灌。

锻锤基础与厂房基础的净距不宜小于 500mm。在同一厂房内有多台 10t 及以上的锻锤时，各台锻锤基础中心线的距离不宜小于 30m。

**7. 锻锤基础振动的控制条件**

对锻锤基础振动的控制条件，不仅要满足生产要求，还应考虑其对周围环境以及工作人员的影响。锻锤基础的允许振动线位移及允许振动加速度应同时满足，并应按下列规定采用：

1）对于 2~5t 的锻锤基础，应按表 6-9 采用。

表 6-9　锻锤基础允许振动线位移及允许振动加速度

| 土的类别 | 允许振动线位移/mm | 允许振动加速度/（m/s²） |
|---|---|---|
| 一类土 | 0.8~1.20 | $0.85g~1.3g$ |
| 二类土 | 0.65~0.80 | $0.65g~0.85g$ |
| 三类土 | 0.40~0.65 | $0.45g~0.65g$ |
| 四类土 | <0.40 | $<0.45g$ |

注：1. 对孔隙比较大的黏性土、松散的碎石土、稍密或很湿到饱和的砂土，尤其是细、粉砂以及软塑到可塑的黏性土，允许振动线位移和允许振动加速度应取表 6-9 中相应土类的较小值。

2. 对湿陷性黄土及膨胀土应采取有关措施后，可按表 6-9 内相应的地基土类别选用允许振动值。

3. 当锻锤基础与厂房柱基处在不同土质上时，应按较差的土质选用允许振动值。

4. 当锻锤基础和厂房柱基均为桩基时，可按桩尖处的土质选用允许振动值。

2）小于 2t 的锻锤基础按表 6-9 数值乘以 1.15。

3）大于 5t 的锻锤基础按表 6-9 中数值乘以 0.80。

### 8. 锻锤振动对单层厂房的影响

锻锤振动对单层厂房的影响半径可按表 6-10 采用，并应采取相应的构造措施。

**表 6-10　锻锤振动对单层厂房的影响**

| 落下部分公称质量/t | 附加动载影响半径/m | 屋盖结构附加竖向动荷载为静荷载的百分数（%） |
|---|---|---|
| ≤1.0 | 15 ~ 25 | 3 ~ 5 |
| 2 ~ 5 | 30 ~ 40 | 5 ~ 10 |
| 10 ~ 16 | 45 ~ 55 | 10 ~ 15 |

注：附加动荷载应按振动影响最大的一台锻锤计入，柱及吊车梁可不考虑附加动荷载。

## 6.5.2　锻锤基础的振动计算

由于锻锤基础的振幅和加速度均较大，而且对建筑的影响主要取决于振动加速度，所以设计锻锤基础的时候不仅要考虑振幅，还应考虑加速度。这样，在进行计算的过程中，起控制作用的指标有基组的竖向振幅、自振圆频率及振动加速度幅值。

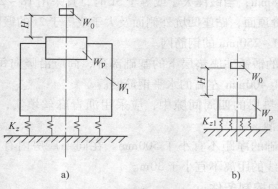

**图 6-11　锻锤基础计算模型**
a）基础计算模型　b）砧座计算模型

锻锤基础的振动是由于锤头（$W_0$）以最大打击速度 $v$ 与锻锤基础体系（砧座 $W_p$ 及基础 $W_1$）发生碰撞，并使体系获得初始速度 $v_0$，从而引起锻锤基础的自由振动。计算基础振动时，可按图 6-11a 所示单自由度模型进行计算，此时把 $W_p$ 和 $W_1$ 看做一个整体；计算砧座振动时，可按图 6-11b 所示单自由度计算模型，此时 $W_1$ 固定，$W_p$ 和 $W_1$ 之间以弹簧相连。

下面首先讨论一下锻锤基础振动计算中的相关参数计算公式。

### 1. 锻锤落下部分的最大速度及体系的初速度

锻锤出厂时，有的已经表明了锤头的最大打击速度，对于未标明的锻锤，应根据相关资料及公式进行计算，锻锤落下部分的最大打击速度 $v_0$ 可按下列规定计算

（1）单作用的自由下落锤（单动锤）的最大打击速度　单动锤的最大打击速度 $v_0$ 可根据下式计算

$$v_0 = 0.9 \sqrt{2gH} \tag{6-84}$$

（2）双作用锤（双动锤）的最大打击速度　双动锤是指下落过程中动力来源除了重力外，还有蒸汽或气压的作用，在这种情况下，锻锤落下部分的最大打击速度 $v_0$ 可按下式计算

$$v_0 = 0.65 \sqrt{2gH \frac{P_0 A_0 + W_0}{W_0}} \tag{6-85}$$

（3）按锤击能量计算的最大打击速度　若出厂资料仅给出了打击能量 $u$（kN·m），锻锤落下部分的最大打击速度 $v_0$ 则可根据下式计算

$$v_0 = \sqrt{\frac{2.2gu}{W_0}} \tag{6-86}$$

式中　$H$——落下部分的最大行程（m）；

　　　$P_0$——汽缸最大进气压力（kPa）；

　　　$W_0$——锤头重力（kN）；

　　　$A_0$——汽缸活塞面积（m²）；

　　　$u$——锤头最大打击能量（kJ）。

（4）体系的初始速度　锻锤基础（连同砧座）受到落下部分实际自重为 $W_0$、打击速度为 $v_0$ 的锤头撞击后，体系所得到的初始速度 $v$ 可根据下式计算

$$v = (1 + e) \frac{W_0 v_0}{W_0 + W} \tag{6-87}$$

式中　$v$——体系初始速度（m/s）；

　　　$W$——锻锤基础的重力（kN），$W = W_p + W_1$；

　　　$e$——碰撞系数（无量纲），即两个相互碰撞的物体，碰撞后的相对速度与碰撞前的相对速度之比。

$e$ 取决于锻造物体的材料，对于模锻锤：锻钢制品时取 $e = 0.5$，锻有色金属时取 $e = 0$；对自由锻锤：$e = 0.25$。

**2. 锻锤基础的振动线位移**（振幅）、**自振频率及振动加速度幅值**

这里需要说明的一点是，由于锤头重力 $W_0$ 远小于砧座及基础的重力 $W$，故令 $W + W_0 \approx W$，故锻锤基础的、自振频率、振动加速度幅值振动线位移可按下列公式计算

$$\lambda_{z0} = \sqrt{\frac{K_z g}{W}} \tag{6-88}$$

$$z(t) = (1 + e) \frac{W_0}{W} \frac{v_0}{\lambda_{z0}} \sin \lambda_{z0} t \tag{6-89}$$

$$A_{z0} = (1 + e) \frac{W_0 v_0}{\sqrt{g K_z W}} \tag{6-90}$$

锻锤基础的埋深效应增加了基础侧面摩擦，提高了基础刚度。此外，地基参加振动的质量的影响、地基土的阻尼效应和其他原因，使得按上式计算出的自振频率及振动线位移会与实测值存在一定的差异。因此，在实际计算过程中应进行适当修正，即在振动线位移及自振频率计算公式前分别乘上振幅调整系数 $k_A$ 和 $k_\lambda$，实体式基础的振幅调整系数按表 6-11

取值。

表 6-11　振幅和频率调整系数

| 类　别 | $k_A$ | $k_\lambda$ |
|---|---|---|
| 天然地基（岩石地基除外） | 0.6 | 1.6 |
| 桩基 | 1.0 | 1.0 |

调整后的不隔振锻锤基础顶面竖向振动线位移、固有圆频率和振动加速度可按下列公式计算

$$A_z = k_A \frac{\psi_e v_0 W_0}{\sqrt{K_z W}} \tag{6-91}$$

$$\omega_{nz}^2 = k_\lambda^2 \frac{K_z g}{W} \tag{6-92}$$

$$a = A_z \omega_{nz}^2 \tag{6-93}$$

式中　$a$——基础的振动加速度（$m/s^2$）；

　　　$k_A$——振动线位移调整系数；

　　　$k_\lambda$——频率调整系数；

　　　$W$——基础、砧座、锤架及基础上回填土等总重（kN），正圆规锥壳基础还应包含壳体内的全部土重。当为桩基时，应包括桩和桩间土参加振动的当量重力；

　　　$W_0$——落下部分的实际重力（kN）；

　　　$\psi_e$——冲击回弹影响系数，对模锻锤，当模锻钢制品时，可取 $0.5 s/m^{1/2}$，模锻有色金属制品时，可取 $0.35 s/m^{1/2}$；对自由锻锤可取 $0.4 s/m^{1/2}$；

　　　$v_0$——落下部分的最大速度（m/s）。

设计单臂锻锤基础，其锤击中心、基础底面形心和基组重心宜位于同一铅垂线上，当不在同一铅垂线上时，不应采用正圆锥壳基础，可采用大块式基础，但必须使锤击中心对准基础底面形心，且锤击中心对基组重心的偏心距不应大于基础偏心方向边长的 5%。此时，锻锤基础边缘的竖向振动线位移可按下式计算

$$A_{ez} = A_z \left(1 + 3.0 \frac{e_h}{b_h}\right) \tag{6-94}$$

式中　$A_{ez}$——锤击中心、基础地面形心与基组重心不在同铅垂线上时锤基础边缘的竖向振动线位移（m）；

　　　$e_h$——锤击中心对基组重心的偏心距（m）；

　　　$b_h$——锤击基础的偏心方向的边长（m）。

设计中，按上述公式计算的振动线位移、振动加速度应小于表 6-9 中相应的允许振动线位移、允许振动加速度限值要求。

### 3. 砧座线位移及垫层厚度

垫层上砧座的振动计算模型如图 6-11b 所示，因此垫层上砧座的竖向振动线位移 $A_{z1}$ 可按不计阻尼的质量–弹簧模型的式（6-90）进行计算，仅须将式中 $W$ 代以 $W_p$，$K_z$ 代以 $K_{z1}$，且

$$K_{z1} = \frac{E_1 A_1}{d_0} \tag{6-95}$$

垫层上砧座的竖向振动线位移，可按下式进行计算

$$A_{z1} = \psi_e W_0 v_0 \sqrt{\frac{d_0}{E_1 W_h A_1}} \qquad (6-96)$$

式中 $A_{z1}$——垫层上砧座的竖向振动线位移（m）；

$d_0$——砧座下垫层的总厚度（m）；

$E_1$——垫层弹性模量（kPa），可按表 6-12 采用；

$W_h$——对模锻锤为砧座和锤架的总重，对自由锻锤为砧座重（kN）；

$A_1$——砧座底面积（$m^2$）。

表 6-12    不隔振锻锤基础垫层的承压强度设计值和弹性模量

| 垫层名称 | 木材强度等级 | 承压强度计算值 $f_c$/kPa | | 弹性模量 $E_1$/kPa |
|---|---|---|---|---|
| 横放木垫 | TB-20、TB-17 | 30000 | | $50 \times 10^4$ |
| | TC-17 | 18000 | | $50 \times 10^4$ |
| | TC-15、TB-15 | 17000 | | $30 \times 10^4$ |
| 竖放木垫 | TC-17、TC-15、TB-15 | 10000 | | $10 \times 10^6$ |
| 运输胶带 | — | 小于 1t 的锻锤 | 30000 | $3.8 \times 10^4$ |
| | | 1~5t 的锻锤 | 25000 | |

设计中，垫层上砧座的竖向振动线位移应小于竖向允许振动线位移，竖向允许振动线位移可按表 6-13 采用。当砧座下采取隔振装置时，砧座竖向允许振动线位移不宜大于 20mm。

表 6-13    砧座的竖向允许振动线位移

| 落下部分公称质量/t | 竖向允许振动线位移/mm |
|---|---|
| ≤1.0 | 1.7 |
| 2.0 | 2.0 |
| 3.0 | 3.0 |
| 5.0 | 4.0 |
| 10.0 | 4.5 |
| 16.0 | 5.0 |

垫层总厚度 $d_0$ 由砧座下垫层的最大应力 $\sigma_{max}$ 等于垫层承压允许应力 $f_c$ 的条件确定，砧座下垫层的总厚度可按下式计算

$$d_0 = \frac{\psi_e^2 W_0^2 v_0^2 E_1}{f_c^2 W_h A_1} \qquad (6-97)$$

式中 $f_c$——垫层承压强度设计值（kPa），可按表 6-12 采用。

设计中，砧座下垫层的总厚度除按式（6-97）计算外，还不应小于表 6-14 中垫层最小总厚度的要求。

表 6-14    垫层最小总厚度

| 落下部分公称质量/t | 木垫/mm | 胶带/mm |
|---|---|---|
| ≤0.25 | 150 | 20 |
| 0.50 | 250 | 20 |

（续）

| 落下部分公称质量/t | 木垫/mm | 胶带/mm |
|---|---|---|
| 0. 75 | 300 | 30 |
| 1. 00 | 400 | 30 |
| 2. 00 | 500 | 40 |
| 3. 00 | 600 | 60 |
| 5. 00 | 700 | 80 |
| 10. 00 | 1000 | — |
| 16. 00 | 1200 | — |

### 6. 5. 3　正圆锥壳锻锤基础的强度计算

当计算壳体截面强度时，在壳体顶上的总荷载包括基础自重、锤架和砧座重以及当量荷载的分项系数可取 1. 2。

壳体顶部的当量荷载可按下式计算

$$P = (1 + e) \frac{W_0 v_0}{g T_q} \cdot \mu \tag{6-98}$$

式中　$P$——壳体顶部的当量荷载（kN）；

$T_q$——冲击响应时间（s），对 1t 及以下的锻锤，其砧座下垫层为木垫时，可取 1/200s，垫层为运输胶带时，可取 1/280s；对大于 1t 的锻锤，其砧座下垫层为木垫时，可取 1/150s，垫层为运输胶带时，可取 1/200s；

$\mu$——考虑材料疲劳等因素的分项系数，可取 2. 0；

$e$——回弹系数，可取 0. 5。

壳体截面强度可按下列公式计算：

径向应力　$\sigma_s = 1. 2 P_q \left( \dfrac{K_q N_{ss}}{h_q} \pm \dfrac{K_{\varphi q} M_{ss} h_q}{2 I_q} \right)$ $\tag{6-99}$

环向应力　$\sigma_\theta = 1. 2 P_q \left( \dfrac{K_q N_{\theta\theta}}{h_q} \pm \dfrac{K_{\varphi q} M_{\theta\theta} h_q}{2 I_q} \right)$ $\tag{6-100}$

环梁内力　$T = 1. 2 P_q \left( -K_q N_{ss} \cos\alpha_q + K_{\varphi q} Q_{ss} \sin\alpha_q \right) \left( 1. 83 l_q \cos\alpha_q \right)$ $\tag{6-101}$

壳体抗拉、抗压刚度　$K_q = \dfrac{E_c h_q}{1 - \nu^2}$ $\tag{6-102}$

壳体抗弯刚度　$K_{\varphi q} = \dfrac{E_c h_q^3}{12 (1 - \nu^2)}$ $\tag{6-103}$

壳体单位宽度的截面惯性矩　$I_q = \dfrac{h_q^3}{12}$ $\tag{6-104}$

式中　$\sigma_s$——壳体径向应力（kPa）；

$\sigma_\theta$——壳体环向应力（kPa）；

$T$——环梁内力（kN）；

$P_q$——作用在壳体顶部的总荷载，包括基础自重、锤架和砧座重以及当量荷载（kN）；

$K_q$——壳体抗拉、抗压强度（kN/m）；

$K_{\varphi q}$——壳体抗弯刚度（kN/m）；

$I_q$——壳体单位宽度的截面惯性矩（$m^4$）；

$\nu$——钢筋混凝土泊松比，可取 0.2；

$N_{ss}$——当壳体顶部荷载为 1kN 时，壳体单位宽度上的径向力参数值（1/kN）；

$N_{\theta\theta}$——当壳体顶部荷载为 1kN 时，壳体单位宽度上的环向力参数值（1/kN）；

$Q_{ss}$——当壳体顶部荷载为 1kN 时，壳体单位宽度上的径向剪力参数值 [1/（kN·$m^2$）]；

$M_{ss}$——当壳体顶部荷载为 1kN 时，壳体单位宽度上的径向弯矩参数值 [1/（kN·m）]；

$M_{\theta\theta}$——当壳体顶部荷载为 1kN 时，壳体单位宽度上的环向弯矩参数值 [1/（kN·m）]。

当壳体的倾角 $\alpha_q$ 为 35°，地基抗压刚度系数 $C_z$ 值不小于 28000kN/m 且壳体顶部荷载为 1kN 时，壳体单位宽度上的径向力参数值、径向弯矩参数值、径向剪力参数值、环向力参数值和环向弯矩参数值可按表 6-15 采用。

**表 6-15 正圆锥壳基础内力参数值**

| $l_q$ | $N_{ss}$ / （1/kN） | $M_{ss}$ / [1/（kN·m）] | $Q_{ss}$ / [1/（kN·$m^2$）] | $N_{\theta\theta}$ / （1/kN） | $M_{\theta\theta}$ / [1/（kN·m）] |
|---|---|---|---|---|---|
| 0.80 | $-0.317 \times 10^{-7}$ | $-0.164 \times 10^{-5}$ | $0.109 \times 10^{-4}$ | $0.499 \times 10^{-7}$ | $-0.228 \times 10^{-6}$ |
| 1.00 | $-0.203 \times 10^{-7}$ | $-0.837 \times 10^{-6}$ | $0.444 \times 10^{-5}$ | $0.318 \times 10^{-7}$ | $-0.116 \times 10^{-6}$ |
| 1.20 | $-0.141 \times 10^{-7}$ | $-0.483 \times 10^{-6}$ | $0.214 \times 10^{-5}$ | $0.220 \times 10^{-7}$ | $-0.671 \times 10^{-7}$ |
| 1.40 | $-0.103 \times 10^{-7}$ | $-0.303 \times 10^{-6}$ | $0.115 \times 10^{-5}$ | $0.161 \times 10^{-7}$ | $-0.421 \times 10^{-7}$ |
| 1.60 | $-0.789 \times 10^{-8}$ | $-0.202 \times 10^{-6}$ | $0.672 \times 10^{-6}$ | $0.123 \times 10^{-7}$ | $-0.281 \times 10^{-7}$ |
| 1.80 | $-0.623 \times 10^{-8}$ | $-0.142 \times 10^{-6}$ | $0.419 \times 10^{-6}$ | $0.968 \times 10^{-8}$ | $-0.197 \times 10^{-7}$ |
| 2.00 | $-0.504 \times 10^{-8}$ | $-0.103 \times 10^{-6}$ | $0.274 \times 10^{-6}$ | $0.781 \times 10^{-8}$ | $-0.143 \times 10^{-7}$ |
| 2.20 | $-0.416 \times 10^{-8}$ | $-0.771 \times 10^{-7}$ | $0.178 \times 10^{-6}$ | $0.643 \times 10^{-8}$ | $-0.107 \times 10^{-7}$ |
| 2.40 | $-0.349 \times 10^{-8}$ | $-0.592 \times 10^{-7}$ | $0.131 \times 10^{-6}$ | $0.539 \times 10^{-8}$ | $-0.822 \times 10^{-8}$ |
| 2.60 | $-0.297 \times 10^{-8}$ | $-0.464 \times 10^{-7}$ | $0.952 \times 10^{-7}$ | $0.457 \times 10^{-8}$ | $-0.644 \times 10^{-8}$ |
| 2.80 | $-0.256 \times 10^{-8}$ | $-0.370 \times 10^{-7}$ | $0.706 \times 10^{-7}$ | $0.393 \times 10^{-8}$ | $-0.514 \times 10^{-8}$ |
| 3.00 | $-0.223 \times 10^{-8}$ | $-0.300 \times 10^{-7}$ | $0.534 \times 10^{-7}$ | $0.341 \times 10^{-8}$ | $-0.416 \times 10^{-8}$ |
| 3.20 | $-0.195 \times 10^{-8}$ | $-0.246 \times 10^{-7}$ | $0.412 \times 10^{-7}$ | $0.289 \times 10^{-8}$ | $-0.342 \times 10^{-8}$ |
| 3.40 | $-0.173 \times 10^{-8}$ | $-0.205 \times 10^{-7}$ | $0.322 \times 10^{-7}$ | $0.264 \times 10^{-8}$ | $-0.284 \times 10^{-8}$ |
| 3.60 | $-0.154 \times 10^{-8}$ | $-0.172 \times 10^{-7}$ | $0.256 \times 10^{-7}$ | $0.234 \times 10^{-8}$ | $-0.239 \times 10^{-8}$ |
| 3.80 | $-0.138 \times 10^{-8}$ | $-0.146 \times 10^{-7}$ | $0.206 \times 10^{-7}$ | $0.210 \times 10^{-8}$ | $-0.202 \times 10^{-8}$ |
| 4.00 | $-0.125 \times 10^{-8}$ | $-0.125 \times 10^{-7}$ | $0.167 \times 10^{-7}$ | $0.189 \times 10^{-8}$ | $-0.173 \times 10^{-8}$ |
| 4.20 | $-0.113 \times 10^{-8}$ | $-0.107 \times 10^{-7}$ | $0.137 \times 10^{-7}$ | $0.170 \times 10^{-8}$ | $-0.149 \times 10^{-8}$ |
| 4.40 | $-0.103 \times 10^{-8}$ | $-0.930 \times 10^{-8}$ | $0.115 \times 10^{-7}$ | $0.155 \times 10^{-8}$ | $-0.129 \times 10^{-8}$ |
| 4.80 | $-0.860 \times 10^{-9}$ | $-0.712 \times 10^{-8}$ | $0.797 \times 10^{-8}$ | $0.129 \times 10^{-8}$ | $-0.986 \times 10^{-9}$ |

（续）

| $l_q$ | $N_{ss}$ / $(1/kN)$ | $M_{ss}$ / $[1/(kN \cdot m)]$ | $Q_{ss}$ / $[1/(kN \cdot m^2)]$ | $N_{\theta\theta}$ / $(1/kN)$ | $M_{\theta\theta}$ / $[1/(kN \cdot m)]$ |
|---|---|---|---|---|---|
| 5.20 | $-0.731 \times 10^{-9}$ | $-0.557 \times 10^{-8}$ | $0.576 \times 10^{-8}$ | $0.109 \times 10^{-8}$ | $-0.771 \times 10^{-9}$ |
| 5.60 | $-0.629 \times 10^{-9}$ | $-0.443 \times 10^{-8}$ | $0.426 \times 10^{-8}$ | $0.936 \times 10^{-9}$ | $-0.613 \times 10^{-9}$ |
| 6.00 | $-0.546 \times 10^{-9}$ | $-0.358 \times 10^{-8}$ | $0.322 \times 10^{-8}$ | $0.810 \times 10^{-9}$ | $-0.495 \times 10^{-9}$ |
| 6.40 | $-0.479 \times 10^{-9}$ | $-0.293 \times 10^{-8}$ | $0.247 \times 10^{-8}$ | $0.707 \times 10^{-9}$ | $-0.405 \times 10^{-9}$ |

注：1. 当壳体倾角 $\alpha_q$ 为30°时，表中各值应乘以1.2，当壳体倾角 $\alpha_q$ 为40°时，表中各值应乘以0.8，中间值用线性插入法计算。

2. 当壳体基础建造在抗压刚度系数小于28000kN/m³ 的地基上时，应取28000kN/m³，且表中各值应乘以1.2。

**[例6-1]**　已知某5t 自由锻锤的锤重 $W_0 = 5t$、打击能量 $u = 23.6t \cdot m$、砧座重 $W_p = 80t$、机身重60t、砧座为边长2.5m 的正方形。垫层为竖放木垫，木材的强度等级为 TC – 17。初步设计采用钢筋混凝土桩基础，桩数30 根、桩截面边长0.4m、桩长14m，基础外形尺寸如图6-12 所示。该桩打穿淤泥层（厚度12m，$f_{ak} = 50kPa$，$q_{sa} = 5kPa$）后进入粉质黏土层（$I_L = 0.2$、$f_{ak} = 250kPa$、$q_{sa} = 36kPa$、$q_{pa} = 1600kPa$）。基础上的填土重度 $\gamma = 19kN/m^3$，土与桩的平均重度 $\gamma = 20kN/m^3$。桩周土的当量抗剪刚度系数 $C_{pr} = 9000kN/m^3$，桩端土的当量抗压刚度系数 $C_{pz} = 13 \times 10^5 kN/m^3$。

（1）验算基础的竖向线位移、加速度能否满足要求？

（2）验算单桩竖向承载力能否满足要求？

（3）确定木垫层的厚度。

（4）验算砧座的振幅能否满足要求？

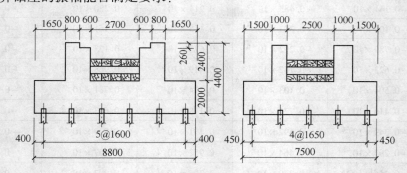

图6-12　　[例6-1] 基础外形尺寸图

**解：**（1）求落下部分（锤头）最大打击速度 $v_0$　因出厂资料仅给出了打击能量 $u$，因此最大打击速度可由式（6-86）计算

$$v_0 = \sqrt{\frac{2.2gu}{W_0}} = \sqrt{\frac{2.2 \times 9.81 \times 23.6}{5}} m/s = 10.1 m/s$$

（2）机器及基础总重力计算

基础重力 $W_g = (8.8 \times 7.5 \times 2 + 5.5 \times 4.5 \times 2.4 - 2.7 \times 2.5 \times 2.4) \times 24kN = 4204.8kN$

基础上的填土重力 $W_s = (8.8 \times 7.5 - 5.5 \times 4.5) \times 2.4 \times 19kN = 1881kN$

桩及土参加振动的当量重力

$l_t = 1.8m + 0.12(l_h - 10) = 1.8m + 0.12 \times (14 - 10)m = 2.28m$

$W_z = l_t lb\gamma = 2.28 \times 8.8 \times 7.5 \times 20kN = 3009.6kN$

机身及砧座重力 $W_c = (80 + 60) \times 9.81kN = 1373.4kN$

总重力 $W = W_g + W_s + W_c + W_z = (4204.8 + 1881 + 1373.4 + 3009.6)kN = 10468.8kN$

（3）桩基抗压刚度计算

桩周面积 $A_{pr} = 4 \times 0.4 \times 14m^2 = 22.4m^2$

桩横截面面积 $A_p = 0.4 \times 0.4m^2 = 0.16m^2$；

单桩抗压刚度

$$k_{pz} = \sum C_{pr} A_{pr} + C_{pz} A_p = (9000 \times 22.4 + 13 \times 10^5 \times 0.16)kN/m = 4.096 \times 10^5 kN/m$$

桩基总抗压刚度

$$K_{pz} = n_p k_{pz} = 30 \times 4.096 \times 10^5 kN/m = 1.229 \times 10^7 kN/m$$

（4）确定竖向振动线位移和竖向振动加速度控制值　规范规定对桩基竖向振动线位移和竖向振动加速度控制值应按桩尖土层的类别选用，因桩尖土层为粉质黏土，根据 $f_{ak} = 250kPa$，查表 6-1 可知，该地基土为二类土。查表 6-9 可知，竖向振动线位移限值为 0.8mm，竖向振动加速度限值为 0.85$g$。

（5）竖向振动线位移和竖向振动加速度验算　对自由锻锤，$\psi_e$ 取 0.4s/m$^{1/2}$；对桩基，查表 6-11 可知：$k_A = 1.0$、$k_\lambda = 1.0$；$K_z = K_{Pz}$。

$$A_z = k_A \frac{\psi_e v_0 W_0}{\sqrt{K_z W}} = 1.0 \times \frac{0.4 \times 10.1 \times 5 \times 9.81}{\sqrt{1.229 \times 10^7 \times 10468.8}}m = 5.52 \times 10^{-4} m < 0.8mm \text{（满足要求）}$$

$$\omega_{nz}^2 = k_\lambda^2 \frac{K_z g}{W} = 1.0^2 \times \frac{1.229 \times 10^7}{10468.8} g = 1.174 \times 10^3 g$$

$$a = A_z \omega_{nz}^2 = 5.52 \times 10^{-4} \times 1.174 \times 10^3 g = 0.65g < 0.85g \text{（满足要求）}$$

（6）桩基承载力验算　基础承台底面以上的总荷载为总重中扣除桩及土参加振动的当量重力，即

$$W_{st} = (10468.8 - 3009.6)kN = 7459.2kN$$

单桩竖向承载力特征值为

$$R_a = q_{pa} A_p + u_p \sum q_{sia} l_i = 0.16 \times 1600kN + 4 \times 0.4 \times (5 \times 12 + 36 \times 2) \ kN = 467.2kN$$

折减系数计算：地基土动沉陷影响系数对桩基按桩尖土层的类别选用，因桩尖土层为二类土，查表 6-2 所以取 $\beta = 1.3$。

$$\alpha_f = \frac{1}{1 + \beta \frac{a}{g}} = \frac{1}{1 + 1.3 \frac{0.65g}{g}} = 0.542$$

$$\theta_k = \frac{W_{st}}{n_p} = \frac{7459.2}{30} = 248.64kN < \alpha_f R_a = 253.22kN \text{ 单桩竖向承载力（满足要求）}$$

（7）确定木垫层厚度　砧座底面积计算 $A_1 = 2.5 \times 2.5m^2 = 6.25m^2$，垫层为竖放木垫，木材的强度等级为 TC-17 时，查表 6-12 可知，$f_c = 10000kPa$、$E_1 = 10000000kPa$。对自由锻锤，$W_h$ 为砧座重力，即 $W_h = 80t$，将上述数值带入式（6-97），即可得到垫层所需厚度

$$d_0 = \frac{\psi_e^2 W_0^2 v_0^2 E_1}{f_c^2 W_h A_1} = \frac{0.4^2 \times (5 \times 9.81)^2 \times 10.1^2 \times 10^7}{10000^2 \times 80 \times 9.81 \times 6.25}m = 0.8m$$

取垫层厚度为 0.8m，大于表 6-14 规定的垫层厚度最小值 0.7m 的要求。

（8）砧座振幅验算

$$A_{z1} = \psi_e W_0 v_0 \sqrt{\frac{d_0}{E_1 W_h A_1}} = 0.4 \times 5 \times 9.81 \times 10.1 \times \sqrt{\frac{0.8}{10^7 \times 80 \times 9.81 \times 6.25}} \mathrm{m}$$

$$= 0.8 \times 10^{-3} \mathrm{m} = 0.8 \mathrm{mm}$$

查表 6-13 可知，砧座的竖向允许振动线位移为 4mm，远大于实际线位移 0.8mm，所以砧座的竖向振动线位移满足要求。

# 6.6　活塞式压缩机基础设计方法简介

活塞式压缩机主要由电动机和压缩机及一些附属设备组成。电动机和压缩机都是由定子和转子两部分构成，其中定子固定在基础上，一般是用地脚螺栓将机器底座固定在基础上。机组的转动部分即转子是引起基础振动的主要原因，因此活塞式压缩机基础动力计算的主要目的就是要使机器产生的振动不影响人工正常操作和机器的正常运转，并对厂房及周围建筑物等无不良影响。活塞式压缩机基础的动力计算方法通常有共振法和振幅法。共振法设计的主要思路是避免共振的发生，要求基础的自振频率不能与机器的工作频率相同或接近，通常要求二者的频率有 ±20% 的差值。振幅法就是要求基础的实际振幅值小于允许振幅值，该方法更直观。基础的振幅小，机器的动力性能就好，因此我国规范采用的是振幅法。

## 6.6.1　一般规定

### 1. 设计资料

活塞式压缩机基础设计时，除 6.2.1 节规定的有关资料外，机器制造厂还应提供下列资料：

1）由机器的曲柄连杆机构运动所产生的第一谐、二谐机器竖向扰力 $P'_z$、$P''_z$ 和水平扰力 $P'_x$、$P''_x$，第一谐、二谐回转扰力矩 $M'_\theta$、$M''_\theta$ 和扭转扰力矩 $M'_\psi$、$M''_\psi$。

2）扰力作用点位置。

3）压缩机曲轴中心线至基础顶面的距离。

### 2. 基础类型

活塞式压缩机基础应采用整体性较好的混凝土和钢筋混凝土结构，当机器安装在厂房底层时，一般做成高出地面的大块式基础。当机器安装在厂房的二层标高处时，宜采用墙式基础。

### 3. 墙式基础的构造要求

1）由底板、纵横墙和顶板组成的墙式基础，各部分尺寸除满足设备安装要求外，主要以保证基础整体刚度为原则，各构件之间的连接尤为重要。构件之间的构造连接应保证其整体刚度，各构件的尺寸应符合下列规定：基础顶板的厚度应按计算确定，但不宜小于 150mm；顶板悬臂的长度不宜大于 2000mm；机身部分墙的厚度不宜小于 500mm；汽缸部分墙的厚度不宜小于 400mm；底板厚度不宜小于 600mm。

2）基础顶板厚度一般指局部悬臂板厚度，可按固有频率计算防止共振来确定。控制最小厚度和最大悬臂板厚度是为了保证动荷载作用下基础的强度要求。底板的悬臂长度可按下列规定采用：素混凝土底板不宜大于底板厚度；钢筋混凝土底板，在竖向振动时，不宜大于 2.5 倍板厚，水平振动时，不宜大于 3 倍板厚。

**4. 配筋要求**

1）大块式和墙式基础各部分之间基本没有相对变形，因而一般不用进行强度计算，按构造配筋即可。体积为 20～40m³ 的大块式基础，应在基础顶面配置直径 10mm、间距 200mm 的钢筋网；体积大于 40m³ 的大块式基础，应沿四周和顶、底面配置直径 10～14mm、间距 200～300mm 的钢筋网。墙式基础沿墙面应配置钢筋网，竖向钢筋直径宜为 12～16mm，水平向钢筋直径宜采用 14～16mm，钢筋网格间距 200～300mm。上部梁板的配筋，应按强度计算确定。墙与底板、上部梁板连接处，应适当增加构造配筋。

2）基础底板悬臂部分的钢筋配置，应按强度计算确定，并应上下配筋。

3）当基础上的开孔或切口尺寸大于 600mm 时，应沿孔或切口周围配置直径不小于 12mm，间距不大于 200mm 的钢筋。

## 6.6.2 动力计算

进行基础的动力计算时，应确定基础上的扰力和扰力矩的方向和位置（见图 6-13）。基础的振动应同时控制顶面的最大振动线位移和最大振动速度。基础顶面控制点的最大振动线位移不应大于 0.20mm，最大振动速度不应大于 6.30mm/s。对于排气压力大于 100MPa 的超扁压压缩机基础的允许振动值，应按专门规定确定。

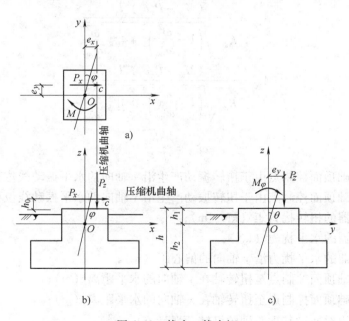

图 6-13 扰力、扰力矩

**1. 竖向振动线位移和固有圆频率计算**

基组在通过其重心的竖向扰力作用下，其竖向振动线位移和固有圆频率，可按下列公式计算

$$A_z = \frac{P_z}{K_z} \cdot \frac{1}{\sqrt{\left(1 - \frac{\omega^2}{\omega_{nz}^2}\right)^2 + 4\zeta_z^2 \frac{\omega^2}{\omega_{nz}^2}}} \tag{6-105}$$

$$\omega_{nz} = \sqrt{\frac{K_z}{m}} \tag{6-106}$$

$$m = m_f + m_m + m_s \tag{6-107}$$

式中　$A_z$——基组重心处的竖向振动线位移（m）；

$P_z$——机器的竖向扰力（kN）；

$\omega_{nz}$——基组的竖向固有圆频率（rad/s）；

$m_f$——基础的质量（t）；

$m_m$——基础上压缩机及附属设备的质量（t）；

$m_s$——基础上回填土的质量（t）；

$\omega$——机器的扰力圆频率（rad/s）。

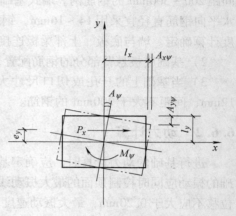

### 2. 水平扭转线位移计算

基组在扭转扰力矩 $M_\psi$ 和水平扰力 $P_x$ 沿 $y$ 轴向偏心作用下（见图 6-14），其水平扭转线位移，可按下列公式计算

图 6-14　机组扭转振动

$$A_{x\psi} = \frac{(M_\psi + P_x e_y) l_y}{K_\psi \sqrt{\left(1 - \frac{\omega^2}{\omega_{n\psi}^2}\right)^2 + 4\zeta_\psi^2 \frac{\omega^2}{\omega_{n\psi}^2}}} \tag{6-108}$$

$$A_{y\psi} = \frac{(M_\psi + P_x e_y) l_x}{K_\psi \sqrt{\left(1 - \frac{\omega^2}{\omega_{n\psi}^2}\right)^2 + 4\zeta_\psi^2 \frac{\omega^2}{\omega_{n\psi}^2}}} \tag{6-109}$$

$$\omega_{n\psi} = \sqrt{\frac{K_\psi}{J_z}} \tag{6-110}$$

式中　$A_{x\psi}$——基础顶面控制点由于扭转振动产生沿 $x$ 轴向的水平振动线位移（m）；

$A_{y\psi}$——基础顶面控制点由于扭转振动产生沿 $y$ 轴向的水平振动线位移（m）；

$M_\psi$——机器的扭转扰力矩（kN·m）；

$P_x$——机器的水平扰力（kN）；

$e_y$——机器的水平扰力沿 $y$ 轴向的偏心距（m）；

$l_y$——基础顶面控制点至扭转轴在 $y$ 轴向的水平距离（m）；

$l_x$——基础顶面控制点至扭转轴在 $x$ 轴向的水平距离（m）；

$J_z$——基组对通过其重心轴的极转动惯量（t·m²）；

$\omega_{n\psi}$——基组的扭转振动固有圆频率（rad/s）。

### 3. 基础顶面控制点的竖向和水平向振动线位移计算

基组在水平扰力 $P_x$ 和竖向扰力 $P_z$ 沿 $x$ 向偏心矩作用下，产生 $x$ 向水平、绕 $y$ 轴回转的耦合振动（见图 6-15），其基础顶面控制点的竖向和水平向振动线位移可按下列公式计算

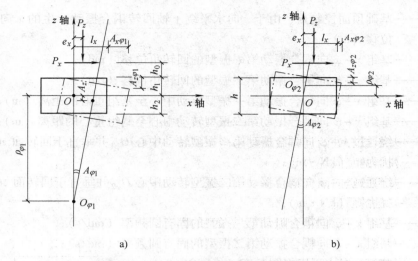

a)　　　　　　　　　　　　　　　b)

图 6-15　机组沿 $x$ 向水平、绕 $y$ 轴回转的耦合振动的振型

$$A_{z\varphi\rho} = (A_{\varphi1} + A_{\varphi2})\, l_x \tag{6-111}$$

$$A_{x\varphi\rho} = A_{\varphi1}\, (\rho_{\varphi1} + h_1) + A_{\varphi2}\, (h_1 - \rho_{\varphi2}) \tag{6-112}$$

$$A_{\varphi1\rho} = \frac{M_{\varphi1}}{(J_y + m\rho_{\varphi1}^2)\,\omega_{n\varphi1}^2} \cdot \frac{1}{\sqrt{\left(1 - \dfrac{\omega^2}{\omega_{n\varphi1}^2}\right)^2 + 4\zeta_{x\varphi1}^2 \dfrac{\omega^2}{\omega_{n\varphi1}^2}}} \tag{6-113}$$

$$A_{\varphi2\rho} = \frac{M_{\varphi2}}{(J_y + m\rho_{\varphi2}^2)\,\omega_{n\varphi2}^2} \cdot \frac{1}{\sqrt{\left(1 - \dfrac{\omega^2}{\omega_{n\varphi2}^2}\right)^2 + 4\zeta_{x\varphi2}^2 \dfrac{\omega^2}{\omega_{n\varphi2}^2}}} \tag{6-114}$$

$$\omega_{n\varphi1}^2 = \frac{1}{2}\left[ (\omega_{nx}^2 + \omega_{n\varphi}^2) - \sqrt{(\omega_{nx}^2 - \omega_{n\varphi}^2)^2 + \frac{4mh_2^2}{J_y}\omega_{nx}^4} \right] \tag{6-115}$$

$$\omega_{n\varphi2}^2 = \frac{1}{2}\left[ (\omega_{nx}^2 + \omega_{n\varphi}^2) + \sqrt{(\omega_{nx}^2 - \omega_{n\varphi}^2)^2 + \frac{4mh_2^2}{J_y}\omega_{nx}^4} \right] \tag{6-116}$$

$$\omega_{nx}^2 = \frac{K_x}{m} \tag{6-117}$$

$$\omega_{n\varphi}^2 = \frac{K_\varphi + K_x h_2^2}{J_y} \tag{6-118}$$

$$M_{\varphi1} = P_x\, (h_1 + h_0 + \rho_{\varphi2}) + P_z e_x \tag{6-119}$$

$$M_{\varphi2} = P_x\, (h_1 + h_0 - \rho_{\varphi1}) + P_z e_x \tag{6-120}$$

$$\rho_{\varphi1} = \frac{\omega_{nx}^2 h_2}{\omega_{nx}^2 - \omega_{n\varphi1}^2} \tag{6-121}$$

$$\rho_{\varphi2} = \frac{\omega_{nx}^2 h_2}{\omega_{n\varphi2}^2 - \omega_{nx}^2} \tag{6-122}$$

$$K_\varphi = C_\varphi I_y \tag{6-123}$$

式中　$A_{z\varphi\rho}$——基础顶面控制点，由于 $x$ 向水平绕 $y$ 轴回转耦合振动产生的竖向振动线位移
（m）；

$A_{x\varphi\rho}$——基础顶面控制点，由于 $x$ 向水平绕 $y$ 轴回转耦合振动产生的 $x$ 向水平振动线位移（m）；

$A_{\varphi1\rho}$——基组 $x-\varphi$ 向耦合振动第一振型的回转角位移（rad）；

$A_{\varphi2\rho}$——基组 $x-\varphi$ 向耦合振动第二振型的回转角位移（rad）；

$\rho_{\varphi1}$——基组 $x-\varphi$ 向耦合振动第一振型转动中心至基组重心的距离（m）；

$\rho_{\varphi2}$——基组 $x-\varphi$ 向耦合振动第二振型转动中心至基组重心的距离（m）；

$M_{\varphi1}$——绕通过 $x-\varphi$ 向耦合振动第一振型转动中心 $O_{\varphi1}$ 并垂直于回转面 $zOx$ 的轴的总扰力矩（kN·m）；

$M_{\varphi2}$——绕通过 $x-\varphi$ 向耦合振动第二振型转动中心 $O_{\varphi2}$ 并垂直于回转面 $zOx$ 的轴的总扰力矩（kN·m）；

$\omega_{n\varphi1}$——基组 $x-\varphi$ 向耦合振动第一振型的固有圆频率（rad/s）；

$\omega_{n\varphi2}$——基组 $x-\varphi$ 向耦合振动第二振型的固有圆频率（rad/s）；

$\omega_{nx}$——基组 $x$ 向水平固有圆频率（rad/s）；

$\omega_{n\varphi}$——基组绕 $y$ 轴回转固有圆频率（rad/s）；

$h_2$——基组重心至基础底面的距离（m）；

$K_{\varphi}$——基组绕 $y$ 轴的抗弯刚度（kN·m）；

$J_y$——基组对通过其重心的 $y$ 轴的转动惯量（t·m$^2$）；

$I_y$——基组对通过基础底面形心 $y$ 轴的惯性矩（m$^4$）；

$e_x$——机器竖向扰力 $P_z$ 沿 $x$ 轴向的偏心距（m）；

$h_1$——基组重心至基础顶面的距离（m）；

$h_0$——水平扰力作用线至基础顶面的距离（m）；

$\zeta_{x\varphi1}$——基组 $x-\varphi$ 向耦合振动第一振型阻尼比；

$\zeta_{x\varphi2}$——基组 $x-\varphi$ 向耦合振动第二振型阻尼比。

### 4. 基组竖向和水平向振动线位移

基组在回转力矩 $M_\theta$ 和竖向扰力 $P_z$ 沿 $y$ 向偏心矩作用下，产生 $y$ 向水平、绕 $x$ 轴回转的耦合振动（见图 6-16），其竖向和水平向振动线位移可按下列公式计算

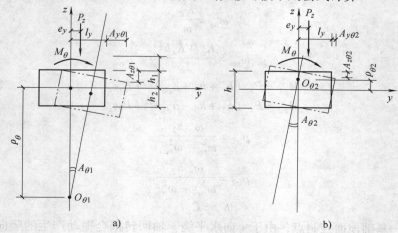

a)　　　　　　　　　　　　b)

图 6-16　机组沿 $y$ 向水平、绕 $x$ 轴回转的耦合振动的振型

$$A_{z\theta} = (A_{\theta 1} + A_{\theta 2}) l_y \tag{6-124}$$

$$A_{y\theta} = A_{\theta 1} (\rho_{\theta 1} + h_1) + A_{\theta 2} (h_1 - \rho_{\theta 2}) \tag{6-125}$$

$$A_{\theta 1} = \frac{M_{\theta 1}}{(J_x + m\rho_{\theta 1}^2) \omega_{n\theta 1}^2} \cdot \frac{1}{\sqrt{\left(1 - \frac{\omega^2}{\omega_{n\theta 1}^2}\right)^2 + 4\zeta_{y\theta 1}^2 \frac{\omega^2}{\omega_{n\theta 1}^2}}} \tag{6-126}$$

$$A_{\theta 1} = \frac{M_{\theta 2}}{(J_x + m\rho_{\theta 2}^2) \omega_{n\theta 2}^2} \cdot \frac{1}{\sqrt{\left(1 - \frac{\omega^2}{\omega_{n\theta 2}^2}\right)^2 + 4\zeta_{y\theta 2}^2 \frac{\omega^2}{\omega_{n\theta 2}^2}}} \tag{6-127}$$

$$\omega_{n\theta 1}^2 = \frac{1}{2}\left[ (\omega_{ny}^2 + \omega_{n\theta}^2) - \sqrt{(\omega_{ny}^2 - \omega_{n\theta}^2)^2 + \frac{4mh_2^2}{J_x}\omega_{ny}^4} \right] \tag{6-128}$$

$$\omega_{n\theta 2}^2 = \frac{1}{2}\left[ (\omega_{ny}^2 + \omega_{n\theta}^2) + \sqrt{(\omega_{ny}^2 - \omega_{n\theta}^2)^2 + \frac{4mh_2^2}{J_x}\omega_{ny}^4} \right] \tag{6-129}$$

$$\omega_{ny}^2 = \omega_{nx}^2 \tag{6-130}$$

$$\omega_{n\theta}^2 = \frac{K_\theta + K_x h_2^2}{J_x} \tag{6-131}$$

$$M_{\theta 1} = M_\theta + P_z e_y \tag{6-132}$$

$$M_{\theta 2} = M_\theta + P_z e_y \tag{6-133}$$

$$\rho_{\theta 1} = \frac{\omega_{ny}^2 h_2}{\omega_{ny}^2 - \omega_{n\theta 1}^2} \tag{6-134}$$

$$\rho_{\theta 2} = \frac{\omega_{ny}^2 h_2}{\omega_{n\theta 2}^2 - \omega_{ny}^2} \tag{6-135}$$

$$K_\varphi = C_\theta I_x \tag{6-136}$$

式中　$A_{z\theta}$——基础顶面控制点，由于有 $y$ 向水平绕 $x$ 轴回转耦合振动产生的竖向振动线位移（m）；

$A_{y\theta}$——基础顶面控制点，由于有 $y$ 向水平绕 $x$ 轴回转耦合振动产生的 $y$ 向水平振动线位移（m）；

$A_{\theta 1}$——基组 $y - \theta$ 向耦合振动第一振型的回转角位移（rad）；

$A_{\theta 2}$——基组 $y - \theta$ 向耦合振动第二振型的回转角位移（rad）；

$\rho_{\theta 1}$——基组 $y - \theta$ 向耦合振动第一振型转动中心至基组重心的距离（m）；

$\rho_{\theta 2}$——基组 $y - \theta$ 向耦合振动第二振型转动中心至基组重心的距离（m）；

$\omega_{\theta 1}$——基组 $y - \theta$ 向耦合振动第一振型的固有圆频率（rad/s）；

$\omega_{\theta 2}$——基组 $y - \theta$ 向耦合振动第二振型的固有圆频率（rad/s）；

$\omega_{ny}$——基组 $y$ 向水平固有圆频率（rad/s）；

$\omega_{n\theta}$——基组绕 $x$ 轴回转固有圆频率（rad/s）；

$J_x$——基组对通过其重心的 $x$ 轴的极转动惯量（t·m²）。

$M_{\theta 1}$——绕通过 $y - \theta$ 向耦合振动第一振型转动中心 $O_{\theta 1}$ 并垂直于回转面 $zOy$ 的轴的总扰力矩（kN·m）；

$M_{\theta 2}$——绕通过 $y - \theta$ 向耦合振动第二振型转动中心 $O_{\theta 2}$ 并垂直于回转面 $zOy$ 的轴的总扰力矩（kN·m）；

$K_\theta$——基组绕 $x$ 轴抗弯刚度（kN·m）；

$I_x$——基组对通过基础底面形心 $x$ 轴的惯性矩（m⁴）；

$e_y$——基础竖向扰力 $P_z$ 沿 $y$ 轴的偏心距（m）；

$M_\theta$——绕 $x$ 轴的机器扰力（kN·m）。

**5. 基础顶面控制点的总振动线位移和总振动速度计算**

基础顶面控制点沿 $x$、$y$、$z$ 轴各向的总振动线位移 $A$ 和总振动速度 $v$ 可按下列公式计算

$$A = \sqrt{\left(\sum_{j=1}^{n} A'_j\right)^2 + \left(\sum_{k=1}^{n} A''_k\right)^2} \qquad (6\text{-}137)$$

$$v = \sqrt{\left(\sum_{j=1}^{n} \omega' A'_j\right)^2 + \left(\sum_{k=1}^{n} \omega'' A''_k\right)^2} \qquad (6\text{-}138)$$

$$\omega' = 0.105n \qquad (6\text{-}139)$$

$$\omega'' = 0.210n \qquad (6\text{-}140)$$

式中 $A'_j$——在机器第 $j$ 个一谐扰力或扰力矩作用下，基础顶面控制点的振动线位移（m）；

$A''_k$——在机器第 $k$ 个二谐扰力或扰力矩作用下，基础顶面控制点的振动线位移（m）；

$A$——基础顶面控制点的总振动线位移（m）；

$v$——基础顶面控制点的总振动速度（m/s）；

$\omega'$——机器的一谐扰力和扰力矩圆频率（rad/s）；

$\omega''$——机器的二谐扰力和扰力矩圆频率（rad/s）；

$n$——机器工作转速（r/min）。

## 6.6.3 联合基础设计

工程实践中，大型动力机器基础的底面积经常受到限制，也常遇到地基承载力较低或允许振动线位移较严格的情况，此时采用联合基础往往是一个有效的方法，即当两台或三台同类型压缩机基础置于同一底板上，可以将多台压缩机的基础联合在一起构成联合基础（见图 6-17），常用的类型有竖向型串联型和并联型，对于卧式压缩机，在有条件时应优先采用串联型，即沿活塞运动方向联合，这样可以大大提高基础底面的抗弯惯性矩，从而较大提高地基抗弯刚度，以提高联合基础的固有频率并降低其振动幅值。

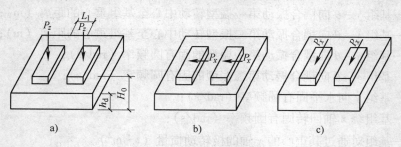

图 6-17 联合基础的联合形式
a) 竖向型   b) 水平串联型   c) 水平并联型

当符合下列条件时，可将联合基础作为刚性基础进行动力计算：

（1）基础厚度　联合基础的底板厚度应满足表 6-16 中所列的刚度界限要求。

**表 6-16　联合基础的底板在不同地基刚度系数时各种联合形式的刚度界限 $h_d/L_1$**

| 联合基础的联合形式 | 地基抗压刚度系数 $C_x/$（$kN/m^3$） | | | | | | | |
|---|---|---|---|---|---|---|---|---|
| | 18000 | 20000 | 30000 | 40000 | 50000 | 60000 | 70000 | 80000 |
| 竖向型 | 0.236 | 0.242 | 0.268 | 0.288 | 0.303 | 0.311 | 0.323 | 0.330 |
| 水平串联型 | 0.198 | 0.201 | 0.222 | 0.238 | 0.251 | 0.262 | 0.27 | 0.278 |
| 水平并联型 | 0.175 | 0.177 | 0.186 | 0.192 | 0.196 | 0.198 | 0.199 | 0.200 |

（2）联合基础的固有圆频率　联合基础的固有圆频率应符合下列规定：

竖向型　　　　　　　　　　　　　$\omega \leq 1.3\omega_{nz}$　　　　　　　　　（6-141）

水平串联型、水平并联型　　　　　$\omega \leq 1.3\omega_{n1s}$　　　　　　　（6-142）

式中　$\omega_{nz}$——联合基础划分为单台基础的竖向固有圆频率（rad/s）；

$\quad\omega_{n1s}$——联合基础划分为单台基础的水平回转耦合振动第一振型的固有圆频率（rad/s）。

（3）联合基础的底板厚度　联合基础的底板厚度不应小于 600mm，且底板厚度与总高度之比应符合下式要求

$$\frac{h_d}{H_0} \geq 0.15 \qquad (6-143)$$

式中　$h_d$——联合基础的底板厚度（m）；

$\quad H_0$——联合基础的总高度（m）。

当联合基础作为刚性基础进行动力计算时，宜符合相关规定并应对基础各台机器的一、二谐扰力和扰力矩作用下分别计算各向的振动线位移。联合基础顶面控制点的总振动线位移应取各台机器扰力和扰力矩作用下的振动线位移平方之和的开方。

## 6.6.4　活塞式压缩机基础简化计算

工程设计中经常遇到中小型压缩机，其转速较高、扰力也较小，一般情况下，采用机器制造厂提供的基础尺寸均能满足振动要求。因此除立式压缩机以外的功率小于 80kW 各类压缩机基础和功率小于 500kW 的对称平衡型压缩机基础，当其质量大于压缩机质量的 5 倍，基础底面的平均静压力设计值小于地基承载力设计值的 1/2 时，可不作动力计算。

对于操作层设在厂房底层的大块式基础，在水平扰力作用下，可采用下列简化计算公式验算基础顶面的水平振动线位移

$$A_{x\varphi0} = 1.2\left(\frac{P_x}{K_x} + \frac{P_x H_h}{K_\varphi}h\right)\frac{\omega_{n1s}^2}{\omega_{n1s}^2 - \omega^2} \qquad (6-144)$$

$$H_h = h_0 + h_1 + h_2 \qquad (6-145)$$

$$\omega_{n1s} = \lambda\omega_{nx} \qquad (6-146)$$

式中　$A_{x\varphi0}$——在水平扰力作用下，基础顶面的水平向振动线位移（m）；

$\quad H_h$——水平扰力作用线至基础底面的距离（m）；

$\quad \lambda$——频率比，可按表 6-17 采用。

表 6-17 频率比 λ

| $L/h$ | 1.5 | 2.0 | 3.0 |
|---|---|---|---|
| $\lambda$ | 0.7 | 0.8 | 0.9 |

注：$L$ 为基础在水平扰力作用方向的底面边长。

# 复 习 题

[6-1]　动力机器基础有哪几种？

[6-2]　动力机器基础设计的一般规定包括哪些？

[6-3]　动力机器基础设计的基本步骤包括哪些？

[6-4]　动力机器实体式基础计算模型有哪几种？

[6-5]　已知某大块式基础的底面尺寸为 6m×8m，地基持力层为粉质黏土，其承载力特征值 $f_{ak}$ = 220kPa，密度 $\rho$ = 1.9g/cm³，埋深 $h_t$ = 3m，回填土同地基土。机组的质量为 1000t，试计算该天然地基的抗压、抗弯、抗剪、抗扭刚度及竖向阻尼比。

[6-6]　已知某大块式基础的底面尺寸为 6m×6m，地基由黏土和砂土组成，第一层土为黏土，厚度 5m、承载力特征值 $f_{ak}$ = 200kPa；第二层土为砂土，厚度 8m、承载力特征值 $f_{ak}$ = 280kPa。计算天然地基的抗压、抗弯、抗剪及抗扭刚度（不考虑埋深的影响）。

[6-7]　已知某锻锤基础采用钢筋混凝土预制桩，桩长 $l$ = 13m、桩直径 $d$ = 0.6m、桩间距 $s$ = 2.4m、桩数 9 根，承台的底面尺寸为 6m×6m，承台埋深 5m。地面下 5m 深度范围为杂填土，第二层土为淤泥质土，厚度 8m，$q_{sa}$ = 10kPa，第三层土为黏土，厚度 7m，液性指数 $I_L$ = 0.25、$f_{ak}$ = 245kPa、$q_{sa}$ = 90kPa、$q_{pa}$ = 2200kPa。土与桩的平均重度 $\gamma$ = 20kN/m³，基础总质量 $m$ = 990t，基础的竖向振动加速度 $a$ = 0.5g。

（1）计算该桩基的抗压刚度。

（2）验算单桩竖向承载力能否满足要求？

[6-8]　已知 3t 自由锻锤实体钢筋混凝土基础的基础底面尺寸为 9m×10m，埋深为 4m。锤下落部分实际自重 $W_0$ = 36.83kN、下落部分最大行程 $H$ = 1.45m，气缸直径 $D$ = 550mm，最大进汽压力 $p_0$ = 800kPa。砧座重力 $W_p$ = 458kN，机架重 318kN，砧座底面积尺寸为 2.2m×2.5m，木垫竖放，材料强度等级为 TC-17。地基土为黏土其重度 $r$ = 18KN/m³，孔隙比 $e$ = 0.5，液性指数 $I_L$ = 0.5，地基承载力特征值 $f_{ak}$ = 130kPa。

（1）验算基础的竖向线位移、加速度能否满足要求？

（2）验算地基竖向承载力能否满足要求？

（3）确定木垫层的厚度；

（4）验算砧座的振幅能否满足要求？

# 第7章 桩 基 础

## 7.1 概述

地基基础设计时，从安全、经济、合理的角度出发，应优先选择天然地基上的浅基础。但当天然地基上的浅基础不能满足地基承载力、变形或稳定性要求时，或采取地基处理方案不适宜时，可以考虑采用地基深处较好的岩土层进行承载。工程上把这些埋深较大、以下部坚实岩土层作为持力层的基础，称为深基础。深基础的常用类型有桩基础、地下连续墙、沉井和沉箱基础等，其中最为古老且应用最为广泛的基础形式是桩基础。本章着重介绍桩基础的设计方法。

### 7.1.1 桩基础的概念及适用条件

桩基础是由桩和承台组成的，如图 7-1 所示，桩基础将上部结构传来的荷载通过承台传给桩，再通过桩传到土层。桩是设置于土中竖直或倾斜的柱形（长度远大于其横截面尺寸）构件，上部结构传到桩上的轴向荷载通过作用于桩周土层的桩侧摩阻力和桩端地层的桩端阻力来支承，水平荷载则依靠桩侧土层的侧向阻力来支承。在基桩顶部设置的连接各桩顶的钢筋混凝土平台被称为承台，承台将各桩连成整体，把上部结构传来的荷载转换、调整分配于各桩，由穿过软弱土层或水的桩传递到深部较坚硬的、压缩性小的土层或岩层。

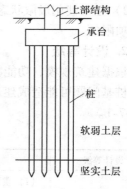

图 7-1 桩基础示意图

桩基础的使用在土木工程建设中有着悠久的历史，人类在史前的土木工程建设中，就已经在湖泊和沼泽地带开始采用木桩来支承房屋。近年来，随着经济建设的不断发展，土木工程建设的技术水平不断提高，桩的材料、种类和桩基础形式、桩的施工工艺和设备、桩基础设计计算理论和方法、桩的现场试验和检测方法等各方面都有了很大的发展。由于桩基础的承载力较高、稳定性好、沉降量较小且均匀、抗震性能较好，它已成为在土质不良地区修建各种建筑普遍采用的基础类型，在高层建筑、桥梁、港口和近海结构等工程中都得到广泛应用。但桩基础的造价相对较高，施工复杂且施工时的振动和噪声对周围环境有一定的影响。因此，下列情况适宜采用桩基础设计方案：

1）地基上部土层为强度低、沉降量大的软弱土或地基土质不均匀、中部存在软弱夹层或可液化土层，地基下部土层为强度高、沉降量小的坚硬土时。

2）高层建筑、重型工业厂房等荷载较大的建筑，天然地基承载力不能满足地基强度要求时。

3）在使用上、生产上对沉降限制严格的建筑物，基础沉降量或不均匀沉降不能满足地基变形要求，需要利用桩基础将荷载传递到地基深处从而减少基础沉降时。

4）作用有较大的风荷载、地震作用等水平力和力矩的高耸结构物（如烟囱、水塔等）的基础，需要采用垂直桩、斜桩承受水平力或上拔力时。

5）当基础底面高于天然地面或地基土有可能被水流冲刷，桥梁基础需要设计为高承台桩基时。

6）当需要采用桩基减小动力机器的振动影响时。

7）地下水位较高，采用其他基础类型需要进行基坑支护和降水等措施，造成施工难度较大或费用较高，或地下结构存在上浮可能性时。

## 7.1.2　桩基础的安全等级及桩基础设计的基本规定

GB 50007—2011《建筑地基基础设计规范》和 JGJ 94—2008《建筑桩基技术规范》中，桩基础的设计采用的是以概率论为基础的极限状态设计法来满足其承载力、变形及稳定性要求。具体要求为：单桩承受的竖向荷载不应超过单桩竖向承载力特征值、桩基础的沉降不得超过建筑物的沉降允许值、对位于坡地岸边的桩基础应进行稳定性验算。

### 1. 桩基础设计的两类极限状态

1）承载能力极限状态：桩基达到最大承载能力、整体失稳或发生不适于继续承载的变形。

2）正常使用极限状态：桩基达到建筑物正常使用所规定的变形限值或达到耐久性要求的某项限值。

### 2. 设计等级

根据建筑规模、功能特征、对差异变形的适应性、场地地基和建筑物体型的复杂性以及由于桩基问题可能造成建筑破坏或影响正常使用的程度，应将桩基设计分为三个设计等级，见表 7-1。

表 7-1　建筑桩基设计等级

| 设计等级 | 建　筑　类　型 |
|---|---|
| 甲级 | （1）重要的建筑<br>（2）30 层以上或高度超过 100m 的高层建筑<br>（3）体型复杂且层数相差超过 10 层的高低层（含纯地下室）连体建筑<br>（4）20 层以上框架—核心筒结构及其他对差异沉降有特殊要求的建筑<br>（5）场地和地基条件复杂的 7 层以上的一般建筑及坡地、岸边建筑<br>（6）对相邻既有工程影响较大的建筑 |
| 乙级 | 除甲级、丙级以外的建筑 |
| 丙级 | 场地和地基条件简单、荷载分布均匀的 7 层及 7 层以下的一般建筑 |

### 3. 桩基础设计的一般规定

桩基应根据具体条件分别进行下列承载能力计算和稳定性验算：

1）应根据桩基的使用功能和受力特征分别进行桩基的竖向承载力计算和水平承载力计算。

2）应对桩身和承台结构承载力进行计算；对于桩侧土不排水抗剪强度小于 10kPa 且长径比大于 50 的桩应进行桩身压屈验算；对于混凝土预制桩应按吊装、运输和锤击作用进行桩身承载力验算；对于钢管桩应进行局部压屈验算。

3）当桩端平面以下存在软弱下卧层时，应进行软弱下卧层承载力验算。

4）对位于坡地、岸边的桩基应进行整体稳定性验算。

5）对于抗浮、抗拔桩基，应进行基桩和群桩的抗拔承载力计算。

6）对于抗震设防区的桩基应进行抗震承载力验算。

下列建筑桩基应进行沉降计算：

1）设计等级为甲级的非嵌岩桩和非深厚坚硬持力层的建筑桩基。

2）设计等级为乙级的体型复杂、荷载分布显著不均匀或桩端平面以下存在软弱土层的建筑桩基。

3）软土地基多层建筑减沉复合疏桩基础。

需要进行沉降计算的建筑桩基，在其施工过程及建成后使用期间，还应进行系统的沉降观测直至沉降稳定。对受水平荷载较大，或对水平位移有严格限制的建筑桩基，应计算其水平位移。应根据桩基所处的环境类别和相应的裂缝控制等级，验算桩和承台正截面的抗裂和裂缝宽度。

桩基设计时，所采用的作用效应组合与相应的抗力应符合下列规定：

1）确定桩数和布桩时，应采用传至承台底面的荷载效应标准组合；相应的抗力应采用基桩或复合基桩承载力特征值。

2）计算荷载作用下的桩基沉降和水平位移时，应采用荷载效应准永久组合；计算水平地震作用、风载作用下的桩基水平位移时，应采用水平地震作用、风载效应标准组合。

3）验算坡地、岸边建筑桩基的整体稳定性时，应采用荷载效应标准组合；抗震设防区，应采用地震作用效应和荷载效应的标准组合。

4）在计算桩基结构承载力、确定尺寸和配筋时，应采用传至承台顶面的荷载效应基本组合。当进行承台和桩身裂缝控制验算时，应分别采用荷载效应标准组合和荷载效应准永久组合。

5）桩基结构设计安全等级、结构设计使用年限和结构重要性系数 $\gamma_0$ 应按现行有关规范的规定采用，除临时性建筑外，重要性系数不应小于 1.0。

6）当桩基结构进行抗震验算时，其承载力调整系数 $\gamma_{RE}$ 应按《建筑抗震设计规范》的规定采用。

以减小差异沉降和承台内力为目标的变刚度调平设计，宜结合具体条件按下列规定实施：

1）对于主裙楼连体建筑，当高层主体采用桩基时，裙房（含纯地下室）的地基或桩基刚度宜相对弱化，可采用天然地基、复合地基、疏桩或短桩基础。

2）对于框架－核心筒结构高层建筑桩基，应强化核心筒区域桩基刚度（如适当增加桩长、桩径、桩数，采用后注浆等措施），相对弱化核心筒外围桩基刚度（采用复合桩基，视地层条件减小桩长）。

3）对于框架－核心筒结构高层建筑天然地基承载力满足要求的情况下，宜于核心筒区域局部设置增强刚度、减小沉降的摩擦型桩。

4）对于大体量筒仓、储罐的摩擦型桩基，宜按内强外弱原则布桩。

5）对上述按变刚度调平设计的桩基，宜进行上部结构－承台－桩－土共同工作分析。

软土地基上的多层建筑物，当天然地基承载力基本满足要求时，可采用减沉复合疏桩基础。

**4. 桩基础设计需要的基本资料**

（1）岩土工程勘察文件

1）桩基按两类极限状态进行设计所需的岩土物理力学参数及原位测试参数。

2）对建筑场地的不良地质作用，如滑坡、崩塌、泥石流、岩溶、土洞等，有明确判断、结论和防治方案。

3）地下水位埋藏情况、类型和水位变化幅度及抗浮设计水位，土、水的腐蚀性评价，地下水浮力计算的设计水位。

4）抗震设防区按设防烈度提供的液化土层资料。

5）有关地基土冻胀性、湿陷性、膨胀性评价。

（2）建筑场地与环境条件的有关资料

1）建筑场地现状，包括交通设施、高压架空线、地下管线和地下构筑物的分布。

2）相邻建筑物安全等级、基础形式及埋置深度。

3）附近类似工程地质条件场地的桩基工程试桩资料和单桩承载力设计参数。

4）周围建筑物的防振、防噪声的要求。

5）泥浆排放、弃土条件。

6）建筑物所在地区的抗震设防烈度和建筑场地类别。

（3）建筑物的有关资料

1）建筑物的总平面布置图。

2）建筑物的结构类型、荷载，建筑物的使用条件和设备对基础竖向及水平位移的要求。

3）建筑结构的安全等级。

（4）施工条件的有关资料

1）施工机械设备条件，制桩条件，动力条件，施工工艺对地质条件的适应性。

2）水、电及有关建筑材料的供应条件。

3）施工机械的进出场及现场运行条件。

此外，供设计比较用的有关桩型及实施的可行性资料也是非常重要的。

**5. 桩基础的详细勘察要求**

桩基的详细勘察除应满足 GB 50021—2001《岩土工程勘察规范》有关要求外，尚应满足下列要求：

（1）勘探点间距

1）对于端承型桩（含嵌岩桩）：主要根据桩端持力层顶面坡度决定，宜为 12 ~ 24m。当相邻两个勘察点揭露出的桩端持力层层面坡度大于 10% 或持力层起伏较大、地层分布复杂时，应根据具体工程条件适当加密勘探点。

2）对于摩擦型桩：宜按 20 ~ 35m 布置勘探孔，但遇到土层的性质或状态在水平方向分布变化较大，或存在可能影响成桩的土层时，应适当加密勘探点。

3）复杂地质条件下的柱下单桩基础应按柱列线布置勘探点，并宜每桩设一个勘探点。

（2）勘探深度

1）宜布置 1/3 ~ 1/2 的勘探孔为控制性钻孔。对于设计等级为甲级的建筑桩基，至少应布置 3 个控制性钻孔,设计等级为乙级的建筑桩基至少应布置 2 个控制性钻孔。控制性钻孔应穿透桩端平面以下压缩层;一般性勘探钻孔应深入桩端平面以下 3～5 倍桩身设计直径,且不得小于 3m;对于大直径桩,勘探孔深不得小于 5m。

2)嵌岩桩的控制性钻孔应深入桩端平面以下 3～5 倍桩身设计直径,一般性钻孔应深入桩端平面以下 1～3 倍桩身设计直径。当持力层较薄时,应有部分钻孔钻穿持力岩层。在岩溶、断层破碎带地区,应查明溶洞、溶沟、溶槽、石笋等的分布情况,钻孔应钻穿溶洞或断层破碎带进入稳定土层,进入深度应满足上述控制性钻孔和一般性钻孔的要求。

在勘探深度范围内的每一地层,均应采取不扰动试样进行室内试验或根据土质情况选用有效的原位测试方法进行原位测试,提供设计所需参数。

**6. 特殊条件下的桩基础设计原则**

(1)软土地基的桩基础设计原则

1)软土中的桩基宜选择中、低压缩性土层作为桩端持力层。

2)桩周围软土因自重固结、场地填土、地面大面积堆载、降低地下水位、大面积挤土沉桩等原因而产生的沉降大于基桩的沉降时,应视具体工程情况分析计算桩侧负摩阻力对基桩的影响。

3)采用挤土桩时,应采取消减孔隙水压力和挤土效应的技术措施,减小挤土效应对成桩质量、邻近建筑物、道路、地下管线和基坑边坡等产生的不利影响。

4)先成桩后开挖基坑时,必须合理安排基坑挖土顺序和控制分层开挖的深度,防止土体侧移对桩的影响。

(2)湿陷性黄土地基的桩基础设计原则

1)基桩应穿透湿陷性黄土层,桩端应支承在压缩性低的黏性土、粉土、中密和密实砂土以及碎石类土层中。

2)湿陷性黄土地基中,设计等级为甲、乙级建筑桩基的单桩极限承载力,宜以浸水载荷试验为主要依据。

3)自重湿陷性黄土地基中的单桩极限承载力,应根据工程具体情况分析计算桩侧负摩阻力的影响。

(3)季节性冻土和膨胀土地基中的桩基设础计原则

1)桩端进入冻深线或膨胀土的大气影响急剧层以下的深度应满足抗拔稳定性验算要求,且不得小于 4 倍桩径及 1 倍扩大端直径,最小深度应大于 1.5m。

2)为减小和消除冻胀或膨胀对建筑物桩基的作用,宜采用钻(挖)孔灌注桩。

3)确定基桩竖向极限承载力时,除不计入冻胀、膨胀深度范围内桩侧阻力外,还应考虑地基土的冻胀、膨胀作用,验算桩基的抗拔稳定性和桩身受拉承载力。

4)为消除桩基受冻胀或膨胀作用的危害,可在冻胀或膨胀深度范围内,沿桩周及承台作隔冻、隔胀处理。

(4)岩溶地区的桩基础设计原则

1)岩溶地区的桩基,宜采用钻孔桩、冲孔桩。

2)当单桩荷载较大,岩层埋深较浅时,宜采用嵌岩桩。

3)当基岩面起伏很大且埋深较大时,宜采用摩擦型灌注桩。

(5)坡地岸边上桩基础的设计原则

1）对建于坡地岸边的桩基，不得将桩支承于边坡潜在的滑动体上。桩端应进入潜在滑裂面以下、稳定岩土层内的深度应能保证桩基的稳定。

2）建筑桩基与边坡应保持一定的水平距离；建筑场地内的边坡必须是完全稳定的边坡，当有崩塌、滑坡等不良地质现象存在时，应按 GB 50330—2013《建筑边坡工程技术规范》的规定进行整治，确保其稳定性。

3）新建坡地、岸边建筑桩基工程应与建筑边坡工程统一规划，同步设计，合理确定施工顺序。

4）不宜采用挤土桩。

5）应验算最不利荷载效应组合下桩基的整体稳定性和基桩水平承载力。

（6）抗震设防区桩基础的设计原则

1）桩进入液化土层以下稳定土层的长度（不包括桩尖部分）应按计算确定；对于碎石土，砾、粗、中砂，密实粉土，坚硬黏性土尚不应小于 2 倍桩身直径，对其他非岩石土尚不宜小于 4 倍桩身直径。

2）承台和地下室侧墙周围应采用灰土、级配砂石、压实性较好的素土回填，并分层夯实，也可采用素混凝土回填。

3）当承台周围为可液化土或地基承载力特征值小于 40kPa（或不排水抗剪强度小于 15kPa）的软土，且桩基水平承载力不满足计算要求时，可将承台外每侧 1/2 承台边长范围内的土进行加固。

4）对于存在液化扩展的地段，应验算桩基在土流动的侧向作用力作用下的稳定性。

（7）可能出现负摩阻力的桩基础设计原则

1）对于填土建筑场地，宜先填土并保证填土的密实性，软土场地填土前应采取预设塑料排水板等措施，待填土地基沉降基本稳定后方可成桩。

2）对于有地面大面积堆载的建筑物，应采取减小地面沉降对建筑物桩基影响的措施。

3）对于自重湿陷性黄土地基，可采用强夯、挤密土桩等先行处理，消除上部或全部土的自重湿陷；对于欠固结土宜采取先期排水预压等措施。

4）对于挤土沉桩，应采取消减超孔隙水压力、控制沉桩速率等措施。

5）对于中性点以上的桩身可对表面进行处理，以减少负摩阻力。

（8）抗拔桩基的设计原则

1）应根据环境类别及水土对钢筋的腐蚀、钢筋种类对腐蚀的敏感性和荷载作用时间等因素确定抗拔桩的裂缝控制等级。

2）对于严格要求不出现裂缝的一级裂缝控制等级，桩身应设置预应力筋；对于一般要求不出现裂缝的二级裂缝控制等级，桩身宜设置预应力筋。

3）对于三级裂缝控制等级，应进行桩身裂缝宽度计算。

4）当基桩抗拔承载力要求较高时，可采用桩侧后注浆、扩底等技术措施。

## 7. 桩基础的耐久性规定

1）桩基础的耐久性应根据设计使用年限、《混凝土结构设计规范》的环境类别规定以及水、土对钢、混凝土腐蚀性的评价进行设计。

2）二类和三类环境中，设计使用年限为 50 年的桩基础，混凝土的耐久性应符合表 7-2 的有关规定。

表7-2 二类和三类环境桩基结构混凝土耐久性的基本要求

| 环境类别 | | 最大水胶比 | 最小水泥用量/（kg/m³） | 最低混凝土强度等级 | 最大氯离子含量（%） | 最大碱含量/（kg/m³） |
|---|---|---|---|---|---|---|
| 二 | a | 0.60 | 250 | C25 | 0.3 | 3.0 |
| | b | 0.55 | 275 | C30 | 0.2 | 3.0 |
| 三 | | 0.50 | 300 | C30 | 0.1 | 3.0 |

注：1. 氯离子含量系指其与水泥用量的百分率。

　　2. 预应力构件混凝土中最大氯离子含量为0.06%，最小水泥用量为300kg/m³；最低混凝土强度等级应按表中规定提高两个等级。

　　3. 当混凝土中加入活性掺和料或能提高耐久性的外加剂时，可适当降低最小水泥用量。

　　4. 当使用非碱活性骨料时，对混凝土中碱含量不作限制。

　　5. 当有可靠工程经验时，表中最低混凝土强度等级可降低一个等级。

3）桩身裂缝控制等级及最大裂缝宽度要求：应根据环境类别和水、土介质腐蚀性等级按表7-3的有关规定选用。

表7-3 桩身的裂缝控制等级及最大裂缝宽度限值

| 环境类别 | | 钢筋混凝土桩 | | 预应力混凝土桩 | |
|---|---|---|---|---|---|
| | | 裂缝控制等级 | $w_{lim}$/mm | 裂缝控制等级 | $w_{lim}$/mm |
| 二 | a | 三 | 0.2（0.3） | 二 | 0 |
| | b | 三 | 0.2 | 二 | 0 |
| 三 | | 三 | 0.2 | 一 | 0 |

注：1. 水、土为强、中腐蚀性时，抗拔桩裂缝控制等级应提高一级。

　　2. 二a类环境中，位于稳定地下水位以下的基桩，其最大裂缝宽度限值可采用括弧中的数值。

4）四类、五类环境桩基结构耐久性设计可按《混凝土结构设计规范》和 GB 50046—2008《工业建筑防腐蚀设计规范》等执行。

5）对三、四、五类环境桩基结构，受力钢筋宜采用环氧树脂涂层带肋钢筋。

## 7.1.3 桩基础的设计内容

桩基础设计包括下列基本内容：

1）选择桩的类型，初步确定桩的截面尺寸及桩长。

2）确定单桩的竖向承载力、水平向承载力特征值。

3）初步确定桩的数量、间距和平面布置。

4）进行桩基础承载力和沉降验算，若不满足要求，调整桩的截面尺寸、桩长、桩数、间距和平面布置等，直到满足要求。

5）确定桩的材料强度等级，进行桩身结构设计。

6）确定承台的材料强度等级，进行承台结构设计。

7）绘制桩基础施工图。

## 7.2　桩基础及桩的类型

### 7.2.1　桩基础的类型

#### 1. 根据承台与地面相对位置划分

根据承台与地面相对位置的高低，桩基础可分为低承台桩基础和高承台桩基础。如图 7-2 所示，承台底面位于地面以下的桩基础被称为低承台桩基础，承台底面则高出地面以上的桩基础被称为高承台桩基础。

在工业与民用建筑中，多数使用低承台桩基础，并且桩多数都是竖直的。但在桥梁、港湾和海洋构筑物等工程中，为承受较大的水平荷载，经常使用高承台桩基础，并且较多采用斜桩。

#### 2. 根据桩数划分

根据桩基础中桩的数量，桩基础可分为单桩基础和群桩基础。只有一根桩的桩基础称为单桩基础，两根及两根以上的桩组成的桩基础称为群桩基础。

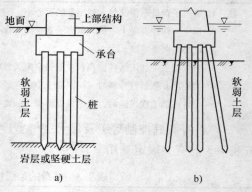

图 7-2　桩基础类型
a) 低承台桩基础　b) 高承台桩基础

单桩基础，因荷载由一根桩承担，通常桩的截面尺寸相对较大，使用的相对较少，工程上大多数采用的是群桩基础。

### 7.2.2　桩的类型

#### 1. 根据承载性状划分

根据桩在极限承载力状态下，总侧阻力和总端阻力所占份额，将桩分为两个大类和四个亚类。

（1）摩擦型桩　摩擦型桩是指桩顶竖向荷载由桩侧阻力和桩端阻力共同承受，但桩侧阻力分担荷载较多的桩。根据桩端阻力是否可以忽略，摩擦型桩又可分为摩擦桩和端承摩擦桩。摩擦型桩的桩端持力层多为较坚实的黏性土、粉土和砂类土，且桩的长径比不是很大。

1）摩擦桩：在承载能力极限状态下，桩顶竖向荷载由桩侧阻力承受，桩端阻力小到可忽略不计的桩，如图 7-3a 所示。

2）端承摩擦桩：在承载能力极限状态下，桩顶竖向荷载主要由桩侧阻力承受的

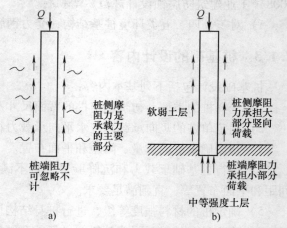

图 7-3　摩擦型桩
a) 摩擦桩　b) 端承摩擦桩

桩，如图 7-3b 所示。

（2）端承型桩 端承型桩是指桩顶竖向荷载由桩侧阻力和桩端阻力共同承受，但桩端阻力分担荷载较多的桩。根据桩侧阻力是否可以忽略，端承型桩又可分为端承桩和摩擦端承桩。端承型桩桩端多为中密以上的砂类、碎石类土层，或位于中风化、微风化和新鲜基岩的顶面。

1）端承桩：在承载能力极限状态下，桩顶竖向荷载由桩端阻力承受，桩侧阻力小到可忽略不计的桩，如图 7-4a 所示。

2）摩擦端承桩：在承载能力极限状态下，桩顶竖向荷载主要由桩端阻力承受的桩，如图 7-4b 所示。

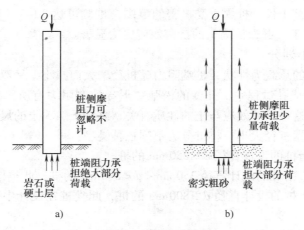

图 7-4 端承型桩
a）端承桩 b）摩擦端承桩

## 2. 根据成桩方法划分

桩的成型方式（打入或钻孔成桩等）不同，桩周土受到的挤土作用也很不相同。挤土作用会引起桩周土的天然结构、应力状态和性质产生变化，从而影响桩的承载力，这种变化与土的类别、性质特别是土的灵敏度、密实度和饱和度有密切关系。对摩擦型桩，成桩后的承载力还随时间呈一定的增长，一般来说，初期增长速度较快，随后逐级变缓，一段时间后则趋于某一极限值。

（1）非挤土桩 在成桩过程中，将与桩体积相同的土体挖出，桩周土不但没有受到排挤，相反可能因桩周土向桩孔内移动而产生应力松弛现象。因此，非挤土桩的桩侧摩阻力常有所减小。干作业法钻（挖）孔灌注桩、泥浆护壁法钻（挖）孔灌注桩、套管护壁法钻（挖）孔灌注桩属于非挤土桩。非挤土桩在成孔过程中，随着孔壁侧向应力的解除，桩周土将出现侧向松弛变形而产生松弛效应，导致桩周土体强度削弱，桩侧阻力随之降低，桩侧阻力的降低幅度与土性、有无护壁、孔径大小等诸多因素有关。

（2）部分挤土桩 在成桩过程中，桩周土体稍有挤压作用，但土的原状结构和工程性质变化不大。因此，由原状土测得的物理力学性质指标一般可用于估算部分挤土桩的承载力和沉降。长螺旋压灌灌注桩、冲孔灌注桩、钻孔挤扩灌注桩、搅拌劲芯桩、预钻孔打入（静压）预制桩、打入（静压）式敞口钢管桩、敞口预应力混凝土空心桩和 H 型钢桩属于部分挤土桩。

（3）挤土桩　桩在锤击、振动贯入或压入过程中，将桩位处的土大量排挤开，因而使桩周土层受到严重扰动，土的原状结构遭到破坏，土的工程性质有很大变化。黏性土由于重塑作用而降低了抗剪强度（过一段时间可恢复部分强度）；非密实的无黏性土则由于振动挤密而使抗剪强度提高。沉管灌注桩、沉管夯（挤）扩灌注桩、打入（静压）预制桩、闭口预应力混凝土空心桩和闭口钢管桩属于挤土桩。在饱和黏土中，挤土效应会引发灌注桩断桩、缩颈等质量事故，对于挤土预制混凝土桩和钢桩会导致桩体上浮，降低承载力，增大沉降；挤土效应还会造成周边房屋、市政设施受损。但在松散土和非饱和填土中，桩周土因侧向挤压使部分颗粒被压碎及土颗粒重新排列而趋于密实，从而桩的承载力得以提高。在松散至中密的砂土中设置挤土桩，桩周土受挤密的范围，桩侧可达 3～5.5 倍桩径，桩端下可达 2.5～4.5 倍桩径。对于桩群，桩周土的挤密效应更为显著。

### 3. 根据桩径大小划分

桩径大小影响桩的承载力性状，桩端阻力随桩径增大而减小，呈双曲线函数关系。大直径钻（挖、冲）孔桩成孔过程中，孔壁的松弛变形导致侧阻力有所降低，侧阻力随桩径增大呈双曲线形减小。这种尺寸效应与土的性质有关，黏性土、粉土的尺寸效应比砂土、碎石土的尺寸效应小。根据桩径大小，将桩分为下列三种类型：

1）小直径桩：指桩的设计直径 $d \leqslant 250\text{mm}$ 的桩。

2）中等直径桩：指桩的设计直径 $250\text{mm} < d < 800\text{mm}$ 的桩，此类桩在工程中使用最多。

3）大直径桩：指桩的设计直径 $d \geqslant 800\text{mm}$ 的桩，此类桩在设计中要考虑挤土效应和尺寸效应。

### 4. 根据施工方法划分

根据施工方法的不同，桩可分为预制桩和灌注桩两大类。

（1）预制桩　预制桩是在工厂或工地现场预先将桩制作成型，然后将其运送到桩位，用某种沉桩方式将桩沉入土中。根据预制桩所用材料，可将其分为混凝土桩、钢筋混凝土桩、钢桩、木桩和组合材料桩。木桩在我国应用很早，但因其应用的局限性，目前已很少使用。预制桩的沉桩方式主要有锤击法、振动法和静压法等。锤击法沉桩是用桩锤（或辅以高压射水）将桩击入地基中的施工方法，适用于地基土为松散的碎石土（不含大卵石或漂石）、砂土、粉土以及可塑黏性土的情况。锤击法沉桩伴有噪声、振动和地层扰动等问题，在城市建设中应考虑其对环境的影响。振动法沉桩是采用振动锤进行沉桩的施工方法，适用于可塑状的黏性土和砂土，对受振动时抗剪强度有较大降低的砂土地基和自重不大的钢桩，沉桩效果更好。静压法沉桩是采用静力压桩机将预制桩压入地基中的施工方法。静压法沉桩具有无噪声、无振动、无冲击力、施工应力小、桩顶不易损坏和沉桩精度较高等特点，但较长桩分节压入时，接头较多会影响压桩的效率。

1）混凝土及钢筋混凝土预制桩。混凝土及钢筋混凝土预制桩的横截面有方形、圆形等多种形状，普通实心方桩的截面边长常用的为 300～500mm。现场预制桩的长度一般为 25～30m，工厂预制桩的分节长度一般不超过 12m，沉桩时在现场连接到所需长度。分节预制桩的接头质量应保证满足桩身承受轴力、弯矩和剪力的要求，连接方法有焊接、法兰连接和硫黄胶泥锚接三种。前两种接桩方法可用于各种土层，硫黄胶泥锚接法适用于软土层。

钢筋混凝土预制桩的配筋主要受起吊、运输、吊立和沉桩等各阶段的应力控制，相比灌注桩用钢量较大。为减少钢筋用量，提高桩的承载力和抗裂性能，还可采用预应力钢筋土桩。

2）钢桩。工程中常用的钢桩有 H 型钢桩、钢板桩及钢管桩等。钢管桩是由钢板卷焊而成，常见直径有 406mm、609mm、914mm 和 1200mm，壁厚通常是按使用阶段应力设计的，约 10mm。H 型钢桩的横截面大都呈正方形，系一次轧制成型，与钢管桩相比，其挤土效应更弱，割焊与沉桩更便捷、穿透性能更强。H 型钢桩的不足之处是侧向刚度较弱，打桩时桩身易向刚度较弱的一侧倾斜，甚至产生施工弯曲。在这种情况下，采用钢筋混凝土或预应力混凝土桩身加 H 型钢桩尖的组合桩则是一种性能优越的桩型。

钢桩的承载力较高、自重较混凝土桩轻，钢桩的穿透能力强，锤击沉桩效果好，运输、起吊、堆放、接桩等都较方便，且不宜受损。但钢桩的耗钢量较大，成本较高，但它抗腐蚀性能较差，须做表面防腐蚀处理，且价格昂贵。因此，在我国一般只在必须穿越砂层、其他桩型无法施工和质量难以保证、必须控制挤土影响或工期紧迫及重要工程等情况下才选用。

（2）灌注桩 灌注桩是直接在施工现场桩位处成孔，然后在孔内加放钢筋笼（也有省去钢筋的），再浇灌混凝土而制成的桩。灌注桩的横截面通常为圆形，可以做成大直径桩灌注桩和扩底桩灌注桩。通过选择适当的成孔设备和施工方法，灌注桩可在各种类型地基土中使用。与混凝土预制桩相比，灌注桩一般只需要根据使用期间可能出现的内力配置钢筋，因此用钢量相对较小。此外，灌注桩的桩长可以灵活掌握、施工中的噪声和振动相对较小，目前在工程中应用比较广泛。但灌注桩在成孔成桩过程中容易出现塌孔和沉渣，必须采取相应的措施保证灌注桩桩身的成形和混凝土浇筑质量，以确保灌注桩的承载能力。

灌注桩大体可分为沉管灌注桩、钻（冲、磨）孔灌注桩、挖孔灌注桩和爆扩孔灌注桩等几种类型。同一类桩还可按施工机械、施工方法及直径的不同进一步详细划分。

1）沉管灌注桩。沉管灌注桩是指采用锤击沉管打桩机或振动沉管打桩机，将套上预制钢筋混凝土桩尖或带有活瓣桩尖（沉管时桩尖闭合，拔管时活瓣张开以便浇灌混凝土）的钢管沉入土层中成孔，然后边灌注混凝土、边锤击或边振动边拔出钢管并安放钢筋笼而形成的灌注桩。沉管灌注桩的施工工艺如图 7-5 所示。预制钢筋混凝土桩尖或带有活瓣桩尖被称为桩靴，如图 7-6 所示。

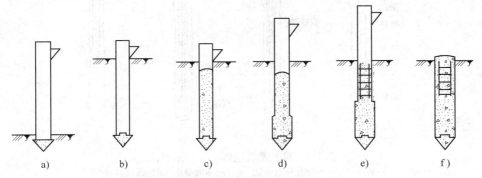

图 7-5　沉管灌注桩施工工艺示意图
a）打桩机就位　b）沉入钢管　c）浇灌混凝土　d）边拔钢管边振动
e）安放钢筋笼并继续浇筑混凝土　f）灌注桩成型

沉管可以采用锤击或振动两种方法，锤击沉管是利用桩锤的锤击作用，将带有活瓣桩尖或钢筋混凝土预制桩尖的钢管锤击进入土中。这种桩的施工设备简单、沉桩进度快、成本低，但很易产生缩颈（桩身截面局部缩小）、断桩、局部夹土、混凝土离析和强度不足等质量问题。锤击沉管灌注桩适用于在黏性土、淤泥、淤泥质土、稍密的砂土及杂填土层中。振动沉管灌注桩是利用振动锤将沉管沉入土中，然后向管中灌注混凝土，当混凝土灌满后，先振动再拔管。这种桩的施工进度快、效率较高、操作简单、费用较低，噪声及振动相对较小，但拔管时钢管内的混凝土容易被吸住，因此上拉钢管时容易产生缩颈等质量问题。振动沉管灌注桩的适用范围除了与锤击沉管灌注桩相同之外，还适用于砂土、稍密及中密的碎石土地层中。沉管灌注桩可打至硬塑黏土层或中、粗砂层。但在黏性土中，振动沉管灌注桩的沉管穿透能力比锤击沉管灌注桩稍差，承载力也比锤击沉管灌注桩低些。

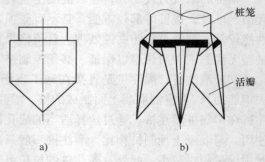

图 7-6　桩靴示意图
a）预制钢筋混凝土桩尖　b）带活瓣桩尖

　2）钻（冲、磨）孔灌注桩。各种钻（冲、磨）孔桩在施工时都要用机械方法将桩孔位置处的土排出成孔，然后清除孔底残渣，安放钢筋笼，最后浇灌混凝土。钻孔灌注桩施工工艺示意，如图 7-7 所示。钻、冲、磨孔的区别在于所用钻具不同成孔方式不同，钻孔是以旋转钻机带动钻头在土中回旋钻进成孔；冲孔是以冲击钻机冲击钻头，靠钻头自由下落的冲击力击碎岩石或冲剂土层成孔；磨孔是通过磨头磨碎岩石而成孔。为保证成孔质量以防塌孔，小直径孔桩可采用泥浆护壁，大直径的孔桩一般用钢套筒护壁。钻（冲、磨）孔灌注桩钻进速度较快，深度可达 80m，能克服流砂、消除孤石等障碍物，并能进入微风化硬质岩石中。钻（冲、磨）孔灌注桩的刚度大，承载力高而桩身变形很小，振动和噪声相对较少，对周围环境影响较小，应用越来越广泛。

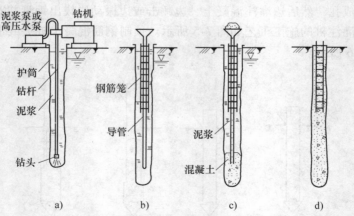

图 7-7　钻孔灌注桩施工工艺示意图
a）成孔　b）下导管和钢筋笼　c）浇灌混凝土　d）灌注桩成型

　3）挖孔桩。挖孔桩可采用人工或机械挖掘成孔，每挖 0.9 ~ 1.0m，需要现浇或喷射一圈混凝土护壁（上、下圈之间用插筋连接），然后安放钢筋笼，灌注混凝土成桩。人工挖孔桩的桩身直径通常为 800 ~ 2000mm，最大可达 3500mm。人工挖孔桩剖面图如图 7-8 所示。

当持力层承载力低于桩身混凝土受压承载力时，桩端可扩底，扩底端直径与桩身直径之比 $D/d$ 不宜超过 3，最大扩底直径可达 4500mm。扩底变径的宽高比通常按 $b/h = 1/3 \sim 1/2$（砂土取 1/3，粉土、黏性土和岩层取 1/2）的要求进行控制。扩底端可分为平底和弧底两种，平底扩底桩的加宽部分直壁段高（$h_1$）宜为 $300 \sim 500$mm，且扩底部分的总高（$h + h_1$）> 1000mm，如图 7-9a 所示；弧底扩底桩的矢高 $h_1$ 取（$0.1 \sim 0.15$）$D$，如图 7-9b 所示。

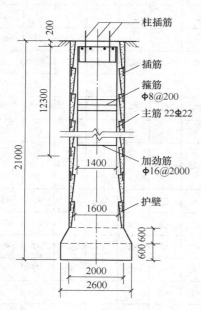

图 7-8　人工挖孔桩剖面图

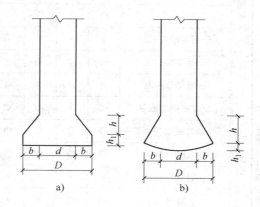

图 7-9　扩底灌注桩示意图
a）平底　b）弧底

挖孔桩的桩身长度宜限制在 30m 内，当桩长 $L < 8$m 时，桩身直径（不含护壁）不宜小于 0.8m；当 $8$m $< L < 15$m 时，桩身直径不宜小于 1.0m；当 $15$m $< L < 20$m 时，桩身直径不宜小于 1.2m；当桩长 $L > 20$m 时，桩身直径应适当加大。

挖孔桩可直接观察地层情况，孔底易清除干净，设备简单，施工噪声小，场区各桩可同时施工，桩径大，适应性强，又较经济。但挖孔桩因其孔内空间狭小、劳动条件差，可能遇到流砂、塌孔、有害气体、缺氧、触电和上面掉下重物等危险而造成伤亡事故，因此在松砂层（尤其是地下水位下的松砂层）、极软弱土层、地下水涌水量多且难以抽水的地层中难以施工或无法施工。

4）爆扩灌注桩。爆扩灌注桩是指就地成孔后，在孔底放入炸药包并灌注适量混凝土后，用炸药爆炸扩大孔底，再安放钢筋笼，灌注桩身混凝土而成的桩。爆扩桩的桩身直径一般为 $200 \sim 350$ mm，扩大头直径一般取桩身直径的 $2 \sim 3$ 倍，桩长一般为 $4 \sim 6$ m，最深不超过 10m。这种桩的适应性较强，除软土和新填土外，其他各种地层均可使用，最适宜在新土中成型并支承在坚硬密实土层上的情况。

桩基础的桩型与成桩工艺应根据建筑结构类型、荷载性质、桩的使用功能、穿越土层、桩端持力层、地下水位、施工设备、施工环境、施工经验、制桩材料供应条件等，按安全适用、经济合理的原则选择，详见表 7-4。

**表 7-4　桩型与成桩工艺选择**

| 成桩工艺 | 桩类 | 桩身/mm | 扩底端/mm | 最大桩长/m | 一般黏性土及其填土 | 淤泥和淤泥质土 | 粉土 | 砂土 | 碎石土 | 季节性冻土膨胀土 | 非自重湿陷性黄土 | 自重湿陷性黄土 | 中间有硬夹层 | 中间有砂夹层 | 中间有碎石夹层 | 硬黏性土 | 密实砂土 | 碎石土 | 软弱岩石和全风化岩石 | 地下水位以上 | 地下水位以下 | 振动和噪声 | 排浆 | 孔底有无挤密 |
|---|---|---|---|---|---|---|---|---|---|---|---|---|---|---|---|---|---|---|---|---|---|---|---|---|
| 干作业法 | 长螺旋钻孔灌注桩 | 300~800 | — | 28 | ○ | × | ○ | △ | × | ○ | ○ | △ | × | △ | × | ○ | ○ | △ | △ | ○ | × | 无 | 无 | 无 |
| 干作业法 | 短螺旋钻孔灌注桩 | 300~800 | — | 20 | ○ | × | ○ | △ | × | ○ | ○ | × | × | △ | × | ○ | ○ | × | × | ○ | × | 无 | 无 | 无 |
| 干作业法 | 钻孔扩底灌注桩 | 300~600 | 800~1200 | 30 | ○ | × | ○ | × | × | ○ | ○ | △ | △ | △ | × | ○ | ○ | △ | △ | ○ | × | 无 | 无 | 无 |
| 干作业法 | 机动洛阳铲成孔灌注桩 | 300~500 | — | 20 | ○ | × | △ | × | × | ○ | ○ | △ | △ | × | × | ○ | △ | × | × | ○ | × | 无 | 无 | 无 |
| 干作业法 | 人工挖孔扩底灌注桩 | 800~2000 | 1600~3000 | 30 | ○ | × | △ | △ | △ | △ | △ | △ | ○ | ○ | ○ | ○ | △ | △ | ○ | ○ | △ | 无 | 无 | 无 |
| 泥浆护壁法 | 潜水钻成孔灌注桩 | 500~800 | — | 50 | ○ | ○ | ○ | △ | △ | △ | ○ | △ | × | ○ | △ | ○ | ○ | △ | × | ○ | ○ | 无 | 有 | 无 |
| 泥浆护壁法 | 反循环钻成孔灌注桩 | 600~1200 | — | 80 | ○ | ○ | △ | △ | △ | △ | ○ | ○ | △ | ○ | △ | ○ | △ | △ | △ | ○ | ○ | 无 | 有 | 无 |
| 泥浆护壁法 | 正循环钻成孔灌注桩 | 600~1200 | — | 80 | ○ | ○ | △ | △ | △ | △ | ○ | ○ | △ | ○ | △ | ○ | △ | △ | △ | ○ | ○ | 无 | 有 | 无 |
| 泥浆护壁法 | 旋挖成孔灌注桩 | 600~1200 | — | 60 | ○ | ○ | ○ | △ | △ | △ | ○ | △ | ○ | ○ | ○ | ○ | ○ | ○ | ○ | ○ | ○ | 无 | 有 | 无 |
| 泥浆护壁法 | 钻孔扩底灌注桩 | 600~1200 | 1000~1600 | 30 | ○ | ○ | ○ | △ | △ | △ | ○ | △ | × | ○ | △ | ○ | △ | △ | △ | ○ | ○ | 无 | 有 | 无 |
| 套管护壁 | 贝诺托灌注桩 | 800~1600 | — | 50 | ○ | × | ○ | ○ | ○ | △ | ○ | △ | △ | ○ | ○ | ○ | ○ | ○ | △ | ○ | ○ | 无 | 无 | 无 |
| 套管护壁 | 短螺旋钻孔灌注桩 | 300~800 | — | 20 | ○ | × | ○ | ○ | ○ | △ | ○ | △ | △ | △ | △ | ○ | ○ | △ | △ | ○ | ○ | 无 | 无 | 无 |

| 成桩方法 | | 桩型 | 桩径(mm) | 桩长范围(mm) | 桩长(m) | (1) | (2) | (3) | (4) | (5) | (6) | (7) | (8) | (9) | (10) | (11) | (12) | (13) | (14) | (15) | (16) | (17) | (18) |
|---|---|---|---|---|---|---|---|---|---|---|---|---|---|---|---|---|---|---|---|---|---|---|---|
| 部分挤土成桩 | 灌注桩 | 冲击成孔灌注桩 | 600～1200 | — | 50 | ○ | ○ | ○ | ○ | ○ | ○ | ○ | ○ | × | × | △ | ○ | △ | △ | ○ | 有 | 有 | 无 |
| | | 长螺旋钻孔灌注桩 | 300～800 | — | 25 | △ | △ | △ | △ | △ | △ | △ | △ | ○ | ○ | ○ | △ | ○ | △ | ○ | 无 | 无 | 无 |
| | | 钻孔挤扩多支盘桩 | 700～900 | 1200～1600 | 40 | ○ | ○ | △ | ○ | ○ | △ | △ | ○ | ○ | ○ | △ | △ | △ | ○ | ○ | 无 | 有 | 无 |
| | 预制桩 | 预钻孔打入式预制桩 | 500 | — | 50 | ○ | × | △ | △ | ○ | △ | △ | ○ | ○ | ○ | △ | × | △ | ○ | ○ | 有 | 无 | 有 |
| | | 静压混凝土（预应力混凝土）敞口管桩 | 800 | — | 60 | △ | ○ | △ | ○ | ○ | △ | △ | △ | △ | △ | ○ | × | △ | ○ | ○ | 无 | 无 | 有 |
| | | H型钢桩 | 规格 | — | 80 | ○ | ○ | △ | ○ | △ | △ | △ | △ | △ | △ | △ | ○ | ○ | ○ | ○ | 有 | 无 | 无 |
| | | 敞口钢管桩 | 600～900 | — | 80 | ○ | ○ | ○ | ○ | ○ | ○ | ○ | ○ | ○ | ○ | △ | △ | ○ | ○ | ○ | 有 | 无 | 有 |
| 挤土成桩 | 灌注桩 | 内夯沉管灌注桩 | 325,377 | 460～700 | 25 | ○ | ○ | ○ | △ | △ | ○ | ○ | △ | ○ | ○ | △ | △ | △ | ○ | ○ | 有 | 无 | 有 |
| | 预制桩 | 打入式混凝土预制桩闭口钢管桩、混凝土管桩 | 500×500 1000 | — | 60 | ○ | △ | × | ○ | ○ | ○ | × | ○ | △ | ○ | △ | △ | △ | ○ | ○ | 有 | 无 | 无 |
| | | 静压桩 | 1000 | — | 60 | ○ | × | × | △ | ○ | ○ | × | △ | △ | △ | △ | △ | △ | ○ | ○ | 无 | 无 | 有 |

注：表中符号○表示比较适合；符号△表示有可能采用；符号×表示不宜采用。

## 7.3　桩的竖向承载力

### 7.3.1　单桩（基桩）轴向荷载的传递机理

#### 1. 桩身轴力和截面位移

逐级增加单桩桩顶荷载时，桩身上部受到压缩而产生相对于土的向下位移，从而使桩侧表面受到土的向上摩阻力。随着荷载增加，桩身压缩和位移随之增大，遂使桩侧摩阻力从桩身上段向下渐次发挥；桩底持力层也因受压引起桩端反力，导致桩端下沉、桩身随之整体下移，这又加大了桩身各截面的位移，引发桩侧上下各处摩阻力的进一步发挥。当沿桩身全长的摩阻力都到达极限值之后，桩顶荷载增量就全由桩端阻力承担，直到桩底持力层破坏、无力支承更大的桩顶荷载为止，此时，桩顶所承受的荷载就是桩的极限承载力。

由此可见，单桩轴向荷载的传递过程就是桩侧阻力与桩端阻力的发挥过程。桩顶荷载通过发挥出来的侧阻力传递到桩周土层中去，从而使桩身轴力与桩身压缩变形随深度递减。一般说来，靠近桩身上部土层的侧阻力先于下部土层发挥，侧阻力先于端阻力发挥。

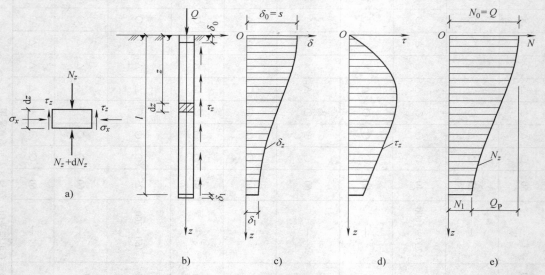

图 7-10　单桩轴向荷载传递示意图

a) 微桩段的作用力　b) 轴向受压的单桩　c) 截面位移曲线
d) 摩阻力分布曲线　e) 轴力分布曲线

图 7-10a 表示单位长度的竖直单桩在桩顶轴向力 $Q$ 作用下，在桩身任一深度 $z$ 处横截面上的轴力为 $N_z$，作用于深度 $z$ 处、周长为 $u_p$、厚度为 $\mathrm{d}z$ 的微小桩段上力的平衡条件为

$$N_z - \tau_z u_p \mathrm{d}z - (N_z - \mathrm{d}N_z) = 0 \tag{7-1}$$

可得桩侧摩阻力 $\tau_z$ 与桩身轴力 $N_z$ 的关系为

$$\tau_z = -\frac{1}{u_p} \cdot \frac{\mathrm{d}N_z}{\mathrm{d}z} \tag{7-2}$$

$\tau_z$ 也就是桩侧单位面积上的荷载传递量，由于桩顶轴力 $Q$ 沿桩身向下通过桩侧摩阻力逐步传给桩周土，因此轴力 $N_z$ 就相应地随深度而递减，桩底的轴力 $N_1$ 即桩端总阻力 $Q_p = N_1$，而桩侧总阻力 $Q_s = Q - Q_p$。

根据桩段 $dz$ 的桩身压缩变形 $d\delta_z$ 与桩身轴力 $N_z$ 之间的关系 $d\delta_z = -N_z \dfrac{dz}{A_p E_p}$，可得

$$N_z = -A_p E_p \frac{d\delta_z}{dz} \tag{7-3}$$

式中 $A_p$、$E_p$——桩身横截面面积（$m^2$）和弹性模量（kPa）。

将式（7-3）代入式（7-2）中得

$$\tau_z = \frac{A_p E_p}{u_p} \frac{d^2\delta_z}{dz^2} \tag{7-4}$$

式（7-4）是单桩轴向荷载传递的基本微分方程，它表明桩侧摩阻力 $\tau$ 是桩截面对桩周土的相对位移 $\delta$ 的函数，其大小制约着土对桩侧表面的向上作用的正摩阻力 $\tau$ 的发挥程度。

由图 7-10a 可知，任一深度 $z$ 处的桩身轴力 $N_z$ 应为桩顶轴力 $N_0(N_0 = Q)$ 与 $z$ 深度范围内的桩侧总阻力之差

$$N_z = Q - \int_0^z u_p \tau_z dz \tag{7-5}$$

桩身截面位移 $\delta_z$ 则为桩顶位移 $\delta_0(\delta_0 = s)$ 与 $z$ 深度范围内的桩身压缩量之差

$$\delta_z = s - \frac{1}{A_p E_p} \int_0^z N_z \cdot dz \tag{7-6}$$

上述两式中如取 $z = 1$，则式（7-5）变为桩底轴力 $N_1$（即桩端总阻力 $Q_p$）表达式；式（7-6）则变为桩端位移 $\delta_1$（即桩的刚体位移）表达式。

单桩静载荷试验时，除了测定桩顶荷载 $Q$ 作用下的桩顶沉降 $s$ 外，还可通过沿桩身若干截面预先埋设的应力或位移量测元件获得桩身轴力 $N_z$ 分布图，便可利用式（7-2）及式（7-6）作出摩阻力 $\tau_z$ 和截面位移 $\delta_z$ 沿深度的分布图。

**2. 影响荷载传递的因素**

马特斯（N. S. Mattes）和波洛斯（H. G. Poulos）通过线弹性理论分析，得到影响单桩荷载传递主要有以下四个因素：

1）桩端土与桩周土的刚度比 $E_b/E_s$ 的值越小，桩身轴力沿深度衰减越快，即传递到桩端的荷载越小。对于中长桩，当土层均匀（$E_b/E_s = 1$）时，桩侧摩阻力接近于均匀分布、几乎承担了全部荷载，桩端阻力仅占荷载的 5% 左右，属于摩擦桩；当 $E_b/E_s = 100$ 时，桩身轴力上段随深度减小，下段近乎沿深度不变，即桩侧摩阻力上段可得到发挥，下段则因桩土相对位移很小（桩端无位移）而无法发挥出来，桩端阻力分担了 60% 以上荷载，属于端承型桩；$E_b/E_s$ 再继续增大，对桩端阻力分担荷载比的影响就不大了。

2）桩身刚度与桩侧土刚度之比 $E_p/E_s$ 的值越大，传递到桩端的荷载越大，但当 $E_p/E_s$ 超过 1000 后，对桩端阻力分担荷载比的影响就不大了。而对于 $E_p/E_s \leq 10$ 的中长桩，其桩端阻力分担的荷载几乎接近于零，这说明对于砂桩、碎石桩、灰土桩等低刚度桩组成的基础，应按复合地基工作原理进行设计。

3）桩端扩底直径与桩身直径之比 $D/d$ 的值越大，桩端阻力分担的荷载比越大。对于均匀土层中的中长桩，当 $D/d=3$ 时，桩端阻力分担的荷载比将由等直径桩（$D/d=1$）的 5% 增至 35% 左右。

4）桩的长径比 $l/d$，随着长径比的增大，传递到桩端的荷载减小，桩身下部侧阻力的发挥值相应降低。在均匀土层中的长桩，其桩端阻力分担的荷载比趋于零。对于超长桩，不论桩端土的刚度多大，其桩端阻力分担的荷载都小到可略而不计，即桩端土的性质对荷载传递不再有任何影响，且上述各影响因素均失去实际意义。可见，长径比很大的桩都属于摩擦桩，在设计这类桩时，采用扩大桩端直径来提高承载力，实际上是无用的。

**3. 桩侧摩阻力和桩端阻力**

（1）桩侧摩阻力　桩侧摩阻力 $\tau$ 与桩 – 土界面相对位移 $\delta$ 的函数关系，可用图 7-11 中曲线 $OCD$ 表示，且常简化为折线 $OAB$。$OA$ 段表示桩 – 土界面相对位移小于某一限值 $\delta_u$ 时，摩阻力 $\tau$ 随 $\delta$ 线性增大；$AB$ 段则表示桩 – 土界面相对滑移超过某一限值后，摩阻力 $\tau$ 将保持极限值 $\tau_u$ 不变。极限摩阻力 $\tau_u$ 可用类似于土的抗剪强度的库仑公式表达

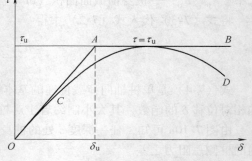

图 7-11　桩侧摩阻力 $\tau$ 与桩 – 土界面相对位移 $\delta$ 关系曲线

$$\tau_u = c_a + \sigma_x \tan\varphi_a \tag{7-7}$$

式中　$c_a$、$\varphi_a$——桩侧表面与土之间的附着力（kPa）和摩擦角（°）；

　　　　$\sigma_x$——深度 $z$ 处作用于桩侧表面的法向压力（kPa），它与桩侧土的竖向有效应力 $\sigma_v'$ 成正比，即

$$\sigma_x = K_s \sigma_v' \tag{7-8}$$

式中　$K_s$——桩侧土的侧压力系数，对挤土桩 $K_0 < K_s < K_p$，对非挤土桩，因桩孔中土被清除，而使 $K_a < K_s < K_0$（$K_a$、$K_0$ 和 $K_p$ 分别为主动、静止和被动土压力系数）。

桩侧极限摩阻力与所在的深度、土的类别和性质、成桩方法等因素有关，即发挥极限桩侧摩阻力 $\tau_u$ 所需的桩 – 土相对滑移极限值 $\delta_u$ 不仅与土的类别有关，还与桩径大小、施工工艺、土层性质和分布位置有关。

表 7-5 为《建筑桩基技术规范》给出的桩的极限侧阻力标准值 $q_{sk}$，当无当地经验时，桩的极限侧阻力标准值参考表 7-5 取值。

表 7-5　桩的极限侧阻力标准值 $q_{sk}$　　　　　　　　　　（单位：kPa）

| 土的名称 | 土的状态 | 混凝土预制桩 | 泥浆护壁钻（冲）孔桩 | 干作业钻孔桩 |
|---|---|---|---|---|
| 填土 | — | 22～30 | 20～28 | 20～28 |
| 淤泥 | — | 14～20 | 12～18 | 12～18 |
| 淤泥质土 | — | 22～30 | 20～28 | 20～28 |

（续）

| 土 的 名 称 | 土 的 状 态 | | 混凝土预制桩 | 泥浆护壁钻（冲）孔桩 | 干作业钻孔桩 |
|---|---|---|---|---|---|
| 黏性土 | 流塑 | $I_L > 1$ | 24 ~ 40 | 21 ~ 38 | 21 ~ 38 |
| | 软塑 | $0.75 < I_L \leq 1$ | 40 ~ 55 | 38 ~ 53 | 38 ~ 53 |
| | 可塑 | $0.5 < I_L \leq 0.75$ | 55 ~ 70 | 53 ~ 68 | 53 ~ 66 |
| | 硬可塑 | $0.25 < I_L \leq 0.5$ | 70 ~ 85 | 68 ~ 84 | 66 ~ 82 |
| | 硬塑 | $0 < I_L \leq 0.25$ | 86 ~ 98 | 84 ~ 96 | 82 ~ 94 |
| | 坚硬 | $I_L \leq 0$ | 98 ~ 105 | 96 ~ 102 | 94 ~ 104 |
| 红黏土 | $0.7 < \alpha_w \leq 1$ | | 13 ~ 32 | 12 ~ 30 | 12 ~ 30 |
| | $0.5 < \alpha_w \leq 0.7$ | | 32 ~ 74 | 30 ~ 70 | 30 ~ 70 |
| 粉土 | 稍密 | $e > 0.9$ | 26 ~ 46 | 24 ~ 42 | 24 ~ 42 |
| | 中密 | $0.75 < e \leq 0.9$ | 46 ~ 66 | 42 ~ 62 | 42 ~ 62 |
| | 密实 | $e < 0.75$ | 66 ~ 88 | 62 ~ 82 | 62 ~ 82 |
| 粉细砂 | 稍密 | $10 < N \leq 15$ | 24 ~ 48 | 22 ~ 46 | 22 ~ 46 |
| | 中密 | $15 < N \leq 30$ | 48 ~ 66 | 46 ~ 64 | 46 ~ 64 |
| | 密实 | $N > 30$ | 66 ~ 88 | 64 ~ 86 | 64 ~ 86 |
| 中砂 | 中密 | $15 < N \leq 30$ | 54 ~ 74 | 53 ~ 72 | 53 ~ 72 |
| | 密实 | $N > 30$ | 74 ~ 95 | 72 ~ 94 | 72 ~ 94 |
| 粗砂 | 中密 | $5 < N \leq 30$ | 74 ~ 95 | 74 ~ 95 | 76 ~ 98 |
| | 密实 | $N > 30$ | 95 ~ 116 | 95 ~ 116 | 98 ~ 120 |
| 砾砂 | 稍密 | $5 < N_{63.5} \leq 15$ | 70 ~ 110 | 50 ~ 90 | 60 ~ 100 |
| | 中密（密实） | $N_{63.5} > 15$ | 116 ~ 138 | 116 ~ 130 | 112 ~ 130 |
| 圆砾、角砾 | 中密、密实 | $N_{63.5} > 10$ | 160 ~ 200 | 135 ~ 150 | 135 ~ 150 |
| 碎石、卵石 | 中密、密实 | $N_{63.5} > 10$ | 200 ~ 300 | 140 ~ 170 | 150 ~ 170 |
| 全风化软质岩 | — | $30 < N \leq 50$ | 100 ~ 120 | 80 ~ 100 | 80 ~ 100 |
| 全风化硬质岩 | — | $30 < N \leq 50$ | 140 ~ 160 | 120 ~ 140 | 120 ~ 150 |
| 强风化软质岩 | — | $N_{63.5} > 10$ | 160 ~ 240 | 140 ~ 200 | 140 ~ 220 |
| 强风化硬质岩 | — | $N_{63.5} > 10$ | 220 ~ 300 | 160 ~ 240 | 160 ~ 260 |

注：1. 对于尚未完成自重固结的填土和以生活垃圾为主的杂填土，不计算其侧阻力。

2. $\alpha_w$ 为含水比，$\alpha_w = w/w_L$，$w$ 为土的天然含水量，$w_L$ 为土的液限。

3. $N$ 为标准贯入锤击数；$N_{63.5}$ 为重型圆锥动力触探锤击数。

4. 全风化、强风化软质岩石和全风化、强风化硬质岩石系指其母岩分别为 $f_{rk} \leq 15\text{MPa}$、$f_{rk} > 30\text{MPa}$ 的岩石。

（2）桩端阻力　因桩的入土深度远大于桩的截面尺寸，因此桩端土体的破坏大多数属于冲剪破坏或局部剪切破坏，只有桩长相对很短，桩穿越软弱土层支承于坚实土层时，才可能发生类似于浅基础下地基的整体剪切破坏。图 7-12 所示的为桩端地基破坏的三种模式示意图，其中图 7-12a 为太沙基（Terzaghi）破坏模式、图 7-12b 为梅耶霍夫（Meyerhof）破坏模式、图 7-12c 为别列赞采夫（БерезНцеb）破坏模式。根据上述理论导得的用于计算桩端阻力的公式可统一表达为

$$q_{\text{pu}} = \zeta_c c N_c^* + \zeta_\gamma \gamma_1 b N_\gamma^* + \zeta_q \gamma h N_q^* \qquad (7-9)$$

式中　　　　$c$——土的黏聚力（kPa）；

　　　　　$\gamma_1$、$\gamma$——桩端平面以下和桩端平面以上土的重度，地下水位以下取有效重度（kN/m³）；

　　　　　$b$、$h$——桩端宽度（直径）、桩的入土深度（m）；

　　　$\zeta_c$、$\zeta_\gamma$、$\zeta_q$——桩端形状系数；

$N_c^*$、$N_\gamma^*$、$N_q^*$——承载力系数，仅与土的内摩擦角 $\varphi$ 有关。

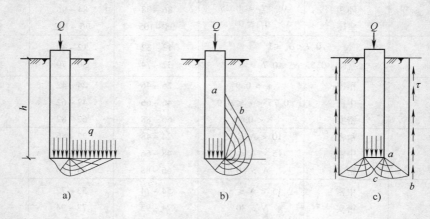

图 7-12　桩端土滑动面模式示意图

　　由于 $N_\gamma$ 与 $N_q$ 接近，而桩径远小于桩的入土深度，故可略去式（7-9）中第二项，简化后可得

$$q_{pu} = \zeta_c c N_c^* + \zeta_q \gamma h N_q^* \tag{7-10}$$

形状系数 $\zeta_c$、$\zeta_q$ 可按表 7-6 取值。

表 7-6　形状系数

| $\varphi$ | $\zeta_c$ | $\zeta_q$ |
|---|---|---|
| <22° | 1.20 | 0.80 |
| 25° | 1.21 | 0.79 |
| 30° | 1.24 | 0.76 |
| 35° | 1.32 | 0.68 |
| 40° | 1.68 | 0.52 |

　　由式（7-10）可以看出，桩端阻力随着桩端入土深度增大线性增大。然而，模型桩和原型桩试验研究都表明，与桩侧摩阻力的深度效应类似，桩端阻力也存在深度效应现象。当桩端入土深度小于某一临界值时，极限端阻随深度线性增加，而大于该深度后则保持恒值不变，这一深度称为端阻的临界深度，它随持力层密度的提高、上覆荷载的减小而增大。不同的资料给出侧阻与端阻的临界深度之比的变化范围为 0.3~1.0。此外，当桩端持力层下存在软弱下卧层且桩端与软弱下卧层的距离小于某一厚度时，桩端阻力将受软弱下卧层的影响而降低。这一厚度称为桩端阻力的临界厚度，它随持力层密度的提高、桩径的增大而增大。

　　表 7-7 为建筑桩基技术规范提供的桩的极限端阻力标准值 $q_{pk}$，当无当地经验时，桩的极限端阻力标准值参考表 7-7 取值。

表 7-7　桩的极限端阻力标准值 $q_{pk}$

（单位：kPa）

| 土名称 | 土的状态 | | 混凝土预制桩桩长/m | | | | 泥浆护壁钻（冲）孔桩桩长/m | | | | 干作业钻孔桩桩长/m | | |
|---|---|---|---|---|---|---|---|---|---|---|---|---|---|
| | | | $l \leq 9$ | $9 < l \leq 16$ | $16 < l \leq 30$ | $l > 30$ | $5 \leq l < 10$ | $10 \leq l < 15$ | $15 \leq l < 30$ | $l \geq 30$ | $5 \leq l < 10$ | $10 \leq l < 15$ | $l \geq 15$ |
| 粘性土 | 软塑 | $0.75 < I_L \leq 1$ | 210~850 | 650~1400 | 1200~1800 | 1300~1900 | 150~250 | 250~300 | 300~450 | 300~450 | 200~400 | 400~700 | 700~950 |
| | 可塑 | $0.5 < I_L \leq 0.75$ | 850~1700 | 1400~2200 | 1900~2800 | 2300~3600 | 350~450 | 450~600 | 600~750 | 750~800 | 500~700 | 800~1100 | 1000~1600 |
| | 硬可塑 | $0.25 < I_L \leq 0.5$ | 1500~2300 | 2300~3300 | 2700~3600 | 3600~4400 | 800~900 | 900~1000 | 1000~1200 | 1200~1400 | 850~1100 | 1500~1700 | 1700~1900 |
| | 硬塑 | $0 < I_L \leq 0.25$ | 2500~3800 | 3800~5500 | 5500~6000 | 6000~6800 | 1100~1200 | 1200~1400 | 1400~1600 | 1600~1800 | 1600~1800 | 2200~2400 | 2600~2800 |
| 粉土 | 中密、密实 | $0.75 < e < 0.9$ | 950~1700 | 1400~2100 | 1900~2700 | 2500~3400 | 300~500 | 500~650 | 650~750 | 750~850 | 800~1200 | 1200~1400 | 1400~1600 |
| | 密实 | $e < 0.75$ | 1500~2600 | 2100~3000 | 2700~3600 | 3600~4400 | 650~900 | 750~900 | 900~1100 | 1100~1200 | 1200~1700 | 1400~1900 | 1600~2100 |
| 粉砂 | 稍密 | $10 < N \leq 15$ | 1000~1600 | 1500~2300 | 1900~2700 | 2100~3000 | 350~500 | 450~600 | 600~700 | 650~750 | 500~950 | 1300~1600 | 1500~1700 |
| | 中密、密实 | $N > 15$ | 1400~2200 | 2100~3000 | 3000~4500 | 3800~5500 | 600~750 | 750~900 | 900~1100 | 1100~1200 | 900~1000 | 1700~1900 | 1700~1900 |
| 细砂 | 中密、密实 | $N > 15$ | 2500~4000 | 3600~5000 | 4400~6000 | 5300~7000 | 650~850 | 900~1200 | 1200~1500 | 1500~1800 | 1200~1600 | 2000~2400 | 2400~2700 |
| 中砂 | 中密、密实 | $N > 15$ | 4000~6000 | 5500~7000 | 6500~8000 | 7500~9000 | 850~1050 | 1100~1500 | 1500~1900 | 1900~2100 | 1800~2400 | 2800~3800 | 3600~4400 |
| 粗砂 | 中密、密实 | $N > 15$ | 5700~7500 | 7500~8500 | 8500~10000 | 9500~11000 | 1500~1800 | 2100~2400 | 2400~2600 | 2600~2800 | 2900~3600 | 4000~4600 | 4600~5200 |
| 砾砂 | 中密、密实 | $N > 15$ | 6000~9500 | | 9000~10500 | | 1400~2000 | | 2000~3200 | | 3500~5000 | | |
| 圆砾、角砾 | 中密、密实 | $N_{63.5} > 10$ | 7000~10000 | | 9500~11500 | | 1800~2200 | | 2200~3600 | | 4000~5500 | | |
| 碎石、卵石 | 中密、密实 | $N_{63.5} > 10$ | 8000~11000 | | 10500~13000 | | 2000~3000 | | 3000~4000 | | 4500~6500 | | |
| 全风化软质岩 | — | $30 < N \leq 50$ | 4000~6000 | | | | 1000~1600 | | | | 1200~2000 | | |
| 全风化硬质岩 | — | $30 < N \leq 50$ | 5000~8000 | | | | 1200~2000 | | | | 1400~2400 | | |
| 强风化软质岩 | — | $N_{63.5} > 10$ | 6000~9000 | | | | 1400~2200 | | | | 1600~2600 | | |
| 强风化硬质岩 | — | $N_{63.5} > 10$ | 7000~11000 | | | | 1800~2800 | | | | 2000~3000 | | |

注：1. 砂土和碎石土中桩的极限端阻力取值，宜综合考虑土的密实度，桩端进入持力层的深径比，土越密实，深径比越大，取值越高。

2. 预制桩的岩石极限端阻力指桩端支承于中、微风化基岩表面或进入强风化岩、软质岩一定深度条件下的极限端阻力。

3. 全风化、强风化软质岩和全风化、强风化硬质岩指其母岩分别为 $f_{rk} \leq 15$MPa、$f_{rk} > 30$MPa 的岩石。

通常情况下，单桩受荷过程中桩端阻力的发挥不仅滞后于桩侧阻力，而且其充分发挥所需的桩底位移值比桩侧摩阻力到达极限所需的桩身截面位移值大得多，对工作状态下的单桩，除支承于坚硬基岩的粗短的桩外，桩端阻力的安全储备一般大于桩侧摩阻力的安全储备。

### 7.3.2　单桩竖向承载力的确定

单桩竖向承载力取决于桩身的材料强度和地层的支承力，即在荷载作用下，桩身材料不能发生破坏，桩在地基中不能丧失稳定性、桩顶不产生过大的位移。一般情况下，单桩的承载力由地层的支承力决定，只有部分端承桩或超长桩由桩身材料强度起控制作用，设计时应分别按桩身的材料强度和地层的支承力计算后取其中的较小值。如果按桩的现场载荷试验确定单桩承载力，则已兼顾到了这两个方面。

由于桩周存在土的约束作用，按材料强度计算低承台桩基的单桩承载力时，可把桩视为轴心受压杆件，而且不考虑纵向压屈的影响（取纵向弯曲系数为1）。对于通过很厚的软黏土层而支承在岩层上的端承型桩或承台底面以下存在可液化土层的桩以及高承台桩基，则应考虑压屈影响。

单桩竖向极限承载力由桩侧总极限摩阻力和桩端总极限阻力组成，若忽略二者间的相互影响，可表示为

$$Q_u = Q_{su} + Q_{bu} \tag{7-11}$$

以单桩竖向极限承载力除以安全系数即得单桩竖向承载力特征值

$$R_a = \frac{Q_u}{K} = \frac{Q_{su}}{K_s} + \frac{Q_{bu}}{K_b} \tag{7-12}$$

式中　$Q_u$——单桩竖向极限承载力（kN）；

$Q_{su}$、$Q_{bu}$——桩侧总极限摩阻力、桩端总极限阻力（kN）；

$R_a$——单桩竖向承载力特征值（kN）；

$K$——安全系数，取 $K=2$。

**1. 单桩竖向承载力确定的一般规定**

JGJ 94—2008《建筑桩基技术规范》要求确定单桩竖向极限承载力标准值应符合下列规定：

1）设计等级为甲级的建筑桩基，应通过单桩静载荷试验确定。

2）设计等级为乙级的建筑桩基，当地质条件简单时，可参照地质条件相同的试桩资料，结合静力触探等原位测试和经验参数综合确定，其余均应通过单桩静载荷试验确定。

3）设计等级为丙级的建筑桩基，可根据原位测试和经验确定。

GB 50007—2011《建筑地基基础设计规范》规定：单桩竖向承载力特征值应通过单桩竖向静载荷试验确定，对地基基础设计等级为丙级的建筑，可采用静力触探及标准贯入锤击试验确定。

**2. 单桩竖向承载力的确定**

（1）根据单桩静载荷试验确定　单桩静载荷试验既可在施工前进行，用于测定单桩的承载力，也可以在施工后进行，用于检测工程桩的施工质量，它是评价单桩承载力中可靠性

较高的一种方法。

挤土桩在设置后须隔一段时间才能开始现场载荷试验，这是由于打桩时土中产生的孔隙水压力有待消散，且土体因打桩扰动而降低的强度也有待随时间而部分恢复。《建筑桩基技术规范》要求，单桩静载荷试验所需的间歇时间：预制桩在砂类土中不得少于 7d；粉土和黏性土不得少于 15d；饱和黏性土不得少于 25d。灌注桩应在桩身混凝土达到设计强度后才能进行。在同一条件下，进行静载荷试验的桩数不宜少于总桩数的 1%，且不应少于 3 根。

1）试验装置。试验装置主要由加载系统和量测系统组成。加载系统由安装在桩顶的液压千斤顶及其反力系统组成。千斤顶的反力系统包括主、次梁及锚桩，所提供的反力应为预估最大试验荷载的 1.2 ~ 1.5 倍。量测桩顶沉降的仪表主要有百分表或电子位移计等。反力可通过锚桩承担，如图 7-13a 所示，采用工程桩作为锚桩时，锚桩数量不能少于 4 根，并应对试验过程锚桩上拔量进行监测。

反力系统也可以采用压重平台反力装置，如图 7-13b 所示，或锚桩压重联合反力装置。采用压重平台时，要求压重必须大于预估最大试验荷载的 1.2 倍，且压重应在试验开始前一次加上，并均匀稳固放置于平台上。

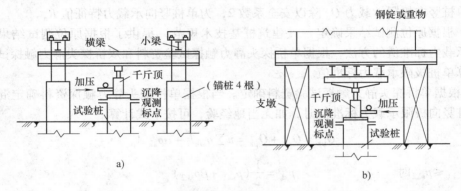

图 7-13　单桩静载荷试验加载装置示意图
a）锚桩横梁反力装置　b）压重平台反力装置

2）试验方法。试验时加载方式有慢速维持荷载法、快速维持荷载法、等贯入速率法、等时间间隔加载法及循环加载法等。《建筑地基基础设计规范》规定采用的是慢速维持荷载法，荷载分级不应小于 8 级，每级加荷量宜为预估极限荷载的 1/8 ~ 1/10。当每级荷载下桩顶沉降量小于 0.1mm/h 时，则认为已趋稳定，然后施加下一级荷载直到试桩破坏，再分级卸载到零。对于工程桩的检验性试验，也可采用快速维持荷载法，即一般每隔 1h 加一级荷载。

3）终止加载条件。当出现下列情况之一时即可终止加载：①当荷载 – 沉降曲线（见图 7-14）上有可判断极限承载力的陡降段，且桩顶总沉降量超过 40mm；②第 $n + 1$ 级荷载的沉降量与第 $n$ 级荷载的沉降量之比大于或等于 2，且经 24h 尚未达到稳定；

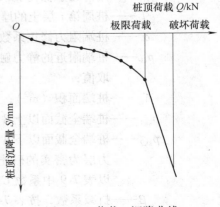

图 7-14　荷载 – 沉降曲线

③25m 以上的非嵌岩桩，当荷载 – 沉降曲线呈缓变形时，桩顶总沉降量大于 80mm；④在特殊条件下，可根据具体要求加载至桩顶总沉降量大于 100mm。

4）卸荷及卸荷观测。①每级卸荷值为加载值的两倍；②卸荷后每隔 15min 测读一次，读两次后，隔半小时再读一次，即可卸下一级荷载；③全部卸荷后，隔 3h 再读一次。

5）单桩竖向极限承载力的确定。①作出荷载沉降关系曲线和其他辅助分析所需曲线；②当陡降段明显时，取相应于陡降段起点的荷载值作为单桩竖向极限承载力；③对于第 $n+1$ 级荷载的沉降量与第 $n$ 级荷载的沉降量之比大于或等于 2 的情况，取前一级荷载值作为单桩竖向极限承载力；④当荷载沉降关系曲线呈缓变型时，取桩顶总沉降量 $s=40mm$ 所对应的荷载值作为单桩竖向极限承载力，当桩长大于 40m 时，宜考虑桩身的弹性压缩；⑤按上述方法判断有困难时，可结合其他辅助方法综合判定，对桩基沉降有要求时，应根据具体情况选取。单桩竖向静载荷试验的极限承载力必须进行统计，计算参加统计的极限承载力的平均值，当满足其极差不超过平均值的 30% 时，可取其平均值为单桩竖向极限承载力 $Q_u$；当极差超过平均值的 30% 时，宜增加试桩数并分析离差过大的原因，结合工程具体情况确定极限承载力 $Q_u$。对桩数为 3 根及 3 根以下的柱下桩基，则取最小值为单桩竖向极限承载力 $Q_u$。

将单桩竖向极限承载力 $Q_u$ 除以安全系数 2，为单桩竖向承载力特征值 $R_a$。

（2）根据原位测试结果确定　《建筑桩基技术规范》提供了根据原位测试结果确定单桩极限承载力标准值的方法，根据单桥探头静力触探试验资料和双桥探头静力触探试验资料可以计算单桩极限承载力标准值。

1）根据单桥探头静力触探试验资料确定。当根据单桥探头静力触探资料确定混凝土预制桩单桩竖向极限承载力标准值时，如无当地经验，可按下式计算

$$Q_{uk} = Q_{sk} + Q_{pk} = u\sum q_{sik}l_i + \alpha p_{sk}A_p \tag{7-13}$$

当 $p_{sk1} \leqslant p_{sk2}$ 时　　　　　　　$$p_{sk} = \frac{1}{2}(p_{sk1} + \beta p_{sk2}) \tag{7-14}$$

当 $p_{sk1} > p_{sk2}$ 时　　　　　　　$$p_{sk} = p_{sk2} \tag{7-15}$$

式中　$Q_{sk}$、$Q_{pk}$——总极限侧阻力标准值和总极限端阻力标准值（kN）；

$u$——桩身周长（m）；

$q_{sik}$——用静力触探比贯入阻力值估算的桩周第 $i$ 层土的极限侧阻力（kPa）；

$l_i$——桩周第 $i$ 层土的厚度（m）；

$\alpha$——桩端阻力修正系数，可按表 7-8 取值；

$p_{sk}$——桩端附近的静力触探比贯入阻力标准值（平均值）（kPa），按图 7-15 取值；

$A_p$——桩端面积（m²）；

$p_{sk1}$——桩端全截面以上 8 倍桩径范围内的比贯入阻力平均值（kPa）；

$p_{sk2}$——桩端全截面以下 4 倍桩径范围内的比贯入阻力平均值（kPa），如桩端持力层为密实的砂土层，其比贯入阻力平均值 $p_s$ 超过 20MPa 时，则需乘以表 7-9 中系数 $C$ 予以折减后，再计算 $p_{sk2}$ 及 $p_{sk1}$ 值；

$\beta$——折减系数，按表 7-10 选用。

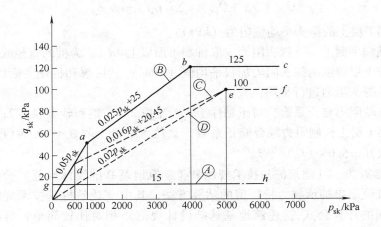

图 7-15 $q_{sk} - p_{sk}$ 曲线

注：1. $q_{sik}$ 应结合土工试验资料，依据土的类别、埋置深度、排列次序，按图 7-15 中的折线取值；图 7-15 中，线段 gh 适用于地表下 6m 范围内的土层；线段 0abc 适用于粉土及砂土土层以上（或无粉土及砂土土层地区）的黏性土；线段 0def 适用于粉土及砂土土层以下的黏性土；线段 0ef 适用于粉土、粉砂、细砂及中砂。

2. $p_{sk}$ 为桩端穿过的中密~密实砂土、粉土的比贯入阻力平均值；$p_{sl}$ 为砂土、粉土的下卧软土层的比贯入阻力平均值。

3. 采用的单桥探头，圆锥底面积为 15cm²，底部带 7cm² 高滑套，锥角 60°。

4. 当桩端穿过粉土、粉砂、细砂及中砂层底面时，用线段 0ef 估算的值需乘以表 7-11 中的系数 $\eta_s$。

表 7-8 桩端阻力修正系数 α

| 桩长/m | $l < 15$ | $15 \leqslant l \leqslant 30$ | $30 < l < 60$ |
| --- | --- | --- | --- |
| α | 0.75 | 0.75 ~ 0.90 | 0.90 |

注：桩长 $15 \leqslant l \leqslant 30$，α 值按 $l$ 直线内插；$l$ 为桩长（不包括桩尖高度）。

表 7-9 系数 C

| $p_{sk}$/MPa | 20 ~ 30 | 35 | >40 |
| --- | --- | --- | --- |
| C | 5/6 | 2/3 | 1/2 |

注：C 值可按直线内插取值。

表 7-10 折减系数 β

| $p_{sk2}/p_{sk1}$ | ≤5 | 7.5 | 12.5 | ≥15 |
| --- | --- | --- | --- | --- |
| β | 1 | 5/6 | 2/3 | 1/2 |

注：β 值可按直线内插取值。

表 7-11 系数 $\eta_s$

| $p_{sk}/p_{sl}$ | ≤5 | 7.5 | ≥10 |
| --- | --- | --- | --- |
| $\eta_s$ | 1.00 | 0.50 | 0.33 |

2）根据双桥探头静力触探试验资料确定。当根据双桥探头静力触探资料确定混凝土预制桩单桩竖向极限承载力标准值时，对于黏性土、粉土和砂土，如无当地经验时可按下式计算

$$Q_{uk} = Q_{sk} + Q_{pk} = u \sum l_i \beta_i f_{si} + \alpha q_c A_p \qquad (7\text{-}16)$$

式中 $f_{si}$——第 $i$ 层土的探头平均侧阻力（kPa）；

   $q_c$——桩端平面上、下探头阻力，取桩端平面以上 $4d$（$d$ 为桩的直径或边长）范围内按土层厚度的探头阻力加权平均值（kPa），然后再和桩端平面以下 $1d$ 范围内的探头阻力进行平均；

   $\alpha$——桩端阻力修正系数，对于黏性土、粉土取 2/3，饱和砂土取 1/2；

   $\beta_i$——第 $i$ 层土桩侧阻力综合修正系数，黏性土、粉土取 $\beta_i = 10.04(f_{si})^{-0.55}$；砂土取 $\beta_i = 5.05(f_{si})^{-0.45}$。

（3）经验参数法 《建筑桩基技术规范》《建筑地基基础设计规范》分别给出了单桩极限承载力标准值、单桩承载力特征值的估算方法，其中《建筑桩基技术规范》根据桩的类型采取了不同的计算公式，《建筑地基基础设计规范》相对比较简单，给出了统一计算公式。

1）《建筑桩基技术规范》确定单桩极限承载力标准值的方法。《建筑桩基技术规范》的中小直径桩、大直径桩、钢管桩、混凝土空心桩的单桩极限承载力标准值是根据土的物理指标与承载力参数之间的经验关系确定的；嵌岩桩是根据岩石的单桩极限承载力标准值单轴抗压强度确定的，具体计算公式如下：

① 中、小直径桩。根据土的物理指标与承载力参数之间的经验关系，确定单桩极限承载力标准值时，可按下式估算

$$Q_{uk} = Q_{sk} + Q_{pk} = u \sum q_{sik} l_i + q_{pk} A_p \qquad (7\text{-}17)$$

式中 $q_{sik}$——桩侧第 $i$ 层土的极限侧阻力标准值（kPa），当无当地经验时，可按表 7-5 取值；

   $q_{pk}$——极限端阻力标准值（kPa），当无当地经验时，可按表 7-7 取值。

② 大直径桩。如前所述，大直径桩桩端阻力随桩径增大呈双曲线形减小，大直径桩桩端阻力尺寸效应系数与桩径关系计算与试验比较如图 7-16 所示；桩侧阻力随桩径增大呈双曲线形减小，砂、砾土中极限侧阻力与桩径关系曲线如图 7-17 所示。对于大直径桩单桩极限承载力标准值的计算公式是在式（7-17）基础上乘以大直径桩侧阻、端阻尺寸效应系数 $\psi_{si}$、$\psi_p$ 得到的。根据土的物理指标与承载力参数之间的经验关系，确定大直径桩单桩极限承载力标准值时，可按下式计算

$$Q_{uk} = Q_{sk} + Q_{pk} = u \sum \psi_{si} q_{sik} l_i + \psi_p q_{pk} A_p \qquad (7\text{-}18)$$

式中 $q_{sik}$——桩侧第 $i$ 层土极限侧阻力标准值（kPa），如无当地经验值时，可按表 7-5 取值，对于扩底桩变截面以上 $2d$ 长度范围不计侧阻力；

   $q_{pk}$——桩径为 800mm 的极限端阻力标准值（kPa），对于干作业挖孔（清底干净）可采用深层载荷板试验确定，当不能进行深层载荷板试验时，可按表 7-12 取值；

  $\psi_{si}$、$\psi_p$——大直径桩侧阻、端阻尺寸效应系数，按表 7-13 取值；

   $u$——桩身周长（m），当人工挖孔桩桩周护壁为振捣密实的混凝土时，桩身周长可按护壁外直径计算。

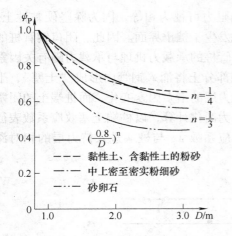

图 7-16 大直径桩桩端阻力尺寸效应
系数与桩径 $D$ 关系计算及试验比较

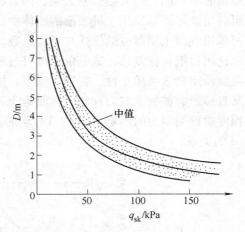

图 7-17 砂、砾土中极限侧阻力 $q_{sk}$
与桩径 $D$ 的关系曲线

表 7-12 干作业挖孔（清底干净，$D=800\text{mm}$）极限端阻力标准值 $q_{pk}$（单位：kPa）

| 土 名 称 | | 状 态 | | |
|---|---|---|---|---|
| 黏性土 | | $0.25 < I_L \leq 0.75$ | $0 < I_L \leq 0.25$ | $I_L \leq 0$ |
| | | $800 \sim 1800$ | $1800 \sim 2400$ | $2400 \sim 3000$ |
| 粉土 | | — | $0.75 \leq e \leq 0.9$ | $e < 0.75$ |
| | | — | $1000 \sim 1500$ | $1500 \sim 2000$ |
| 砂土、碎石类土 | | 稍密 | 中密 | 密实 |
| | 粉砂 | $500 \sim 700$ | $800 \sim 1100$ | $1200 \sim 2000$ |
| | 细砂 | $700 \sim 1100$ | $1200 \sim 1800$ | $2000 \sim 2500$ |
| | 中砂 | $1000 \sim 2000$ | $2200 \sim 3200$ | $3500 \sim 5000$ |
| | 粗砂 | $1200 \sim 2200$ | $2500 \sim 3500$ | $4000 \sim 5500$ |
| | 砾砂 | $1400 \sim 2400$ | $2600 \sim 4000$ | $5000 \sim 7000$ |
| | 圆砾、角砾 | $1600 \sim 3000$ | $3200 \sim 5000$ | $6000 \sim 9000$ |
| | 卵石、碎石 | $2000 \sim 3000$ | $3300 \sim 5000$ | $7000 \sim 11000$ |

注：1. 当桩进入持力层的深度 $h_b$ 分别为：$h_b \leq D$、$D < h_b \leq 4D$、$h_b > 4D$ 时，可相应取表中的低、中、高值。

2. 砂土密实度可根据标贯锤击数判定，$N \leq 10$ 为松散，$10 < N \leq 15$ 为稍密，$15 < N \leq 30$ 为中密，$N > 30$ 为密实。

3. 当桩的长径比 $l/d \leq 8$ 时，$q_{pk}$ 宜取较低值。

4. 当对沉降要求不严时，$q_{pk}$ 可取高值。

表 7-13 大直径灌注桩侧阻力尺寸效应系数 $\psi_{si}$、端阻力尺寸效应系数 $\psi_p$

| 土 类 型 | 黏性土、粉土 | 砂土、碎石类土 |
|---|---|---|
| $\psi_{si}$ | $(0.8/d)^{1/5}$ | $(0.8/d)^{1/3}$ |
| $\psi_p$ | $(0.8/D)^{1/4}$ | $(0.8/D)^{1/3}$ |

注：当为等直径桩时，表中 $D=d$。

③ 钢管桩。闭口钢管桩的承载变形机理与混凝土预制桩相同，钢管桩与混凝土桩表面

性质虽有所不同，但大量试验表明，两者的极限侧阻力可视为相等，因为除坚硬黏性土外，侧阻剪切破坏面是发生于桩表面的土体中，而不是发生于桩土界面。因此，闭口钢管桩的计算可采用混凝土预制桩的模式与计算系数。敞口钢管桩的承载力机理与承载力随有关因素的变化比闭口钢管桩复杂，这是由于沉桩过程，桩端部分土将涌入钢管内形成"土塞"，土塞的高度及闭塞效果随土性、管径、壁厚、桩进入持力层的诸多因素变化，而桩端土的闭塞程度又直接影响桩的承载力性状，称此为土塞效应。为简化计算，以桩端土塞效应系数表征闭塞程度对桩端阻力的影响，图 17-18 为桩端土塞效应系数 $\lambda_p$ 与桩端进入持力层的相对深度 $h_b/d$ 的关系。

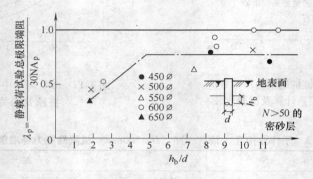

图 7-18　$\lambda_p$ 与 $h_b/d$ 关系

根据土的物理指标与承载力参数之间的经验关系，确定钢管桩单桩极限承载力标准值时，可按下式计算

$$Q_{uk} = Q_{sk} + Q_{pk} = u\sum q_{sik}l_i + \lambda_p q_{pk}A_p \tag{7-19}$$

式中　　$\lambda_p$——桩端土塞效应系数，对于闭口钢管桩 $\lambda_p = 1$，对于敞口钢管桩：当 $h_b/d < 5$ 时，$\lambda_p = 0.16h_b/d$；当 $h_b/d \geqslant 5$ 时，$\lambda_p = 0.8$；

　　　　$h_b$——桩端进入持力层深度（m）；

　　　　$d$——钢管桩外径（m）。

对于带隔板的半敞口钢管桩，应以等效直径 $d_e$ 代替钢管桩外径 $d$ 来确定桩端土塞效应系数 $\lambda_p$；$d_e = d/\sqrt{n}$；其中 $n$ 为桩端隔板分隔数，如图 7-19 所示。

图 7-19　钢管桩桩端隔板分隔数

④ 混凝土空心桩。混凝土空心桩类似于钢管桩也存在桩端的土塞效应，不同的是，混凝土空心桩的壁厚较钢管桩大得多，计算端阻力时，不能忽略空心桩壁端部提供的端阻力。因此，端阻力可分为两部分：一部分为空心桩桩壁端部的端阻力；另一部分为敞口部分的端阻力。根据土的物理指标与承载力参数之间的经验关系，确定混凝土空心桩单桩极限承载力

标准值时，可按下式计算

$$Q_{uk} = Q_{sk} + Q_{pk} = u \sum q_{sik} l_i + q_{pk}(A_j + \lambda_p A_{p1}) \tag{7-20}$$

式中 $A_j$——空心桩桩端净面积（$m^2$），管桩 $A_j = 0.25\pi(d^2 - d_1^2)$，空心方桩 $A_j = b^2 - 0.25\pi d_1^2$；

$A_{p1}$——空心桩敞口面积（$m^2$），$A_{p1} = 0.25\pi d_1^2$；

$d$、$b$——空心桩外径、边长（m）；

$d_1$——空心桩内径（m）。

⑤ 嵌岩桩。嵌岩桩的极限承载力由桩周土侧阻力、嵌岩段侧阻力和桩端土阻力构成，根据岩石单轴抗压强度确定嵌岩桩单桩极限承载力标准值时，可按下式计算

$$Q_{uk} = Q_{sk} + Q_{rk} = u \sum q_{sik} l_i + \zeta_r f_{rk} A_p \tag{7-21}$$

式中 $Q_{sk}$、$Q_{rk}$——土的总极限侧阻力标准值（kPa）、嵌岩段总极限阻力标准值（kPa）；

$f_{rk}$——岩石饱和单轴抗压强度标准值（kPa），黏土岩取天然湿度单轴抗压强度标准值；

$\zeta_r$——桩嵌岩段侧阻和端阻综合系数，对于泥浆护壁成桩，按表 7-14 取值，对于干作业桩和泥浆护壁成桩，按表 7-14 的 1.2 倍取值。

表 7-14　桩嵌岩段侧阻和端阻综合系数 $\zeta_r$

| 嵌岩深径比/($h_r/d$) | 0 | 0.5 | 1.0 | 2.0 | 3.0 | 4.0 | 5.0 | 6.0 | 7.0 | 8.0 |
|---|---|---|---|---|---|---|---|---|---|---|
| 极软岩、软岩 | 0.60 | 0.80 | 0.95 | 1.18 | 1.35 | 1.48 | 1.57 | 1.63 | 1.66 | 1.70 |
| 较硬岩、坚硬岩 | 0.45 | 0.65 | 0.81 | 0.90 | 1.00 | 1.04 | — | — | — | — |

注：1. 极软岩、软岩指岩石饱和单轴抗压强度标准值 $f_{rk} \leq 15$MPa，较硬岩、坚硬岩指岩石饱和单轴抗压强度标准值 $f_{rk} > 30$MPa，介于两者之间可按线性内插取值。

2. $h_r$ 为桩身嵌岩深度，当岩面倾斜时，以坡下方嵌岩深度为准；当 $h_r/d$ 为非表列值时，$\zeta_r$ 可按内插取值。

2）《建筑地基基础设计规范》确定单桩极限承载力标准值的方法。《建筑地基基础设计规范》给出了桩基础进行初步设计时，单桩竖向承载力特征值的估算公式为

$$R_a = q_{pa} A_p + u_p \sum q_{sia} l_i \tag{7-22}$$

式中 $R_a$——单桩竖向承载力特征值（kN）；

$q_{pa}$、$q_{sia}$——桩端端阻力、桩侧阻力特征值（kPa），由当地静载荷试验结果统计分析算得；

$A_p$——桩底横截面面积（$m^2$）；

$u_p$——桩身周边长度（m）；

$l_i$——第 $i$ 层岩土的厚度（m）。

当桩端嵌入完整或较完整的硬质岩中时，单桩竖向承载力特征值可按下式估算

$$R_a = q_{pa} A_p \tag{7-23}$$

式中 $q_{pa}$——桩端岩石承载力特征值（kPa），可按《建筑地基基础设计规范》附录 H 用岩基载荷试验方法确定，或根据室内岩石饱和单轴抗压强度标准值按下式计算

$$q_{pa} = \psi_r f_{rk} \tag{7-24}$$

式中 $f_{rk}$——岩石饱和单轴抗压强度标准值（kPa），可按《建筑地基基础设计规范》附录 J

确定；

　　$\psi_r$——折减系数，根据岩体完整程度以及结构面的间距、宽度、产状和组合，由地区经验确定，无经验时，对完整岩体可取 0.5，对较完整体可取 0.2 ~ 0.5。

　　上述折减系数 $\psi_r$ 值未考虑施工因素及建筑物使用后风化作用继续的影响；对于黏土质岩，在确保施工期及使用期不致遭水浸泡时，也可采用天然湿度的试样，不进行饱和处理。

　　[例 7-1]　　已知某柱下桩基础，采用直径 $d = 900\text{mm}$ 的人工挖孔灌注桩，承台埋深为 1m，桩长 14m。地基土的情况为（从地表起）：第一层为杂填土，厚 2m，$\gamma_1 = 18\text{kN/m}^3$；第二层为淤泥，厚 9m，$\gamma_{2sat} = 18.5\text{kN/m}^3$，地下水位在地表下 5m 处；第三层为硬塑粉质黏土，厚 8m，$\gamma_{3sat} = 20\text{kN/m}^3$，第四层为基岩。按《建筑桩基技术规范》经验参数法估算该基础的单桩竖向承载力特征值 $R_a$。

　　解：根据题意，承台埋深为 1m，因此该桩在杂填土中的长度为 1m、在淤泥土中的长度为 9m、在粉质黏土中的长度为 4m。查表 7-5，取桩的极限侧阻力 $q_{s1k} = 24\text{kPa}$、$q_{s2k} = 15\text{kPa}$，$q_{s3k} = 88\text{kPa}$；因为桩进入持力层的深度 $h_b = 4\text{m} > 4D = 3.6\text{m}$，桩的极限端阻力应取表 7-12 中所对应的高值，即 $q_{pk} = 2400\text{kPa}$。因为桩的直径 $d = 900\text{mm} > 800\text{mm}$，该桩属于大直径桩，查表 7-13，取大直径灌注桩侧阻力尺寸效应系数 $\psi_s = (0.8/0.9)^{1/5} = 0.9767$、端阻力尺寸效应系数 $\psi_p = (0.8/0.9)^{1/4} = 0.9710$。将上述数据代入式（7-18），单桩竖向极限承载力标准值为

$$Q_{uk} = Q_{sk} + Q_{pk} = u \sum \psi_{si} q_{sik} l_i + \psi_p q_{pk} A_p$$
$$= \pi \times 0.9 \times 0.9767 \times (24 \times 1 + 15 \times 9 + 88 \times 4)\text{kN} + 0.971 \times 2400 \times \pi/4 \times 0.9^2 \text{kN}$$
$$= 2893.69\text{kN}$$

根据式（7-12），取安全系数 $K = 2$，单桩竖向承载力特征值为

$$R_a = \frac{Q_u}{K} = \frac{2893.69}{2}\text{kN} = 1446.85\text{kN}$$

　　[例 7-2]　　已知某柱下桩基础，采用直径 $d = 500\text{mm}$ 的圆形预制桩，承台埋深为 1m，桩长 14m。地基土的情况为（从地表起）：第一层为杂填土，厚 2m，$q_{s1a} = 12\text{kPa}$，$\gamma_1 = 18\text{kN/m}^3$；第二层为淤泥，厚 9m，$q_{s2a} = 8\text{kPa}$，$\gamma_{2sat} = 18.5\text{kN/m}^3$，地下水位在地表下 5m 处；第三层为硬塑粉质黏土，厚 8m，$q_{s3a} = 44\text{kPa}$，$q_{pa} = 1200\text{kPa}$，$\gamma_{3sat} = 20\text{kN/m}^3$，第四层为基岩。按《建筑地基基础设计规范》经验参数法估算该基础的单桩竖向承载力特征值 $R_a$。

　　解：根据题意，承台埋深为 1m，因此该桩在杂填土中的长度为 1m、在淤泥土中的长度为 9m、在粉质黏土中的长度为 4m，根据式（7-22），单桩竖向承载力特征值为

$$R_a = q_{pa} A_p + u_p \sum q_{sia} l_i$$
$$= 1200 \times \frac{\pi \times 0.5^2}{4}\text{kN} + \pi \times 0.5 \times (12 \times 1 + 8 \times 9 + 44 \times 4)\text{kN} = 644.03\text{kN}$$

### 7.3.3　竖向荷载作用下的群桩效应

　　由三根或三根以上的桩组成的桩基础被称为群桩基础。在竖向荷载作用下，由于承台 -

桩－土相互作用，群桩基础中的一根桩的承载力和沉降性状，与相同地质条件和设置方法的单桩基础中的一根桩有显著差别，这种现象被称为群桩效应。图 7-20 为单桩与群桩静载荷试验曲线对比图。群桩效应与桩端土及桩周土的性质、桩距、桩数、桩的长细比、桩长与承台宽度之比、承台刚度、成桩方法等很多因素有关，群桩效应不仅在竖向荷载作用下可以产生，在水平荷载及上拔力作用下同样可以产生。下面主要介绍竖向荷载作用下的群桩效应问题。

群桩基础的承载力（$Q_g$）常不等于其中各根单桩的承载力之和（$\sum Q_i$）。通常用群桩效应系数（$\eta = Q_g / \sum Q_i$）来衡量群桩基础中各根单桩的平均承载力比独立单桩降低（$\eta < 1$）或提高（$\eta > 1$）的幅度。

对于端承型群桩基础，当桩端持力层坚硬，桩端贯入变形较小，由桩身压缩引起的桩顶沉降也不大，因而承台底面土反力（接触应力）很小，各桩端的压力彼此间基本不会相互影响，如图 7-21 所示。这样，桩上的荷载通过桩身直接传递到桩端持力层上，并近似地按某一压力扩散角 $\alpha$ 向下扩散，且在距桩底深度为 $h = (s - d) / (2\tan\alpha)$ 之下产生应力重叠，但并不足以引起坚硬土层产生明显的附加变形。因此，端承型群桩基础中各根单桩的工作性状接近于独立单桩，群桩基础承载力近似等于各根单桩承载力之和，可以取群桩效应系数 $\eta = 1$。

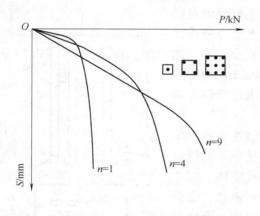

图 7-20 单桩与群桩静载荷试验曲线

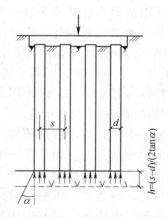

图 7-21 端承型群桩基础

由摩擦型桩组成的低承台群桩基础，当其承受竖向荷载而沉降时，承台底必产生土反力，从而分担了部分荷载，使桩基承载力随之提高。实践表明：承台底面处土所分担的荷载，有时高达总荷载的三分之一。但对于低承台群桩基础建成后，承台底面与基土可能脱开的情况，一般都不考虑承台贴地时承台底土阻力对桩基承载力的贡献。例如，经常承受动力作用的铁路桥梁桩基；承台下存在湿陷性黄土、欠固结土等可能产生桩周负摩阻力的桩基；桩周土体因孔隙水压力剧增所引起隆起，随后孔压继续消散而固结下沉的沉入挤土桩；以及桩周堆载或降水引起的承台底面与基土脱开的桩基。

承台底面脱地的桩基属于非复合桩基，假设承台底面脱地的群桩基础中各桩受力均匀，如图 7-22b 所示，桩顶荷载 $Q$ 主要通过桩侧阻力沿压力扩散角引起压力扩散，在桩周土中产生附加压力。各桩在桩端平面处的附加压力分布面积的直径为 $D = d + 2l \cdot \tan\alpha$，当桩距 $s <$

$D$ 时，群桩桩端平面上的应力因各邻桩桩周扩散应力的相互重叠而增大。所以，摩擦型群桩的沉降量大于独立单桩的沉降量，对非条形承台下按常用桩距布桩的群桩，桩数越多则群桩与独立单桩的沉降量之比越大。摩擦型群桩基础的荷载－沉降曲线属缓变型，群桩效率系数可能小于 1，也可能大于 1。

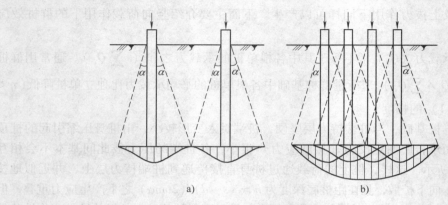

图 7－22　摩擦型桩的群桩效应
a）压力不重叠　b）压力重叠

　　承台底面贴地的桩基属于复合桩基，除了也呈现承台脱地情况下的各种群桩效应外，还通过承台底面土反力分担桩基荷载，使承台兼有浅基础的作用，而被称为复合桩基，如图 7-23 所示 。它的单桩，因其承载力含有承台底土阻力的贡献在内，特称为复合单桩，以区别于承载力仅由桩侧和桩端阻力两个分量组成的非复合单桩。

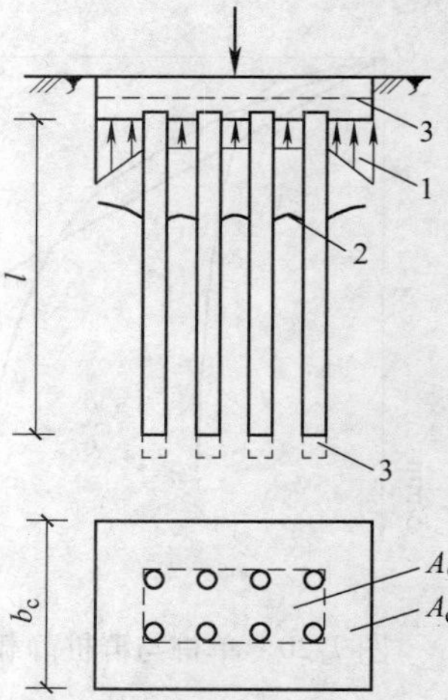

　　承台底分担荷载的作用是随着桩群相对于地基土向下位移幅度的加大而增强的。为了保证承台底经常贴地并提供足够的反力，主要应依靠桩端贯入持力层促使群桩整体下沉才能实现。当然，桩身受荷压缩引起的桩－土相对滑移，也会使承台底反力有所增加，但其作用相对较小。因此，承台分担荷载既然是以桩基的整体下沉为前提，那么，只有在桩基沉降不会危及建筑物的安全和正常使用且承台底不与软土直接接触时，才宜于开发利用承台底土反力的潜力。

　　刚性承台底面土的反力呈马鞍形分布，如图 7-22 所示。

图 7-23　复合桩基
1—承台底土的反力
2—桩周上层土位移
3—桩端贯入、桩基整体下沉

如以桩群外围包络线为界，将承台底面积分为内外两区，内区反力比外区小而且比较均匀，桩距增大时内外区反力差明显降低。承台底分担的荷载总值增加时，反力的塑性重分布不显著而保持反力图式基本不变。利用承台底反力分布的上述特征，可以通过加大外区与内区的面积比（$A_{ce}/A_{ci}$）来提高承台分担荷载的份额。

　　由承台贴地引起的群桩效应可表现为对桩侧阻力的削弱作用、对桩端阻力的增强作用和对基土侧移的阻挡作用。桩顶荷载水平高、桩端持力层可压缩、承台底面下土质好、桩身细而短、布桩少而疏都是对发挥承台底土反力的有利因素。

　　为便于计算，《建筑桩基技术规范》作了如下规定：对于端承型桩基、桩数少于 4 根的摩擦型柱下独立桩基或由于地层土性、使用条件等因素不宜考虑承台效应时，基桩竖向承载力特征值应取单桩竖向承载力特征值。对于符合下列条件之一的摩擦型桩基，宜考虑承台效应确定其复合基桩的竖向承载力特征值：

1）上部结构整体刚度较好、体型简单的建（构）筑物。

2）对差异沉降适应性较强的排架结构和柔性构筑物。

3）按变刚度调平原则设计的桩基刚度相对弱化区。

4）软土地基的减沉复合疏桩基础。

考虑承台效应的复合基桩竖向承载力特征值 $R$ 可按下列公式确定：

不考虑地震作用时

$$R = R_a + \eta_c f_{ak} A_c \tag{7-25}$$

考虑地震作用时

$$R = R_a + \frac{\zeta_a}{1.25} \eta_c f_{ak} A_c \tag{7-26}$$

$$A_c = (A - n A_{ps})/n \tag{7-27}$$

式中　$\eta_c$——承台效应系数，可按表 7-15 取值；

$f_{ak}$——承台下 1/2 承台宽度且不超过 5m 深度范围内各层土的地基承载力特征值按厚度加权的平均值（kPa）；

$A_c$——计算基桩所对应的承台底净面积（$m^2$）；

$A_{ps}$——桩身截面面积（$m^2$）；

$A$——承台计算域面积（$m^2$），对于柱下独立桩基，$A$ 为承台总面积，对于桩筏基础，$A$ 为柱、墙筏板的 1/2 跨距和悬臂边 2.5 倍筏板厚度所围成的面积，桩集中布置于单片墙下的桩筏基础，取墙两边各 1/2 跨距围成的面积，按条基计算；

$\zeta_a$——地基抗震承载力调整系数，应按 GB 50011—2010《建筑抗震设计规范》中表 4.2.3 采用。

当承台底为可液化土、湿陷性土、高灵敏度软土、欠固结土、新填土时，沉桩引起超孔隙水压力和土体隆起时，不考虑承台效应，取 $\eta_c = 0$。

**表 7-15　承台效应系数 $\eta_c$**

| $B_c/l$ ＼ $s_a/d$ | 3 | 4 | 5 | 6 | >6 |
|---|---|---|---|---|---|
| ≤0.4 | 0.06 ~ 0.08 | 0.14 ~ 0.17 | 0.22 ~ 0.26 | 0.32 ~ 0.38 | 0.50 ~ 0.80 |
| 0.4 ~ 0.8 | 0.08 ~ 0.10 | 0.17 ~ 0.20 | 0.26 ~ 0.30 | 0.38 ~ 0.44 | 0.50 ~ 0.80 |
| >0.8 | 0.10 ~ 0.12 | 0.20 ~ 0.22 | 0.30 ~ 0.34 | 0.44 ~ 0.50 | 0.50 ~ 0.80 |
| 单排桩条形承台 | 0.15 ~ 0.18 | 0.25 ~ 0.30 | 0.38 ~ 0.45 | 0.50 ~ 0.60 | |

注：1. 表中 $s_a/d$ 为桩中心距与桩径之比；$B_c/l$ 为承台宽度与桩长之比。当计算基桩为非正方形排列时，$s_a = \sqrt{A/n}$，$A$ 为承台计算域面积，$n$ 为总桩数。

2. 对于桩布置于墙下的箱、筏承台，$\eta_c$ 可按单排桩条形承台取值。

3. 对于单排条形承台，当承台宽度小于 $1.5d$ 时，$\eta_c$ 按非条形承台取值。

4. 对于采用后注浆灌注的承台，$\eta_c$ 宜取低值。

5. 对于饱和黏性土中的挤土桩基、软土地基上的桩基承台，$\eta_c$ 宜取低值的 0.8 倍。

## 7.4　桩的负摩阻力问题

### 7.4.1　产生负摩阻力的条件和原因

在桩顶竖向荷载作用下，当桩相对于桩侧土体向下位移时，土对桩产生的向上作用的摩阻力（承压桩承载力的一部分），称为正摩阻力。当桩侧土体因某种原因而下沉，使桩侧土体相对于桩产生向下的位移时，土对桩产生的向下作用的摩阻力，称为负摩阻力。桩周正负摩阻力分布如图 7-24a 所示。负摩阻力使承压桩的承载力减小，沉降增加，应尽量避免出现，当不能避免时，应进行验算。

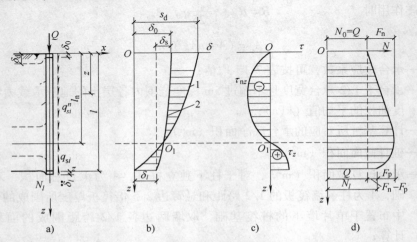

图 7-24　单桩的正负摩阻力分布示意图
a）桩周正负摩阻力分布图　b）桩周土层位移沿深度的分布曲线
c）桩侧摩阻力沿深度的分布曲线　d）桩身轴力沿深度的分布曲线
1—土层竖向位移曲线　2—桩的截面位移曲线

产生负摩阻力的原因有很多，常见的有以下几种情况：

1）位于桩周的欠固结软黏土或新近填土在重力作用产生固结沉降。

2）桩周地面上大面积堆载使桩周土层压密产生沉降。

3）在正常固结或弱超固结的软黏土地区，由于地下水位全面降低（如长期抽取地下水），致使土中有效应力增加而引起的地基大面积沉降。

4）自重湿陷性黄土浸水后使地基产生湿陷或冻土地基产生的融陷。

5）地面因打桩破坏了土的天然结构，致使土中的孔隙水压力剧增而隆起、其后孔隙水压力消散而固结下沉。

### 7.4.2　负摩阻力的分布

桩侧负摩阻力问题，实质上和正摩阻力一样，只要得知土与桩之间的相对位移以及负摩阻力与相对位移之间的关系，就可以了解桩侧负摩阻力的分布和桩身轴力与截面位移了。一般除了在基岩上的非长桩以外，都不是沿桩身全部分布着负摩阻力。

　　图 7-24a 表示一根承受竖向荷载的桩，桩身穿过正在固结中的土层而达到坚实土层，桩周正负摩阻力分布情况。在图 7-24b 中，曲线 1 表示桩周土层位移沿深度的变化曲线，曲线 2 为桩的截面位移曲线。曲线 1 和曲线 2 之间的位移差（图中画上横线部分）为桩土之间的相对位移。曲线 1 和曲线 2 的交点为桩土之间不产生相对位移的截面位置 $O_1$，称为中性点，其桩周摩阻力等于零，它是正负摩阻力、桩土之间的相对位移的分界点，也是桩身轴力沿桩身变化的特征点。图 7-24c 桩侧摩阻力沿深度的分布曲线，很显然，在中性点 $O_1$ 之上，土层产生相对于桩身的向下位移，出现了向下的负摩阻力，在中性点 $O_1$ 之下的土层产生相对于桩身的向上位移，在桩侧产生了向上的正摩阻力。图 7-24d 为深度轴力沿深度的分布曲线，在中性点以上，桩身轴力随深度增大而曲线增大，在中性点处桩身轴力达到最大值，但在中性点以下，桩身轴力随深度增大而曲线减小。图中的 $F_n$ 为中性点以上负摩阻力的累计值，又称为下拉荷载；$F_p$ 为中性点以下正摩阻力的累计值。由此可见，桩侧负摩阻力的发生，将使桩侧土的部分重力和地面荷载通过负摩阻力传递给桩，相当于是施加于桩上的外荷载，这就必然导致桩的承载力相对降低、桩基沉降增大。

　　由于桩侧负摩阻力是由桩周土层的固结沉降引起的，因此负摩阻力的产生和发展要经历一定的时间过程。这一时间过程的长短取决于桩自身沉降完成的时间和桩周土层固结完成的时间。由于土层竖向位移和桩身截面位移都是时间的函数，因此中性点的位置、摩阻力及桩身轴力都将随时间而有所变化。如果在桩顶荷载作用下的桩自身沉降已经完成，以后才发生桩周土层的固结，那么土层固结的程度和速率是影响负摩阻力的大小和分布的主要因素。中性点的位置与桩周土的压缩性、土层分布、桩的刚度等条件有关，但很难准确确定中性点的位置。显然，桩尖沉降量越小，中性点越靠下，当桩尖沉降量等于零时，桩身产生的都是负摩阻力。不过负摩阻力的增长要经过一定时间才能达到极限值，在这个过程中，桩身在负摩阻力作用下产生压缩，随着负摩阻力的产生和增大，桩端处的轴力增加，桩端沉降也增大了。这就必然带来桩土相对位移的减小和负摩阻力的降低，从而逐渐达到稳定状态。《建筑桩基技术规范》要求中性点的深度 $l_n$ 应按桩周土层沉降与桩沉降相等的条件计算确定，也可根据桩周土层的类型参照表 7-16 确定。

表 7-16　中性点深度 $l_n$

| 持力层性质 | 黏性土、粉土 | 中密以上砂 | 砾石、卵石 | 基　岩 |
|---|---|---|---|---|
| 中性点深度比 $l_n/l_0$ | 0.5 ~ 0.6 | 0.7 ~ 0.8 | 0.9 | 1.0 |

注：1. 表中 $l_n$ 和 $l_0$ 取值分别为自桩顶算起的中性点深度和桩周软弱土层下限深度。
　　2. 桩穿过自重湿陷性黄土层时，$l_n$ 可按表中数值增大 10% 采用。
　　3. 当桩周土层固结与桩基固结同时完成时，取 $l_n = 0$。
　　4. 当桩周土层沉降量小于 20mm 时，$l_n$ 应按表中数值乘以 0.4 ~ 0.8 进行折减。

## 7.4.3　负摩阻力及下拉荷载的计算

　　负摩阻力的大小受桩周土层和桩端土的强度与变形性质、土层的应力历史、地面堆载的大小与范围、地下水降低的幅度与范围、桩的类型与成桩工艺、桩顶荷载施加时间与发生负摩阻力时间之间的关系等因素的影响。因此，精确计算负摩阻力是复杂而困难的。已有的一些有关的负摩阻力的计算方法与公式都是近似的和经验性的，使用较多的有 K. 太沙基（Terzaghi）公式和贝伦（L. Bjerrum）公式，贝伦提出的有效应力法较为接近实际，所以我国的《建筑桩基技术规范》采用该方法计算负摩阻力。图 7-25 为采用有效应力法计算负摩阻力与实测负摩阻力的比较。

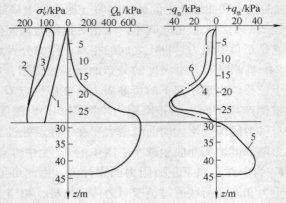

图 7-25　采用有效应力法计算负摩阻力与实测负摩阻力的比较图
曲线 1—土中自重应力分布曲线　曲线 2—土中竖向应力分布曲线
曲线 3—土中竖向有效应力分布曲线　曲线 4—由实测桩身轴力 $Q_n$，求得的负摩阻力分布曲线
曲线 5—由实测桩身轴力 $Q_n$，求得的正摩阻力分布曲线
曲线 6—由实测孔隙水压力，按有效应力法计算的负摩阻力分布曲线

对于中性点以上的单桩负摩阻力标准值可按下式计算

$$q_{si}^n = \xi_{ni}\sigma_i' \tag{7-28}$$

当填土、自重湿陷性黄土产生湿陷、欠固结土层产生固结和地下水位降低时

$$\sigma_i' = \sigma_{ri}' \tag{7-29}$$

当地面分布大面积荷载时

$$\sigma_i' = p + \sigma_{ri}' \tag{7-30}$$

$$\sigma'_{ri} = \sum_{e=1}^{i-1} \gamma_e \Delta z_e + \frac{1}{2}\gamma_i \Delta z_{iz} \tag{7-31}$$

式中　$q_{si}^n$——第 $i$ 层土负摩阻力标准值（kPa），当按式（7-28）计算值大于正摩阻力标准值时，取正摩阻力标准值进行设计；

　　$\xi_{ni}$——桩周第 $i$ 层土负摩阻力系数，按表 7-17 取值；

　　$\sigma_{ri}'$——由土自重引起的桩周第 $i$ 层土平均竖向有效应力（kPa），群桩外围桩自地面算起，群桩内部桩自承台底面算起；

　　$\sigma_i'$——桩周第 $i$ 层土平均竖向有效应力（kPa）；

　　$\gamma_i$、$\gamma_e$——第 $i$ 计算土层和其上第 $e$ 层土的重度（kN/m³），地下水位以下取浮重度；

$\Delta z_i$、$\Delta z_e$——第 $i$ 层土和其上第 $e$ 层土的厚度（m）；

　　$p$——地面均布荷载（kPa）。

表 7-17　负摩阻力系数 $\xi_n$

| 土类 | 饱和软土 | 黏性土、粉土 | 砂土 | 自重湿陷性黄土 |
|---|---|---|---|---|
| $\xi_n$ | 0.15 ~ 0.25 | 0.25 ~ 0.40 | 0.35 ~ 0.50 | 0.20 ~ 0.35 |

注：1. 在同一类土中，对于挤土桩，取表中较大值，对于非挤土桩，取表中较小值。
　　2. 填土按其组成取表中同类土中的较大值。

对于砂类土，也可按下式估算负摩阻力标准值

$$q_{si}^n = \frac{N_i}{5} + 3 \tag{7-32}$$

式中　$N_i$——桩周第 $i$ 层土经钻杆长度修正的平均标准贯入试验锤击数。

对于桩距较小的群桩，群桩所发生的负摩阻力因群桩效应而降低，即小于相应的单桩值。这是由于负摩阻力是由桩周土体的沉降引起，若桩群中各桩表面单位面积所分担的土体重力小于单桩的负摩阻力极限值，将会导致群桩的负摩力降低，即显示群桩效应，计算群桩中的基桩下拉荷载时，应乘以群桩效应系数 $\eta_n$。群桩效应系数可按等效圆法计算，即假设独立单桩单位长度的负摩阻力由相应长度范围内半径形成的土体重力与之等效，如图 7-26 所示，即

$$\pi d q_s^n = \left( \pi r_e^2 - \frac{\pi d^2}{4} \right) \gamma_m \tag{7-33}$$

解得

$$r_e = \sqrt{\frac{d q_s^n}{\gamma_m} + \frac{d^2}{4}} \tag{7-34}$$

式中　$r_e$——等效圆半径（m）；

　　　$d$——桩身直径（m）；

　　　$q_s^n$——中性点以上桩周土层厚度加权平均负摩阻力标准值（kPa）；

　　　$\gamma_m$——中性点以上桩周土层厚度加权平均重度（kN/m³），地下水位以下取浮重度。

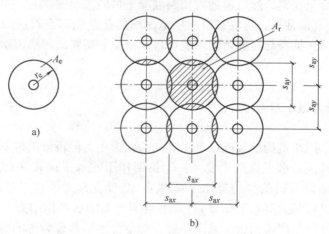

图 7-26　负摩阻力群桩效应的等效圆法

以群桩各基桩中心为圆心，以 $r_e$ 为半径做圆，以各圆的相交点做矩形，矩形面积 $A_r = s_{ax} s_{ay}$ 与圆形面积 $A_e = \pi r_e^2$ 之比，即为负摩阻力群桩效应系数，即

$$\eta_n = \frac{A_r}{A_e} = \frac{s_{ax} s_{ay}}{\pi r_e^2} = s_{ax} s_{ay} \Big/ \left[ \pi d \left( \frac{q_s^n}{\gamma_m} + \frac{d}{4} \right) \right] \tag{7-35}$$

下拉荷载为桩侧负摩阻力的总和，考虑群桩效应的基桩，下拉荷载可按下式进行计算

$$Q_g^n = \eta_n \cdot \mu \sum_{i=1}^n q_{si}^n l_i \tag{7-36}$$

式中　$n$——中性点以上土层数；

　　　$l_i$——中性点以上桩周第 $i$ 层土的厚度（m）；

　　　$\eta_n$——负摩阻力群桩效应系数，当按式（7-35）计算的群桩效应系数 $\eta_n > 1$ 时，取 $\eta_n = 1$；

$s_{ax}$、$s_{ay}$——纵、横向桩的中心距（m）。

### 7.4.4　减小负摩阻力的工程措施

#### 1. 预制混凝土桩和钢桩

对位于欠固结土、湿陷性黄土、冻融土、可液化土、地下水位变动范围内以及受地面堆载影响发生沉降的土层中的预制混凝土桩和钢桩，一般采用涂软沥青涂层的办法来减小负摩阻力。涂层施工时应注意不要将涂层扩展到需利用桩侧正摩阻力的桩身部分，涂层宜采用软化点较低的沥青，软化点一般为 50～65℃，且 25℃时的针入度为 40～70mm。在涂层施工前应先将桩表面清洗干净，然后将沥青加热至 150～180℃，喷射或浇淋在桩表面上，喷浇厚度一般为 6～10mm。一般来说，沥青涂层越软、越厚，减小负摩阻力的作用也就越大。

#### 2. 灌注桩

对穿过欠固结等土层支承于坚硬持力层上的灌注桩，可采用下列措施来减小负摩阻力：

1）在沉降土层范围内插入比钻孔直径小 50～100mm 的预制混凝土桩段，然后用高稠度膨润土泥浆填充预制桩段外围形成隔离层。对泥浆护壁成孔的灌注桩，可在浇筑完下段混凝土后填入高稠度膨润土泥浆，然后再插入预制混凝土桩段。

2）对干作业成孔灌注桩，可在沉降土层范围内的孔壁先铺设双层筒形塑料薄膜，然后再浇筑混凝土，从而在桩身与孔壁之间形成可自由滑动的塑料薄膜隔离层，达到减小负摩阻力的作用。

## 7.5　桩的水平承载力

大多数工业与民用建筑的桩基础以承受竖向荷载为主，但桥梁的桩基础大都以承受水平荷载为主，作用于桩顶的水平荷载主要有：①长期作用的水平荷载（如上部结构传递的或由土、水压力施加的以及拱的推力等水平荷载）；②反复作用的水平荷载（如风力、波浪力、船舶撞击力及机械制力等水平荷载）；③地震所产生的水平作用力。一般工程中因斜桩施工相对复杂，条件限制严格而很少采用斜桩，对承受水平荷载为主的桥梁桩基可考虑采用斜桩。通常当水平荷载和竖向荷载的合力与竖直线的夹角不超过 5°（相当于水平荷载的数值为竖向荷载的 1/12～1/10）时，竖直桩的水平承载力不难满足设计要求，应采用竖直桩。下面介绍的内容仅限于竖直桩。

### 7.5.1　水平荷载作用下桩的工作性状

在水平荷载作用下，桩产生变形并挤压桩周土，促使桩周土发生相应的变形而产生水平抗力。当水平荷载较小时，水平抗力主要是由靠近地面的土层提供的，桩周土的变形也主要是弹性压缩的；随着水平荷载的增大，桩的变形加大，表层土逐渐产生塑性屈服，水平荷载将向更深的土层传递；当水平荷载继续增大，桩周土失去稳定、桩体发生破坏（低配筋率的灌注桩常是桩身首先出现裂缝，然后断裂破坏）或变形增大到桩的极限（抗弯性能好的混凝土预制桩和钢桩，桩身虽未断裂但桩周土如已明显开裂和隆起，桩的水平位移一般已超限）时，水平荷载也就达到极限。由此可见，水平荷载下桩的工作性状取决于桩 - 土之间的相互作用。

根据桩、土相对刚度的不同，水平荷载作用下的桩可分为刚性桩、半刚性桩和柔性桩。其划分界限与各计算方法中所采用的地基水平反力系数分布图式有关，若采用 m 法计算，当换算深度 $\bar{h} \leqslant 2.5$ 时为刚性桩，图 7-27a、a′所示为刚性桩。当 $2.5 < \bar{h} < 4$ 时为半刚性桩，图 7-27b、b′所示为半刚性桩。当 $\bar{h} > 4$ 时为柔性桩，图 7-27c、c′所示为柔性桩。

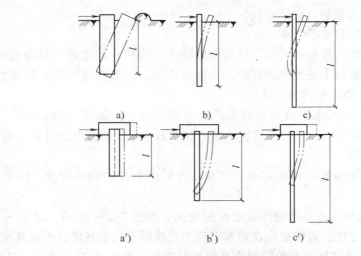

图 7-27　水平荷载作用下桩的破坏性状

当桩很短或桩周土很软弱时，桩、土的相对刚度很大，属刚性桩。由于刚性桩的桩身不发生挠曲变形且桩的下段得不到充分的嵌制，因而桩顶自由的刚性桩发生绕靠近底端的一点作全桩长的刚体转动，如图 7-27a 所示。对于桩顶嵌固的刚性桩，在水平荷载作用下则会发生平移如图 7-27a′所示。刚性桩的破坏一般只发生于桩周土中，桩体本身不发生破坏。

一般中长桩属于半刚性桩，长桩属于柔性桩，半刚性桩和柔性桩统称为弹性桩。弹性桩的桩、土相对刚度较低，在水平荷载作用下桩身发生挠曲变形，桩的下段可视为嵌固于土中而不能转动。随着水平荷载的增大，桩周土的屈服区逐步向下扩展，桩身最大弯矩截面也因上部土抗力减小而向下部转移。一般半刚性桩的桩身位移曲线只出现一个位移零值点，如图 7-27b、b′所示。但柔性桩则出现两个以上位移零值点和弯矩零值点，如图 7-27 中 c、c′所示。当桩周土失去稳定、桩身最大弯矩处（桩顶嵌固时可在嵌固处和桩身最大弯矩处）出现塑性屈服或桩的水平位移过大时，弹性桩便趋于破坏。

## 7.5.2　水平荷载作用下弹性桩的微分方程

水平荷载作用下弹性桩的分析计算方法主要有地基反力系数法、弹性理论法和有限元法等，这里只介绍国内目前常用的地基反力系数法。

地基反力系数法是应用 E. 文克勒（Winkler，1867 年）地基模型，把承受水平荷载的单桩视作弹性地基（由水平向弹簧组成）中的竖直梁，通过求解梁的挠曲微分方程来计算桩身的弯矩、剪力及桩的水平承载力。

**1. 基本假设**

单桩承受水平荷载作用时，忽略桩土之间的摩阻力对水平扰力的影响及邻桩的影响，把土体视为线性变形体，假定深度 $z$ 处的水平抗力等于该点的水平抗力系数与该点的水平位移的乘积，即

$$\sigma_x = k_x x \tag{7-37}$$

式中　$\sigma_x$——深度 $z$ 处的水平抗力（kPa）；

　　　$k_x$——水平抗力系数（kN/m³）；

　　　$x$——深度 $z$ 处的水平位移（m）。

地基水平抗力系数的分布和大小，将直接影响式（7-37）的求解、桩身截面内力大小。地基水平抗力系数主要与土的类型和桩的入土深度有关，因其假设不同，计算方法也不同，较为常用的是图 7-28 所示的四种方法：

1）常数法：假定地基水平抗力系数沿深度为均匀分布，如图 7-28a 所示，即 $k_x = k_h$。这是我国学者张有龄在 20 世纪 30 年代提出的方法，日本等国常按此法计算，我国也常用此法来分析基坑支护结构。

2）k 法：假定在桩身第一挠曲零点（深度 $t$ 处）以上按抛物线变化，以下为常数，如图 7-28b 所示。

3）m 法：假定水平抗力系数随深度成比例增加，如图 7-28c 所示，即 $k_x = mz$。我国铁道部门首先采用这一方法，近年来也在建筑工程和公路桥涵的桩基设计中逐渐推广。

4）C 值法：假定水平抗力系数随深度呈抛物线变化，如图 7-28d 所示，即 $k_x = cz^{0.5}$（$c$ 为比例常数，随土类不同而异）。这是我国交通部门在试验研究的基础上提出的方法。

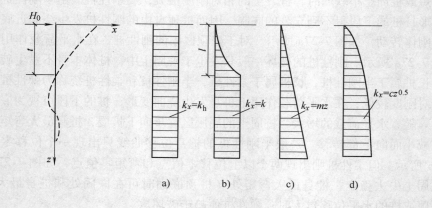

图 7-28　水平荷载下桩的变形及地基水平抗力系数分布示意图
a）常数法　b）k 法　c）m 法　d）C 值法

实测资料表明，当桩的水平位移较大时 m 法的计算结果较为接近实际，当桩的水平位移较小时，C 值法的计算结果比较接近实际。本节只简单介绍 m 法。

**2. 单桩挠度曲线微分方程**

单桩在桩顶水平集中力 $H_0$、集中力偶 $M_0$ 和地基水平抗力 $\sigma_x$ 作用下产生挠曲，其内力、变形、土抗力分布如图 7-29 所示。根据材料力学中梁的挠曲微分方程为

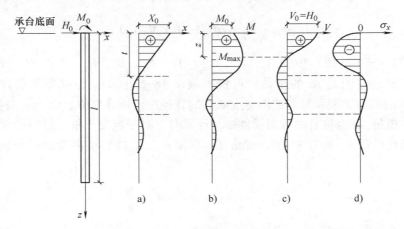

图 7-29　单桩在桩顶水平集中力 $H_0$、集中力偶 $M_0$ 和
地基水平抗力 $\sigma_x$ 作用下的内力、变形、土抗力分布图

$$EI\frac{\mathrm{d}^4x}{\mathrm{d}z^4} = -\sigma_x b_0 = -k_x x b_0$$

或

$$\frac{\mathrm{d}^4x}{\mathrm{d}z^4} + \frac{k_x b_0}{EI}x = 0 \tag{7-38}$$

在上列方程中，按不同的 $k_x$ 图式求解，就得到不同的计算方法。m 法假定 $k_x = mz$，将其代入式（7-38），可得

$$\frac{\mathrm{d}^4x}{\mathrm{d}z^4} + \frac{mb_0}{EI}zx = 0 \tag{7-39}$$

令

$$\alpha = \sqrt[5]{\frac{mb_0}{EI}} \tag{7-40}$$

$\alpha$ 称为桩的水平变形系数，其单位是 $m^{-1}$，将式（7-40）代入式（7-39），可得

$$\frac{\mathrm{d}^4x}{\mathrm{d}z^4} + \alpha^5 zx = 0 \tag{7-41}$$

代入边界条件，式（7-41）可用幂函数求解，利用梁的挠度 $x$ 与转角 $\varphi$、弯矩 $M$ 和剪力 $V$ 的微分关系，桩的内力、变形及土抗力的简化表达式如下

位移

$$x_z = \frac{H_0}{\alpha^3 EI}A_x + \frac{M_0}{\alpha^2 EI}B_x \tag{7-42}$$

转角

$$\varphi_z = \frac{H_0}{\alpha^2 EI}A_\varphi + \frac{M_0}{\alpha EI}B_\varphi \tag{7-43}$$

弯矩 $$M_z = \frac{H_0}{\alpha}A_M + M_0 B_M \tag{7-44}$$

剪力 $$V_z = H_0 A_V + \alpha M_0 B_V \tag{7-45}$$

土抗力 $$\sigma_{x(z)} = \frac{1}{b_0}(\alpha H_0 A_\sigma + \alpha^2 M_0 B_\sigma) \tag{7-46}$$

式（7-42）~式（7-46）中的 $A_x$、$A_\varphi$、$A_M$、$A_V$、$A_\sigma$、$B_x$、$B_\varphi$、$B_M$、$B_V$、$B_\sigma$ 为计算常数，对弹性长桩，它们是 $\alpha z$ 的函数，可根据表 7-18 查出。$b_0$ 为桩身截面计算宽度，按表 7-19 根据桩的截面类型和桩的截面宽度或桩的直径进行计算取值。$EI$ 为桩身抗弯刚度，$E$ 为桩身的弹性模量，$I$ 为桩身的截面惯性矩。计算时，对于混凝土桩，桩身的弹性模量 $E$ 可采用混凝土弹性模量 $E_c$ 的 0.85 倍，即取 $E = 0.85E_c$。单桩的桩顶荷载可分别按下列各式确定

$$N_0 = \frac{F+G}{n}; H_0 = \frac{H}{n}; M_0 = \frac{M}{n} \tag{7-47}$$

式中　　$n$——承台中的桩数。

图 7-29a、b、c、d 分别为按式（7-40）~式（7-45）计算得到的单桩水平位移 $x$、转角 $\varphi$、弯矩 $M$、剪力 $V$、土抗力 $\sigma_x$ 沿桩身的分布曲线。

**表 7-18　弹性长桩计算常数**

| $\alpha z$ | $A_x$ | $A_\varphi$ | $A_M$ | $A_V$ | $A_\sigma$ | $B_x$ | $B_\varphi$ | $B_M$ | $B_V$ | $B_\sigma$ |
|---|---|---|---|---|---|---|---|---|---|---|
| 0.0 | 2.435 | -1.623 | 0.00 | 1.000 | 0.000 | 1.623 | -1.750 | 1.000 | 0.000 | 0.000 |
| 0.1 | 2.273 | -1.618 | 0.100 | 0.989 | -0.227 | 1.453 | -1.650 | 1.000 | -0.007 | -0.145 |
| 0.2 | 2.112 | -1.603 | 0.198 | 0.956 | -0.422 | 1.293 | -1.550 | 0.999 | -0.028 | -0.259 |
| 0.3 | 1.952 | -1.578 | 0.291 | 0.906 | -0.586 | 1.143 | -1.450 | 0.994 | -0.058 | -0.343 |
| 0.4 | 1.796 | -1.545 | 0.379 | 0.840 | -0.718 | 1.003 | -1.351 | 0.987 | -0.095 | -0.401 |
| 0.5 | 1.644 | -1.503 | 0.459 | 0.764 | -0.822 | 0.873 | -1.253 | 0.976 | -0.137 | -0.436 |
| 0.6 | 1.496 | -1.454 | 0.532 | 0.677 | -0.897 | 0.752 | -1.156 | 0.960 | -0.181 | -0.451 |
| 0.7 | 1.353 | -1.397 | 0.595 | 0.585 | -0.947 | 0.642 | -1.061 | 0.939 | -0.226 | -0.449 |
| 0.8 | 1.216 | -1.335 | 0.649 | 0.489 | -0.973 | 0.540 | -0.968 | 0.914 | -0.270 | -0.432 |
| 0.9 | 1.086 | -1.268 | 0.693 | 0.392 | -0.977 | 0.448 | -0.878 | 0.885 | -0.312 | -0.403 |
| 1.0 | 0.962 | -1.197 | 0.727 | 0.295 | -0.962 | 0.364 | -0.792 | 0.852 | -0.350 | -0.364 |
| 1.2 | 0.738 | -1.047 | 0.767 | 0.100 | -0.885 | 0.223 | -0.629 | 0.775 | -0.414 | -0.268 |
| 1.4 | 0.544 | -0.893 | 0.772 | -0.056 | -0.761 | 0.112 | -0.482 | 0.668 | -0.456 | -0.157 |
| 1.6 | 0.381 | -0.741 | 0.746 | -0.193 | -0.609 | 0.029 | -0.354 | 0.594 | -0.477 | -0.047 |
| 1.8 | 0.247 | -0.596 | 0.696 | -0.298 | -0.445 | -0.030 | -0.245 | 0.498 | -0.476 | 0.054 |
| 2.0 | 0.142 | -0.464 | 0.628 | -0.371 | -0.283 | -0.070 | -0.155 | 0.404 | -0.456 | 0.14 |
| 3.0 | -0.075 | -0.040 | 0.225 | -0.349 | 0.226 | -0.089 | 0.057 | 0.059 | -0.213 | 0.268 |
| 4.0 | -0.050 | 0.052 | 0.000 | -0.106 | 0.201 | -0.028 | 0.049 | -0.042 | 0.017 | 0.112 |
| 5.0 | -0.009 | 0.025 | -0.033 | 0.015 | 0.046 | 0.000 | -0.011 | -0.026 | 0.029 | =0.002 |

**表 7-19　桩身截面计算宽度 $b_0$**

| 截面宽度 $b$ 或直径 $d/m$ | 圆形截面桩 | 方形截面桩 |
|---|---|---|
| >1m | $b_0 = 0.9(d+1m)$ | $b_0 = b+1m$ |
| ≤1m | $b_0 = 0.9(1.5d+0.5m)$ | $b_0 = 1.5b+0.5m$ |

在桩受水平荷载作用下的理论分析，在 m 法中反映地基土性质的参数是 $m$ 值，其值应根据桩的现场水平静载荷试验确定，当无现场试验资料时，可参考表 7-20 取值。

表 7-20　地基土水平抗力系数的比例常数 $m$ 值

| 序号 | 地基土类别 | 预制桩、钢桩 | | 灌注桩 | |
|---|---|---|---|---|---|
| | | $m/(\text{MN/m}^4)$ | 相应单桩在地面处水平位移/mm | $m/(\text{MN/m}^4)$ | 相应单桩在地面处水平位移/mm |
| 1 | 淤泥，淤泥质土饱和湿陷性黄土 | 2 ~ 4.5 | 10 | 2.5 ~ 6.0 | 6.0 ~ 12.0 |
| 2 | 流塑（$I_L > 1$）、软塑（$0.75 < I_L \leqslant 1$）状黏性土，粉土松散粉细砂，$e > 0.9$ 粉土，松散、稍密填土 | 4.5 ~ 6.0 | 10 | 6.0 ~ 24.0 | 4.0 ~ 8.0 |
| 3 | 可塑（$0.25 < I_L \leqslant 0.75$）状黏性土、$e = 0.75 ~ 0.9$ 粉土，湿陷性黄土，中填土 | 6.0 ~ 10.0 | 10 | 14.0 ~ 35.0 | 3.0 ~ 6.0 |
| 4 | 硬塑（$0 < I_L \leqslant 0.25$）、坚硬（$I_L \leqslant 0$）状性土，湿陷性黄土，粉土，中密中粗砂 | 10.0 ~ 22.0 | 10 | 35.0 ~ 100.0 | 2.0 ~ 5.0 |
| 5 | 中密、密实的砾砂，碎石类土 | | | 100.0 ~ 300.0 | 1.5 ~ 3.0 |

注：1. 当桩顶横向位移大于表列数值或当灌注桩配筋率较高（≥0.65%）时；$m$ 值应适当降低；制桩的横向位移小于 10mm 时，$m$ 值可适当提高。

　　2. 当横向荷载为长期或经常出现的荷载时，应将表列数值乘以 0.4 降低采用。

　　3. 当地基为可液化土层时，表列数值尚应乘以有关系数。

### 3. 桩身最大弯矩及其位置

设计承受水平荷载的单桩时，为计算截面配筋，设计者最关心桩身的最大弯矩值和最大弯矩截面的位置。为了简化，可根据桩顶荷载 $H_0$、$M_0$ 及桩的变形系数 $\alpha$ 计算如下系数

$$C_I = \alpha \frac{M_0}{H_0} \tag{7-48}$$

对于弹性长桩$\left(l \geqslant \dfrac{4.0}{\alpha}\right)$，根据表 7-21，由系数 $C_I$ 可以查得折算深度 $\bar{h}$，则桩身最大弯矩对应的深度 $z_{max}$ 为

$$z_{max} = \frac{\bar{h}}{\alpha} \tag{7-49}$$

同时，对于弹性长桩，根据系数 $C_I$ 或换算深度 $\bar{h}$ 从表 7-21 可以查得系数 $C_{II}$，则桩身的最大弯矩 $M_{max}$ 为

$$M_{max} = C_{II} M_0 \tag{7-50}$$

对于桩顶刚接于承台的桩，其桩身所产生的弯矩和剪力的有效深度为 $z = \dfrac{4.0}{\alpha}$（对桩周为中等强度的土，直径为 400mm 左右的桩来说，此值为 4.5 ~ 5m），在这个深度以下，桩身的弯矩 $M$、剪力 $V$ 实际上可忽略不计，只需要按构造配筋或不配筋。

表 7-21　计算桩身最大弯矩位置和最大弯矩系数 $C_\mathrm{I}$ 和 $C_\mathrm{II}$

| $\bar{h} = \alpha z$ | $C_\mathrm{I}$ | $C_\mathrm{II}$ | $\bar{h} = \alpha z$ | $C_\mathrm{I}$ | $C_\mathrm{II}$ |
|---|---|---|---|---|---|
| 0.0 | ∞ | 1.00000 | 1.4 | −0.14479 | −4.59637 |
| 0.1 | 13.1224234 | 1.00050 | 1.5 | −0.29866 | −1.87585 |
| 0.2 | 24.18640 | 1.00382 | 1.6 | −0.439ES | −1.12838 |
| 0.3 | 15.54433 | 1.01248 | 1.7 | −0.55497 | −0.7996 |
| 0.4 | 8.78145 | 1.02914 | 1.8 | −0.66546 | −0.53030 |
| 0.5 | 5.53903 | 1.05718 | 1.9 | −0.76797 | −0.39600 |
| 0.6 | 3.70896 | 1.10130 | 2.0 | −0.86474 | −0.30361 |
| 0.7 | 2.56562 | 1.16902 | 2.2 | −1.04845 | −0.18678 |
| 0.8 | 1.79134 | 1.27365 | 2.4 | −1.22954 | −0.11795 |
| 0.9 | 1.23825 | 1.44071 | 2.6 | −1.420382 | −0.07418 |
| 1.0 | 0.82435 | 1.72800 | 2.8 | −1.63525 | −0.045301 |
| 1.1 | 0.50303 | 2.29939 | 3.0 | −1.89296 | −0.02603 |
| 1.2 | 0.24563 | 3.87572 | 3.5 | −2.99386 | −0.00343 |
| 1.3 | 0.03381 | 23.43769 | 4.0 | −0.04450 | 0.01134 |

### 7.5.3　单桩水平静载荷试验

桩的水平静载荷试验是在现场条件下进行的，影响桩的承载力的各种因素都将在试验过程中真实反映出来，由此得到的承载力值和地基土水平抗力系数最符合实际情况。如果预先在桩身中埋设量测元件，则试验资料还能反映出加荷过程中桩身截面的应力和位移，并可由此求出桩身弯矩，据以检验理论分析结果。

**1. 试验装置**

进行单桩静载荷试验时，采用千斤顶顶推或采用牵引法施加水平力。单桩水平静载荷试验装置如图 7-30 所示。为了不影响桩顶的转动，力的作用点与试桩接触处宜安设球形铰，并保证水平作用力与试桩轴线位于同一平面。桩的水平位移宜采用位移传感器或大量程的百分表进行测量。传感器或百分表应放置在桩的另一侧（外侧），并应成对对称布置。有可能时宜在上方 500m 处再对称布置一对百分表，以便从上、下百分表的位移差求出地面以上的桩轴转角。固定百分表的基准桩应设置在试桩及反力结构影响范围以外。当基准桩设置在与加荷轴线垂直方向上或试桩

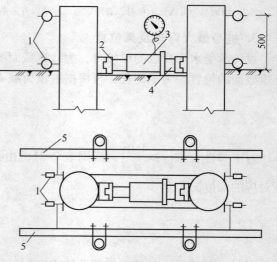

图 7-30　单桩水平静载荷试验装置
1—百分表　2—球铰　3—千斤顶　4—垫块　5—基准梁

位移相反方向上，净距可适当减小，但不宜小于 2m。采用顶推法时，反力结构与试桩之间的净距不宜小于 3 倍试桩直径，采用牵引法时不宜小于 10 倍试桩直径。

**2. 加荷方法**

对于承受反复作用的水平荷载的桩基，其单桩试验宜采用多循环加卸载方式。每级荷载的增量为预估水平极限承载力的 1/15～1/10。每次施加荷载后，维持恒载 4min 测读水平位

移，然后卸载至零，停 2min 测读水平残余位移，至此完成一个加载循环，如此循环 5 次即完成一级荷载的试验观测。试验不得中途停歇。

**3. 终止加荷条件**

当出现下列情况之一时，即可终止加载：

1）在恒定荷载作用下，水平位移急剧增加。

2）桩顶水平位移超过 30 ~ 40mm（软土或大直径桩取高值）。

3）桩身断裂。

**4. 单桩水平极限荷载的确定**

根据试验记录可绘制桩顶水平荷载 – 时间 – 桩顶水平位移（$H_0 - t - x_0$）曲线、水平荷载 – 位移梯度（$H_0 - \Delta x_0 / \Delta H_0$）曲线，如图 7-31 和图 7-32 所示。当具有桩身应力量测资料时，还可以绘制桩身应力分布图以及水平荷载与最大弯截面钢筋应力（$H_0 - \sigma_g$）曲线，如图 7-33 所示。

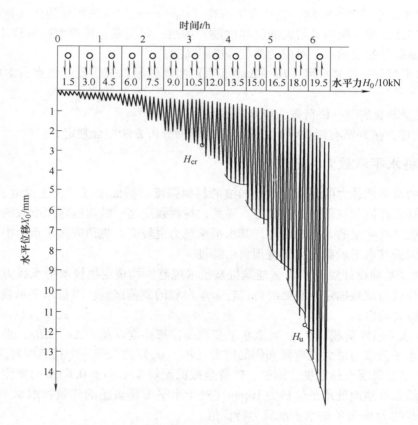

图 7-31 $H_0 - t - x_0$ 曲线

根据一些试验成果分析，在上列各种曲线中常发现两个特征点。这两个特征点所对应的桩顶水平荷载，可称为临界荷载和极限荷载。水平临界荷载（$H_{cr}$）是相当于桩身开裂、受拉区混凝土不参加工作时的桩顶水平力。水平极限荷载（$H_u$）是相当于桩身应力达到强度极限时的桩顶水平力。单桩水平极限荷载可按下列方法综合确定：

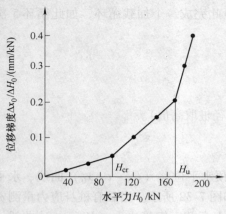

图 7-32　$H_0 - \Delta_{x0}/\Delta H_0$ 曲线

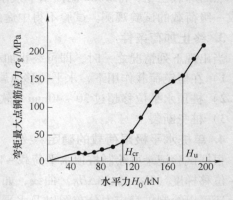

图 7-33　$H_0 - \sigma_g$ 曲线

1）取桩顶水平荷载－时间－桩顶水平位移（$H_0$—$t$—$x_0$）曲线明显陡变（在荷载增量相同的条件下出现比前一级明显增大的位移增量）的前一级荷载；慢速维持荷载法取 $H_0$— $x_0$ 曲线产生明显陡变的起始点所对应的荷载为极限荷载。

2）取水平荷载—位移梯度（$H_0$—$\Delta x_0/\Delta H_0$）曲线的第二直线段的终点所对应的荷载为极限荷载。

3）取桩身断裂的前一级荷载为极限荷载。

4）按上述方法判断有困难时，可结合其他辅助分析方法综合判定。

### 7.5.4　单桩水平承载力特征值

影响桩的水平承载力的因素较多，如桩的材料强度、截面刚度、入土深度、土质条件、桩顶水平位移允许值和桩顶嵌固情况等。显然，材料强度高、截面抗弯刚度大的桩，当桩侧土质良好而桩又有一定的入土深度时，其水平承载力也较高。桩顶嵌固于承台中的桩，其抗弯性能好，因而其水平承载力大于桩顶自由的桩。

《建筑地基基础设计规范》及《建筑桩基技术规范》均规定单桩水平承载力特征值应通过现场水平静载荷试验确定，必要时可进行带承台桩的载荷试验。单桩水平承载力特征值应按以下方法综合确定：

1）单桩水平临界荷载（$H_{cr}$）可取水平荷载—位移梯度（$H_0$—$\Delta x_0/\Delta H_0$）曲线第一直线段的终点或水平荷载与最大受弯截面钢筋应力（$H_0$—$\sigma_g$）曲线第一个拐点所对应的荷载。

2）对于钢筋混凝土预制桩、钢桩、桩身全截面配筋率不小于 0.65% 的灌注桩，可根据静载荷试验结果取地面处水平位移为 10mm（对于水平位移敏感的建筑物取水平位移 6mm）所对应的荷载的 75% 为单桩水平承载为特征值。

3）对于桩身配筋率小于 0.65% 的灌注桩，可取单桩水平静载荷试验的临界荷载的 75% 为单桩水平承载力特征值。

4）当缺少单桩水平静载荷试验资料时，可按下式估算桩身配筋率小于 0.65% 的灌注桩的单桩水平承载力特征值

$$R_{ha} = \frac{0.75\alpha\gamma_m f_t W_0}{\nu_M}(1.25 + 22\rho_g)\left(1 \pm \frac{\zeta_N N_k}{\gamma_m f_t A_n}\right) \tag{7-51}$$

式中 $\alpha$——桩的水平变形系数，根据式（7-40）确定；

$R_{ha}$——单桩水平承载力特征值（kN），"$\pm$"号根据桩顶竖向力性质确定，压力取"$+$"，拉力取"$-$"；

$\gamma_m$——桩截面模量塑性系数，圆形截面下 $\gamma_m = 2$，矩形截面 $\gamma_m = 1.75$；

$f_t$——桩身混凝土轴心抗拉强度设计值（kPa）；

$\nu_M$——桩身最大弯矩系数，按表7-22取值，单桩基础和单排桩基础纵向轴线与水平力方向相垂直时，按桩顶铰接考虑；

$\rho_g$——桩身配筋率；

$A_n$——桩身换算截面面积（$m^2$），按下式确定：

圆形截面 
$$A_n = \frac{\pi d^2}{4}\left[1 + (\alpha_E - 1)\rho_g\right] \tag{7-52}$$

方形截面 
$$A_n = b^2\left[1 + (\alpha_E - 1)\rho_g\right] \tag{7-53}$$

$\zeta_N$——桩顶竖向力影响系数，竖向压力取 $\zeta_N = 0.5$，竖向拉力取 $\zeta_N = 1.0$；

$\alpha_E$——钢筋弹性模量与混凝土弹性模量的比值；

$N_k$——在荷载效应标准组合下桩顶的竖向力（kN）；

$W_0$——桩身换算截面受拉边缘的截面模量（$m^3$），按下式确定：

圆形截面 
$$W_0 = \frac{\pi d}{32}\left[d^2 + 2(\alpha_E - 1)\rho_g d_0^2\right] \tag{7-54}$$

方形截面 
$$W_0 = \frac{b}{6}\left[b^2 + 2(\alpha_E - 1)\rho_g b_0^2\right] \tag{7-55}$$

式中 $d$——桩直径（m）；

$d_0$——扣除保护层的桩直径（m）；

$b$——方形截面桩的边长（m）；

$b_0$——扣除保护层的方形截面桩的边长（m）。

5）当缺少单桩水平静载试验资料时，可按下式估算预制桩、钢桩、桩身配筋率不小于 0.65% 的灌注桩等的单桩水平承载力特征值

$$R_{Ha} = \frac{\alpha^3 EI}{\nu_x}\chi_{0a} \tag{7-56}$$

式中 $EI$——桩身抗弯刚度（$kN/m^2$），对于混凝土桩，$EI = 0.85E_c I_0$，$I_0$ 为桩身换算截面惯性矩，圆形截面为 $I_0 = W_0 d_0/2$，矩形截面为 $I_0 = W_0 b_0/2$；

$\chi_{0a}$——桩顶允许水平位移（m）；

$\nu_x$——桩顶水平位移系数，按表7-22取值，取值方法同 $\nu_M$。

对于混凝土护壁的挖孔桩，计算单桩水平承载力时，设计直径取护壁内直径。验算永久荷载控制的桩基水平承载力时，应将按上述2）、3）、4）方法确定的单桩水平承载力特征值乘以调整系数0.80；验算地震作用桩基的水平承载力时，应将按上述2）、3）、4）方法确定的单桩水平承载力特征值乘以调整系数1.25。

表 7-22　桩顶（身）最大弯矩系数 $\nu_M$ 和桩顶水平位移系数 $\nu_x$

| 桩顶约束情况 | 桩的换算埋深（$\alpha h$）/m | $\nu_M$ | $\nu_x$ |
|---|---|---|---|
| 铰接、自由 | 4.0 | 0.768 | 2.441 |
| | 3.5 | 0.750 | 2.502 |
| | 3.0 | 0.703 | 2.727 |
| | 2.8 | 0.675 | 2.905 |
| | 2.6 | 0.639 | 3.163 |
| | 2.4 | 0.601 | 3.526 |
| 固接 | 4.0 | 0.926 | 0.940 |
| | 3.5 | 0.934 | 0.970 |
| | 3.0 | 0.967 | 1.028 |
| | 2.8 | 0.990 | 1.055 |
| | 2.6 | 1.018 | 1.079 |
| | 2.4 | 1.045 | 1.095 |

注：1. 铰接（自由）的 $\nu_M$ 系桩身的最大弯矩系数，固接 $\nu_M$ 系桩顶的最大弯矩系数。
　　2. 当 $\alpha h > 4.0$ 时取 $\alpha h = 4.0$，$h$ 为桩的入土深度。

当作用于桩基上的外力主要为水平力或高层建筑承台下为软弱土层、液化土层时，应根据使用要求对桩顶变位的限制，对桩基的水平承载力进行验算。当外力作用面的桩距较大时，桩基的水平承载力可视为各单桩的水平承载力的总和。当承台侧面的土未经扰动或回填密实时，可计算土抗力的作用。当水平推力较大时，应设置斜桩。

水平荷载作用下桩的水平位移和水平极限承载力主要受地面以下深度为 3 ~ 4 倍桩直径范围内的土性决定。因而设桩方法和加载方式（静力的、动力的或循环的等）都是有关的因素，水平位移受到这些因素的影响比桩中弯矩或极限承载力所受到的影响更大。设计时要特别注意这一深度范围内的土性调查、评定，沉桩及加载方式等的影响。

### 7.5.5　群桩基础的水平承载力特征值

群桩基础（不含水平力垂直于单排桩基纵向轴线和力矩较大的情况）的基桩水平承载力特征值应考虑承台、桩群、土相互作用产生的群桩效应，其承载力特征值可按下式确定

$$R_h = \eta_h R_{ha} \tag{7-57}$$

考虑地震作用且 $s_a/d \leqslant 6$ 时

$$\eta_h = \eta_i \eta_r + \eta_l + \eta_b \tag{7-58}$$

$$\eta_i = \frac{\left(\dfrac{s_a}{d}\right)^{0.015 n_2 + 0.45}}{0.15 n_1 + 0.1 n_2 + 1.9} \tag{7-59}$$

$$\eta_l = \frac{m \chi_{0a} B_c' h_c^2}{2 n_1 n_2 R_{ha}} \tag{7-60}$$

$$\chi_{0a} = \frac{R_{ha} \nu_x}{\alpha^3 EI} \tag{7-61}$$

其他情况

$$\eta_h = \eta_i \eta_r + \eta_l + \eta_b \tag{7-62}$$

$$\eta_b = \frac{\mu P_c}{n_1 n_2 R_{ha}} \tag{7-63}$$

$$B'_c = B_c + 1 \qquad (7-64)$$

$$P_c = \eta_c f_{ak}(A - nA_{ps}) \qquad (7-65)$$

式中　$\eta_h$——群桩效应综合系数；

$\quad\;\;\eta_i$——桩的相互影响效应综合系数；

$\quad\;\;\eta_r$——桩顶约束效应（桩顶嵌入承台长度 $50 \sim 100mm$）系数，根据换算埋深 $\alpha h$ 按表 7-23 取值；

$\quad\;\;\eta_l$——承台侧向水平抗力效应系数（承台外围回填土为松散状态时取 $\eta_l = 0$）；

$\quad\;\;\eta_b$——承台底摩擦效应系数；

$\quad\;\;\eta_c$——承台效应系数，按表 7-15 取值；

$\quad s_a/d$——沿水平方向的距径比；

$n_1$、$n_2$——沿水平方向、垂直方向每排桩中的桩数；

$\quad\;\;\, m$——承台侧向水平抗力系数的比例常数，当无试验资料时，可按表 7-20 取值；

$\quad\;\chi_{0a}$——桩顶（承台）水平位移允许值，当以位移控制时，可取 $\chi_{0a} = 10mm$（对水平位移敏感的结构物可取 $\chi_{0a} = 6mm$，当以桩身强度控制时，可近似按式（7-61）确定；

$\quad\;\; B'_c$——承台受侧向土抗力一边的计算宽度（m）；

$\quad\;\; B_c$——承台宽度（m）；

$\quad\;\; h_c$——承台高度（m）；

$\quad\;\;\, \mu$——承台底与地基土间的摩擦系数，可根据土的类别及状态按表 7-24 取值；

$\quad\;\; P_c$——承台底地基土分担的竖向总荷载标准值（kN）；

$\quad\;\;\, A$——承台总面积（$m^2$）；

$\quad\; A_{ps}$——桩身截面面积（$m^2$）。

表 7-23　桩顶约束效应系数 $\eta_r$

| 换算埋深 $\alpha h$ | 2.4 | 2.6 | 2.8 | 3.0 | 3.5 | ≥4.0 |
|---|---|---|---|---|---|---|
| 位移控制/mm | 2.58 | 2.34 | 2.20 | 2.13 | 2.07 | 2.05 |
| 强度控制/MPa | 1.44 | 1.57 | 1.71 | 1.82 | 2.00 | 2.07 |

注：$\alpha = \sqrt[5]{\dfrac{mb_0}{EI}}$，$h$ 为桩的入土深度。

表 7-24　承台底与地基土间的摩擦系数 $\mu$

| 土 的 类 别 | | 摩擦系数 $\mu$ |
|---|---|---|
| 黏性土 | 可塑 | 0.25 ~ 0.30 |
| | 硬塑 | 0.30 ~ 0.35 |
| | 坚硬 | 0.35 ~ 0.45 |
| 粉土 | | 0.30 ~ 0.40 |
| 中砂、粗砂、砾砂 | | 0.40 ~ 0.50 |
| 碎石土 | | 0.40 ~ 0.60 |
| 软岩、软质岩 | | 0.40 ~ 0.60 |
| 表面粗糙的较硬岩、坚硬岩 | | 0.65 ~ 0.75 |

## 7.6　桩基础沉降计算

### 7.6.1　单桩沉降的计算

　　竖向荷载作用下单桩沉降由下述三部分构成：桩身弹性压缩引起的桩顶沉降；桩侧阻力引起的桩周土中的附加应力以压力扩散角向下传递，致使桩端下土体压缩而产生的桩端沉降；桩端荷载引起桩端下土体压缩所产生的桩端沉降。

　　单桩沉降组成三分量的计算，都必须确定桩侧、桩端各自分担的荷载比及桩侧阻力沿桩身的分布情况。荷载比和桩侧阻力分布情况不仅与桩的长度、桩与土的相对压缩性、土层剖面性质有关，还与荷载大小、持续时间等因素有关。当荷载较小时，桩端土尚未发生明显的塑性变形且桩周土与桩之间并未产生滑移，这时单桩沉降可近似用弹性理论进行计算；当荷载较大时，桩端土将发生明显的塑性变形，导致单桩沉降及其特性都发生明显的变化。此外，桩身荷载的分布还随时间而变化，即荷载传递也存在时间效应，如荷载持续时间很短，桩端土体压缩特性通常呈现弹性性能；反之，如荷载持续时间很长，则需考虑沉降的时间效应，即土的固结与次固结的效应。一般情况下，桩身荷载随时间的推移有向下部和桩端转移的趋势。因此，单桩沉降计算应根据工程问题的性质及荷载的特点，选择与之相适应的计算方法与参数。单桩沉降计算方法主要有荷载传递分析法、弹性理论法、剪切变形传递法、有限单元分析法等。

### 7.6.2　群桩沉降的计算

　　群桩的沉降主要是由桩间土的压缩变形（包括桩身压缩、桩端贯入变形）和桩端平面以下土层受群桩荷载共同作用产生的整体压缩变形构成。由于群桩的沉降性状涉及群桩几何尺寸（如桩间距、桩长、桩数、桩基础宽度与桩长的比值等）、成桩工艺、桩基施工与流程、土的类别与性质、土层剖面的变化、荷载大小与持续时间及承台设置方式等众多复杂因素，因此，目前尚未有较为完善的桩基础沉降计算方法。《建筑地基基础设计规范》和《建筑桩基技术规范》均推荐采用单向压缩分层总和法计算，地基内的应力分布宜采用各向同性均质线形变形体理论，按实体深基础方法或明德林应力公式方法进行计算。

　　不考虑桩间土的压缩变形对沉降的影响，采用单向压缩分层总和法计算桩基础的最终沉降量，应按下式计算

$$s = \psi_p \sum_{j=1}^{m} \sum_{i=1}^{n_j} \frac{\sigma_{j,i} \Delta h_{j,i}}{E_{sj,i}} \tag{7-66}$$

式中　　$s$——桩基最终计算沉降量（mm）；

　　　　$m$——桩端平面以下压缩层范围内土层总数；

　　　　$n_j$——桩端平面下第 $j$ 层土的计算分层数；

　　　　$\sigma_{j,i}$——桩端平面下第 $j$ 层土第 $i$ 个分层的竖向附加应力（kPa）；

　　　　$\Delta h_{j,i}$——桩端平面下第 $j$ 层土的第 $i$ 个分层厚度（m）；

　　　　$E_{sj,i}$——桩端平面下第 $j$ 层土第 $i$ 个分层在自重应力至自重应力与附加应力作用段的压缩

模量（MPa）；

$\psi_p$——桩基沉降计算经验系数，各地区应根据当地的工程实测资料统计对比确定。

### 1. 实体深基础方法

当桩距不大于 6 倍桩径时，可以采用实体深基础计算，假设实体深基础的底面与桩端齐平，支承面积可按图 7-34 采用，其中图 7-34a 为考虑扩散作用的情况，图 7-34b 为不考虑扩散作用的情况。把桩基础假想为天然地基上的实体深基础，按浅基础沉降的计算方法进行计算，计算时需将浅基础的沉降计算经验系数 $\psi_s$ 改为实体深基础的桩基沉降计算经验系数 $\psi_{ps}$，即

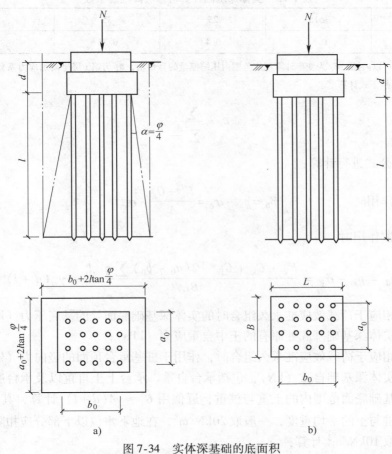

图 7-34 实体深基础的底面积

a）考虑扩散作用 b）不考虑扩散作用

注：$a_0$、$b_0$ 为最外侧桩外边缘之间的距离。

$$s = \psi_{ps}s' = \psi_{ps}\sum_{i=1}^{n}\frac{p_0}{E_{si}}(z_i\overline{\alpha}_i - z_{i-1}\overline{\alpha}_{i-1}) \tag{7-67}$$

式中　　$s$——桩基础最终计算沉降量（mm）；

$s'$——按分层总和法计算的桩基础沉降量（mm）；

$n$——桩端平面下地基变形计算深度范围内的土层数；

$E_{si}$——桩端平面下第 $i$ 层土的压缩模量（MPa），应取土的自重应力至土的自重应力

与附加应力之和的压力段进行计算；

　　$z_i$、$z_{i-1}$——桩端平面至第 $i$ 层土、第 $i-1$ 层土底面的距离（m）；

　　$\overline{\alpha}_i$、$\overline{\alpha}_{i-1}$——桩端平面至第 $i$ 层土、第 $i-1$ 层土底面范围内的平均附加应力系数；

　　$p_0$——相应于作用的准永久组合时桩端平面处的附加应力（kPa）；

　　$\psi_{ps}$——实体深基础桩基沉降计算经验系数。

　　$\psi_{ps}$ 应根据地区桩基础沉降观测资料及经验统计确定，在不具备条件时，可按表 7-25 选用。

表 7-25　实体深基础计算桩基沉降经验系数

| $\overline{E}_s$/MPa | $\leqslant 15$ | 25 | 35 | $\geqslant 45$ |
|---|---|---|---|---|
| $\psi_{ps}$ | 0.5 | 0.4 | 0.35 | 0.25 |

　　注：表中数值可以内插；$\overline{E}_s$ 为变形计算深度范围内压缩模量的当量值，$A_i$ 为第 $i$ 层土附加应力系数沿土层厚度的积分值。$\overline{E}_s$ 按下式计算

$$\overline{E}_s = \frac{\sum A_i}{\sum \dfrac{A_i}{E_{si}}}$$

$p_0$ 按下列公式进行计算：

考虑扩散作用时　　　　　　$$p_0 = p_k - \sigma_c = \frac{F_k + G'_k}{A} - \sigma_c \tag{7-68}$$

不考虑扩散作用时

$$p_0 = p_k - \sigma_c = \frac{F_k + G_k + G_{fk} - 2(a_0 + b_0) \sum q_{sia} l_i}{BL} - \gamma_m(d + l) \tag{7-69}$$

式中　　$p_k$——相应于荷载效应准永久组合时的实体深基础底面处的基底压力（kPa）；

　　　　$\sigma_c$——实体深基础基底处原有的土中自重应力（kPa）；

　　　　$F_k$——相应于荷载效应准永久组合时，作用于桩基承台顶面的竖向力（kN）；

　　　　$G'_k$——实体深基础自重（kN），包括承台自重、承台上土自重以及承台底面至实体深基础底面范围内的土重与桩重，近似用 $G'_k \approx \gamma A(d + l)$ 计算，其中 $\gamma$ 为承台、桩与土的平均重度，一般取 20kN/m³，在地下水位以下部分应扣除浮力，近似取 10kN/m³ 计算；

　　　　$d$、$l$——承台埋深、自承台底面算起的桩长（m）；

　　　　$A$——实体深基础基底面积（m²），按 $A = \left(a_0 + 2l\tan\dfrac{\varphi}{4}\right)\left(b_0 + 2l\tan\dfrac{\varphi}{4}\right)$ 计算；

　　$a_0$、$b_0$——桩群外围桩边包络线内矩形面积的长、短边长尺寸（m）；

　　$B$、$L$——承台底面宽度、长度（m）；

　　　　$G_k$——桩基承台自重及承台上土自重（kN）；

　　　　$\gamma_m$——实体深基础底面以上各土层的加权平均重度（kN/m³）；

　　　$G_{fk}$——实体深基础的桩及桩间土自重（kN）。

　　近似取 $G_{fk} \approx \gamma_m(d + l) a_0 b_0$，则式（7-69）可以简化为

$$p_0 = \frac{F_k + G_k - 2(a_0 + b_0) \sum q_{sia}l_i}{a_0 b_0} \tag{7-70}$$

### 2. 明德林 – 盖得斯方法

盖得斯根据桩的荷载传递特点，将作用于单桩顶上的总荷载 $Q$ 分解为桩端阻力 $Q_p$ 与桩侧阻力 $Q_s$，桩侧阻力 $Q_s$ 又分为沿桩身均匀分布的摩阻力 $Q_{s1}$ 和沿桩身线性增长的摩阻力 $Q_{s2}$，如图 7-35 所示。其中桩端阻力假定为集中力，且 $Q_p = \alpha Q$，$\alpha$ 是桩端阻力比；桩侧摩阻力可假定为分布荷载，其中 $Q_{s1} = \beta Q$，$Q_{s2} = (1 - \alpha - \beta)Q$。盖得斯又通过对明德林公式进行积分导出了地基中附加应力的计算公式，进而计算出桩基的沉降，这种方法被称为明德林 – 盖得斯法，简称明德林法。地基中某点的竖向附加应力值按下式计算

$$\sigma_{j,i} = \sum_{k=1}^{n} (\sigma_{zp,k} + \sigma_{zs,k}) \tag{7-71}$$

式中 $\sigma_{zp,k}$——第 $k$ 根桩的端阻力在深度 $z$ 处产生的应力（kPa），按下式计算

$$\sigma_{zp,k} = \frac{\alpha Q}{l^2} I_{p,k} \tag{7-72}$$

$\sigma_{zs,k}$——第 $k$ 根桩的侧摩阻力在深度 $z$ 处产生的应力（kPa），按下式计算

$$\sigma_{zs,k} = \frac{Q}{l^2} [\beta I_{s1,k} + (1 - \alpha - \beta) I_{s2,k}] \tag{7-73}$$

对于一般摩擦型桩，可假定桩侧摩阻力全部是沿桩身线性增长的（$\beta = 0$），则式（7-72）可简化为

$$\sigma_{zs,k} = \frac{Q}{l^2} (1 - \alpha) I_{s2,k} \tag{7-74}$$

$l$——桩长（m）；

$I_p$、$I_{s1}$、$I_{s2}$——桩端集中力、桩侧摩阻力沿桩身均匀分布、桩侧摩阻力沿桩身线性增长分布情况下对应计算点的应力影响系数，可分别按《建筑地基基础设计规范》附录 R 中的式（R.0.4-5）、（R.0.4-6）、（R.0.4-7）进行计算。

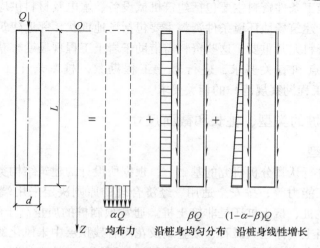

图 7-35 单桩荷载分担示意图

将式（7-71）~式（7-74）代入式（7-66），便可得到桩基础单向压缩分层总和法最终沉

降量的计算公式

$$s = \psi_{pm} \frac{Q}{l^2} \sum_{j=1}^{m} \sum_{i=1}^{n_j} \frac{\Delta h_{j,i}}{E_{sj,i}} \sum_{k=1}^{K} \left[ \alpha I_{p,k} + (1-\alpha) I_{s2,k} \right] \qquad (7\text{-}75)$$

采用式（7-75）计算桩基础最终沉降量时，相应于作用的准永久组合时，轴心竖向力作用下的单桩附加荷载的桩端阻力比 $\alpha$ 和桩基础沉降计算经验系数 $\psi_{pm}$ 应根据当地工程的实测资料统计确定。无地区经验时，$\psi_{pm}$ 可按表 7-26 选用。

表 7-26　明德林法计算桩基础沉降经验系数

| $\overline{E}_s/\text{MPa}$ | ≤15 | 25 | 35 | ≥45 |
|---|---|---|---|---|
| $\psi_{pm}$ | 1.00 | 0.80 | 0.60 | 0.30 |

注：表中数值可以线性内插。

# 7.7　桩基础设计

桩基础设计与浅基础设计一样，应满足适用性、安全性、经济性等方面的要求。从安全性角度来讲，桩和承台应具有足够的强度、刚度和耐久性；地基要有足够的承载能力和不产生过量的变形。桩基础的设计一般分为以下几个步骤：调查研究、收集必要的资料；初步确定桩的类型、桩长和截面尺寸；确定单桩承载力特征值、桩数及平面布置；桩基承载力及变形验算；桩身结构设计；桩基承台设计；绘制桩基础施工图。

## 7.7.1　调查研究、收集必要的资料

如前所述，桩基础设计前必须具备的资料主要包括：建筑物的有关资料、场地工程地质资料、施工条件及周边环境等资料。建筑物相关的资料主要包括建筑物的结构类型、荷载、设计等级、设防烈度等；工程地质资料主要包括场地的不良地质作用、地下水情况、地基土的性质及分布等；施工条件资料主要包括建筑机械设备、水电及材料供应情况、施工机械进出场及现场运行等；建筑场地环境条件资料主要包括场地现状、邻近建筑物相关资料等。其中场地的工程地质资料尤其重要，这些资料需借助于岩土工程现场勘察获得，因此，设计前应根据建筑物的特点和有关要求，进行岩土工程勘察，桩基岩土工程勘察应符合 GB 50021—2001《岩土工程勘察规范》的相关要求。

## 7.7.2　初步确定桩的类型、桩长和截面尺寸

### 1. 确定桩的类型

在资料收集并进行认真分析研究的基础上，根据所设计的建筑结构类型及层数、荷载性质、地层条件和施工能力等，按安全适用、经济合理的原则决定采用端承型桩还是摩擦型桩、预制桩还是灌注桩、挤土桩还是非挤土桩。通常预制桩的质量高于灌注桩，但要因地、因工程对象制宜，当土中存在大孤石、废金属及花岗岩残积层中未风化的石英脉时，预制桩将难以穿越，土层分布很不均匀时，混凝土预制桩的预制长度较难掌握。在场地土层分布比较均匀的条件下，采用质量易于保证的预应力高强混凝土管桩比较合理。对于软土地区的桩基，应考虑桩周土自重固结、蠕变，大面积堆载及施工中挤土对桩基的影响。在层厚较大的

高灵敏度流塑黏性土中，不宜采用大片密集有挤土效应的桩基，否则，这类土的结构破坏严重，致使土体强度明显降低，如果考虑相邻各桩的相互影响，这类桩基的沉降和不均匀沉降都将显著增加，这时宜采用承载力高而桩数较少的桩基。鉴于沉管灌注桩应用不当的普遍性及其严重后果，软土地区仅限于多层住宅单排桩条基使用。扩底桩用于持力层较好、桩较短的端承型灌注桩，可获得较好的技术经济效益。岩溶地区的桩基，宜采用钻、冲孔桩；当基岩面起伏较大且埋深较大时，宜采用摩擦型灌注桩。处于坡地、岸边的桩基不宜采用挤土桩。另外，《建筑地基基础设计规范》规定同一结构单元内的桩基不宜选用压缩性差异较大的土层作桩端持力层，不宜采用部分摩擦桩和部分端承桩。

**2. 初步确定桩的长度**

桩的设计长度，主要取决于桩端持力层的选择，桩端持力层是影响桩基承载力的关键性因素。坚实岩土层最适宜作为桩端持力层，对于软土中的桩基宜选择中、低压缩性土层作为桩端持力层。桩端全断面进入持力层的深度，对于黏性土、粉土不宜小于 2 倍桩径，砂土不宜小于 1.5 倍桩径，碎石类土不宜小于 1 倍的桩径。当存在软弱下卧层时，为避免桩端阻力因受"软卧层效应"的影响而明显降低，桩端以下硬持力层的厚度不宜小于 3 倍桩径。季节性冻土和膨胀土中的桩基，桩端进入冻深线或膨胀土的大气影响急剧层以下的深度，应满足抗拔稳定性验算要求，且不得小于 4 倍桩径及 1 倍扩大端直径，最小埋深应大于 1.5m。湿陷性黄土地区的桩基，基桩应穿透湿陷性黄土层，桩端应支承在压缩性低的黏性土、粉土、中密和密实砂土以及碎石类土层中。在抗震设防区的桩基，桩进入液化土层以下稳定土层的长度（不包括桩尖部分）应按计算确定；对于碎石土、砾砂、粗砂、中砂、密实粉土、坚硬黏性土尚不应小于 2 倍桩径，对其他非岩石土尚不宜小于 4 倍桩径。对于嵌岩桩，嵌岩深度应综合荷载、上覆土层、基岩、桩径等诸因素确定，嵌岩灌注桩桩端以下 3 倍桩径且不小于 5m 范围内应无软弱夹层、断裂破碎带和洞穴分布，且在桩底应力扩散范围内应无岩体临空面。对于嵌入倾斜的完整和较完整岩的全断面深度不宜小于 0.4 倍桩径且不小于 0.5m，倾斜大于 30% 的中风化岩，宜根据倾斜度及岩石完整性适当加大嵌岩深度；对于嵌入平整、完整的坚硬岩和较硬岩的深度不宜小于 0.2 倍桩径且不小于 0.2m。当土层比较均匀、坚实土层层面比较平坦时，桩的施工长度常与设计桩长比较接近。但当场地土层复杂或桩端持力层层面起伏不平时，桩的施工长度则常与设计桩长不一致。因此，在勘察工作中，应尽可能仔细地探明可作为持力层的地层层面标高，以避免浪费和便于施工。

**3. 初步确定桩的截面尺寸**

桩的截面形式和截面尺寸应根据成桩工艺、结构所受荷载大小及性质、地质条件等综合确定。一般来讲，建筑物层数越多、荷载越大，桩的截面尺寸越大，初步设计时可根据楼层数和荷载大小确定（如为工业厂房可将荷载折算为相应的楼层数）。10 层以下的建筑桩基可考虑采用直径为 500mm 左右的灌注桩或边长为 400mm 的预制桩；10~20 层的建筑桩基可考虑采用直径为 800~1000mm 的灌注桩或边长为 450~500mm 的预制桩；20~30 层的建筑桩基可考虑采用直径为 1000~1200mm 的钻（冲、挖）孔灌注桩或边长（或直径）不小于 500mm 的预制桩；30~40 层的建筑桩基可考虑采用直径大于 1200mm 的钻（冲、挖）孔灌注桩或直径为 500~550mm 的预应力混凝土管桩和大直径钢管桩。楼层更多的高层建筑所采用的挖孔灌注桩直径可达 5m。

### 7.7.3　确定单桩承载力特征值、桩数及平面布置

#### 1. 确定单桩竖向及水平承载力特征值

桩的类型和几何尺寸确定之后，应初步确定承台的埋深，承台埋深的确定与浅基础埋深的确定方法类似，应综合考虑建筑物的用途、荷载、工程地质及水文地质条件、相邻建筑物的埋深、地基土的冻胀和融陷的影响和承台的厚度等因素进行确定。初定出承台底面标高后，便可根据本章 7.3.2 节、7.5.4 节介绍的方法分别确定单桩竖向承载力特征值、单桩水平承载力特征值。

#### 2. 初步确定桩数并进行平面布置

（1）桩数　对承受竖向荷载的桩基础，在确定了单桩竖向承载力特征值 $R_a$ 后，当桩基在轴心竖向力作用下，桩数 $n$ 可根据下式估算

$$n \geqslant \frac{F_k + G_k}{R_a} \tag{7-76}$$

式中　$F_k$——相应于作用的标准组合时，作用于桩基承台顶面的竖向力（kN）；

　　　$G_k$——桩基承台及承台上土自重标准值（kN）；

　　　$R_a$——单桩竖向承载力特征值（kN）；

　　　$n$——桩数，取整数。

但在桩数确定之前，承台的大小是未知的，因此估算桩数时，只好先不考虑桩基承台及承台上土自重标准值，近似地按下式估算

$$n > \frac{F_k}{R_a} \tag{7-77}$$

当桩基在偏心竖向荷载作用下，仍先按式（7-77）估算桩数，再根据偏心的程度在估算的桩数基础上增加 10% ~ 20%。所选的桩数是否合适，尚待各桩受力验算后才能确定，如有必要，还要通过桩基软弱下卧层承载力和桩基沉降验算才能最终确定。

对承受水平荷载为主的桩基，在确定了单桩水平承载力特征值 $R_{Ha}$ 后，承受水平荷载所需桩数可按下式估算

$$n \geqslant \frac{H_k}{R_{Ha}} \tag{7-78}$$

式中　$H_k$——相应于作用的标准组合时，作用于承台底面的水平力（kN）；

　　　$R_{Ha}$——单桩水平承载力特征值（kN）。

（2）桩在平面上的布置　在初步确定了桩数之后，就可以进行桩的平面布置并初步确定承台的形状和尺寸了。经验证明，桩的布置合理与否，对发挥桩的承载力、减小建筑物的沉降特别是不均匀沉降是至关重要的。

桩的平面布置可采用对称式、梅花式、行列式和环状排列，柱下桩基多采用对称多边形，墙下桩基采用梅花式或行列式，筏形或箱形基础下宜尽量沿柱网、肋梁或隔墙的轴线设置，如图 7-36 所示。为使桩基在其承受较大弯矩的方向上有较大的抵抗矩，也可采用不等距排列，此时，对柱下单独桩基和整片式的桩基，宜采用外密内疏的布置方式。为了使桩基中各桩受力比较均匀，群桩横截面的重心应与竖向永久荷载合力的作用点重合或接近，并使

基桩受水平力和力矩较大方向有较大的抗弯截面模量。

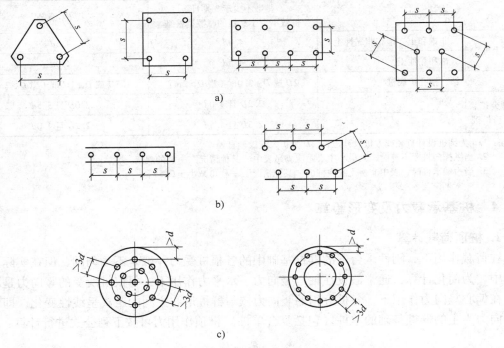

图 7-36　桩的常用布置形式
a) 柱下桩基础　b) 墙下桩基　c) 圆（环）桩基础

对于桩箱基础、剪力墙结构桩筏（含平板和梁板式承台）基础，宜将桩布置在墙下，减少梁和板跨中的桩数，以使梁、板中的弯矩尽量减小。对于框架－核心筒结构下的桩筏基础应按荷载分布考虑相互影响，将桩集中布置在核心筒和柱下，且外围框架柱宜采用复合桩基。在有门洞的墙下布桩时，应将桩设置在门洞的两侧。

为了节省承台用料和减少承台施工的工作量，在可能情况下，墙下应尽量采用单排桩基，柱下的桩数也应尽量减少。一般地说，桩数较少而桩长较大的摩擦型桩基，无论在承台的设计和施工方面，还是在提高群桩的承载力及减小桩基沉降量方面，都比桩数多而桩长小的桩基优越。如果由于单桩承载力不足而造成桩数过多、布桩不够合理时，宜重新选择桩的类型及几何尺寸。

布置桩位时，桩的间距（中心距）一般采用 3～4 倍桩径。间距太大会增加承台的体积和用料，太小则将使桩基（摩擦型桩）的沉降量增加，且给施工造成困难。桩的最小中心距应符合表 7-27 的规定。在确定桩的间距时尚应考虑施工工艺中挤土等效应对邻近桩的影响，当施工中采取减小挤土效应的可靠措施时，可根据当地经验适当减小。

表 7-27　桩的最小中心距

| 土类与成桩工艺 | | 排数不少于 3 排且桩数不少于 9 根的摩擦型桩基 | 其 他 情 况 |
|---|---|---|---|
| 非挤土灌注桩 | | $3.0d$ | $3.0d$ |
| 部分挤土桩 | 非饱和土、饱和非黏性土 | $3.5d$ | $3.0d$ |
| | 饱和黏性土 | $4.0d$ | $3.5d$ |

（续）

| 土类与成桩工艺 | | 排数不少于 3 排且<br>桩数不少于 9 根的摩擦型桩基 | 其 他 情 况 |
|---|---|---|---|
| 挤土桩 | 非饱和土、饱和非黏性土 | 4.0d | 3.5d |
| | 饱和黏性土 | 4.5d | 4.0d |
| 钻、挖孔扩底桩 | | 2D 或 D+2.0m（当 D>2m） | 1.5D 或 D+1.5m（当 D>2m） |
| 沉管夯扩、<br>钻孔挤扩桩 | | 2.2D 且 4.0d | 2.0D 且 3.5d |
| | | 2.5D 且 4.5d | 2.2D 且 4.0d |

注：1. d 为圆桩设计直径或方桩设计边长，D 为扩大端设计直径。

2. 当纵横向桩距不等时，其最小中心距应满足表中"其他情况"一栏的规定。

3. 当为端承桩时，表中非挤土灌注桩的"其他情况"一栏可减小至 2.5d。

### 7.7.4　桩基承载力及变形验算

#### 1. 桩顶荷载计算

在荷载作用下，刚性承台下的群桩基础中的各根桩受力一般是不均匀的，但在实际工程设计中，为简化计算，通常假设在轴心竖向力、水平力作用下，每根桩所受的竖向力是相等的；在偏心竖向力作用下，各桩分担的竖向力按与群桩形心之间的距离呈线性变化，即以承受竖向力为主的群桩基础的单桩（包括复合单桩）桩顶作用力可按下列公式进行计算：

轴心竖向力作用下

$$Q_k = \frac{F_k + G_k}{n} \tag{7-79}$$

偏心竖向力作用下

$$Q_{ik} = \frac{F_k + G_k}{n} \pm \frac{M_{xk} y_i}{\sum y_i^2} \pm \frac{M_{yk} x_i}{\sum x_i^2} \tag{7-80}$$

水平力作用下

$$H_{ik} = \frac{H_k}{n} \tag{7-81}$$

式中　　$F_k$——相应于作用的标准组合时，作用于桩基承台顶面的竖向力（kN）；

$G_k$——桩基承台自重及承台上土自重标准值（kN）；

$Q_k$——相应于作用的标准组合轴心竖向力作用下任一单桩的竖向力（kN）；

$n$——桩基中的桩数；

$Q_{ik}$——相应于作用的标准组合时，偏心竖向力作用下第 $i$ 根桩的竖向力（kN）；

$M_{xk}$、$M_{yk}$——相应于作用的标准组合作用时，作用于承台底面通过桩群形心的 $x$、$y$ 轴的力矩（kN·m）；

$x_i$、$y_i$——桩 $i$ 至通过桩群形心的 $y$、$x$ 轴线的距离（m），详见图 7-37；

$H_k$——相应于作用的标准组合时，作用于承台底面的水平力（kN）；

$H_{ik}$——相应于作用的标准组合时，作用于任一单桩的水平力（kN）。

#### 2. 单桩承载力验算

承受轴心竖向力作用的桩基，相应于作用的标准组合时，单桩的竖向力 $Q_k$ 应符合下式的要求

$$Q_k \leqslant R_a \tag{7-82}$$

承受偏心竖向力作用的桩基，除应满足式（7-82）的要求外，相应于作用的标准组合时，单桩的最大竖向力 $Q_{kmax}$ 尚应满足下式的要求

$$Q_{kmax} \leqslant 1.2R_a \tag{7-83}$$

承受水平力作用的桩基，相应于作用的标准组合时，单桩的水平力 $H_{ik}$ 应符合下式的要求

$$H_{ik} \leqslant R_{Ha} \tag{7-84}$$

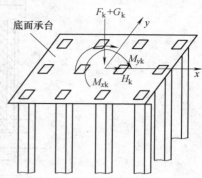

抗震设防区的桩基应按《建筑抗震设计规范》的有关规定执行，根据地震震害调查结果，不论桩周土的类别如何，单桩的竖向受震承载力均可提高 25%。因此，《建筑桩基技术规范》规定，位于抗震设防区必须进行抗震验算的桩基，采用地震效应与荷载效应标准组合，按下列公式进行单桩竖向承载力验算：

轴心竖向力作用下

$$Q_k \leqslant 1.25R_a \tag{7-85}$$

偏心竖向力作用下，除满足式（7-85）的要求外，尚应满足下式的要求

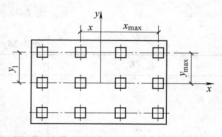

图 7-37 桩顶竖向力计算简图

$$Q_{kmax} \leqslant 1.5R_a \tag{7-86}$$

### 3. 桩基软弱下卧层承载力验算

当桩基的持力层下存在软弱下卧层，尤其是当桩基的平面尺寸较大、桩基持力层的厚度相对较薄时，应考虑桩端平面下受力层范围内的软弱下卧层发生强度破坏的可能性。对于桩距 $s \leqslant 6d$（桩径）的群桩基础，当桩端平面以下软弱下卧层承载力与桩端持力层承载力相差较大（低于持力层的 1/3）且荷载引起的局部压力超出其承载力过多时，将引起软弱下卧层侧向挤出，桩基偏沉，严重者引起整体失稳。

《建筑桩基技术规范》规定：对于桩距 $s < 6d$ 的群桩基础，桩端持力层下存在承载力低于桩端持力层承载力 1/3 的软弱下卧层时，按下式进行验算

$$\sigma_z + \gamma_m z \leqslant f_{az} \tag{7-87}$$

$$\sigma_z = \frac{(F_k + G_k) - 3/2(a_0 + b_0)\sum q_{sik}l_i}{(a_0 + 2t \cdot \tan\theta)(b_0 + 2t \cdot \tan\theta)} \tag{7-88}$$

式中　　$\sigma_z$——作用于软弱下卧层顶面的附加应力（kPa）；

$\gamma_m$——软弱下卧层顶面以上土层的加权平均重度，地下水位以下取浮重度（kN/m³）；

$t$——硬持力层厚度（m）；

$f_{az}$——软弱下卧层经深度修正后的地基承载力特征值（kPa）；

$a_0$、$b_0$——桩群外缘矩形底面的长、短边边长（m），详见图 7-38；

$q_{sik}$——桩周第 $i$ 层土的极限侧阻力标准值（kPa），按表 7-5 取值；

$\theta$——桩端硬持力层压力扩散角，按表 7-28 取值。

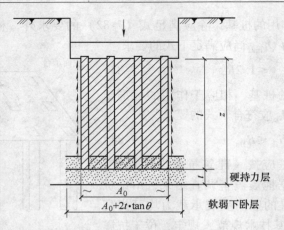

图 7-38　桩基软弱下卧层承载力验算

表 7-28　桩端硬持力层压力扩散角 $\theta$

| $E_{s1}/E_{s2}$ | $t = 0.25B_0$ | $t \geq 0.50B_0$ |
|---|---|---|
| 1 | 4° | 12° |
| 3 | 6° | 23° |
| 5 | 10° | 25° |
| 10 | 20° | 30° |

注：1. $E_{s1}$、$E_{s2}$ 为硬持力层、软弱下卧层的压缩模量。

　　2. 当 $t < 0.25B_0$ 时，取 $\theta = 0°$，必要时，宜通过试验确定；当 $0.25B_0 < t < 0.50B_0$ 时，可线性内插取值。

### 4. 桩基负摩阻力验算

桩周土沉降可能引起桩侧负摩阻力时，应根据工程具体情况考虑负摩阻力对桩基承载力和沉降的影响；当缺乏可参考的工程经验时，可按下列规定验算：

1）对于摩擦型桩基，可取桩身计算中性点以上侧阻力为零，并按下式验算单桩承载力

$$Q_{ik} \leq R_a \qquad (7-89)$$

2）对于端承型桩基除应满足式（7-89）要求外，还应考虑负摩阻力引起基桩的下拉荷载 $Q_g^n$，并按下式验算单桩承载力

$$Q_{ik} + Q_g^n \leq R_a \qquad (7-90)$$

3）当土层不均匀或建筑物对不均匀沉降较敏感时，还应将负摩阻力引起的下拉荷载 $Q_g^n$ 计入附加荷载验算桩基沉降。

需要注意的是：在考虑桩侧负摩阻力的桩基承载力验算中，单桩竖向承载力特征值 $R_a$ 只计中性点以下部分的侧阻力和端阻力。

### 5. 桩基沉降验算

《建筑地基基础设计规范》规定：地基基础设计等级为甲级的建筑物桩基、体型复杂、荷载不均匀或桩端以下软弱土层的设计等级为乙级的建筑物桩基和摩擦型桩基均应进行沉降验算。对于嵌岩桩、设计等级为丙级的建筑物桩基、对沉降无特殊要求的条形基础下不超过两排桩的桩基、起重机工作级别 A5 及 A5 以下的单层工业厂房且桩端下为密实土层的桩基，可不进行沉降验算。当有可靠地区经验时，对地质条件不复杂、荷载均匀、对沉降无特殊要求的端承型桩基也可不进行沉降验算。

对需要进行沉降验算的建筑物桩基，其沉降不得超过建筑物的地基变形允许值。桩基础的沉降变形指标有沉降量、沉降差、局部倾斜和倾斜。由于土层厚度与性质不均匀、荷载差异、体型复杂、相互影响等因素引起的地基沉降变形，对于砌体承重结构应由局部倾斜控制；对于多层或高层建筑和高耸结构应由整体倾斜控制；当结构为框架、框架 - 剪力墙、框架 - 核心筒结构时，尚应控制柱（墙）之间的差异沉降。有关沉降计算的具体方法如前所述，可参见本章 7.6.2 节，建筑物的地基变形允许值要求同浅基础，参见表 2-6 的规定采用。

## 7.7.5　桩身结构设计

计算轴心受压混凝土桩正截面受压承载力时，一般取稳定系数 $\varphi = 1.0$。对于高承台桩基、桩身穿越可液化或不排水抗剪强度小于 10kPa（地基承载力特征值小于 25kPa）的软弱土层的桩基，应考虑压屈的影响，承载力应乘以 $\varphi$ 进行折减，$\varphi$ 可根据桩身压屈计算长度和桩的设计直径的比值确定，详见《建筑桩基技术规范》5.8.4 条的规定。计算偏心受压混凝土桩正截面受压承载力时，可不考虑偏心距的增大影响，但对于高承台桩基、桩身穿越可液化或不排水抗剪强度小于 10kPa（地基承载力特征值小于 25kPa）的软弱土层的桩基，应考虑桩身在弯矩作用下平面内的挠曲对轴向力偏心距的影响，应将轴向力对截面重心的初始偏心距 $e_i$ 乘以偏心距增大系数 $\eta$，偏心距增大系数 $\eta$ 的具体计算方法可按《混凝土结构设计规范》执行。

### 1. 桩身混凝土强度验算

按桩身混凝土强度计算桩的承载力时，应按桩的类型和成桩工艺的不同将混凝土的轴心抗压强度设计值乘以工作条件系数 $\psi_c$，桩身强度应符合式（7-91）的要求。当桩顶以下 5 倍桩身直径范围内螺旋式箍筋间距不大于 100mm 且钢筋耐久性得到保证的灌注桩，可适当计入纵向钢筋的抗压作用，按式（7-92）计算

$$Q \leqslant A_p f_c \psi_c \tag{7-91}$$

$$Q \leqslant A_p f_c \psi_c + 0.9 f'_y A'_s \tag{7-92}$$

式中　$f_c$——混凝土轴心抗压强度设计值（kPa）；

　　　$Q$——相应于作用的基本组合时的单桩竖向力设计值（kN）；

　　　$A_p$——桩身横截面面积（m²）；

　　　$\psi_c$——工作条件系数或成桩工艺系数；

　　　$f'_y$——纵向主筋抗压强度设计值（kPa）；

　　　$A'_s$——纵向主筋截面面积（m²）。

对于 $\psi_c$ 的取值，《建筑地基基础设计规范》规定，非预应力桩取 0.75，预应力桩取 0.55 ~ 0.65，灌注桩取 0.6 ~ 0.8（水下灌注桩、长桩或混凝土强度等级高于 C35 时用低值）；《建筑桩基技术规范》规定，混凝土预制桩、预应力空心桩取 0.85，干作业非挤土灌注桩取 0.9，泥浆护壁和套管护壁非挤土灌注桩、部分挤土灌注桩、挤土灌注桩取 0.7 ~ 0.8，软土地区的挤土灌注桩取 0.6。

### 2. 构造要求

（1）纵筋直径及最小配筋率　桩的主筋应经计算确定，桩身配筋可根据计算结果及施

工工艺要求沿桩身不均匀配置。腐蚀环境中的灌注桩主筋直径不宜小于16mm，非腐蚀环境中的灌注桩主筋直径不宜小于12mm。对于承受水平荷载的桩，主筋不应小于8$\phi$12；对于抗压桩和抗拔桩，主筋不应小于6$\phi$10；纵向主筋沿桩身周边均匀布置，其净距不应小于60mm。预制桩的最小配筋率不宜小于0.8%（锤击沉桩）、0.6%（静压沉桩），预应力桩不宜小于0.5%；灌注桩最小配筋率不宜小于0.2%~0.65%（小直径桩取大值）。

（2）桩身纵向钢筋长度　桩身纵向钢筋配筋长度应符合下列规定：

1）受水平荷载和弯矩较大的桩，配筋长度应通过计算确定。

2）桩基承台下存在淤泥、淤泥质土或液化土层时，配筋长度应穿过淤泥、淤泥质土层或液化土层。

3）坡地岸边的桩、8度及8度以上地震区的桩、抗拔桩、嵌岩端承桩应通长配筋。

4）钻孔灌注桩构造钢筋的长度不宜小于桩长的2/3；当承受水平荷载时，配筋长度不宜小于4.0/$\alpha$（$\alpha$为桩的水平变形系数）。桩施工在基坑开挖前完成时，其钢筋长度不宜小于基坑深度的1.5倍。

5）受负摩阻力的桩、因先成桩后开挖基坑而随地基土回弹的桩，其配筋长度应穿过软弱土层并进入稳定土层，进入的深度不应小于（2~3）$d$。

6）抗拔桩及因地震作用、冻胀或膨胀力作用而受拔力的桩，应等截面或变截面通长配筋。

此外，桩顶嵌入承台内的长度不应小于50mm，主筋伸入承台内的锚固长度不应小于钢筋直径的30倍（HPB300级）和35倍（HRB335级和HRB400级）。对于大直径灌注桩，当采用一柱一桩时，可设置承台或将柱和桩直接连接。

（3）箍筋配置要求　箍筋应采用螺旋式，直径不小于6mm，间距宜为200~300mm；桩顶以下3倍桩身直径范围内，箍筋宜适当加强加密，对承受水平荷载较大的桩基及考虑主筋作用计算桩身受压承载力时，桩顶以下5$d$范围内的箍筋应加密，间距不宜大于100mm；当桩身位于液化土层范围内时，箍筋应适当加密；当考虑箍筋受力作用时，箍筋配置应符合《混凝土结构设计规范》的有关规定；当钢筋笼长度超过4m时，应每隔2m设一道直径不小于12mm的焊接加劲箍筋。

（4）混凝土保护层厚度　灌注桩主筋混凝土保护层厚度不应小于50mm；预制桩不应小于45mm，预应力管桩不应小于35mm；腐蚀环境中的灌注桩不应小于55mm。

## 7.7.6　桩基承台设计

承台的作用是将各桩连成一整体，把上部结构传来的荷载转换、调整、分配于各桩。桩基承台可分为柱下独立承台、柱下或墙下条形承台（梁式承台），以及桩筏基础的筏板承台和桩箱基础的箱形承台等。各种承台均应按《凝土结构设计规范》进行抗弯、抗冲切、抗剪切和局部承压承载力计算。承台设计包括选择承台的材料及其强度等级、几何形状及其尺寸、进行承台结构承载力计算，并使其构造满足一定的要求。

### 1. 构造要求

承台的最小宽度不应小于500mm，为满足桩顶嵌固及抗冲切的需要，边桩中心至承台边缘的距离不宜小于桩的直径或边长，且桩的外边缘至承台边缘的距离不小于150mm。对于墙下条形承台，考虑到墙体与条形承台的相互作用可增强结构的整体刚度，并不至于产生桩顶对承台的冲切破坏，桩的外边缘至承台边缘的距离不小于75mm。

为满足承台的基本刚度、桩与承台的连接等构造需要，条形承台和柱下独立桩基承台的最小厚度为300mm，高层建筑平板式或梁板式承台的最小厚度不应小于400mm，多层建筑墙下布桩的筏形承台的最小厚度不应小于200mm。承台的最小埋深为500mm。

承台混凝土强度等级不应低于C20，纵向钢筋的混凝土保护层厚度不应小于70mm，当有混凝土垫层时，不应小于50mm；且不应小于桩头嵌入承台内的长度。

承台的配筋，对于三桩承台，钢筋应按三向板带均匀布置，且最里面的三根钢筋围成的三角形应在柱截面范围内，如图7-39a所示。对于矩形承台，钢筋应按双向均匀通长布置，如图7-39b所示。钢筋直径不宜小于10mm，间距不宜大于200mm。条形承台梁的主筋除满足计算要求外，尚应符合《混凝土结构设计规范》关于最小配筋率的规定，主筋直径不宜小于12mm，架立筋不宜小于10mm，箍筋直径不宜小于6mm，如图7-39c所示。承台梁端部纵向受力钢筋的锚固长度及构造与柱下多桩承台的规定相同。柱下独立桩基承台的最小配筋率不应小于0.15%。筏形承台板或箱形承台板在计算中当仅考虑局部弯矩作用时，考虑到整体弯曲的影响，在纵横两个方向的下层钢筋配筋率不宜小于0.15%；上层钢筋应按计算配筋率全部通过。当筏板厚度大于2000mm时，宜在板厚中间部位设置直径不小于12mm、间距不大于300mm的双向钢筋网。钢筋锚固长度自桩边内侧（当为圆桩时，应将其直径乘以0.886等效为方桩）算起，锚固长度不应小于35倍钢筋直径，当不满足时应将钢筋向上弯折，此时钢筋水平段的长度不应小于25倍钢筋直径，弯折段的长度不应小于10倍钢筋直径。

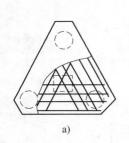
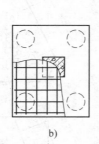
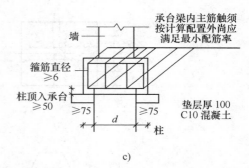

图 7-39 承台配筋示意图

当柱截面周边位于桩的钢筋笼以内，柱下端已设置两个方向与柱可靠连接的具有足够抗弯刚度的连系梁，以及在桩顶以下$4/\alpha$范围内无软弱土层存在时，可采用单桩支承单柱的桩基形式。此时，柱下端与桩连接处可不设置承台，但宜在桩顶设置钢筋网，或在桩顶将桩的纵向受力钢筋水平向内弯至柱边并加构造环向钢筋连接，并应采取其他有效的构造措施。

承台与承台之间的连接构造应符合下列要求：

1）一柱一桩时，应在桩顶两个主轴方向上设置连系梁，当桩与柱的截面直径之比大于2时，可不设置连系梁。

2）两桩桩基的承台，应在其短向设置连系梁。

3）有抗震设防要求的柱下桩基承台，宜沿两个主轴方向设置连系梁。

4）连系梁顶面宜与承台位于同一标高，连系梁的宽度不应小于250 mm，梁的高度可

取承台中心距的 $1/10 \sim 1/15$，且不宜小于400mm。

5）连系梁的主筋应按计算确定，上下纵向钢筋直径不宜少于2根直径12mm钢筋；位于同一轴线上的相邻连系梁纵筋应连通。当为构造要求时，连系梁的截面尺寸和受拉钢筋的面积，可取所连接柱的最大轴力的10%，按轴心受压或受拉进行截面设计。连系梁内并应按受拉要求锚入承台，箍筋直径不宜小于8mm，间距不宜大于300mm。

承台和地下室外墙与基坑侧壁间隙应灌注素混凝土或搅拌流动性水泥土，或采用灰土、级配砂石、压实性较好的素土分层夯实，其压实系数不应小于0.94。

**2. 受弯承载力计算**

通过试验发现，柱下多桩承台在配筋不足情况下将产生弯曲破坏，其破坏特征呈梁式破坏。四桩承台试件采用均布方式配筋，试验时初始裂缝首先在承台两个对边的一边或两边中部或中部附近产生，之后在两个方向交替发展，并逐步演变成各种复杂的裂缝而向承台中部合拢，最后形成各种不同的破坏模式。三桩承台试件是采用梁式配筋，承台中部因无配筋而抗裂性能较差，初始裂缝多由承台中部开始向外发展，最后形成各种不同的破坏模式。可以得出，不论是四桩承台还是三桩承台，他们在开裂的过程中，总是在两个方向上交替承担上部主要荷载，而不是平均承担，也即是交替起着梁的作用。

（1）柱下多桩矩形承台　图7-40a所示的四桩承台的破坏模式是屈服线将承台分成很规则的若干块几何块体。假设块体为刚性，不计变形，最大弯矩产生于屈服线处且弯矩全部由钢筋来承担，不考虑混凝土的拉力作用，则承台的受弯承载力可利用极限平衡方法并按悬臂梁计算。

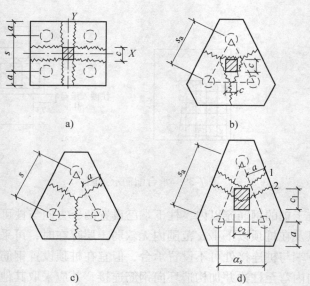

图7-40　承台破坏模式

柱下多桩矩形承台弯矩的计算截面应取在柱边和承台高度变化处（杯口外侧或台阶边缘），如图7-41a所示，两个方向所受弯矩按下式计算

$$M_x = \sum N_i y_i \tag{7-93}$$

$$M_y = \sum N_i x_i \tag{7-94}$$

式中　$M_x$、$M_y$——垂直于 $y$ 轴和 $x$ 轴方向计算戴面处的弯矩设计值（kN·m）；

　　　　$x_i$、$y_i$——垂直于 $y$ 轴和 $x$ 轴方向自桩轴线到相应计算截面的距离（m）；

　　　　$N_i$——扣除承台和其上填土自重后相应于作用的基本组合时的第 $i$ 桩竖向力设计值（kN）。

　　根据计算的柱边截面和截面高度变化处的弯矩，分别计算同一方向各截面的配筋量后，取各方向的最大值选取钢筋，按双向均布配置受力钢筋。

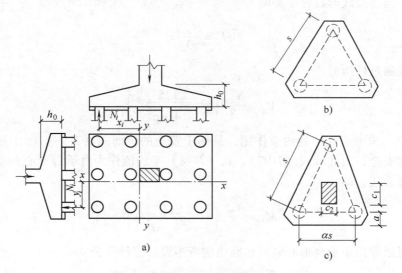

图 7-41　承台弯矩计算简图

　　（2）柱下三桩三角形承台　柱下三桩承台分等边三角形和等腰三角形两种形式，其受弯破坏模式有所不同，图 7-40b、c 为三桩等边三角形承台的两种受弯破坏模式，图 7-40d 为三桩等腰三角形承台受弯破坏模式。

　　1）等边三角形承台。图 7-40b 是三桩等边三角形承台具有代表性的破坏模式，利用钢筋混凝土板的屈服线理论，按机动法的基本原理可得到弯矩的计算式为

$$M = \frac{N_{max}}{3}\left(s - \frac{\sqrt{3}}{2}c\right) \tag{7-95}$$

图 7-40c 是三桩等边三角形承台最不利的破坏模式，可得到弯矩的另一个计算式

$$M = \frac{N_{max}}{3}s \tag{7-96}$$

　　式（7-95）考虑的屈服线产生在柱边，过于理想化；式（7-96）未考虑柱子的约束作用，是偏于安全的。根据试件破坏的多数情况，取式（7-95）、式（7-96）平均值作为计算公式，即

$$M = \frac{N_{max}}{3}\left(s - \frac{\sqrt{3}}{4}c\right) \tag{7-97}$$

式中　$M$——由承台形心至承台边缘距离范围内板带的弯矩设计值（kN·m）；

$N_{\max}$——扣除承台和其上填土自重后的三桩中相应于作用的基本组合时的最大单桩竖
向力设计值（kN）；

$s$——桩距（m）；

$c$——方柱边长（m），圆柱时 $c = 0.866d$（$d$ 为圆柱直径）。

2）三桩等腰三角形承台。图 7-40d 是三桩等腰三角形承台的破坏模式，其典型的屈服
线基本上都是垂直于等腰三角形的两个腰，当试件在长跨产生开裂破坏后，才在短跨内产生
裂缝。根据试件的破坏形态并考虑梁的约束影响作用，按梁的理论可以导出弯矩计算式。

在长跨，当屈服线通过柱中心时

$$M_1 = \frac{N_{\max}}{3}s \qquad (7\text{-}98)$$

当屈服线通过柱边时

$$M_1 = \frac{N_{\max}}{3}\left(s - \frac{1.5}{\sqrt{4 - \alpha^2}}c_1\right) \qquad (7\text{-}99)$$

式（7-97）未考虑柱子的约束作用，是偏于安全的，而式（7-98）考虑屈服线通过柱
边缘，又不够安全，因此取式（7-97）、式（7-98）平均值作为由承台形心到承台两腰的弯
矩设计值计算公式，即

$$M_1 = \frac{N_{\max}}{3}\left(s - \frac{0.75}{\sqrt{4 - \alpha^2}}c_1\right) \qquad (7\text{-}100)$$

同理，可以导出由承台形心到承台底边的弯矩设计值计算公式

$$M_2 = \frac{N_{\max}}{3}\left(\alpha s - \frac{0.75}{\sqrt{4 - \alpha^2}}c_2\right) \qquad (7\text{-}101)$$

式中　$M_1$、$M_2$——由承台形心到承台两腰和底边的距离范围内板带的弯矩设计值（kN·m）；

$s$——长向桩距（m）；

$\alpha$——短向桩距与长向桩距之比，当 $\alpha$ 小于
0.5 时，应按变截面的二桩承台设计；

$c_1$、$c_2$——垂直于、平行于承台底边的柱截面边长
（m）。

### 3. 受冲切承载力计算

承台的厚度通常由抗冲切强度和抗剪切强度确定，当
根据构造要求初步确定了承台的厚度之后，还要进行抗冲
切和抗剪切强度验算。板式承台的厚度一般由抗冲切强度
控制，即当承台的有效高度不足时，承台将产生冲切破
坏。承台冲切破坏主要有两种形式，一种是柱边缘或承台
变阶处沿大于或等于 45°斜面拉裂形成的冲切椎体破坏，
如图 7-42 所示；另一种是角桩顶部对于承台边缘形成大于
或等于 45°的向上冲切半椎体破坏，如图 7-43 所示。所以
承台厚度应同时满足柱（墙）对承台和基桩对承台的冲切

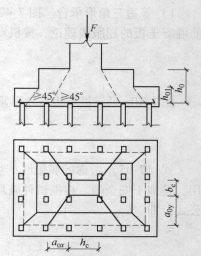

图 7-42　柱对承台冲切计算示意图

承载力要求，才能避免冲切破坏发生。

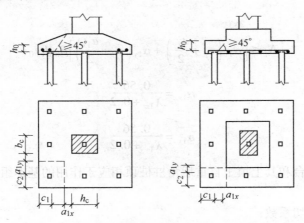

图 7-43　矩形承台角桩冲切计算示意图

（1）柱对承台的冲切承载力验算　柱下桩基础独立承台受冲切承载力验算，可按下式计算

$$F_l \leqslant 2[\alpha_{0x}(b_c + a_{0y}) + \alpha_{0y}(h_c + a_{0x})]\beta_{hp}f_t h_0 \tag{7-102}$$

$$F_l \leqslant F - \sum N_i \tag{7-103}$$

$$\alpha_{0x} = \frac{0.84}{\lambda_{0x} + 0.2} \tag{7-104}$$

$$\alpha_{0y} = \frac{0.84}{\lambda_{0y} + 0.2} \tag{7-105}$$

式中　$F_l$——扣除承台及其上填土自重，作用在冲切破坏锥体上相应于作用的基本组合的冲切力设计值（kN），冲切破坏锥体应采用自柱边或承台变阶处至相应桩顶边缘连线构成的锥体，锥体与承台底面的夹角不小于 45°。

$\beta_{hp}$——受冲切承载力截面高度影响系数，当 $h$ 不大于 800mm 时，$\beta_{hp}$ 取 1.0，当 $h$ 大于等于 2000mm 时，$\beta_{hp}$ 取 0.9，其间按线性内插法取值；

$f_t$——承台混凝土轴心抗拉强度设计值（kPa）；

$h_0$——冲切破坏锥体的有效高度（m）；

$\alpha_{0x}$、$\alpha_{0y}$——冲切系数；

$\lambda_{0x}$、$\lambda_{0y}$——冲垮比，$\lambda_{0x} = a_{0x}/h_0$、$\lambda_{0y} = a_{0y}/h_0$；

$a_{0x}$、$a_{0y}$——柱边或变阶处至桩边的水平距离（m）；当 $a_{0x}(a_{0y}) < 0.25h_0$ 时，$a_{0x}(a_{0y}) = 0.25h_0$，当 $a_{0x}(a_{0y}) > h_0$ 时，$a_{0x}(a_{0y}) = h_0$；

$F$——柱根部轴力设计值（kN）；

$\sum N_i$——冲切破坏锥体范围内各桩的净反力设计值之和（kN）。

对中低压缩性土上的承台，当承台与地基土之间没有脱空现象时，可根据地区经验适当减小柱下桩基础独立承台受冲切计算的承台厚度。

（2）角桩对承台的冲切承载力验算

1）多桩矩形承台。多桩矩形承台受角桩冲切承载力计算如图7-43所示，其冲切承载力应按下式计算

$$N_l \leqslant \left[ \alpha_{1x} \left( c_2 + \frac{a_{1y}}{2} \right) + \alpha_{1y} \left( c_1 + \frac{a_{1x}}{2} \right) \right] \beta_{hp} f_t h_0 \qquad (7\text{-}106)$$

$$\alpha_{1x} = \frac{0.56}{\lambda_{1x} + 0.2} \qquad (7\text{-}107)$$

$$\alpha_{1y} = \frac{0.56}{\lambda_{1y} + 0.2} \qquad (7\text{-}108)$$

式中　　$N_l$——扣除承台和其上填土自重后角桩桩顶相应于作用的基本组合时的竖向力设计值（kN）；

$\alpha_{1x}$、$\alpha_{1y}$——角桩冲切系数；

$\lambda_{1x}$、$\lambda_{1y}$——角桩冲跨比，其值满足 $0.25 \sim 1.0$，$\lambda_{1x} = a_{1x}/h_0$、$\lambda_{1y} = a_{1y}/h_0$；

$c_1$、$c_2$——从角桩内边缘至承台外边缘的距离（m）；

$a_{1x}$、$a_{1y}$——从承台底角桩内边缘引45°冲切线与承台顶面或承台变阶处相交点至角桩内边缘的水平距离（m）；

$h_0$——承台外边缘的有效高度（m）。

2）三桩三角形承台。三桩三角形承台受角桩冲切承载力计算如图7-44所示，其冲切承载力应按下式计算。对圆柱和圆桩，计算时可将圆形截面换算成正方形截面。

底部角桩

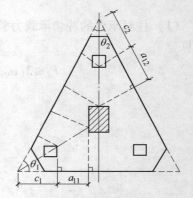

图7-44　三角形承台角桩冲切计算示意图

$$N_l \leqslant \alpha_{11} (2c_1 + a_{11}) \tan \frac{\theta_1}{2} \beta_{hp} f_t h_0 \qquad (7\text{-}109)$$

$$\alpha_{11} = \frac{0.56}{\lambda_{11} + 0.2} \qquad (7\text{-}110)$$

顶部角桩

$$N_l \leqslant \alpha_{12} (2c_2 + a_{12}) \tan \frac{\theta_2}{2} \beta_{hp} f_t h_0 \qquad (7\text{-}111)$$

$$\alpha_{12} = \frac{0.56}{\lambda_{12} + 0.2} \qquad (7\text{-}112)$$

式中　　$\lambda_{11}$、$\lambda_{11}$——角桩冲跨比，$\lambda_{11} = a_{11}/h_0$，$\lambda_{12} = a_{12}/h_0$；

$a_{11}$、$a_{12}$——从承台底角桩内边缘向相邻承台边引45°冲切线与承台顶面相交点至角桩内边缘的水平距离，当柱位于该45°线以内时，则取柱边与桩内边缘连线为冲切锥体的锥线。

对于柱下两桩承台，宜按深受弯构件（$l_0/h < 5.0$，$l_0 = 1.15 l_n$，$l_n$ 为两桩净距）计算受

弯、受剪承载力，不需要进行受冲切承载力计算。

### 4. 受剪切承载力计算

桩基承台的抗剪承载力计算，在小剪跨比的条件下具有深梁的特征。柱下桩基独立承台应分别对柱边和桩边、变截面和桩边连线形成的斜截面进行受剪承载力计算，如图 7-45 所示。当柱边外有多排桩形成多个剪切斜截面时，尚应对每个斜截面进行承载力验算。

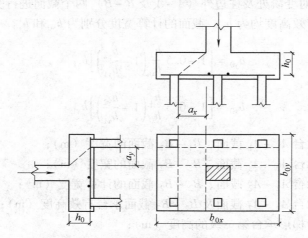

图 7-45　矩形承台斜截面受剪承载力计算示意图

柱下桩基独立承台斜截面受剪承载力可按下列公式计算

$$V \leqslant \beta_{\text{hs}} \beta f_t b_0 h_0 \tag{7-113}$$

$$\beta = \frac{1.75}{\lambda + 1.0} \tag{7-114}$$

$$\beta_{\text{hs}} = \left(\frac{800}{h_0}\right)^{1/4} \tag{7-115}$$

式中　$V$——扣除承台及其上填土自重后相应于作用的基本组合时斜截面的最大剪力设计值（kN）；

　　　$\beta$——剪切系数；

　　　$\lambda$——计算截面的剪跨比，$\lambda_x = a_x / h_0$，$\lambda_y = a_y / h_0$；

$a_x$、$a_y$——柱边或承台变阶处至 $x$、$y$ 方向计算一排桩的桩边的水平距离（m）；当 $\lambda <$ 0.25 时，取 $\lambda = 0.25$；当 $\lambda > 3$ 时，取 $\lambda = 3$；

　　　$b_0$——承台计算截面处的计算宽度（m）；

　　　$h_0$——计算宽度处的承台有效高度（m）。

对于阶梯形承台应分别在变阶处（$A_1 - A_1$，$B_1 - B_1$）及柱边处（$A_2 - A_2$，$B_2 - B_2$）进行斜截面受剪承载力计算，如图 7-46 所示。计算变阶处截面 $A_1 - A_1$，$B_1 - B_1$ 的斜截面受剪承载力时，其截面有效高度均为 $h_{01}$，截面计算宽度分别为 $b_{y1}$ 和 $b_{x1}$。计算柱边截面 $A_2 - A_2$ 和 $B_2 - B_2$ 处的斜截面受剪承载力时，其截面有效高度均为 $h_{01} + h_{02}$，计算宽度分别为 $b_{y0}$ 和 $b_{x0}$，具体计算公式如下：

对 $A_2 - A_2$ 截面　　　　　　$b_{y0} = \dfrac{b_{y1} \cdot h_{01} + b_{y2}h_{02}}{h_{01} + h_{02}}$ 　　　　　　(7-116)

对 $B_2 - B_2$ 截面　　　　　　$b_{x0} = \dfrac{b_{x1} \cdot h_{01} + b_{x2}h_{02}}{h_{01} + h_{02}}$ 　　　　　　(7-117)

对于锥形承台应对变阶处及柱边外（$A - A$ 及 $B - B$）两个截面进行受剪承载力计算，如图 7-47 所示，截面有效高度均为 $h_0$，截面的计算宽度分别为 $b_{y0}$ 和 $b_{x0}$，具体计算公式如下：

对 $A - A$ 截面　　　　　　$b_{y0} = \left[ 1 - 0.5\,\dfrac{h_1}{h_0}\left( 1 - \dfrac{b_{y2}}{b_{y1}} \right) \right] b_{y1}$ 　　　　　　(7-118)

对 $B - B$ 截面　　　　　　$b_{x0} = \left[ 1 - 0.5\,\dfrac{h_1}{h_0}\left( 1 - \dfrac{b_{x2}}{b_{x1}} \right) \right] b_{x1}$ 　　　　　　(7-119)

式中　　$b_{y1}$、$b_{x1}$——承台 $A_1 - A_1$ 截面、$B_1 - B_1$ 截面的宽度（m）；

　　　　$b_{y2}$、$b_{x2}$——承台 $A_2 - A_2$ 截面、$B_2 - B_2$ 截面的宽度（m）；

　　　　$b_{y0}$、$b_{x0}$——承台 $A_2 - A_2$ 截面、$B_2 - B_2$ 截面的计算宽度（m）；

　　　　$h_{01}$——承台 $A_2 - A_2$ 截面及 $B_2 - B_2$ 截面承台有效高度（m）；

　　　　$h_{02}$——阶梯形承台第一级的高度（m）；

　　　　$h_0$——锥形承台的有效高度（m）；

　　　　$h_1$——锥形承台锥体部分的高度（m）。

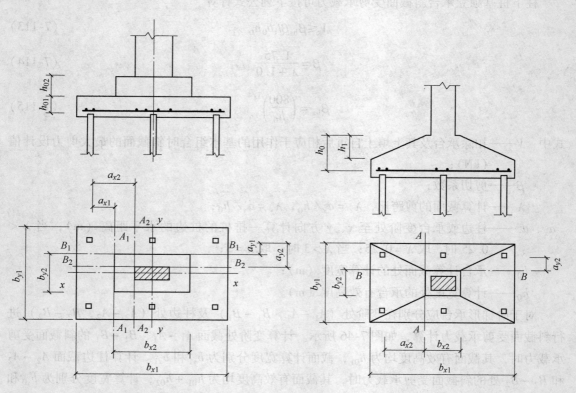

图 7-46　阶梯形承台斜截面受剪计算示意图　　　　图 7-47　锥形承台斜截面受剪计算示意图

砌体墙下条形承台梁或柱下条形承台梁配有箍筋，但未配弯起筋时以及砌体墙下条形承台梁同时配有箍筋和弯起筋时，斜截面的受剪承载力可根据《混凝土结构设计规范》，分别按下列公式计算：

砌体墙下条形承台梁配有箍筋，但未配弯起筋时

$$V \leqslant 0.7f_t bh_0 + 1.25f_{yv}\frac{A_{sv}}{s}h_0 \tag{7-120}$$

砌体墙下条形承台梁配有箍筋及弯起筋时

$$V \leqslant 0.7f_t bh_0 + 1.25f_{yv}\frac{A_{sv}}{s}h_0 + 0.8f_y A_{sb}\sin\alpha_s \tag{7-121}$$

柱下条形承台梁配有箍筋，但未配弯起筋时

$$V \leqslant \frac{1.75}{\lambda + 1}f_t bh_0 + f_{yv}\frac{A_{sv}}{s}h_0 \tag{7-122}$$

式中　　$b$——承台梁计算截面处的宽度（m）；

$h_0$——承台梁计算截面处的有效高度（m）；

$f_t$——承台梁混凝土轴心抗拉强度设计值（kPa）；

$f_{yv}$——箍筋抗拉强度设计值（kPa）；

$A_{sv}$——配置在同一截面内箍筋各肢的全部截面面积（m$^2$）；

$s$——沿计算斜截面方向箍筋的间距（m）；

$A_{sb}$——配置在同一截面弯起钢筋的截面面积（m$^2$）；

$f_y$——弯起钢筋的抗拉强度设计值（kPa）；

$\alpha_s$——斜截面上弯起钢筋与承台底面的夹角（°）；

$\lambda$——计算截面的剪跨比，$\lambda = a/h_0$，$a$ 为柱边至桩边的水平距离，当 $\lambda < 1.5$ 时，取 $\lambda = 1.5$，当 $\lambda > 3$ 时，取 $\lambda = 3$。

此外，当承台的混凝土强度等级低于柱或桩的混凝土强度等级时，尚应验算柱下或桩上承台的局部受压承载力。当进行承台的抗震验算时，应根据《建筑抗震设计规范》的规定对承台顶面的地震作用效应和承台的受弯、受冲切、受剪切承载力进行抗震调整。

[**例 7-3**]　已知某柱下桩基础，初步设计采用直径 $d = 400$mm 的 6 根圆形预制桩，桩长 23.5m。承台埋深为 2.5m，桩顶入承台 0.5m，锥形承台总高度 $h = 1.6$m，$h_1 = 0.8$m，锥形承台顶部尺寸为 800mm × 1000mm，承台的混凝土强度等级为 C25（$f_t = 1.27$MPa），配置 HRB335 级钢筋（$f_y = 300$MPa）。已知单桩水平承载力特征值 $R_{Ha} = 55$kN，相应于作用的标准组合时，作用于桩基承台顶面的竖向力 $F_k = 6000$kN、力矩 $M_k = 600$kN·m（作用于长边方向）、水平力 $H_k = 300$kN；相应于作用的准永久组合时，作用于桩基承台顶面的竖向力 $F_{k1} = 5700$kN。地质条件、桩的平面布置及承台尺寸如图 7-48 所示，试

（1）根据《建筑桩基技术规范》经验参数法估算该基础的单桩竖向承载力特征值 $R_a$。

（2）验算单桩承载力能否满足要求？

（3）验算承台抗冲切承载力能否满足要求？

（4）验算承台抗剪切承载力能否满足要求？

（5）进行承台抗弯计算与配筋设计。

（6）用实体深基础方法求桩端下厚度 6.5m 的中粗砂的最终沉降量（桩端处的自重应力 $\sigma_c = 270\text{kPa}$，扩散角 $\alpha = \dfrac{\varphi}{4} = 5°$，压缩模量 $E_s = 10\text{MPa}$，沉降经验系数 $\psi_{ps} = 0.4$）。

**解：**（1）确定单桩竖向承载力特征值　根据式（7-17），单桩竖向极限承载力标准值为

$$Q_{uk} = Q_{sk} + Q_{pk} = u\sum q_{sik}l_i + q_{pk}A_p$$

$$= \pi \times 0.4 \times (50 \times 1.5 + 30 \times 2 + 40 \times 7 + 24 \times 7 + 65 \times 4 + 90 \times 2)\text{kN} +$$

$$9400 \times \frac{\pi \times 0.4^2}{4}\text{kN} = 2466.77\text{kN}$$

根据式（7-12），单桩竖向承载力特征值为

$$R_a = \frac{Q_{uk}}{K} = \frac{2466.77}{2} = 1233.39\text{kN}$$

（2）单桩竖向承载力验算　桩基承台自重及承台上土自重标准值为

$$G_k = 2.8 \times 4.8 \times 2.5 \times 20\text{kN} = 672\text{kN}$$

在偏心竖向力及水平荷载作用下，根据式（7-79）～式（7-81）求得桩顶作用力，再根据式（7-82）～式（7-84）进行承载力验算

$$Q_k = \frac{F_k + G_k}{n} = \frac{6000 + 672}{6}\text{kN} = 1112\text{kN} < R_a = 1233.39\text{kN}$$

$$Q_{kmax} = Q_k + \frac{(M_k + H_k h)x_{max}}{\sum x_i^2}$$

$$= 1112\text{kN} + \frac{(600 + 300 \times 1.6) \times 2}{4 \times 2^2 + 2 \times 0^2}\text{kN} = 1247\text{kN} < 1.2R_a = 1480.07\text{kN}$$

$$H_{ik} = \frac{H_k}{n} = \frac{300}{6}\text{kN} = 50\text{kN} < R_{Ha} = 55\text{kN}$$

故单桩承载力满足要求。

（3）承台抗冲切承载力验算　相应于基本组合时作用于柱底的荷载设计值为

$$F = 1.35F_k = 1.35 \times 6000\text{kN} = 8100\text{kN}$$

$$M = 1.35M_k = 1.35 \times 600\text{kN} = 810\text{kN} \cdot \text{m}$$

$$H = 1.35H_k = 1.35 \times 300\text{kN} = 405\text{kN}$$

扣除承台及其上填土自重后的桩顶竖向力设计值为

$$N = \frac{F}{n} = \frac{8100}{6}\text{kN} = 1350\text{kN}$$

$$N_{min}^{max} = N \pm \frac{(M + Hh)x_{max}}{\sum x_i^2} = 1350\text{kN} \pm \frac{(810 + 405 \times 1.6) \times 2}{4 \times 2^2}\text{kN} = \begin{cases} 1532.25\text{kN} \\ 1167.75\text{kN} \end{cases}$$

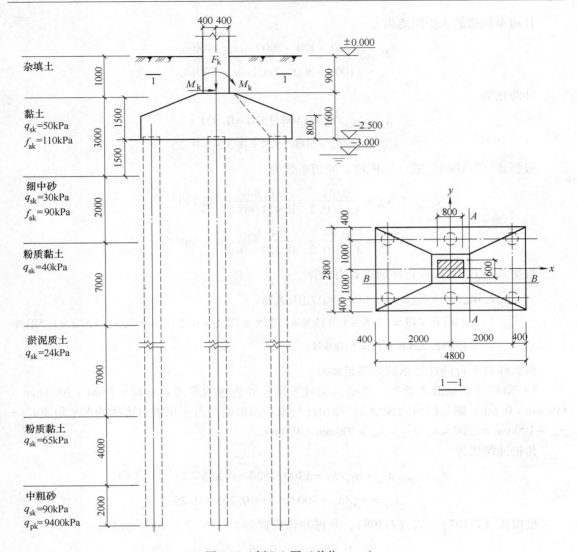

图 7-48　例 7-3 图（单位：mm）

1）柱边冲切承载力验算。根据式（7-103），因冲切破坏锥体范围内没有桩，所有冲切力设计值为

$$F_l = F - \sum N_i = (8100 - 0)\,\mathrm{kN} = 8100\,\mathrm{kN}$$

因承台高度为 1600mm，介于 800mm 与 2000mm 之间，受冲切承载力截面高度影响系数 $\beta_{\mathrm{hp}}$ 按线性内插取值

$$\beta_{\mathrm{hp}} = 1 - \frac{1 - 0.9}{2000 - 800} \times (1600 - 800) = 0.933$$

钢筋保护层厚度取 70mm，承台的有效高度为

$$h_0 = h - a_{\mathrm{s}} = (1600 - 70 - 10)\,\mathrm{mm} = 1520\,\mathrm{mm}$$

柱边至桩边的水平距离为

$$a_{0x} = (2000 - 400 - 200)\,mm = 1400\,mm$$

$$a_{0y} = (1000 - 300 - 200)\,mm = 500\,mm$$

冲跨比为

$$\lambda_{0x} = a_{0x}/h_0 = 1400/1520 = 0.921 < 1$$

$$\lambda_{0y} = a_{0y}/h_0 = 500/1520 = 0.329 > 0.25$$

根据式（7-104）、式（7-105），冲切系数为

$$\alpha_{0x} = \frac{0.84}{\lambda_{0x} + 0.2} = \frac{0.84}{0.921 + 0.2} = 0.749$$

$$\alpha_{0y} = \frac{0.84}{\lambda_{0y} + 0.2} = \frac{0.84}{0.329 + 0.2} = 1.588$$

根据式（7-102）进行冲切承载力验算

$$2[\alpha_{0x}(b_c + a_{0y}) + \alpha_{0y}(h_c + a_{0x})]\beta_{hp}f_t h_0$$

$$= 2 \times [0.749 \times (0.6 + 1.4)\,kN + 1.588 \times (0.8 + 0.5)] \times 0.933 \times 1270 \times 1.52\,kN$$

$$= 12832.22\,kN > F_l = 8100\,kN$$

所以柱对承台的冲切承载力满足要求。

2）角桩冲切承载力验算。角桩内边缘至承台外边缘的距离 $c_1 = c_2 = (400 + 200)\,mm = 600\,mm = 0.6\,m$，则角桩内边缘引45°冲切线与承台顶面的交点至角桩内边缘的水平距离 $a_{1x} = a_{0x} - 100\,mm = 1300\,mm$，$a_{1y} = a_{0y} - 100\,mm = 400\,mm$。

角桩冲跨比为

$$\lambda_{1x} = a_{1x}/h_0 = 1300/1520 = 0.855 < 1$$

$$\lambda_{1y} = a_{1y}/h_0 = 400/1520 = 0.263 > 0.25$$

根据式（7-107）、式（7-108），角桩冲切系数为

$$\alpha_{1x} = \frac{0.56}{\lambda_{1x} + 0.2} = \frac{0.56}{0.855 + 0.2} = 0.531$$

$$\alpha_{1y} = \frac{0.56}{\lambda_{1y} + 0.2} = \frac{0.56}{0.263 + 0.2} = 1.210$$

根据式（7-106）进行角桩冲切承载力验算

$$[\alpha_{1x}(c_2 + a_{1y}/2) + \alpha_{1y}(c_1 + a_{1x}/2)]\beta_{hp}f_t h_0$$

$$= [0.531 \times (0.6 + 0.4/2)]\,kN + 1.21 \times (0.6 + 1.3/2)] \times 0.933 \times 1270 \times 1.52\,kN$$

$$= 3489.20\,kN > N_{max} = 1532.25\,kN$$

所以角桩对承台的冲切承载力也满足要求。

（4）承台受剪切承载力计算　根据式（7-115），受剪切承载力截面高度影响系数 $\beta_{hs}$ 为

$$\beta_{hs} = \left(\frac{800}{h_0}\right)^{1/4} = \left(\frac{800}{1520}\right)^{1/4} = 0.8517$$

对 $A$—$A$ 斜截面，计算截面的剪跨比 $\lambda_x = \lambda_{0x} = 0.921$ （介于 0.25 与 3 之间），根据式（7-114）剪切系数为

$$\beta = \frac{1.75}{\lambda_x + 1.0} = \frac{1.75}{0.921 + 1} = 0.911$$

对于锥形承台，根据式（7-118），$A$—$A$ 截面的计算宽度为

$$b_{y0} = \left[1 - 0.5 \frac{h_1}{h_0}\left(1 - \frac{b_{y2}}{b_{y1}}\right)\right] b_{y1} = \left[1 - 0.5 \times \frac{0.8}{1.52} \times \left(1 - \frac{0.8}{2.8}\right)\right] \times 2.8 = 2.274$$

根据式（7-113）进行 $A$—$A$ 斜截面剪切承载力验算

$$\beta_{hs}\beta f_t b_{y0} h_0 = 0.8517 \times 0.911 \times 1270 \times 2.274 \times 1.52 \text{kN}$$

$$= 3405.99 \text{kN} > 2N_{max} = 2 \times 1532.25 \text{kN} = 3064.5 \text{kN}$$

对 $B$—$B$ 斜截面，计算截面的剪跨比 $\lambda_y = \lambda_{0y} = 0.329$ （介于 0.25 与 3 之间），根据式（7-114）剪切系数为

$$\beta = \frac{1.75}{\lambda_x + 1.0} = \frac{1.75}{0.329 + 1} = 1.317$$

对于锥形承台，根据式（7-119），$B$—$B$ 截面的计算宽度为

$$b_{x0} = \left[1 - 0.5 \frac{h_1}{h_0}\left(1 - \frac{b_{x2}}{b_{x1}}\right)\right] b_{x1} = \left[1 - 0.5 \times \frac{0.8}{1.52} \times \left(1 - \frac{1.0}{4.8}\right)\right] \times 4.8 = 3.8$$

根据式（7-113）进行 $B$—$B$ 斜截面剪切承载力验算

$$\beta_{hs}\beta f_t b_{x0} h_0 = 0.8517 \times 1.317 \times 1270 \times 3.8 \times 1.52 \text{kN}$$

$$= 8228.17 \text{kN} > 3N = 3 \times 1350 \text{kN} = 4050 \text{kN}$$

所以斜截面承载力满足要求，从以上计算可见，该承台高度首先取决于 $A$—$A$ 斜截面的受剪切承载力，其次取决于沿柱边的受冲切承载力。

（5）承台受弯承载力计算　根据式（7-94），绕 $x$ 轴的最大弯矩为

$$M_x = \sum N_i y_i = 3 \times 1350 \times (1.4 - 0.3 - 0.4) \text{kN} \cdot \text{m} = 2835 \text{kN} \cdot \text{m}$$

$$A_s = \frac{M_x}{0.9 f_y h_0} = \frac{2835 \times 10^6}{0.9 \times 300 \times (1520 - 20)} \text{mm}^2 = 7000 \text{mm}^2$$

选用 35 根直径 16mm 的钢筋，$A_s = 7038.5 \text{mm}^2$，平行 $y$ 轴方向均匀布置，其配筋率为

$$\rho = \frac{A_s}{bh_0} = 0.21 > \rho_{min} = 0.15\%$$

根据式（7-95），绕 $y$ 轴的最大弯矩为

$$M_y = \sum N_{max} x_i = 2 \times 1532.25 \times (2.4 - 0.4 - 0.4) \text{kN} \cdot \text{m} = 4903.2 \text{kN} \cdot \text{m}$$

$$A_s = \frac{M_y}{0.9 f_y h_0} = \frac{4903.2 \times 10^6}{0.9 \times 300 \times 1520} \text{mm}^2 = 11947.37 \text{mm}^2$$

选用 32 根直径 22mm 的钢筋，$A_s = 12163.2 \text{mm}^2$，平行 $x$ 轴方向均匀布置，其配筋率为

$$\rho = \frac{A_s}{bh_0} = 0.21 > \rho_{\min} = 0.15\%$$

（6）沉降计算　沉降计算采用实体深基础方法，考虑扩散作用时，根据式（7-68）计算假想实体深基础底面的附加应力。

扩散后的假想实体深基础底面积为

$$A = (a_0 + 2l\tan\alpha)(b_0 + 2l\tan\alpha) = (2.4 + 2 \times 23.5 \times \tan 5°)(4.4 + 2 \times 23.5 \times \tan 5°)\,m^2$$

$$= 6.51m \times 8.51m = 55.43m^2$$

实体深基础的自重为

$$G_k' \approx \gamma A(d + l) = 20 \times 55.43 \times 3kN + 10 \times 55.43 \times 23kN = 16074.7kN$$

实体深基础基底处的附加应力为

$$p_0 = p_k - \sigma_c = \frac{F_k + G_k'}{A} - \sigma_c = \frac{6000 + 16074.7}{55.43}kPa - 270kPa = 128.24kPa$$

平均附加应力系数 $\bar{\alpha}_i$ 为

$$l/b = 1.31, \quad z/b = 2, \quad \bar{\alpha} = 0.1849$$

根据式（7-67）计算最终沉降量，即

$$s = \psi_{ps} \sum_{i=1}^{n} \frac{p_0}{E_{si}}(z_i\bar{\alpha}_i - z_{i-1}\bar{\alpha}_{i-1}) = 0.4 \times \frac{128.24}{10} \times (4 \times 6.5 \times 0.1849 - 0)\,mm$$

$$= 24.66mm$$

# 复 习 题

[7-1]　简述桩基础的使用条件。

[7-2]　桩基础的安全等级是如何划分的？

[7-3]　桩基础设计都有哪些规定？

[7-4]　桩基础设计所需的基本资料都有哪些？

[7-5]　桩及桩基础分为哪些类型？如何选择桩的类型？

[7-6]　《建筑地基基础设计规范》与《建筑桩基技术规范》确定单桩承载力的方法有何不同？

[7-7]　什么是负摩阻力？什么是中性点？如何减小负摩阻力？

[7-8]　什么是群桩效应及群桩效应系数？在设计中如何考虑群桩效应？

[7-9]　单桩水平承载力大小取决于什么因素？

[7-10]　桩基础沉降计算的常用方法有哪些？有何不同？

[7-11]　桩基础设计包括哪些内容？简述其设计步骤。

[7-12]　简述桩的平面布置原则。

[7-13]　承台的构造要求有哪些？都要进行哪些验算？

[7-14]　已知某场区从天然地面起往下的土层分布是：第一层为厚度3m的杂填土，$q_{s1a} = 20kPa$；第二层为厚度5m的粉土，$q_{s2a} = 22kPa$；第三层为厚度9m的密实砂土，$q_{s3a} = 35kPa$，$q_{pa} = 2800kPa$。现采用截面直径450mm的预制桩，桩长为12m，承台埋深为1.2m，试确定单桩承载力特征值。

[7-15]　已知某柱下桩基础，如图7-49所示，柱子截面尺寸为 $0.8m \times 0.8m$，承台埋深为1m，承台厚度为0.8m，拟采用6根桩长14m，截面直径 $d = 500mm$ 的圆形预制桩，桩间距均为 $3d$，边桩形心距承台

边缘 $1d$。地基土的情况为（从地表起）：第一层为杂填土，厚 3m，$q_{s1a} = 20kPa$，$\gamma_1 = 18kN/m^3$；第二层为淤泥，厚 8m，$q_{s2a} = 12kPa$，$\gamma_{2sat} = 18.5kN/m^3$，地下水位在地表下 5m；第三层为硬塑状态黏土，厚 8m，$q_{s3a} = 65kPa$，$q_{pa} = 2100kPa$，$\gamma_{3sat} = 20kN/m^3$，第四层为基岩。相应于作用的标准组合时，作用于桩基承台顶面的竖向力 $F_k = 3200kN$、水平力 $H_k = 100kN$，力矩 $M_{yk} = 1120kN \cdot m$（平行于承台长度方向）；相应于作用的准永久组合时，作用于桩基承台顶面的竖向力 $F_{k1} = 2900kN$。承台的混凝土强度等级为 C20（$f_t = 1.1MPa$），配置 HRB335 级钢筋（$f_y = 300MPa$）。

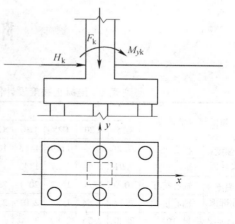

图 7-49 习题 7-15 图

（1）估算该桩基础的单桩竖向承载力特征值 $R_a$。

（2）若桩身配筋率为 1%，保护层厚度为 30mm，桩顶的水平位移允许值为 10mm，桩顶水平位移系数为 1.028，桩的水平变形系数为 $0.38m^{-1}$，按《建筑桩基技术规范》估算该桩基础的单桩水平承载力特征值 $R_{ha}$。

（3）验算单桩承载力能否满足要求？

（4）按《建筑地基基础设计规范》验算单桩混凝土抗压承载力能否满足要求？

（5）验算承台冲切承载力能否满足要求？

（6）验算承台剪切承载力能否满足要求？

（7）计算承台的弯矩及所需钢筋面积；

（8）采用实体深基础方法（不考虑扩散）求桩端下砂土层的最终沉降量（压缩模量 $E_s = 10MPa$，沉降经验系数 $\psi_{ps} = 0.5$）。

[7-16]　某场地土层情况（自上而下）为：第一层为厚度 1.0m 素填土，$q_{s1a} = 12kPa$；第二层为软塑状态的淤泥，厚度 5m，$q_{s2a} = 6kPa$；第三层为厚度较大的坚硬黏土，$q_{s3a} = 60kPa$、$q_{pa} = 2800kPa$。相应于作用的标准组合时，作用于桩基承台顶面的竖向力 $F_k = 2200kN$、水平力 $H_k = 80kN$，力矩 $M_{yk} = 180kN \cdot m$（平行于承台长度方向）。初步确定采用预制桩基础，截面尺寸为 $400mm \times 400mm$，试设计该桩基础。

# 附　　录

**附表 1　混凝土强度设计值、标准值、弹性模量和疲劳变形模量**（单位：N/mm²）

| 强度与模量种类 | | 混凝土强度等级 | | | | | | | | | | | | | |
|---|---|---|---|---|---|---|---|---|---|---|---|---|---|---|---|
| | | C15 | C20 | C25 | C30 | C35 | C40 | C45 | C50 | C55 | C60 | C65 | C70 | C75 | C80 |
| 强度设计值 | 轴心抗压 | 7.2 | 9.6 | 11.9 | 14.3 | 16.7 | 19.1 | 21.1 | 23.1 | 25.3 | 27.5 | 29.7 | 31.8 | 33.8 | 35.9 |
| | 轴心抗拉 | 0.91 | 1.10 | 1.27 | 1.43 | 1.57 | 1.71 | 1.80 | 1.89 | 1.96 | 2.04 | 2.09 | 2.14 | 2.18 | 2.22 |
| 强度标准值 | 轴心抗压 | 10.0 | 13.4 | 16.7 | 20.1 | 23.4 | 26.8 | 29.6 | 32.4 | 35.5 | 38.5 | 41.5 | 44.5 | 47.4 | 50.2 |
| | 轴心抗拉 | 1.27 | 1.54 | 1.78 | 2.01 | 2.20 | 2.39 | 2.51 | 2.64 | 2.74 | 2.85 | 2.93 | 2.99 | 3.05 | 3.11 |
| 弹性模量/10⁴ | | 2.20 | 2.55 | 2.80 | 3.00 | 3.15 | 3.25 | 3.35 | 3.45 | 3.55 | 3.60 | 3.65 | 3.70 | 3.75 | 3.80 |
| 疲劳变形模量/10⁴ | | — | — | — | 1.30 | 1.40 | 1.50 | 1.55 | 1.60 | 1.65 | 1.70 | 1.75 | 1.80 | 1.85 | 1.90 |

**附表 2　钢筋强度设计值、标准值及弹性模量**　　（单位：N/mm²）

| 种　类 | 符号 | $d$/mm | 抗拉强度设计值 $f_y$ | 抗压强度设计值 $f_y'$ | 强度标准值 $f_{yk}$ | 弹性模量 $E_s$ |
|---|---|---|---|---|---|---|
| 热 轧 钢 筋 HPB300 | Φ | 6～22 | 270 | 270 | 300 | $2.1 \times 10^5$ |
| HRB335 | Φ | 6～50 | 300 | 300 | 335 | $2 \times 10^5$ |
| HRB400 | Φ | 6～50 | 360 | 360 | 400 | $2 \times 10^5$ |
| HRB500 | Φ | 6～50 | 435 | 410 | 500 | $2 \times 10^5$ |

**附表 3　钢筋截面面积 $A_s$（mm²）及钢筋排成一行时梁的最小宽度 $b$（mm）**

| 钢筋直径 $d$/mm | 一根 $A_s$ | 二根 $A_s$ | 三根 $A_s$ | 三根 $b$ | 四根 $A_s$ | 四根 $b$ | 五根 $A_s$ | 五根 $b$ | 六根 $A_s$ | 七根 $A_s$ | 八根 $A_s$ | 九根 $A_s$ |
|---|---|---|---|---|---|---|---|---|---|---|---|---|
| 2.5 | 4.9 | 9.8 | 14.7 | | 19.6 | | 24.5 | | 29.5 | 34.4 | 39.3 | 44.2 |
| 3 | 7.1 | 14.1 | 21.2 | | 28.3 | | 35.3 | | 42.4 | 49.5 | 56.5 | 63.6 |
| 4 | 12.6 | 25.1 | 37.7 | | 50.3 | | 62.8 | | 75.4 | 87.9 | 101 | 113 |
| 5 | 19.6 | 39.3 | 58.9 | | 78.5 | | 98.2 | | 118 | 137 | 157 | 177 |
| 6 | 28.3 | 56.5 | 34.8 | | 113 | | 141 | | 170 | 198 | 226 | 255 |
| 8 | 50.3 | 101 | 151 | | 201 | | 251 | | 302 | 352 | 402 | 452 |
| 9 | 63.6 | 127 | 191 | | 254 | | 318 | | 382 | 445 | 509 | 573 |
| 10 | 78.5 | 157 | 236 | | 314 | | 393 | | 471 | 550 | 628 | 707 |
| 12 | 113.1 | 226 | 339 | 150 | 452 | 200/180 | 565 | 250/220 | 679 | 792 | 905 | 1018 |
| 14 | 153.9 | 308 | 462 | 150 | 615 | 200/180 | 770 | 250/220 | 924 | 1078 | 1232 | 1385 |
| 16 | 201.1 | 402 | 603 | 180/150 | 804 | 200 | 1005 | 250 | 1206 | 1407 | 1608 | 1810 |
| 18 | 254.5 | 509 | 763 | 180/150 | 1018 | 220/200 | 1272 | 300/250 | 1527 | 1781 | 2036 | 2290 |
| 20 | 314.2 | 628 | 942 | 180 | 1256 | 220 | 1570 | 300/250 | 1885 | 2199 | 2513 | 2827 |
| 22 | 380.1 | 760 | 1140 | 180 | 1520 | 250/220 | 1900 | 300 | 2281 | 2661 | 3041 | 3421 |
| 25 | 490.9 | 982 | 1473 | 200/180 | 1964 | 250 | 2454 | 300 | 2945 | 3436 | 3927 | 4418 |

（续）

| 钢筋直径 $d/mm$ | 一根 $A_s$ | 二根 $A_s$ | 三根 $A_s$ | 三根 $b$ | 四根 $A_s$ | 四根 $b$ | 五根 $A_s$ | 五根 $b$ | 六根 $A_s$ | 七根 $A_s$ | 八根 $A_s$ | 九根 $A_s$ |
|---|---|---|---|---|---|---|---|---|---|---|---|---|
| 28 | 615.8 | 1232 | 1847 | 200 | 2463 | 250 | 3079 | 350/300 | 3695 | 4310 | 4926 | 5542 |
| 30 | 706.9 | 1414 | 2121 | | 2827 | | 3534 | | 4241 | 4948 | 5655 | 6362 |
| 32 | 804.2 | 1609 | 2413 | 220 | 3217 | 300 | 4021 | 350 | 4826 | 5630 | 6434 | 7238 |
| 36 | 1017.9 | 2036 | 3054 | | 4072 | | 5089 | | 6107 | 7125 | 8143 | 9161 |
| 40 | 1256.6 | 2513 | 3770 | | 5027 | | 6283 | | 7540 | 8796 | 10053 | 11310 |

注：表中梁最小宽度 $b$ 为分数时，斜线以上数字表示钢筋在梁顶部时所需宽度，斜线以下数字表示钢筋在梁底部时所需宽度。

### 附表4　每米板宽度各种钢筋间距的钢筋截面面积 （单位：$mm^2$）

| 钢筋间距 /mm | 钢筋直径/mm | | | | | | | | | | | | | |
|---|---|---|---|---|---|---|---|---|---|---|---|---|---|---|
| | 3 | 4 | 5 | 6 | 6/8 | 8 | 8/10 | 10 | 10/12 | 12 | 12/14 | 14 | 14/16 | 16 |
| 70 | 101 | 180 | 280 | 404 | 561 | 719 | 920 | 1121 | 1369 | 1616 | 1907 | 2199 | 2536 | 2872 |
| 75 | 94.2 | 168 | 262 | 377 | 524 | 671 | 859 | 1047 | 1277 | 1508 | 1780 | 2052 | 2367 | 2681 |
| 80 | 88.4 | 157 | 245 | 354 | 491 | 629 | 805 | 981 | 1198 | 1414 | 1669 | 1924 | 2218 | 2513 |
| 85 | 83.3 | 148 | 231 | 333 | 462 | 592 | 758 | 924 | 1127 | 1331 | 1571 | 1811 | 2088 | 2365 |
| 90 | 78.5 | 140 | 218 | 314 | 437 | 559 | 716 | 872 | 1064 | 1257 | 1483 | 1710 | 1972 | 2234 |
| 95 | 74.5 | 132 | 207 | 298 | 414 | 529 | 678 | 826 | 1008 | 1190 | 1405 | 1620 | 1868 | 2116 |
| 100 | 70.6 | 126 | 196 | 283 | 393 | 503 | 644 | 785 | 958 | 1131 | 1335 | 1539 | 1775 | 2011 |
| 110 | 64.2 | 114 | 178 | 257 | 357 | 457 | 585 | 714 | 871 | 1028 | 1214 | 1399 | 1614 | 1828 |
| 120 | 58.9 | 105 | 163 | 236 | 327 | 419 | 537 | 654 | 798 | 942 | 1113 | 1283 | 1480 | 1676 |
| 125 | 56.5 | 101 | 157 | 226 | 314 | 402 | 515 | 628 | 766 | 905 | 1068 | 1231 | 1420 | 1608 |
| 130 | 54.4 | 96.6 | 151 | 218 | 302 | 387 | 495 | 604 | 737 | 870 | 1027 | 1184 | 1366 | 1547 |
| 140 | 50.5 | 89.8 | 140 | 202 | 281 | 359 | 460 | 561 | 684 | 808 | 954 | 1099 | 1268 | 1436 |
| 150 | 47.1 | 83.8 | 131 | 189 | 262 | 335 | 429 | 523 | 639 | 754 | 890 | 1026 | 1183 | 1340 |
| 160 | 44.1 | 78.5 | 123 | 177 | 246 | 314 | 403 | 491 | 599 | 707 | 834 | 962 | 1110 | 1257 |
| 170 | 41.5 | 73.9 | 115 | 166 | 231 | 296 | 379 | 462 | 564 | 665 | 785 | 905 | 1044 | 1183 |
| 180 | 39.2 | 69.8 | 109 | 157 | 218 | 279 | 358 | 436 | 532 | 628 | 742 | 855 | 985 | 1117 |
| 190 | 37.2 | 66.1 | 103 | 149 | 207 | 265 | 339 | 413 | 504 | 595 | 703 | 810 | 934 | 1058 |
| 200 | 35.3 | 62.8 | 98.2 | 141 | 196 | 251 | 322 | 393 | 479 | 565 | 668 | 770 | 888 | 1005 |
| 220 | 32.1 | 57.1 | 89.2 | 129 | 179 | 229 | 293 | 357 | 436 | 514 | 607 | 700 | 807 | 914 |
| 240 | 29.4 | 52.4 | 81.8 | 118 | 164 | 210 | 268 | 327 | 399 | 471 | 556 | 641 | 740 | 838 |
| 250 | 28.3 | 50.3 | 78.5 | 113 | 157 | 201 | 258 | 314 | 383 | 452 | 534 | 616 | 710 | 804 |
| 260 | 27.2 | 48.3 | 75.5 | 109 | 151 | 193 | 248 | 302 | 369 | 435 | 513 | 592 | 682 | 773 |
| 280 | 25.2 | 44.9 | 70.1 | 101 | 140 | 180 | 230 | 280 | 342 | 404 | 477 | 550 | 634 | 718 |
| 300 | 23.6 | 41.9 | 65.5 | 94.2 | 131 | 168 | 215 | 262 | 319 | 377 | 445 | 513 | 592 | 670 |
| 320 | 22.1 | 39.3 | 61.4 | 88.4 | 123 | 157 | 201 | 245 | 299 | 353 | 417 | 481 | 554 | 628 |

注：表中 6/8，8/10，…等系指该两种直径的钢筋交替放置。

附表 5-1　半无限长梁受集中力 $F_0$ 作用的弯矩系数 $\overline{M}$ 值

| $\xi$ \ $\gamma$ | 0.0 | 0.2 | 0.4 | 0.6 | 0.8 | 1.0 | 1.2 | 1.4 | 1.6 | 1.8 | 2.0 | 2.2 | 2.4 | 2.6 | 2.8 |
|---|---|---|---|---|---|---|---|---|---|---|---|---|---|---|---|
| 0.0 | 0.000 | 0.000 | 0.000 | 0.000 | 0.000 | 0.000 | 0.000 | 0.000 | 0.000 | 0.000 | 0.000 | 0.000 | 0.000 | 0.000 | 0.000 |
| 0.2 | -0.163 | 0.030 | 0.024 | 0.018 | 0.012 | 0.008 | 0.005 | 0.002 | 0.000 | -0.001 | -0.002 | -0.002 | -0.002 | -0.002 | -0.002 |
| 0.4 | -0.261 | -0.085 | 0.091 | 0.069 | 0.050 | 0.034 | 0.021 | 0.011 | 0.003 | -0.002 | -0.005 | -0.007 | -0.008 | -0.008 | -0.007 |
| 0.6 | -0.310 | -0.157 | -0.004 | 0.152 | 0.113 | 0.080 | 0.052 | 0.030 | 0.013 | 0.001 | -0.007 | -0.012 | -0.015 | -0.015 | -0.015 |
| 0.8 | -0.322 | -0.195 | -0.067 | 0.064 | 0.201 | 0.146 | 0.099 | 0.061 | 0.032 | 0.010 | -0.005 | -0.015 | -0.021 | -0.023 | -0.023 |
| 1.0 | -0.309 | -0.208 | -0.105 | 0.000 | 0.113 | 0.233 | 0.165 | 0.108 | 0.063 | 0.029 | 0.004 | -0.013 | -0.024 | -0.029 | -0.031 |
| 1.2 | -0.281 | -0.203 | -0.124 | -0.042 | 0.046 | 0.142 | 0.251 | 0.174 | 0.110 | 0.069 | 0.023 | -0.003 | -0.021 | -0.031 | -0.036 |
| 1.4 | -0.243 | -0.186 | -0.128 | -0.068 | -0.002 | 0.073 | 0.159 | 0.260 | 0.175 | 0.108 | 0.055 | 0.017 | -0.010 | -0.028 | -0.038 |
| 1.6 | -0.202 | -0.163 | -0.123 | -0.081 | -0.033 | 0.021 | 0.086 | 0.165 | 0.261 | 0.173 | 0.104 | 0.050 | 0.011 | -0.016 | -0.033 |
| 1.8 | -0.161 | -0.136 | -0.111 | -0.084 | -0.053 | -0.015 | 0.030 | 0.093 | 0.167 | 0.259 | 0.170 | 0.099 | 0.045 | 0.006 | -0.021 |
| 2.0 | -0.123 | -0.110 | -0.096 | -0.080 | -0.062 | -0.038 | -0.006 | 0.036 | 0.093 | 0.165 | 0.256 | 0.166 | 0.095 | 0.041 | 0.002 |
| 2.2 | -0.090 | -0.084 | -0.079 | -0.073 | -0.064 | -0.051 | -0.032 | -0.003 | 0.037 | 0.092 | 0.163 | 0.254 | 0.164 | 0.093 | 0.039 |
| 2.4 | -0.061 | -0.062 | -0.063 | -0.063 | -0.062 | -0.057 | -0.046 | -0.029 | -0.002 | 0.036 | 0.090 | 0.162 | 0.252 | 0.162 | 0.091 |
| 2.6 | -0.038 | -0.043 | -0.048 | -0.052 | -0.056 | -0.056 | -0.053 | -0.045 | -0.029 | -0.003 | 0.036 | 0.089 | 0.160 | 0.251 | 0.160 |
| 2.8 | -0.020 | -0.028 | -0.035 | -0.042 | -0.048 | -0.053 | -0.054 | -0.053 | -0.045 | -0.029 | -0.004 | 0.035 | 0.088 | 0.160 | 0.250 |
| 3.0 | -0.007 | -0.015 | -0.024 | -0.032 | -0.040 | -0.047 | -0.052 | -0.054 | -0.052 | -0.045 | -0.030 | -0.004 | 0.035 | 0.088 | 0.159 |
| 3.2 | 0.002 | -0.006 | -0.015 | -0.023 | -0.032 | -0.040 | -0.046 | -0.052 | -0.054 | -0.053 | -0.045 | -0.030 | -0.004 | 0.034 | 0.088 |
| 3.4 | 0.008 | 0.000 | -0.008 | -0.016 | -0.024 | -0.032 | -0.040 | -0.047 | -0.052 | -0.054 | -0.052 | -0.045 | -0.029 | -0.004 | 0.034 |
| 3.6 | 0.012 | 0.005 | -0.003 | -0.010 | -0.018 | -0.025 | -0.033 | -0.040 | -0.047 | -0.052 | -0.054 | -0.052 | -0.044 | -0.029 | -0.003 |
| 3.8 | 0.014 | 0.007 | 0.001 | -0.005 | -0.012 | -0.019 | -0.026 | -0.033 | -0.040 | -0.047 | -0.052 | -0.054 | -0.052 | -0.044 | -0.029 |
| 4.0 | 0.014 | 0.009 | 0.004 | -0.002 | -0.008 | -0.013 | -0.020 | -0.026 | -0.033 | -0.040 | -0.046 | -0.051 | -0.053 | -0.051 | -0.044 |
| 4.2 | 0.013 | 0.009 | 0.005 | 0.001 | -0.004 | -0.009 | -0.014 | -0.020 | -0.027 | -0.033 | -0.040 | -0.046 | -0.051 | -0.053 | -0.051 |
| 4.4 | 0.012 | 0.009 | 0.006 | 0.002 | -0.001 | -0.005 | -0.010 | -0.015 | -0.020 | -0.026 | -0.033 | -0.040 | -0.046 | -0.050 | -0.053 |

附表 5-2 半无限长梁受集中力 $F_0$ 作用的剪力系数 $\overline{Q}$ 值

| $\xi$ | $\gamma$ | | | | | | | | | | | | | | |
|---|---|---|---|---|---|---|---|---|---|---|---|---|---|---|---|
| | 0.0 | 0.2 | 0.4 | 0.6 | 0.8 | 1.0 | 1.2 | 1.4 | 1.6 | 1.8 | 2.0 | 2.2 | 2.4 | 2.6 | 2.8 |
| 0.0 | 0.000 | 0.000 | 0.000 | 0.000 | 0.000 | 0.000 | 0.000 | 0.000 | 0.000 | 0.000 | 0.000 | 0.000 | 0.000 | 0.000 | 0.000 |
| 0.2 | -0.640 | 0.295 | 0.233 | 0.175 | 0.126 | 0.084 | 0.051 | 0.025 | 0.006 | -0.007 | -0.015 | -0.020 | -0.021 | -0.021 | -0.020 |
| 0.4 | -0.356 | -0.461 | 0.436 | 0.339 | 0.252 | 0.177 | 0.115 | 0.066 | 0.028 | 0.002 | -0.016 | -0.027 | -0.033 | -0.035 | -0.033 |
| 0.6 | -0.143 | -0.267 | -0.390 | 0.490 | 0.377 | 0.277 | 0.192 | 0.122 | 0.068 | 0.026 | -0.003 | -0.022 | -0.034 | -0.039 | -0.040 |
| 0.8 | 0.009 | -0.120 | -0.248 | -0.376 | 0.500 | 0.384 | 0.281 | 0.194 | 0.123 | 0.067 | 0.025 | -0.004 | -0.025 | -0.035 | -0.041 |
| 1.0 | 0.111 | -0.013 | -0.137 | -0.261 | -0.385 | 0.494 | 0.381 | 0.279 | 0.194 | 0.124 | 0.068 | 0.027 | -0.002 | -0.022 | -0.034 |
| 1.2 | 0.172 | 0.059 | -0.054 | -0.167 | -0.283 | -0.400 | 0.485 | 0.377 | 0.279 | 0.195 | 0.127 | 0.072 | 0.031 | 0.001 | -0.019 |
| 1.4 | 0.201 | 0.104 | 0.006 | -0.094 | -0.196 | -0.302 | -0.411 | 0.480 | 0.375 | 0.281 | 0.199 | 0.131 | 0.077 | 0.036 | 0.006 |
| 1.6 | 0.208 | 0.127 | 0.045 | -0.038 | -0.125 | -0.217 | -0.315 | -0.417 | 0.478 | 0.377 | 0.285 | 0.204 | 0.137 | 0.082 | 0.041 |
| 1.8 | 0.198 | 0.134 | 0.069 | 0.002 | -0.069 | -0.146 | -0.229 | -0.321 | -0.419 | 0.480 | 0.381 | 0.290 | 0.209 | 0.142 | 0.087 |
| 2.0 | 0.179 | 0.130 | 0.080 | 0.028 | -0.027 | -0.088 | -0.157 | -0.235 | -0.322 | -0.417 | 0.484 | 0.386 | 0.295 | 0.214 | 0.147 |
| 2.2 | 0.155 | 0.119 | 0.082 | 0.044 | 0.003 | -0.044 | -0.099 | -0.162 | -0.236 | -0.320 | -0.414 | 0.488 | 0.390 | 0.290 | 0.219 |
| 2.4 | 0.128 | 0.104 | 0.079 | 0.052 | 0.023 | -0.012 | -0.053 | -0.103 | -0.163 | -0.235 | -0.318 | -0.410 | 0.492 | 0.394 | 0.303 |
| 2.6 | 0.102 | 0.086 | 0.071 | 0.054 | 0.034 | 0.011 | -0.019 | -0.056 | -0.104 | -0.162 | -0.233 | -0.315 | -0.407 | 0.495 | 0.397 |
| 2.8 | 0.078 | 0.070 | 0.061 | 0.052 | 0.040 | 0.025 | 0.005 | -0.021 | -0.057 | -0.102 | -0.160 | -0.231 | -0.313 | -0.405 | 0.497 |
| 3.0 | 0.056 | 0.053 | 0.050 | 0.046 | 0.041 | 0.033 | 0.021 | 0.003 | -0.022 | -0.056 | -0.101 | -0.159 | -0.229 | -0.311 | -0.403 |
| 3.2 | 0.038 | 0.039 | 0.040 | 0.040 | 0.039 | 0.036 | 0.030 | 0.020 | 0.003 | -0.021 | -0.055 | -0.100 | -0.158 | -0.228 | -0.310 |
| 3.4 | 0.024 | 0.027 | 0.030 | 0.033 | 0.035 | 0.036 | 0.035 | 0.029 | 0.020 | 0.003 | -0.021 | -0.055 | -0.100 | -0.157 | -0.227 |
| 3.6 | 0.012 | 0.017 | 0.022 | 0.026 | 0.031 | 0.034 | 0.035 | 0.034 | 0.029 | 0.020 | 0.004 | -0.020 | -0.054 | -0.099 | -0.156 |
| 3.8 | 0.004 | 0.009 | 0.015 | 0.020 | 0.025 | 0.030 | 0.033 | 0.035 | 0.034 | 0.029 | 0.020 | 0.004 | -0.020 | -0.054 | -0.099 |
| 4.0 | -0.002 | 0.004 | 0.009 | 0.015 | 0.020 | 0.026 | 0.030 | 0.033 | 0.035 | 0.034 | 0.029 | 0.020 | 0.004 | -0.020 | -0.054 |
| 4.2 | -0.006 | 0.000 | 0.005 | 0.010 | 0.015 | 0.020 | 0.026 | 0.030 | 0.033 | 0.035 | 0.034 | 0.029 | 0.020 | 0.004 | -0.020 |
| 4.4 | -0.008 | -0.003 | 0.001 | 0.006 | 0.011 | 0.016 | 0.021 | 0.026 | 0.030 | 0.033 | 0.035 | 0.034 | 0.029 | 0.020 | 0.004 |

附表 5-3 半无限长梁受集中力 $F_0$ 作用的反力系数 $\bar{p}$ 值

| ξ | $\gamma$ | | | | | | | | | | | | | | |
|---|---|---|---|---|---|---|---|---|---|---|---|---|---|---|---|
| | 0.0 | 0.2 | 0.4 | 0.6 | 0.8 | 1.0 | 1.2 | 1.4 | 1.6 | 1.8 | 2.0 | 2.2 | 2.4 | 2.6 | 2.8 |
| 0.0 | 2.000 | 1.605 | 1.235 | 0.906 | 0.626 | 0.398 | 0.218 | 0.084 | 0.012 | 0.075 | 0.113 | 0.130 | 0.134 | 0.127 | 0.115 |
| 0.2 | 1.605 | 1.348 | 1.092 | 0.848 | 0.630 | 0.442 | 0.287 | 0.164 | 0.071 | 0.004 | 0.041 | 0.069 | 0.082 | 0.087 | 0.084 |
| 0.4 | 1.235 | 1.092 | 0.945 | 0.788 | 0.631 | 0.484 | 0.354 | 0.244 | 0.154 | 0.084 | 0.031 | 0.006 | 0.031 | 0.045 | 0.052 |
| 0.6 | 0.906 | 0.848 | 0.788 | 0.715 | 0.624 | 0.521 | 0.419 | 0.322 | 0.237 | 0.164 | 0.104 | 0.057 | 0.022 | 0.003 | 0.019 |
| 0.8 | 0.526 | 0.630 | 0.631 | 0.624 | 0.598 | 0.545 | 0.474 | 0.396 | 0.316 | 0.243 | 0.178 | 0.123 | 0.078 | 0.042 | 0.016 |
| 1.0 | 0.398 | 0.442 | 0.484 | 0.521 | 0.545 | 0.546 | 0.514 | 0.459 | 0.392 | 0.321 | 0.253 | 0.191 | 0.136 | 0.091 | 0.055 |
| 1.2 | 0.218 | 0.287 | 0.354 | 0.419 | 0.474 | 0.514 | 0.527 | 0.505 | 0.456 | 0.394 | 0.327 | 0.260 | 0.199 | 0.144 | 0.099 |
| 1.4 | 0.084 | 0.164 | 0.244 | 0.322 | 0.396 | 0.459 | 0.505 | 0.522 | 0.503 | 0.458 | 0.397 | 0.331 | 0.264 | 0.203 | 0.148 |
| 1.6 | −0.012 | 0.061 | 0.154 | 0.237 | 0.316 | 0.392 | 0.456 | 0.503 | 0.522 | 0.503 | 0.458 | 0.398 | 0.331 | 0.265 | 0.203 |
| 1.8 | −0.075 | 0.004 | 0.084 | 0.164 | 0.243 | 0.321 | 0.394 | 0.458 | 0.503 | 0.521 | 0.502 | 0.457 | 0.397 | 0.330 | 0.264 |
| 2.0 | −0.113 | −0.041 | 0.031 | 0.104 | 0.178 | 0.253 | 0.327 | 0.397 | 0.458 | 0.503 | 0.519 | 0.500 | 0.455 | 0.394 | 0.328 |
| 2.2 | −0.130 | −0.069 | −0.006 | 0.057 | 0.123 | 0.191 | 0.260 | 0.331 | 0.398 | 0.547 | 0.500 | 0.516 | 0.497 | 0.451 | 0.391 |
| 2.4 | −0.134 | −0.082 | −0.031 | 0.022 | 0.078 | 0.136 | 0.199 | 0.264 | 0.331 | 0.397 | 0.455 | 0.497 | 0.513 | 0.493 | 0.448 |
| 2.6 | −0.127 | −0.087 | −0.045 | −0.003 | 0.042 | 0.091 | 0.144 | 0.203 | 0.265 | 0.330 | 0.394 | 0.451 | 0.493 | 0.509 | 0.490 |
| 2.8 | −0.115 | −0.084 | −0.052 | −0.019 | 0.016 | 0.055 | 0.099 | 0.148 | 0.203 | 0.264 | 0.328 | 0.391 | 0.448 | 0.490 | 0.506 |
| 3.0 | −0.099 | −0.076 | −0.053 | −0.029 | −0.003 | 0.027 | 0.061 | 0.102 | 0.148 | 0.202 | 0.262 | 0.325 | 0.388 | 0.445 | 0.488 |
| 3.2 | −0.081 | −0.066 | −0.050 | −0.034 | −0.015 | 0.006 | 0.032 | 0.064 | 0.102 | 0.148 | 0.201 | 0.260 | 0.323 | 0.386 | 0.443 |
| 3.4 | −0.064 | −0.055 | −0.045 | −0.035 | −0.023 | −0.008 | 0.011 | 0.034 | 0.064 | 0.102 | 0.146 | 0.199 | 0.258 | 0.321 | 0.384 |
| 3.6 | −0.049 | −0.044 | −0.039 | −0.033 | −0.026 | −0.017 | −0.005 | 0.012 | 0.035 | 0.064 | 0.101 | 0.145 | 0.197 | 0.256 | 0.319 |
| 3.8 | −0.035 | −0.034 | −0.032 | −0.030 | −0.027 | −0.022 | −0.014 | −0.008 | 0.013 | 0.034 | 0.063 | 0.099 | 0.144 | 0.196 | 0.255 |
| 4.0 | −0.024 | −0.025 | −0.025 | −0.025 | −0.025 | −0.024 | −0.020 | −0.013 | −0.003 | 0.013 | 0.034 | 0.062 | 0.099 | 0.144 | 0.196 |
| 4.2 | −0.015 | −0.017 | −0.019 | −0.021 | −0.023 | −0.024 | −0.023 | −0.019 | −0.013 | −0.003 | 0.012 | 0.033 | 0.062 | 0.098 | 0.143 |
| 4.4 | −0.008 | −0.011 | −0.014 | −0.017 | −0.019 | −0.022 | −0.023 | −0.022 | −0.019 | −0.013 | −0.003 | 0.012 | 0.033 | 0.062 | 0.098 |

附表 6-1　半无限长梁受集中力矩 $M_0$ 作用的弯矩系数 $\overline{M}$ 值

| $\xi$ | $\gamma$ | | | | | | | | | | | | | | |
|---|---|---|---|---|---|---|---|---|---|---|---|---|---|---|---|
| | 0.0 | 0.2 | 0.4 | 0.6 | 0.8 | 1.0 | 1.2 | 1.4 | 1.6 | 1.8 | 2.0 | 2.2 | 2.4 | 2.6 | 2.8 |
| 0.0 | 0.000 | 0.000 | 0.000 | 0.000 | 0.000 | 0.000 | 0.000 | 0.000 | 0.000 | 0.000 | 0.000 | 0.000 | 0.000 | 0.000 | 0.000 |
| 0.02 | 0.965 | -0.034 | -0.032 | 0.028 | -0.024 | -0.019 | -0.015 | -0.011 | -0.008 | -0.005 | -0.003 | -0.001 | 0.000 | 0.001 | 0.001 |
| 0.4 | 0.878 | 0.880 | -0.114 | -0.103 | -0.088 | -0.073 | -0.058 | -0.044 | -0.032 | -0.021 | -0.013 | -0.007 | -0.002 | 0.001 | 0.003 |
| 0.6 | 0.763 | 0.764 | 0.773 | -0.209 | -0.183 | -0.154 | -0.124 | -0.096 | -0.071 | -0.050 | -0.032 | -0.018 | -0.008 | 0.000 | 0.005 |
| 0.8 | 0.635 | 0.637 | 0.646 | 0.668 | -0.298 | -0.256 | -0.211 | -0.167 | -0.127 | -0.091 | -0.062 | -0.038 | -0.019 | -0.005 | 0.004 |
| 1.0 | 0.508 | 0.510 | 0.519 | 0.551 | 0.579 | -0.371 | -0.313 | -0.254 | -0.198 | -0.147 | -0.103 | -0.067 | -0.039 | -0.017 | -0.001 |
| 1.2 | 0.390 | 0.391 | 0.400 | 0.422 | 0.459 | 0.511 | -0.424 | -0.353 | -0.282 | -0.216 | -0.158 | -0.109 | -0.068 | -0.037 | -0.013 |
| 1.4 | 0.285 | 0.286 | 0.291 | 0.314 | 0.348 | 0.399 | 0.464 | -0.459 | -0.378 | -0.299 | -0.226 | -0.163 | -0.110 | -0.067 | -0.034 |
| 1.6 | 0.196 | 0.197 | 0.294 | 0.221 | 0.251 | 0.297 | 0.359 | 0.434 | -0.481 | -0.392 | -0.307 | -0.230 | -0.164 | -0.108 | -0.064 |
| 1.8 | 0.123 | 0.124 | 0.130 | 0.144 | 0.170 | 0.210 | 0.265 | 0.334 | 0.417 | -0.492 | -0.399 | -0.311 | -0.231 | -0.162 | -0.106 |
| 2.0 | 0.067 | 0.067 | 0.071 | 0.083 | 0.104 | 0.137 | 0.184 | 0.245 | 0.320 | 0.407 | -0.498 | -0.402 | -0.311 | -0.280 | -0.161 |
| 2.2 | 0.024 | 0.025 | 0.028 | 0.037 | 0.053 | 0.080 | 0.118 | 0.170 | 0.235 | 0.314 | 0.403 | -0.500 | -0.402 | -0.311 | -0.229 |
| 2.4 | -0.006 | -0.005 | -0.003 | 0.003 | 0.015 | 0.036 | 0.066 | 0.108 | 0.163 | 0.230 | 0.311 | 0.402 | -0.500 | -0.402 | -0.310 |
| 2.6 | -0.025 | -0.025 | -0.024 | -0.019 | -0.011 | -0.004 | 0.027 | 0.059 | 0.103 | 0.159 | 0.228 | 0.310 | 0.402 | -0.500 | -0.401 |
| 2.8 | -0.037 | -0.037 | -0.036 | -0.033 | -0.027 | -0.017 | -0.001 | 0.023 | 0.057 | 0.101 | 0.158 | 0.228 | 0.310 | 0.402 | -0.499 |
| 3.0 | -0.042 | -0.042 | -0.042 | -0.010 | -0.037 | -0.031 | -0.020 | -0.003 | 0.022 | 0.056 | 0.101 | 0.158 | 0.228 | 0.310 | 0.402 |
| 3.2 | -0.043 | -0.043 | -0.043 | -0.043 | -0.041 | -0.037 | -0.031 | -0.020 | -0.003 | 0.022 | 0.056 | 0.101 | 0.158 | 0.228 | 0.310 |
| 3.4 | -0.041 | -0.041 | -0.041 | -0.041 | -0.041 | -0.040 | -0.036 | -0.030 | -0.019 | -0.003 | 0.022 | 0.056 | 0.101 | 0.158 | 0.228 |
| 3.6 | -0.037 | -0.037 | -0.037 | -0.037 | -0.038 | -0.038 | -0.038 | -0.035 | -0.029 | -0.019 | -0.002 | 0.022 | 0.056 | 0.101 | 0.158 |
| 3.8 | -0.031 | -0.031 | -0.032 | -0.032 | -0.034 | -0.035 | -0.036 | -0.036 | -0.034 | -0.028 | -0.018 | -0.002 | 0.022 | 0.056 | 0.100 |
| 4.0 | -0.026 | -0.026 | -0.026 | -0.027 | -0.029 | -0.031 | -0.033 | -0.024 | -0.035 | -0.033 | -0.028 | -0.018 | -0.002 | 0.022 | 0.055 |
| 4.2 | -0.020 | -0.021 | -0.021 | -0.022 | -0.023 | -0.025 | -0.028 | -0.031 | -0.033 | -0.034 | -0.032 | -0.028 | -0.018 | -0.002 | 0.022 |
| 4.4 | -0.016 | -0.016 | -0.016 | -0.017 | -0.018 | -0.021 | -0.023 | -0.027 | -0.030 | -0.032 | -0.033 | -0.032 | -0.028 | -0.018 | -0.002 |

附表 6-2　半无限长梁受集中力矩 $M_0$ 作用的剪力系数 $\bar{Q}$ 值

| $\xi$ | $\gamma$ | | | | | | | | | | | | | | |
|---|---|---|---|---|---|---|---|---|---|---|---|---|---|---|---|
| | 0.0 | 0.2 | 0.4 | 0.6 | 0.8 | 1.0 | 1.2 | 1.4 | 1.6 | 1.8 | 2.0 | 2.2 | 2.4 | 2.6 | 2.8 |
| 0.0 | 0.000 | 0.000 | 0.000 | 0.000 | 0.000 | 0.000 | 0.000 | 0.000 | 0.000 | 0.000 | 0.000 | 0.000 | 0.000 | 0.000 | 0.000 |
| 0.2 | -0.325 | -0.322 | -0.302 | -0.269 | -0.229 | -0.187 | -0.147 | -0.111 | -0.079 | -0.052 | -0.031 | -0.015 | -0.003 | 0.005 | 0.010 |
| 0.4 | -0.522 | -0.520 | -0.505 | -0.465 | -0.408 | -0.343 | -0.276 | -0.214 | -0.158 | -0.111 | -0.071 | -0.040 | -0.017 | 0.000 | 0.011 |
| 0.6 | -0.620 | -0.619 | -0.611 | -0.586 | -0.534 | -0.464 | -0.387 | -0.310 | -0.238 | -0.174 | -0.120 | -0.076 | -0.041 | -0.015 | 0.003 |
| 0.8 | -0.645 | -0.644 | -0.642 | -0.632 | -0.604 | -0.549 | -0.476 | -0.396 | -0.317 | -0.243 | -0.177 | -0.122 | -0.076 | -0.041 | -0.015 |
| 1.0 | -0.619 | -0.619 | -0.621 | -0.622 | -0.615 | -0.590 | -0.538 | -0.468 | -0.390 | -0.313 | -0.240 | -0.176 | -0.121 | -0.077 | -0.042 |
| 1.2 | -0.562 | -0.562 | -0.566 | -0.574 | -0.582 | -0.582 | -0.564 | -0.519 | -0.454 | -0.381 | -0.308 | -0.238 | -0.176 | -0.122 | -0.079 |
| 1.4 | -0.486 | -0.487 | -0.493 | -0.504 | -0.521 | -0.539 | -0.548 | -0.539 | -0.501 | -0.442 | -0.374 | -0.304 | -0.237 | -0.177 | -0.125 |
| 1.6 | -0.404 | -0.405 | -0.411 | -0.425 | -0.447 | -0.474 | -0.502 | -0.521 | -0.519 | -0.488 | -0.435 | -0.371 | -0.304 | -0.239 | -0.180 |
| 1.8 | -0.322 | -0.323 | -0.329 | -0.344 | -0.368 | -0.400 | -0.438 | -0.471 | -0.501 | -0.506 | -0.480 | -0.431 | -0.370 | -0.305 | -0.241 |
| 2.0 | -0.246 | -0.247 | -0.253 | -0.266 | -0.290 | -0.324 | -0.366 | -0.412 | -0.456 | -0.489 | -0.499 | -0.477 | -0.430 | -0.371 | -0.307 |
| 2.2 | -0.179 | -0.180 | -0.185 | -0.198 | -0.220 | -0.252 | -0.294 | -0.343 | -0.396 | -0.445 | -0.483 | -0.496 | -0.476 | -0.432 | -0.373 |
| 2.4 | -0.123 | -0.123 | -0.127 | -0.138 | -0.159 | -0.188 | -0.227 | -0.275 | -0.330 | -0.387 | -0.440 | -0.480 | -0.495 | -0.477 | -0.433 |
| 2.6 | -0.076 | -0.077 | -0.081 | -0.089 | -0.106 | -0.131 | -0.166 | -0.211 | -0.264 | -0.322 | -0.383 | -0.438 | -0.480 | -0.496 | -0.478 |
| 2.8 | -0.041 | -0.041 | -0.044 | -0.051 | -0.064 | -0.085 | -0.115 | -0.154 | -0.202 | -0.258 | -0.319 | -0.381 | -0.438 | -0.480 | -0.497 |
| 3.0 | -0.014 | -0.014 | -0.016 | -0.022 | -0.032 | -0.049 | -0.073 | -0.106 | -0.148 | -0.198 | -0.256 | -0.318 | -0.381 | -0.438 | -0.481 |
| 3.2 | 0.005 | 0.005 | 0.003 | -0.001 | -0.008 | -0.021 | -0.040 | -0.067 | -0.102 | -0.145 | -0.196 | -0.255 | -0.318 | -0.381 | -0.439 |
| 3.4 | 0.017 | 0.017 | 0.016 | 0.013 | 0.008 | -0.001 | -0.016 | -0.036 | -0.064 | -0.100 | -0.144 | -0.196 | -0.255 | -0.318 | -0.381 |
| 3.6 | 0.024 | 0.024 | 0.024 | 0.022 | 0.018 | 0.012 | 0.002 | -0.013 | -0.034 | -0.063 | -0.099 | -0.143 | -0.196 | -0.255 | -0.318 |
| 3.8 | 0.027 | 0.027 | 0.027 | 0.026 | 0.025 | 0.020 | 0.013 | 0.003 | -0.013 | -0.034 | -0.063 | -0.099 | -0.143 | -0.196 | -0.255 |
| 4.0 | 0.028 | 0.028 | 0.028 | 0.027 | 0.026 | 0.024 | 0.020 | 0.014 | 0.003 | -0.013 | -0.034 | -0.063 | -0.099 | -0.143 | -0.196 |
| 4.2 | 0.026 | 0.026 | 0.026 | 0.026 | 0.026 | 0.025 | 0.024 | 0.020 | 0.013 | 0.043 | -0.013 | -0.034 | -0.063 | -0.099 | -0.143 |
| 4.4 | 0.023 | 0.024 | 0.024 | 0.024 | 0.024 | 0.025 | 0.024 | 0.023 | 0.019 | 0.013 | 0.002 | -0.013 | -0.034 | -0.063 | -0.099 |

附表6-3　半无限长梁受集中力矩 $M_0$ 作用的弯矩系数 $\bar{p}$ 值

| $\xi$ | $\gamma$ | | | | | | | | | | | | | | |
|---|---|---|---|---|---|---|---|---|---|---|---|---|---|---|---|
| | 0.0 | 0.2 | 0.4 | 0.6 | 0.8 | 1.0 | 1.2 | 1.4 | 1.6 | 1.8 | 2.0 | 2.2 | 2.4 | 2.6 | 2.8 |
| 0.0 | -2.000 | -1.930 | -1.757 | -1.526 | -1.271 | -1.017 | -0.780 | -0.570 | -0.392 | -0.247 | -0.133 | -0.049 | 0.011 | 0.051 | 0.074 |
| 0.2 | -1.280 | -1.288 | -1.262 | -1.163 | -1.020 | -0.857 | -0.692 | -0.536 | -0.396 | -0.277 | -0.178 | -0.101 | -0.042 | 0.000 | 0.028 |
| 0.4 | -0.713 | -0.719 | -0.762 | -0.795 | -0.765 | -0.694 | -0.602 | -0.500 | -0.400 | -0.306 | -0.223 | -0.153 | -0.096 | -0.051 | -0.018 |
| 0.6 | -0.286 | -0.291 | -0.323 | -0.410 | -0.495 | -0.520 | -0.502 | -0.457 | -0.397 | -0.331 | -0.265 | -0.204 | -0.149 | -0.102 | -0.065 |
| 0.8 | 0.019 | 0.015 | -0.008 | -0.072 | -0.196 | -0.320 | -0.382 | -0.399 | -0.384 | -0.349 | -0.302 | -0.251 | -0.201 | -0.154 | -0.112 |
| 1.0 | 0.222 | 0.220 | 0.204 | 0.160 | 0.071 | -0.079 | -0.228 | -0.313 | -0.349 | -0.351 | -0.329 | -0.293 | -0.249 | -0.204 | -0.160 |
| 1.2 | 0.343 | 0.342 | 0.332 | 0.304 | 0.245 | 0.141 | -0.024 | -0.187 | -0.283 | -0.330 | -0.339 | -0.323 | -0.292 | -0.251 | -0.208 |
| 1.4 | 0.402 | 0.402 | 0.397 | 0.382 | 0.346 | 0.280 | 0.168 | -0.004 | -0.172 | -0.274 | -0.324 | -0.336 | -0.323 | -0.292 | -0.253 |
| 1.6 | 0.415 | 0.415 | 0.414 | 0.408 | 0.391 | 0.354 | 0.286 | 0.173 | 0.000 | -0.170 | -0.272 | -0.323 | -0.336 | -0.323 | -0.293 |
| 1.8 | 0.397 | 0.398 | 0.399 | 0.399 | 0.396 | 0.381 | 0.346 | 0.280 | 0.169 | -0.003 | -0.171 | -0.273 | -0.323 | -0.336 | -0.322 |
| 2.0 | 0.359 | 0.359 | 0.362 | 0.367 | 0.373 | 0.374 | 0.364 | 0.333 | 0.271 | 0.163 | -0.006 | -0.173 | -0.273 | -0.323 | -0.335 |
| 2.2 | 0.310 | 0.310 | 0.314 | 0.322 | 0.338 | 0.345 | 0.352 | 0.347 | 0.322 | 0.263 | 0.158 | -0.009 | -0.173 | -0.273 | -0.321 |
| 2.4 | 0.256 | 0.257 | 0.261 | 0.270 | 0.285 | 0.302 | 0.321 | 0.334 | 0.335 | 0.313 | 0.258 | 0.156 | -0.009 | -0.173 | -0.271 |
| 2.6 | 0.204 | 0.205 | 0.208 | 0.218 | 0.233 | 0.255 | 0.279 | 0.303 | 0.321 | 0.326 | 0.308 | 0.256 | 0.156 | -0.008 | -0.171 |
| 2.8 | 0.155 | 0.156 | 0.160 | 0.168 | 0.184 | 0.206 | 0.233 | 0.263 | 0.291 | 0.314 | 0.322 | 0.306 | 0.256 | 0.156 | -0.007 |
| 3.0 | 0.113 | 0.113 | 0.116 | 0.124 | 0.138 | 0.159 | 0.186 | 0.218 | 0.252 | 0.285 | 0.310 | 0.320 | 0.306 | 0.256 | 0.158 |
| 3.2 | 0.077 | 0.077 | 0.080 | 0.087 | 0.099 | 0.117 | 0.143 | 0.174 | 0.210 | 0.247 | 0.281 | 0.308 | 0.320 | 0.306 | 0.257 |
| 3.4 | 0.047 | 0.048 | 0.050 | 0.056 | 0.066 | 0.082 | 0.105 | 0.133 | 0.167 | 0.205 | 0.244 | 0.280 | 0.308 | 0.320 | 0.307 |
| 3.6 | 0.025 | 0.025 | 0.026 | 0.031 | 0.040 | 0.053 | 0.072 | 0.097 | 0.128 | 0.164 | 0.202 | 0.243 | 0.280 | 0.308 | 0.321 |
| 3.8 | 0.008 | 0.008 | 0.009 | 0.013 | 0.019 | 0.030 | 0.046 | 0.067 | 0.093 | 0.125 | 0.162 | 0.202 | 0.243 | 0.280 | 0.309 |
| 4.0 | -0.004 | -0.003 | -0.003 | 0.000 | 0.005 | 0.013 | 0.025 | 0.042 | 0.064 | 0.091 | 0.124 | 0.161 | 0.202 | 0.243 | 0.280 |
| 4.2 | -0.011 | -0.011 | -0.011 | -0.009 | -0.006 | 0.000 | 0.009 | 0.022 | 0.040 | 0.062 | 0.090 | 0.124 | 0.161 | 0.202 | 0.243 |
| 4.4 | -0.016 | -0.016 | -0.016 | -0.015 | -0.012 | -0.008 | -0.002 | 0.008 | 0.021 | 0.039 | 0.062 | 0.090 | 0.124 | 0.161 | 0.202 |

## 附表 7　黏性土异形基础基底反力系数按下表确定

附表　7-1

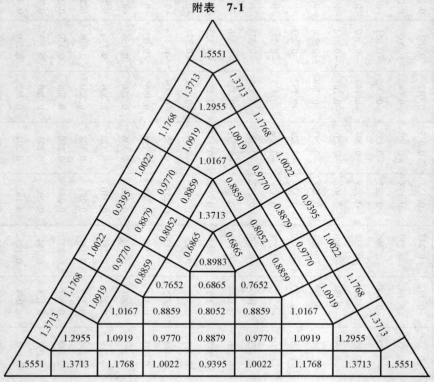

附表　7-2

| 1.3151 | 1.1594 | 1.0409 | 1.1594 | 1.3151 |
|--------|--------|--------|--------|--------|
| 1.1678 | 1.0294 | 0.9315 | 1.0294 | 1.1678 |
| 1.0085 | 0.8546 | 0.8055 | 0.8546 | 1.0085 |
| 0.9118 | 0.8041 | 0.7207 | 0.8041 | 0.9118 |

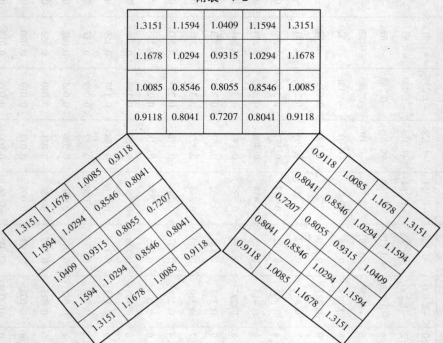

附表　7-3

| | | | | | | | | | | |
|---|---|---|---|---|---|---|---|---|---|---|
| | | | 1.4799 | 1.3443 | 1.2086 | 1.3443 | 1.4799 | | | |
| | | | 1.2336 | 1.1199 | 1.0312 | 1.1199 | 1.2336 | | | |
| | | | 0.9623 | 0.8726 | 0.8127 | 0.8726 | 0.9623 | | | |
| 1.4799 | 1.2336 | 0.9623 | 0.7850 | 0.7009 | 0.6673 | 0.7009 | 0.7850 | 0.9623 | 1.2336 | 1.4799 |
| 1.3443 | 1.1199 | 0.8726 | 0.7009 | 0.6024 | 0.5693 | 0.6024 | 0.7009 | 0.8726 | 1.1199 | 1.3443 |
| 1.2086 | 1.0312 | 0.8127 | 0.6673 | 0.5693 | 0.4996 | 0.5693 | 0.6673 | 0.8127 | 1.0312 | 1.2086 |
| 1.3443 | 1.1199 | 0.8726 | 0.7009 | 0.6024 | 0.5693 | 0.6024 | 0.7009 | 0.8726 | 1.1199 | 1.3443 |
| 1.4799 | 1.2336 | 0.9623 | 0.7850 | 0.7009 | 0.6673 | 0.7009 | 0.7850 | 0.9623 | 1.2336 | 1.4799 |
| | | | 0.9623 | 0.8726 | 0.8127 | 0.8726 | 0.9623 | | | |
| | | | 1.2336 | 1.1199 | 1.0312 | 1.1199 | 1.2336 | | | |
| | | | 1.4799 | 1.3443 | 1.2086 | 1.3443 | 1.4799 | | | |

附表　7-4

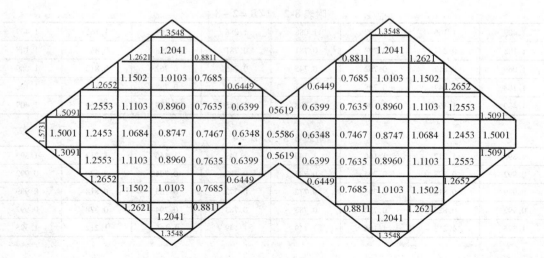

附表　7-5

| | | | | | | | | |
|---|---|---|---|---|---|---|---|---|
| 1.314 | 1.137 | 0.855 | 0.973 | 1.074 | | | | |
| 1.173 | 1.012 | 0.780 | 0.873 | 0.975 | | | | |
| 1.027 | 0.903 | 0.697 | 0.756 | 0.880 | | | | |
| 1.003 | 0.869 | 0.667 | 0.686 | 0.783 | | | | |
| 1.135 | 1.029 | 0.749 | 0.731 | 0.694 | 0.783 | 0.880 | 0.975 | 1.074 |
| 1.303 | 1.183 | 0.885 | 0.829 | 0.731 | 0.686 | 0.756 | 0.873 | 0.973 |
| 1.454 | 1.246 | 1.069 | 0.885 | 0.749 | 0.667 | 0.697 | 0.780 | 0.855 |
| 1.566 | 1.313 | 1.246 | 1.183 | 1.029 | 0.869 | 0.903 | 1.012 | 1.137 |
| 1.659 | 1.566 | 1.454 | 1.303 | 1.135 | 1.003 | 1.027 | 1.173 | 1.314 |

## 附表 8　砂土地基基底反力系数按下表确定

### 附表 8-1　$L/B = 1$

| | | | | | | | |
|---|---|---|---|---|---|---|---|
| 1.5875 | 1.2582 | 1.1875 | 1.1611 | 1.1611 | 1.1875 | 1.2582 | 1.5875 |
| 1.2582 | 0.9096 | 0.8410 | 0.8168 | 0.8168 | 0.8410 | 0.9096 | 1.2582 |
| 1.1875 | 0.8410 | 0.7690 | 0.7436 | 0.7436 | 0.7690 | 0.8410 | 1.1875 |
| 1.1611 | 0.8168 | 0.7436 | 0.7175 | 0.7175 | 0.7436 | 0.8168 | 1.1611 |
| 1.1611 | 0.8168 | 0.7436 | 0.7175 | 0.7175 | 0.7436 | 0.8168 | 1.1611 |
| 1.1875 | 0.8410 | 0.7690 | 0.7436 | 0.7436 | 0.7690 | 0.8410 | 1.1875 |
| 1.2582 | 0.9096 | 0.8410 | 0.8168 | 0.8168 | 0.8410 | 0.9096 | 1.2582 |
| 1.5875 | 1.2582 | 1.1875 | 1.1611 | 1.1611 | 1.1611 | 1.2582 | 1.5875 |

### 附表 8-2　$L/B = 2 \sim 3$

| | | | | | | | |
|---|---|---|---|---|---|---|---|
| 1.409 | 1.166 | 1.109 | 1.088 | 1.088 | 1.109 | 1.166 | 1.409 |
| 1.108 | 0.847 | 0.798 | 0.781 | 0.781 | 0.798 | 0.847 | 1.108 |
| 1.069 | 0.812 | 0.762 | 0.745 | 0.745 | 0.762 | 0.812 | 1.069 |
| 1.108 | 0.847 | 0.798 | 0.781 | 0.781 | 0.798 | 0.847 | 1.108 |
| 1.409 | 1.166 | 1.109 | 1.088 | 1.088 | 1.109 | 1.166 | 1.409 |

### 附表 8-3　$L/B = 4 \sim 5$

| | | | | | | | |
|---|---|---|---|---|---|---|---|
| 1.395 | 1.212 | 1.166 | 1.149 | 1.149 | 1.166 | 1.212 | 1.395 |
| 0.992 | 0.828 | 0.794 | 0.783 | 0.783 | 0.794 | 0.828 | 0.992 |
| 0.989 | 0.818 | 0.783 | 0.772 | 0.772 | 0.783 | 0.818 | 0.989 |
| 0.992 | 0.828 | 0.794 | 0.783 | 0.783 | 0.794 | 0.828 | 0.992 |
| 1.395 | 1.212 | 1.166 | 1.149 | 1.149 | 1.166 | 1.212 | 1.395 |

# 参 考 文 献

[1] 中国建筑科学研究院. JGJ 6—2011 高层建筑箱形与筏形基础技术规范 [S]. 北京：中国建筑工业出版社，2011.

[2] 中国建筑科学研究院. GB 50007—2011 建筑地基基础设计规范 [S]. 北京：中国建筑工业出版社，2012.

[3] 中国建筑科学研究院. GB 50010—2010 混凝土结构设计规范 [S]. 北京：中国建筑工业出版社，2011.

[4] 中国建筑科学研究院. GB 50009—2012 建筑结构荷载规范 [S]. 北京：中国建筑工业出版社，2012.

[5] 中国建筑科学研究院. JGJ 94—2008 建筑桩基技术规范 [S]. 北京：中国建筑工业出版社，2008.

[6] 葛忻声，肖毓恺. 高层建筑基础的实用设计方法 [M]. 北京：中国水利水电出版社，2006.

[7] 丁翠红. 高层建筑基础工程 [M]. 北京：中国建筑工业出版社，2009.

[8] 王幼青. 高层建筑结构地基基础设计 [M]. 哈尔滨：哈尔滨工业大学出版社，2007.

[9] 刘丽萍，翟聚云. 基础工程 [M]. 北京：中国电力出版社，2007.

[10] 金喜平，邓庆阳. 基础工程 [M]. 北京：机械工业出版社，2006.

[11] 朱浮声. 地基基础设计与计算 [M]. 北京：人民交通出版社，2005.

[12] 侯兆霞. 基础工程 [M]. 北京：中国建材工业出版社，2004.

[13] 莫海鸿，杨小平. 基础工程 [M]. 北京：中国建筑工业出版社，2003.

[14] 赵明华. 基础工程 [M]. 北京：高等教育出版社，2003.

[15] 张季容，朱向荣. 简明建筑基础计算与设计手册 [M]. 北京：中国建筑工业出版社，1997.

[16] 林图. 地基基础设计 [M]. 武汉：华中理工大学出版社，1996.

[17] 袁聚云，李镜培，楼晓明，等. 基础工程设计原理 [M]. 上海：同济大学出版社，2001.

[18] 王广月，王盛桂，付志前，等. 地基基础工程 [M]. 北京：中国水利水电出版社，2001.

[19] 陈国兴. 高层建筑基础设计 [M]. 北京：中国建筑工业出版社，2000.

[20] 郑刚. 基础工程 [M]. 北京：中国建材工业出版社，2000.

[21] 高大钊. 天然地基上的浅基础 [M]. 北京：机械工业出版社1999.

[22] 杨天林. 基础工程 [M]. 北京：人民交通出版社，1999.

[23] 陈希哲. 土力学地基基础 [M]. 3 版，北京：清华大学出版社，1998.

[24] 华南理工大学. 基础工程 [M]. 2 版，北京：中国建筑工业出版社，2008.

[25] 刘慧珊，徐攸在. 地基基础工程283 问 [M]. 北京：中国计划出版社，2003.

[26] 郑刚. 高等基础工程学 [M]. 北京：机械工业出版社，2007.

[27] 周景星，李广信，张建红，等. 基础工程 [M]. 2 版. 北京：清华大学出版社，2006.

[28] 侯兆霞. 基础工程 [M]. 北京：中国建材工业出版社，2004.

[29] 华南理工大学，浙江大学，湖南大学. 基础工程 [M]. 2 版. 北京：中国建筑工业出版社，2013.

[30] 罗晓辉. 基础工程 [M]. 武汉：华中科技大学出版社. 2007.